“十二五”国家重点出版物出版规划项目

地域建筑文化遗产及城市与建筑可持续发展研究丛书

渤海国建筑形制与上京城宫殿建筑复原研究

A Research on the Forms of Architecture in Balhae Kingdom and the Restoration of the Imperial Palaces in Shangjing

刘大平　孙志敏　著

哈爾濱工業大學出版社

前　言

渤海国建筑史是中国古代建筑史的重要组成部分。渤海国建筑作为东亚建筑文化圈的组成部分之一，其文化与同时期的唐代、日本、新罗以及早期的高句丽、后期的辽等建筑文化之间存在联动性，在整个东北古代建筑文化中起着承前启后的作用。并且，特殊的地理位置，使其在当时整个东北亚建筑文化的传播中更起着桥梁作用。从文化地理学与历史地理学的视角，正确地解读古代东亚城市与建筑的历史，分别从宏观和微观角度审视渤海国城市建筑与周边相邻古代建筑文化的异同，分析渤海国建筑文化的地域性特征以及渤海国城市与建筑表现出来的独特形制，对于丰富中国古代北方地域建筑史，科学地揭示渤海建筑文化和上京城宫殿建筑的技术与艺术特色，弥补这一研究领域的空白，都有着积极的促进作用。

渤海上京城是渤海国的主要都城之一，作为都城的时间约占整个渤海国存在时间的三分之一，它代表了渤海国城市建筑文化的最高水平，也是目前为止渤海国都城遗址中保存最为完整的。由于地处寒冷的东北地区，且为少数民族的地方性政权中心，因此其表现出了鲜明的地域性特色。它曾经绽放的绚丽辉煌与离奇的衰败消亡，至今仍有极大的魅力，吸引人们去猜测、去探索。近一个世纪以来，随着对渤海上京城遗址考古发掘的不断深入，渤海国建筑所展现的唐代建筑文化的主导性、高句丽建筑文化的兼容性以及靺鞨建筑文化的传承性都被一一揭示。它所蕴含的多样建筑文化、独特的寒地建造技艺、奇异的民族装饰符号，终归会被完美地解读，我们期待这一天的早日到来。

运用建筑考古学的理论和方法，通过实地勘察，结合现有的考古学研究成果以及历史文献资料，对上京城宫城遗址进行了研究，分析了渤海国城市建筑的基本形制特征，并对渤海国建筑遗址体现的一些地域性语汇进行了解读，主要包括特殊形态语汇、构造做法语汇，以及材料构件语汇。同时，侧重对整个宫城及其单体建筑的平面布局、建筑形态、尺度构成、构架模数、装饰语言、工程做法等专题的研究，在此基础上对宫城中区的主要建筑群进行了复原研究，力求能够展示渤海上京城时期的建筑形态和建筑规模以及宫城主要建筑群的全貌。虽然目前这里看到的阶段性研究成果还很不完善、完美，显得有些幼稚、粗糙，但其反复分析解读的过程至今仍令我们留恋。

总之，研究中有诸多暂时无法解读和跨越的难点，这使我们深知这既是一项具有开拓性、创新性的研究工作，也是一项极具高难度与挑战性的研究工作；我们不但应持有对古人精湛技艺的敬畏，而且应有不怕挫折和困难的探索精神。

刘大平　孙志敏

2018 年 5 月

Foreword

The history of architecture of Balhae as a state composes an important part of the history of architecture of ancient China. Balhae's architectural culture, as one component of the East Asian architectural cultural circle, corresponded with the architectural cultures of Tang Dynasty, Japan and Silla in the same period, as well as Goguryeo in its early period and Liao Dynasty in its later years, serving as a link between past and future. Moreover, it acted, owing to the unique geographical location of the state, as a bridge in the transmission of Northeast Asia's architectural culture. A clear interpretation of the relations between the cities in ancient Northeast Asia and their architectural features, from the perspective of cultural and historical geographies and a macroscopic and microscopic insight into the similarities and differences in architectural cultures between the State of Balhae and its peripheral neighboring regions, and an analysis of the regional features of the architectural culture in the State of Balhae and the unique urban and architectural forms and structures shown in the State of Balhae have proved to be sensationally propellant in furthering our understanding of ancient architectural history of the northern China and in revealing the technological and artistic characteristics of Balhae's architectural culture and palace buildings in the City of Shangjing, and the fruits of the these endeavors will actually fill the gap in the study of this field.

The capital for almost one third of the State's history, the City of Shangjing used to a principal city of Balhae. It represents the highest level of the State and its architectural culture, and also has been the city relics best preserved of all cities towns of Balhae. Owing to its location at a cold northeast zone and its position as the capital of a local minority state, it shows a multitude of distinctive regional characteristics. Its once flourishing glory and its incredible process of declining and falling remain an attractive target for speculations and explorations. In the century that has passed, Balhae architecture's prevalent features of the Tang architectural represented, its compatibility of the Goguryeo architectural culture, and its inheritance of the Mohe architectural culture have all been effectively revealed, with the constant advances of archaeological excavation in the relics of Shangjing. The diverse architectural culture, the unique cold-region construction technique employed, the fantastic national decorated symbols that is woven into it will be perfectly interpreted in the end, to which we are looking forward.

The relic research on the imperial palace of Shangjing by employing the theory and method of architectural archaeology has been carried out though field investigation combining archaeology studies with historical document collection. The emphasis of the research has been on the plane layout, architectural patterns, scale forms, frame modules, decoration language, engineering method of all the imperial palace and individual building and some other aspects of the individual buildings and the palace as a whole. In the mean time, the focus was also on the restoration study on main building complex in centre of imperial palace, aiming to exhibit the architectural pattern, the size and the panorama of the main building complex of the imperial palace of Balhae in the times of Shangjing. Though the periodical results shown in this study are still not perfect, and looks a bit puerile and rough so far, the process of the analysis and interpretation are lingeringly impressive.

In summary, the many difficulties that are still beyond our comprehension and accomplishment keep us with the realization that the work are not only pioneering and innovative, but thorny and challenging. Anyone devoted to it, thus, needs to armed with not only a sincere respect for ancient craftsmen' s exquisite skill, but also an unusual persistence in the face of frustration and difficulty.

LIU Daping SUN Zhimin

May 2018

目　录
Contents

绪 论

Introduction

1.1 研究背景

1.1.1 中国地域建筑史研究的深入

随着中外学者对中国建筑史研究的不断深入，中国建筑史研究的广度和深度都有不同程度的增加，并且逐步形成了较为完善和成熟的中国建筑史框架体系。随着考古学调查研究工作的进展，很多建筑遗址被逐步发掘出来，建筑史研究学者也相继复原了一些中国古代不同时期的大型宫殿建筑。与此同时，近年来有关中国建筑史的研究范围已从核心地区逐步扩展到边缘地区。以往考古发掘研究多集中在核心地区的主要建筑遗迹，对于边缘地区建筑遗存的考究与发掘则相对较少。由于文献资料和建筑实例的局限性，对于地域性建筑的研究相对集中在传统民居建筑方面，而对于更为重要的官式建筑研究较少。

东北古代建筑文化是中国地域建筑史的重要组成部分，这一地区自古以来就形成了以少数民族为主的文化区域。先后有高句丽、渤海国、辽代、金代和清代等几个主要历史时期的文化在该区域产生过较大的影响。东北古代建筑文化作为边缘文化，在体现核心地区建筑文化的同时，更多体现的是一种地域性建筑文化的特点。其中，渤海建筑文化的形成与发展是东北古代建筑文化中最重要的阶段，可以看作是从多样化向统一化发展的转型期，在整个东北古代建筑文化的发展过程中起到了承上启下的作用。对于这一建筑文化的研究，有利于完善中国地域建筑史，并促进中国古代建筑史研究的深化。

1.1.2 渤海上京城遗址考古发掘阶段性成果的完成

渤海国是中国唐朝时期少数民族在东北地区建构的地方政权，存在于公元 698 ~ 926 年，盛时疆域地跨我国东北地区、俄罗斯滨海地区、朝鲜半岛北部地区，有“海东盛国”的美誉。渤海国位于汉文化、渤海文化、新罗文化、百济文化以及高句丽文化的交汇处，在当时东北亚各国文化交流中也起到了开拓性的中介作用。渤海国先后有四座城市作为都城，即旧国、上京城、中京城、东京城。其中上京城（图 1.1）先后两次作为都城，并且作为都城的时间在 160 年左右，约占整个渤海国存在时间的 2/3，故可以看成是渤海国的政治、经济、文化的中心，其遗址反映的建筑文化特质可以看作是渤海建筑文化的最高代表。

图 1.1 渤海上京城遗址鸟瞰

渤海上京城遗址在距今黑龙江省宁安市 30 千米处的渤海镇境内。这里地处祖国的东北边陲，当时远离唐代的统治中心地区，相对于唐代全国版图来说，是荒远之地。对于渤海上京城遗址的考古发掘与调查研究工作，始于 1931 年，到目前为止已经历了近一个世纪的时间，最初是由日本人进行考古发掘的，中华人民共和国成立后其成为黑龙江省重要的考古研究对象，现在已经被列为全国重点文物保护单位。国家文物局曾设立重要的科研项目对其进行专项研究，同时制定了《渤海上京城址发掘规划》，利用 10 年的时间对其中的重要建筑遗址进行了考古发掘。到 2008 年为止，对遗址中保存较好且较为重要的建筑遗址考古发掘与研究的阶段性工作已经完成，并且成果丰富。

对渤海上京城遗址进行的多次发掘研究，使得上京城都城的总体布局、主要宫殿建筑群组合模式、建筑工程做法等方面逐渐清晰起来。就目前的研究成果而言，多偏重于对遗址现状进行描述。如果研究工作仅停留于此，可以说对遗址价值只体现了一部分。只有在考古学研究成果的基础上，运用建筑考古学和建筑史学、文化地理学等多个学科的理论和研究方法，对主要建筑遗址所反映的重要信息，如遗址的平面柱网、细部构件、构造处理等，进行全面而深入的比较研究，进而推测渤海上京城的建筑规模、建筑形态以及建筑特质，在此基础上，较为科学地再现上京城当时恢宏的宫城建筑全景，才能更好地体现渤海上京城遗址的研究价值，并且为研究整个渤海国建筑史提供更为充足的依据，为研究中国古代地域建筑史与民族建筑史提供有力的佐证。

1.1.3 渤海城市建筑研究的充实

渤海国在当时的东亚版图中有着特殊的地理位置，在整个东北亚文化交流过程中起到了重要的开拓性中介作用，并与中国唐朝、朝鲜新罗、日本、高句丽等有着千丝万缕的联系，因此对渤海文史的研究，已经成为一个国际性的课题。其研究的内容逐渐向着多元化发展，从渤海国整个历史文化概括性的阐述到具体宗教信仰、文化特质、民族民俗等细节文化剖析，这些多样的研究内容使得整个渤海国的文化历史发展脉络更加清晰，民族文化特色更加突出。

关于渤海城市建筑的研究起源于考古学。国内外考古学者多年来对渤海现存遗迹进行的持续不断的发掘研究，使其中部分建筑遗址状况逐渐呈现出来。建筑史学者正是在这些考古发掘报告的基础上，结合实地田野考察以及查阅大量文献资料，通过对若干建筑遗址的复原研究，对部分渤海建筑类型的形制有了初步的认识，主要包括宫殿建筑、居住建筑、佛寺建筑等方面。由于考古研究成果的局限性，研究的大部分内容多是在揭示某个相对独立的问题，尚缺乏比较全面而深入地解析整个渤海城市建筑文化的成果。

渤海都城建筑文化是渤海建筑文化的重要组成部分，随着近期对三座都城遗址考古发掘的逐步完成，渤海国都城的布局模式、宫殿建筑形制和一些主要的建筑工程做法显现出来。尤其是近10年黑龙江省文物考古研究所对作为当时主要都城的渤海上京城遗址考古发掘研究的阶段性完成，为进一步深入研究渤海城市建筑文化提供了更加丰富的参考资料，也为研究工作的开展提供了可能。在渤海上京城遗址考古研究成果的基础上，对其所反映的都城布局模式、宫殿建筑群组合模式、单体建筑平面布局、建筑构造做法等方面进行分析研究，并且在此基础上进行科学的复原研究，这必将为更清晰地正确认识渤海城市与建筑提供更为充足的依据。

1.2 研究的内容

1.2.1 渤海建筑文化特质研究

对于渤海建筑文化特质的解读是研究渤海城市建筑的先决条件。渤海建筑文化在形成与发展的过程中受到自然环境、社会环境、文化以及历史形态等因素的制约，具有历史性、族群性和地域性。因此，首先需要对渤海的自然环境包括气候、地形、地势条件，以及社会环境包括政治制度、民系构成、风俗习惯、宗教信仰等进行概括性的分析。这些因素都会直接或间接影响渤海城市布局、建筑形制、构造做法等，尤其是对渤海建筑地域性特质起到了关键性的作用。

其次，需要对渤海建筑文化进行区域定位。也就是说，需要确定其所在的建筑文化圈。从文化地理学的角度来讲，同一建筑文化圈范围内的建筑文化之间，其主导的建筑文化是基本相似的，这是由核心建筑文化决定的。而同一建筑文化圈范围内，又存在多样的不同的建筑文化亚区，这些建筑文化亚区受地理位置的远近关系、政治往来的密切程度，以及与核心文化区之间的交流程度等因素的影响，其建筑文化之间存在一定的传播、碰撞和融合现象，这些不同的建筑文化可能会在同一地区进行整合，而建筑文化之间难免会有趋同或是共同的、叠合的部分。就渤海建筑文化而言，只有了解其所在的建筑文化圈后，才能全面而详尽地解读一些建筑特质，才能找到其文化演进的特点，以及一些边缘文化的特性。

再次，在渤海建筑文化背景研究的基础上，确定渤海建筑文化构成的因子，了解其文化演进过程中起到主要作用的建筑文化，包括主导性建筑文化、兼容性建筑文化以及传承性建筑文化。这些建筑文化对于最终形成较为成熟的渤海建筑文化起到了关键性的作用，并且作为渤海建筑文化特质的一部分，会在渤海建筑形制的演进中有所体现。

1.2.2　渤海上京城建筑形制与工程做法研究

首先，对渤海上京城都城，尤其是宫城布局进行分析研究。在对渤海几座都城考古数据分析的基础上，对渤海的上京城、中京城和东京城三座都城进行比较研究，分析三座都城布局的异同点，以及渤海都城的演进特点。在此基础上，比较东亚同时期的唐代长安城、洛阳城，日本平城京、平安京，以及前期高句丽安鹤宫、后期辽代中京城与渤海上京城都城布局之间的异同点。

其次，对渤海上京城宫城区的主要建筑群遗址进行研究分析。主要包括宫城中轴线上的五座宫殿建筑群、三座主要城门、东内苑遗址三个部分。并且对其所体现的主要建筑形制特征进行讨论。包括宫殿建筑的平面布局形式、寝殿特征、城门类型、皇家内苑总体布局模式等。并且主要与同时期唐代中原地区的相同建筑形制进行比较研究，突出这些建筑类型的地域性特质。

再次，对渤海上京城遗址中体现的一些地域性工程做法进行详细解读。包括建筑基础、台基、墙体、细部构造做法，建筑构件、装饰纹样以及地方材料的营造技术。以上这些内容旨在为复原研究提供较充分的理论依据和数据支撑。

1.2.3　渤海上京城宫殿建筑群复原研究

有关渤海上京城城市建筑遗址以及反映的建筑形制研究，除了让我们深入了解整个渤海建筑文化，填补中国古代建筑史中相关内容，同时也可以通过对渤海上京城遗址的复原研究，来再现渤海上京城当时的繁荣景象，建立更为直观的认识。因此，在研究其相应建筑形制与工程做法，并做出多方案比较的基础上，对渤海上京城宫城总体布局、宫殿建筑群、建筑单体进行较为全面的复原研究。在这一过程中，强化推断过程的科学性，力争做到有理有据，使建筑复原成果尽可能接近历史事实与历史原貌。对于难以解读清晰的问题，亦给予必要的表述与说明。其主要包括以下几个方面：

其一，对渤海上京城主要宫殿建筑群整体的复原研究。这主要是针对宫城中轴线上的五座宫殿建筑群的研究，包括第一宫殿建筑群，第二宫殿建筑群，第三、四宫殿建筑群，以及第五宫殿建筑群。

重点是其中的主殿、配殿、廊庑、殿门的建筑类型等。其二，对渤海上京城主要城门及其内苑的复原研究。这主要是对考古信息较为全面的一些遗址进行复原研究，包括三座城门，即宫城正南门、皇城正南门以及宫城南墙东门，以及东内苑的主殿与东西两座亭榭。其三，对渤海上京城郭城里坊规模、形制的讨论。其四，对复原时涉及具体的工程做法的推断性讨论，包括铺作形制、栏杆形制、踏跺形制等。其五，将以上的复原研究全部以图纸形式呈现。

1.3 国内外研究现状

1.3.1 渤海国遗址考古研究

1.3.1.1 渤海国建筑遗址考古研究

（1）历史文献资料的考证。历史文献资料记录着一个历史时期的政治、经济和文化等多方面的信息，是了解城市建筑的一种重要途径。有关渤海国的历史记录一方面主要散布在中国《旧唐书》《新唐书》《唐会要》《旧五代史》，日本《群书类从》《国史大系》和朝鲜中世纪时期的史籍《东国通鉴》《三国史记》《三国遗事》等古籍中。为了便于查阅史料，对史料进行考证、对比、分类等研究，中国、日本和朝鲜的历史学家分别将史书中有关渤海国的文献资料进行了整理，主要包括中国唐宴的《渤海国志》、黄维翰的《渤海国记》以及金毓黻先生的《渤海国志长物编》，朝鲜学者徐相雨的《渤海疆域考》和日本学者津田左右吉的《渤海史考》。这些书籍大部分是对当时历史文献的摘录，并没有对这些文字进行比对分类等进一步的研究，故很难从中判断当时具体的城市规划布局和建筑形制等特质。

此外，还有一部分是对渤海遗址调查游记的梳理。这部分内容主要是清代流放到宁古塔的文人写的一些有关渤海上京城的调查游记。由于这些游记记载了作者当时看到的上京城的都城布局、街道形态、宫殿建筑群等情形，比后期考古学上的调查提前了百余年，反映的情况更为真实，故对于现在的研究来说显得弥足珍贵。已有学者对这些游记进行了梳理摘录，如李兴盛的《清代有关渤海国“东京城”的诗文资料辑录》和陈春霞与东青的《清初宁古塔流人对渤海上京城遗址的调查与著录》。

（2）渤海建筑遗址的考古研究。近代有关渤海遗址的考古研究可以追溯到 19 世纪，并且其一直以来都是东北亚考古学研究的热点。中国、俄罗斯和朝鲜三国分别对本国境内的遗址进行了调查研究，日本主要是在特殊的历史时期，对中国境内的渤海遗址进行了考古挖掘。这些考古资料以介绍遗址状况为主，主要包括城市的布局形式，宫殿建筑、佛寺建筑、居住建筑等遗址的基本状况，以及出土的建筑构件、生活器具等方面。

中国有关渤海遗址的考古研究，以 20 世纪 60 年代以来的成果最为丰富，其间有相当水平的考古发掘报告、论文和著作相继发表和出版，主要刊登在《考古》《文物》《北方文物》和《学习与探索》等学术杂志上。有部分资料经考古研究人员的整理编辑成书，如记录了1963年中朝联合考古队考古情况的《六顶山与渤海镇——唐代渤海国的贵族墓地与都城遗址》，以及2009年出版的记录了1997年以来黑龙江省文物考古研究所对上京城考古发掘情况的《渤海上京城》。此外，也有考古学者对渤海遗址文献进行整理汇编，对考古研究历程进行回顾，包括朱国忱先生撰写的《渤海故都》《渤海遗迹》，以及魏存成先生撰写的《渤海考古》。这些国内学者的学术性研究成果对于解读渤海城市与建筑是非常有价值的。

俄罗斯学者对于渤海遗存的考古研究以20世纪50年代以后最多，其研究成果以论文和发掘报告的形式刊登在《考古学汇编》《俄罗斯科学院远东分院考古通讯》《俄罗斯与亚洲太平洋地区》等刊物上。并且有部分成果也汇编成著作，如 Э.В.沙弗里库诺夫的两部著作《渤海国及其滨海地区文化遗存》和《渤海国及其俄罗斯远东部落》，А.П.奥克拉德尼科夫的专题著作《滨海遥远的过去》，T.A.瓦西里耶瓦的《俄罗斯文献中关于滨海地区渤海国遗迹的研究史》，等等。

日本对渤海遗址的考古研究集中在20世纪初到1945年这段时间，日本学者对渤海上京城、中京城和东京城进行了考古发掘，其中以原田淑人的《东京城》，鸟山喜一的《渤海中京考》《间岛省古迹调查报告》和驹井和爱的《渤海东京龙原府宫城址考》为代表。

朝鲜和韩国对于渤海国的考古研究，开始于20世纪60年代。其中以朱荣宪编撰的《渤海文化》一书为代表，记录了1963 ~ 1964年的中朝联合考古队对渤海上京城遗址发掘的情况。80年代开始，朝鲜考古学者对境内咸镜南、北道一带的渤海遗迹进行了田野考察和考古发掘工作，其最主要的成果之一，是确定了渤海国南京城的位置。其中部分成果译成中文刊登在《东北亚历史与考古信息》上，并且由李云铎译成《朝鲜考古学概要》一书。韩国学者由于没有直接获取考古遗迹或资料的可能，故考古学方面的研究主要集中在整理分析其他国家学者发表的考古资料方面。并从不同的角度研究了渤海国的历史、文化、艺术和音乐等方面的内容，其中以宋基豪的《渤海政治史研究》为代表。

日本、韩国、朝鲜和俄罗斯四国有关渤海遗址考古相关方面的研究，部分已经被翻译成中文，主要刊登在国内出版的《东北亚考古资料译文集》和《东北亚历史与考古资料》期刊上。更有学者将大部分渤海考古研究的国内外文章汇集成书，如王禹浪，王宏北编著的《高句丽•渤海古城址研究汇编》，这是目前为止，记录1994年以前相关方面研究最为全面的一本书。

1.3.1.2 渤海上京城遗址研究

20世纪国内外考古学者对渤海上京城的考古调查获得了重大发现，其研究也取得了令人瞩目的进展与成果。尤其是中华人民共和国成立以来，中国渤海考古调查发掘和研究进入了一个崭新的时期。这一时期最重要的是 1963 ~ 1964 年中朝联合考古队的发掘与研究，这次发掘确定了外郭城和宫城的形制与范围，城内街道坊市以及宫殿、官署、寺庙等建筑遗址的基本情况，从而对渤海上京城的规划布局有了比较清晰的认识。调查中较为准确地测定了上京外城、宫城、皇城各墙的长度和宽度，确认了门址，发掘出土了大量建筑构件等渤海遗物。此后朝鲜将此次发掘材料编著成《渤海文化》一书，而中国社会科学院考古研究所也编著了《六顶山与渤海镇——唐代渤海国的贵族墓地与都城遗址》与《东京城与渤海镇》。

我国 20 世纪渤海考古的重大发现和研究进展主要集中在 1978 年以后这一时期。具有相当水平的发掘报告、论文和专著也在此期间相继发表或出版。渤海上京城遗址的考古研究主要是对渤海上京城的宫城正南门址、3 号门址、第一宫殿及其东西长廊、墙址等进行发掘研究，并有学者重新绘制了宫城平面图。1996 年朱国忱等撰写的《渤海故都》，非常详尽地介绍了渤海都城，重点分析了渤海上京城的建制、城市规模和重要遗址的状况。2002 年朱国忱等又撰写了《渤海遗迹》一书，主要是回顾渤海考古研究历程和主要的渤海遗址状况。这些研究为进一步深入研究渤海上京城城市和建筑复原提供了基础条件。

1998 ~ 2007 年，渤海上京城考古作为国家重点科研项目，由黑龙江省文物考古研究所对渤海上京城以宫城为主的各类遗存进行了系列勘探与发掘。主要考古研究成果为：确认了第二宫殿遗址结构，第三、四宫殿及其附属建筑的遗址结构，第五宫殿及其附属建筑的遗址结构，确认了皇城正南门、郭城正南门、郭城正北门等城门遗址结构，等等。这一时期的考古研究成果主要集中在《渤海上京城》一书中。这些为渤海上京城遗址的复原研究提供了非常丰富的佐证。

1.3.2　渤海城市与建筑的研究

到目前为止，有关渤海城市与建筑的研究，都是在考古资料的基础上进行的概括性论述，包括渤海都城规划布局，宫殿建筑、居住建筑和墓葬等单体类型。以描述性的表述居多，仍缺少专题性的研究，渤海城市与建筑的共性或个性特征还有待进一步探讨。就目前的研究内容而言，大体可以分为以下三个方面：

（1）城市规划布局的比较性研究。有关渤海城市布局形制的研究主要以渤海“五京”为主，包括“五京制”的渊源，建造时间顺序，所处地理位置等问题的讨论，如宋玉彬等撰写的《渤海国的五京制度与都城》。其次是讨论了迁都的具体时间和顺序，并重点讨论了渤海上京城、中京城和东京城三座都城的发展演变特点，通过比较研究的方法，寻求三者变迁的时序和城市布局的异同点，如魏存成的文章《渤海都城的布局发展及其与隋唐长安城的关系》和著作《渤海考古》，宋玉彬先生撰写的文章《渤海都城故址研究》，等等。

此外，重点讨论了渤海上京城的建造时序、建制渊源以及主体建筑格局的演变；并与唐代长安城和洛阳城进行了比较研究，包括都城采用的“三重制”、方格网模式，都城的几何中心以及“三朝制”的分法。前者以刘晓东、魏存成撰写的《渤海上京城营筑时序与形制渊源研究》《渤海上京城主体格局的演变——兼谈主要宫殿建筑的年代》，赵虹光撰写的《渤海上京城建制研究》为代表。后者以傅熹年先生的观点最具代表性，参见《中国古代建筑史》（第二卷）和《中国古代城市规划、建筑群布局及建筑设计方法研究》两部著作。

但有关城市规划布局的研究，主要是与唐代都城进行比较研究，故在具体问题上各位学者存在一定的分歧。这就需要对东亚地区同时期、前后期相近的其他都城进行比较研究，这样才能使得这方面的讨论更具全面性。

（2）以宫殿为主的单体建筑研究。渤海单体建筑的研究主要以宫殿建筑为主，且以上京城遗址为重点内容。这是由于这方面的考古资料最为丰富，体现的宫殿建筑形制最为全面。有关这方面的研究主要讨论了宫殿建筑群的布局模式、宫殿平面形式、城门的类型等问题，其中以朱国忱先生等人撰写的《渤海故都》一书最早，内容也最为全面。其后陆续有学者就专项问题进行了研究，如陈涛等撰写的《渤海上京龙泉府城门建筑初探》、卢伟撰写的《渤海国佛教遗迹发掘及其佛教的传布考》、赵虹光撰写的《渤海上京城宫殿建制研究》等多篇文章。这些研究都是对宫殿建筑群体现的与中原地区相似的共性特征所进行的分析，而对渤海地域性的寝殿形制、采暖形式、建筑构造的特殊性等问题，多没有涉及，或是分析的深度不够。并且，对于单体建筑的研究仅限于宫殿建筑群，对居住建筑、佛寺建筑、园林建筑等其他类型的建筑亦鲜有涉及。拓展渤海单体建筑类型的研究视野，是全方面解读渤海建筑形态特征不可缺少的，尤其是对解读渤海建筑的地域性显得更为重要。

（3）建筑构件类型学研究。建筑构件作为建筑的重要组成部分，是建筑地域性特质的一种折射。有关渤海建筑构件的研究仍比较薄弱，现有的研究对象也比较单一，主要以建筑瓦当研究为主。赵越在硕士论文《渤海瓦当研究》中对不同时期、多个渤海遗址出土的瓦当进行整理统计，通过对比分析的方法，进行类型学的分类，并进一步探讨了各类瓦当的特征、出现的时间以及区域，并尝试揭示渤海瓦当与唐代中原瓦当的同源性以及独特的地域性。

而对于其他建筑构件的研究多是结合其他内容进行分析说明的，并没有进行专项的分类比较研究，如有关鸱尾、兽头、覆盆和螭兽等的研究，就是结合渤海彩陶的研究进行分析说明的，如冯浩璋撰写的《唐代渤海国釉陶三彩器初探》，王乐乐撰写的《唐代渤海国釉陶器的类型及相关问题探讨》和 E.N. 盖尔曼撰写的《渤海的釉陶及瓷器》等文章。

渤海遗址出土的大量建筑构件，包括鸱尾、兽头、砖等，类型丰富，特色鲜明，较之同时期的东亚其他地区有一定的不同，这与渤海人的生活习俗和宗教信仰等社会文化要素有很大的关系。故对建筑构件进行深入细致的研究，不仅可以从一个侧面揭示渤海建筑文化的地域性特质，而且可以补充渤海的历史学研究内容。

1.3.3 有关渤海上京城宫城建筑的复原研究

古建筑复原研究是在考古发掘资料的基础上，通过对史料的整理分析，参考同一文化圈内，同时期、同地域、同类型的建筑，对当时建筑形态的一种可能性猜想。由于其与复原者掌握史料的全面性、考古数据的准确性，以及个人建筑历史的修养等诸多方面有很大的关系，因此复原研究具有复杂的烦琐性和主观性。

有关渤海建筑的复原研究，以上京城的主要宫殿建筑群为主。先后有建筑史学者对上京城的都城布局，包括宫城与皇城、郭城的比例关系，里坊制度以及建筑营造尺进行研究，并且重点复原了宫殿建筑，包括宫殿建筑的平面柱网布局、立面形态、木构架体系以及材分制度等问题。如张铁宁先生撰写的《渤海上京龙泉府宫殿建筑复原》、杨鸿勋先生撰写的《渤海国上京王宫初步复原考察》和日本的井上和人撰写的《渤海上京龙泉府形制新考》等论文具有较大的影响。

近年来哈尔滨工业大学中国建筑史与遗产保护研究团队以渤海上京城复原为课题，在多次实地勘察、研读考古发掘报告和走访多位考古专家学者的基础上，相继有多名研究生对上京城的宫殿建筑群、城门、园林等进行了复原研究。如龙江的《渤海上京宫城正南门复原研究》、宋雪雅的《渤海上京城第一宫殿及其附属建筑复原研究》、徐冉的《渤海上京宫城第三、四宫殿复原研究》、刘川的《渤海上京城第二与第五宫殿复原研究》、李霞的《渤海上京城城门复原研究》、孙志敏的《渤海上京城内苑复原研究》等。这些研究多是专题性的研究，较之以前的研究，其内容相对更具全面性。但这些研究往往是各自独立完成的，故在一些问题的讨论上缺乏宏观角度上的统一性。此外，由于当时有关渤海上京城考古资料掌握得不够全面，且主要以唐代建筑为参考对象进行复原，而忽略了遗址上反映的一些细部处理，或是理解不清，这都对复原成果的准确性造成了一定的影响。

1.4 研究目的和意义

中国古代建筑文化在其自身的发展和演变的过程中，通过历代王朝不间断的对外交流，逐渐传播扩散到东亚其他国家，包括日本、朝鲜和越南等，从而形成了以中国古代建筑文化为核心的古代东亚建筑文化圈。古代东亚建筑文化圈以采用共同的木构架建筑体系为其基本特征，在城市营造制度、建筑布局形制以及建筑形态等方面都具有较强的相近性。渤海建筑文化是中国古代建筑史中地域建筑史的重要组成部分，相对于中国建筑史近年来取得的丰硕研究成果而言，渤海建筑文化的研究仍显得很薄弱，急需给予加强。

渤海上京城作为渤海国的主要都城之一，可以说是渤海城市建筑文化的最高代表。对上京城遗址进行分析研究，并对遗址状况比较清晰的建筑群进行复原研究，将会从一个侧面揭示渤海建筑文化特性。这也将弥补中国建筑史中有关渤海建筑文化研究的不足。

从已掌握的考古资料来看，上京城的都城布局、建筑群体布局、建筑营造方法多以唐代都城建筑为参考，反映出的一些典型建筑特点值得深入研究，对于研究唐代中原地区一些典型的建筑特征亦能起到一定借鉴作用。同时，渤海建筑文化在整个东北古代建筑文化发展的过程中起到了独特的推动作用，而上京城遗址作为该地区的一个重要的宫殿建筑群遗址，对于我们认识这一地区的建筑文化发展历程和建筑文化特点，以及建筑营造手法，具有重要的意义。

此外，渤海建筑文化作为古代东亚建筑文化圈重要组成部分之一，由于其特殊的地理位置关系，在当时的日本、朝鲜半岛以及唐代之间的文化交流中起到了中介作用，并且三种建筑文化在此汇集，最终融入渤海建筑文化中。因此，通过对上京城的都城与宫殿遗址的分析研究，对其与上述三者相同类型的建筑形态进行比较研究，对于探究这个时期东北亚建筑文化特质，以及各建筑文化之间的传承借鉴有着重要意义。

正是由于渤海建筑文化在东北亚建筑文化发展中的特殊作用，渤海建筑史的研究在日本、韩国以及俄罗斯一直受到建筑史学者的重视，各国都有学者对此进行不同视角的专题研究。由于对渤海历史的解读存在差异，渤海建筑就成为受关注度比较高的研究课题。因此，对于渤海建筑历史进行深入细致的研究，提出令人信服的研究成果，为这段历史的科学、正确解读做出应尽的义务，亦是本研究的目的之一。

总之，渤海上京城遗址复原研究是渤海国建筑史研究中最为重要的一部分，且作为从属于东亚建筑文化圈背景之下的学术研究。该研究对于完整了解渤海国建筑史，弥补中国古代建筑史研究的薄弱环节，探讨与解读东亚建筑文化圈中建筑文化的传播交流途径，科学地揭示地域性建筑的演化规律与特殊工程做法，等等，都具有极其重要的学术价值，同时对于保护好这份珍贵的建筑文化遗产，也具有很好的实际应用价值。

2 渤海建筑文化特质解析

An Analysis of Cultural Properties of Balhae Kingdom Architecture

建筑文化作为文化系统的一个子系统，在形成与发展的过程中受到自然环境、社会环境、文化以及历史形态等因素的制约，会形成一定的地域性特征。本章主要以渤海建筑文化的地域性特质为研究对象，分别从渤海建筑文化的背景、区域定位、构成因子三个方面对其进行解析。

2.1 渤海建筑文化背景

从中国古代建筑文化区域来看，渤海建筑文化属于地域性建筑文化。从研究地域性建筑本体的角度来看，主要有两方面的背景需要研究：其一，包括气候、地形、地貌等自然环境要素。其二，包括历史、社会、民俗和文化观念等社会环境要素。其中自然环境要素是建筑文化发展的基础，社会环境要素是建筑文化演进的推动力。

2.1.1 渤海自然环境要素

自然地理环境是塑造地域性建筑文化的基本要素，建筑文化只有适应所处时空下的自然地理环境，才能不断地沉积和发展，并最终形成独特的地域性特征。自然地理环境特质主要包括气候、地形、地质等因素。对于一定时期或一个阶段建筑文化的发展而言，自然环境变化细微，故可以将其归结为不可变因子。

2.1.1.1 气候条件

渤海国疆域较大，其中大部分地区处于中高纬度地带，最高纬度在50度左右，具有湿润、半湿润大陆性季风气候，并且跨越寒温带、暖温带、温带三个地区，冬季漫长而寒冷，夏季短暂而温暖湿润，春秋较短。

由于跨越气候区域类型较多，故不同的纬度和地形、地势条件，使得不同的区域气候条件又有细微的差别。大体可以分为三个区域气候：其一，北部地区，纬度最高，在50度左右，属于寒温带、中温带地区，具有湿润半湿润季风气候，一年中有长达半年的时间在霜冻期。其二，南部地区，纬度相对较低，在40 ~ 45度之间，属于中温带、暖温带地区，具有湿润半湿润的季风气候，冬冷夏暖，四季交替明显。其三，中西部地区，属于中温带地区，具有湿润半干旱的季风气候，冬季漫长而寒冷，夏季短暂而温暖，春秋多风。

渤海气候特征中，对渤海建筑地域性特征影响最大的是漫长而寒冷的冬季。这种气候特点直接影响了渤海建筑形态、建筑构造做法以及采暖体系等诸多方面，其中最为突出的地域性特点是室内的采暖体系。在古代东北地区居住建筑的发展过程中，采暖方式的建筑构造一直是重要的建筑特色之一，渤海居住建筑传承并发展了这一体系。从一般的半穴居式建筑到宫殿建筑，从早期只有火地取暖到炕灶结合取暖，直至发展到比较完备的炕、灶、烟囱三者结合的取暖方式，火炕从单烟道、双烟道发展到三烟道。可以说渤海建筑的采暖体系经历了从简单到复杂的过程，并且采暖性能逐渐完善，采暖效果逐渐提高。采暖体系自身的发展体现了渤海建筑对气候条件的适应过程。

除此之外，建筑墙体作为抵御严寒的重要围护界面，其建筑构造被格外关注。从现有的遗址情况来看，虽然渤海地区生产石材，但是渤海建筑墙体多采用保温性能较好的土坯墙，并且较为厚重，这主要是从室内的保温性进行考虑。有关这部分的研究将在渤海上京城寝殿建筑中进行详细分析。由此可见，气候条件是建筑文化形成与发展的第一要素，尤其体现在建筑细部构造处理方面。

2.1.1.2 地形、地质条件

渤海地域广袤，地势高低起伏，地形复杂多样，涵盖了平原、山地、丘陵等多种地形条件，主要包括小兴安岭和三江平原地区、长白山地区、锡霍特山地地区和松嫩平原地区。五个自然区域，山地、丘陵约占渤海国疆域的 1/2。

其中，三江平原地域几乎全部为渤海国疆域所在，但因其是由河流形成的冲击性平原，多沼泽和湿地，故城市规模十分有限。松嫩平原亦为渤海国疆域的一部分，是由松花江、嫩江侵蚀而成的冲积平原，海拔一般为 120 ~ 150 米，较为平坦，树木茂盛。锡霍特山地地区，跨越整个乌苏里江以东的俄罗斯滨海地区，是渤海国滨海城市的主要分布区域，这里河流密集，水上交通便利，故形成了优良的海港，一般城市主要分布在河流区域形成的盆地或是平地上。

需要说明的是长白山地区，渤海国的“五京”都建在这个区域，包括上京城、中京城、东京城、南京城和西京鸭绿府。这主要是由于该区域内崇山峻岭，河流溪谷众多，二者之间形成了很多山间盆地、河谷以及冲击性的平原。面积从十平方千米到数百平方千米不等，地理条件十分优越。这些区域由于多由高山、河流环绕，土地肥沃，便于耕种和狩猎，物产十分丰富，且极易形成气候湿润的小气候，非常适合居住。连绵的山地，熔岩性的地质条件，不但为城市防御提供了天然的屏障，更为城市的建设提供了天然的石材和木材，故这一区域逐渐成为渤海国政治、经济和文化的核心地区。

渤海国的地形和地质对其建筑文化的影响，主要表现为以下三个方面：

（1）城市类型。渤海国丰富的地势形成了多样的城市类型，主要包括山城、平原城、滨海城和江湖城四种类型。渤海人早期是以长白山为根据地逐渐发展起来的，故城市类型的起源也是从山城开始，《新唐书·渤海传》中就记载“东牟山……筑城郭以居”，山城的选择主要是从城市的防御性考虑的。后来随着渤海政治局面的稳定，疆域的不断扩大和经济的逐渐发展，城市也从地理环境险要的山地地区逐渐向地理环境更好、交通更为便利的平原地区和滨海地区发展，城市类型从早期的防御性山城逐渐向平原城、滨海城等城市类型发展。以都城为例，从早期的东牟山、旧国到中后期的上京城、中京城以及东京城，只有东牟山是山城，其余都是平原城。

（2）城市平面布局。从现有的资料来看，在山城的平面布局上呈现出较为明显的灵活性。山城往往位于山岭或是山岗之上，直接借助山体或是在山坡上砌筑城墙，且多顺着地势的变化而修筑，地势较为平缓的城墙较高，地势陡峭的城墙较矮，故平面比较自由灵活，多为不规则形状，并不像平原城采用统一的方形。这正是山城的特殊之处，也是地势对城市平面布局影响的一种体现。

（3）建筑材料选择。由于渤海国地处山地、丘陵地带，盛产石材和木材，故建造也多以这两种材料为主，体现了古代城市营造“就地取材”的原则。以上京城和中京城为例，前者盛产玄武岩石，故城墙、台基以及柱础和散水材料采用的都是玄武岩石。后者则多以河卵石作为这些建筑部分的砌筑材料，这是二者选材的最明显不同之处。同时也正是这些地方性材料的应用，形成的不同于东亚其他地区的建筑构造做法，是一种地域性营造方式的典型代表。

2.1.1.3 上京城自然环境

上京城位于牡丹江中游的平地内，四周群山环绕，西临张广才岭，东临老爷岭，南临张广才岭和老爷岭的支脉，北临宁安盆地，三面临水，有忽汗河自西南向城西北流，向城西北 300 米折向东，马莲河在城东由南向北汇入忽汗河。这样就形成了以上京城所在的宁安盆地为中心，东西南北高山险峰环绕之势，并将其作为都城防御的第一道天然防线。在临近上京城的位置，三面由水环绕，成为第二道天然防线。

根据现有的考古资料可知，渤海国依据地形地势的有利条件，在上京城的周围地区和交通要塞上修筑了很多防御性的山城以及城墙等防御性设施。如上京城西北军事要塞九公里山城，防御北方黑水靺鞨的牡丹江边墙和海林县边墙等，这些山城共同形成了上京城的第三道防线，使得整个防御体系更加完整。这种重重设防的防御体系，可以看作是东北地区特有的地理环境所致，这正是地域性的一种表现。

上京城属于温带大陆性季风气候，冬季漫长寒冷，夏季温暖短促，且降雨量集中，全年无霜期

160 天左右，土层冰冻线深度在 2 米左右。这种气候条件决定了上京城建筑特殊的构造形式，包括室内采暖体系、墙体构造做法以及台基深入冻土层的深度等方面。如上京城主要宫殿台基的基础深度在 2 米左右，这就是由冻土层的深度决定的，只有基础的深度达到冻土层以下，才能保证基础的抗冻性。

除此之外，上京城西侧的张广才岭在一万年以前，曾经发生过多次火山喷发，形成了火山熔岩，其中玄武岩就是岩浆冷凝后形成的一种岩石，质地细密坚硬，大量应用于上京城的都城建设中，包括建筑台基、城墙、础石等构造，使得上京城成为名副其实的“石头城”。此外，上京城所在的东京城盆地，既有含水性和透气性较好的腐殖黑土，也有含沙性较大的黄黏土。前者主要用于制造各种瓦当和砖，后者主要用于制作砌筑墙体所用的土坯块。

通过以上的分析可知，上京城地区的自然环境对城市建设产生了重要的影响。

2.1.2 渤海社会环境特质

就渤海建筑文化而言，如果说自然地理环境是其建筑文化系统形成、发展的基底，那么社会文化环境就是建筑文化系统演进的动力。社会文化环境主要包括社会制度体系、人口结构和生活习俗。由于这三者内容会在不同的时期发生微妙的，甚至是巨大的变化，固将其看成是可变因子。

2.1.2.1 渤海民系构成的多样性

民系的基础是共同的地域、共同的经济生活、共同的价值观念和习俗信仰。渤海国所在的地区自古以来就是多民族聚集地，虽然不同的历史朝代，文献记载同一个民族的称号不同，但是民系的构成上却是一脉相承的。如靺鞨人在“秦以前称肃慎，汉晋称挹娄，东晋至南北朝称勿吉”，而在不同的历史时期，起主导作用的民族不同，其从某种程度上决定或是影响不同时期的文化属性，决定了建筑文化的不同特质。

渤海国的民系构成复杂多样，初期主要是由靺鞨人带领一部分高句丽人、汉人、契丹人等发展起来的；随着渤海疆域的不断扩大，经济的不断繁荣，臣服的少数民族越来越多，并最终形成了以靺鞨人为主体，融合其他民族的渤海人。其中主要包括靺鞨人隶属的肃慎族系，夫餘、高丽等隶属的夫餘族系，以及契丹、奚人及达姑人隶属的东胡鲜卑族系和汉人。

其中，肃慎系民族粗狂豪放、威武善战、开放好学，主要分布在东北的长白山和黑龙江下游，以渔猎和畜牧业为主要经济来源，农业是后来逐渐发展起来的。东胡系民族喜好骑射、骁勇彪悍，主要分布在蒙古草原，以游牧为主要经济来源。汉族以礼仪为重、重文轻武，主要分布在辽西和辽东地区，以农业经济为主要经济来源。秽貊系民族好让不争，讲究礼仪，主要分布在中部的松嫩平原，以渔猎和农牧为主要经济来源。这四大民系既是渤海国时期的主要民系构成，也是东北地区少数民族的主要构成。

这些民族虽然生活在同一地区，但是都有各自的文化背景，而他们所携带的原有文化或是引入的文化必然会在渤海国民族聚合的过程中，发生温和或是强烈的文化碰撞，并最终经过文化整合，形成一种全新的文化，而这些文化必然也会对建筑文化产生强烈的影响。

以渤海上京城为例，对渤海建筑文化起主要影响的民族包括靺鞨人、高句丽人和汉人。其影响主要体现在单体建筑形制、建筑构造做法和细部处理手法等几个方面。其中高句丽人主要是高句丽时期的移民，并且其中部分移民成为渤海城市建设的匠人，这样高句丽建筑文化必然会对渤海建筑文化产生潜移默化的影响。其中，上京城楼阁式的城门类型就可以看成是高句丽文化的一种体现。而在建筑细部构造做法上，包括墙体、台基的砌筑方式，构架的装饰纹样等方面也都受到了不同程度的影响。

这一时期的汉人可以依据时间分为两类：一类是在原地区发展起来的、早期汉人的后裔，这部分汉人所携带的汉文化已经随着时间的推移，逐渐和这一地区的少数民族文化融合，其体现的文化已经是经整合完成后的区域性文化，故这部分汉人不被认为对渤海国建筑文化的形成起到主导性作用。另一类是随着渤海国的不断壮大与繁荣，后移入而来的，且曾居住在中原汉文化圈或是周边地区的汉人，而这部分汉人所携带的中原汉文化更为纯正，是当时唐代中原文化的主要传播者之一，故对渤海建筑文化的形成起到了积极的推动作用。这主要表现在渤海都城布局、官式建筑单体以及建筑构件等诸多方面。

靺鞨人是渤海国的主体民族，其所携带的文化必定会对渤海建筑文化起到最重要的影响作用，这主要体现在靺鞨人的生活习俗方面。就已知的历史文献和考古成果来看，主要表现在对渤海居住建筑的影响方面。《旧唐书·靺鞨传》中记载：“无屋宇，并依山水掘地为穴，架木于上，以土覆之，状如中国之冢墓，相聚而居。”这说明早期的靺鞨人采用的是一种穴居模式，这直接影响到了渤海人早期半穴居的居住模式。同时，从上京城现有的一些建筑细部处理手法分析可以得知，在与之密切相关的唐代中原文化、东亚其他国家建筑文化以及之前的高句丽时期、其后的辽代时期，都找不到相似的处理方式，或许有关这方面的解读可以从早期靺鞨人的建筑中得到启示。但由于目前的资料有限，还不能准确地进行判断。

还有一点需要说明的是，渤海建筑文化对辽代建筑文化也有重要的影响，这既有二者处于同一地区的原因，也有民系相互交叉的因素，这种不同民族之间的人口流动使得同一地域的建筑文化得以传承。在同一地区，不同民族之间的流动性，正是这一地区不同时期建筑文化相似性的主要因素所在。

2.1.2.2 两种地方政治体制

一个地区的社会制度体系，直接影响该地区文化发展的方向、进程以及社会属性。建筑文化作为文化的因子，自然也受到社会体制的影响，这种影响具体表现在城市规划体制上。

渤海国所处的东北文化区，历代是少数民族聚集地。这里自然环境恶劣，生产力落后，民族多样，文化交流相对较差，社会体制发展落后，并且呈现出区域内部社会体制发展不平衡的现象。

就社会体制而言，渤海国在整个发展的过程中，可以说体现了氏族制、奴隶制和封建初期制度并存的局面。其中氏族制和奴隶制主要体现在部落制度上，实际上是一种部落联盟制度，这是靺鞨人早期聚族而居生活习俗的体现。日本史料中就记载："无州县驿馆，处处有村里，皆靺鞨部落。"这实际上是原始社会母系社会和父系社会体现的一种"邑"或"聚"的形制演变。这种部落制具体表现形式是，往往存在聚族部落中心，也就是后期的州府等地方行政区域，在部落中心周围或是行政区周围有若干"邑"或是"村"的存在，部落制度是渤海国地方基层政权中最为重要的制度形式，在边远区域、经济相对比较落后的区域往往采用的是地方政权与部落制相结合的形式，且以部落制为主导。

这种部落制度在城市建设上，主要体现出三个特征：其一，城制上具有防御性的城墙、城门、城壕等城市构成要素，与奴隶制时期城市建设模式相似。其二，城市布局上体现了功能分区，主要包括居住区、氏族祭祀区和储藏粮食的窖穴区等不同功能的区域，这些区域形成城市的中心区。这一点与氏族制时期的聚落制度相类似。其三，城内的居住建筑形态，有半穴居和地面式建筑两种。前者在布局形态、平面形式和结构类型等方面更多地保持了原始社会居住建筑的特质，后者则更多地体现了封建社会初期居住建筑的模式。

渤海国体现的另一种社会制度是封建制度，这与同时期的唐代制度一致，在地方行政制度上又体现了一种京、府、州、县的等级差别，这种等级制度主要应用于"五京"在内的腹心地区等王廷直接管辖的地方，其中"五京"指的是：上京城、中京城、东京城、南京城和西京城。这"五京"既是政治行政中心，又是经济活动中心，具有双重职能，并且位于经济繁荣，且地理及交通条件优越的区域，这样渤海国就形成了五个经济政治中心区。并且在这"五京"周围形成了若干规模不一、功能性质不同的近卫城和拱卫城。如《新唐书·渤海传》记载的"以肃慎故地为上京，曰龙泉府，领龙、湖、渤三州"，这些城市既有区域性的经济中心城，也有防御性的山地城。

渤海国这一地方行政体制使得城市结构规划布局趋于成熟。这主要表现在：其一，城市形成了明确的功能分区，包括居住区、经济区、政治区等，其中政治区是城市的中心区域。其二，城市内部道路网格体系明确，等级制度分明。其三，城市居住区部分实现了里坊规划制度，体现了"编户制”的统一管理规划模式。在已知的都城上京城和咸镜南道北青土城遗址有坊墙的痕迹，其中上京城坊的划分最为明确。其四，中心城市的居住建筑采用的几乎都是地面式建筑，并且采用的是木构架体系，这种居住建筑较之部落制的居住建筑形式进步很多。

可以说渤海国部落制体现的是渤海国成立前，区域内部采用的一种社会政治体制。而州府等级制度则是当时通用的一种地方行政区域划分模式。这两种制度并存正是渤海国所在区域社会文化、生活习俗地域性的一种体现，同时也是东北地区长期采用的一种制度模式。

2.1.2.3 宗教信仰

一个地区的宗教信仰对于这一地区的建筑文化也有着重要的影响，这主要体现在建筑类型、建筑装饰纹样、建筑构件形式上。渤海国所在的地区是少数民族聚集地，有着悠久的宗教信仰传统。渤海国时期主要有三种宗教类型：萨满教、佛教和道教。本书重点介绍前两者对渤海建筑文化的影响。

萨满教一直是我国北方少数民族的宗教信仰，包括作为渤海早期先民的肃慎、挹娄、勿吉和靺鞨，故萨满教也成为渤海人的主要宗教信仰之一。萨满教的崇拜可以简单地分为自然崇拜、动植物崇拜和祖先崇拜。从上京城遗址情况来看，动植物崇拜对建筑文化影响比较大，这主要包括两个方面：一方面是建筑构件的装饰纹样，另一方面是建筑构件的造型。前者以瓦当为例，虽然渤海典型的莲花瓦当来源于唐代中原地区的莲花纹样，但是莲瓣之间的装饰纹样却是独特多样的，与中原地区有明显的不同，主要包括弧形纹、十字纹、萼形纹、三瓣草叶纹、鸟形纹等。其中萼形纹、三瓣草叶纹采用的都是植物形象，体现了植物崇拜。鸟是萨满教的崇拜物之一，从中可以看出萨满教的影响，也是一种动物崇拜的表现（具体分析可见 2.4.3 节）。

渤海建筑构件的造型极具特色，以屋顶脊饰为例，从遗址出土的脊饰情况来看，出土最多的是垂兽、戗兽、套兽和鸱尾，其中前三者采用的都是面部狰狞的兽头形象（图 2.1）。以兽头作为屋脊装饰构件的手法，也见于唐代中原以及其他地区，但渤海上京城出土的兽头的具体形态明显区别于前者。这可能主要受到萨满教中动物图腾崇拜的影响。就套兽的具体形象而言，很难确切地说出其原型，推测可能采用的是几种动物的混合形象。如上京城第二宫殿出土的套兽可能采用的是猪和龙结合的形式（图 2.1a），而第 50 号宫殿出土的套兽可能采用的是狼和龙集合的方式（图 2.1b），而垂兽、戗兽的形态可能源于狼和鹿角的结合（图 2.1c）。如果推断成立的话，除了龙崇拜是中华民族共同的图腾崇拜外，狼、猪、鹿崇拜应该都是萨满教的动物崇拜。从以上的分析来看，萨满教的动植物崇拜已渗透到了渤海建筑构件的细部装饰，成为渤海建筑文化的组成部分。

佛教是渤海国主要的宗教信仰之一，在上京城的都城中就发现了两座主要的佛寺，即东半城 7 号佛寺址和北半城 9 号佛寺址，并且在渤海国的其他地区也发现建有相当规模的佛寺，如俄罗斯滨

a 套兽（1）

b 套兽 （2）

c 套兽（3）

图 2.1 上京城遗址出土的套兽

海地区的马蹄山寺遗址和杏山寺遗址，可见当时佛教的昌盛使得佛教寺庙大量涌现，为渤海建筑提供了一种新的功能类型。

除此之外，在建筑构件的装饰纹样中也体现了佛教的影响，其中以莲花纹和忍冬纹最具代表性，前者体现的是从烦恼中解脱而生于佛国净土的圣人化身，具有圣洁、出淤泥而不染的出世品格；而后者波曲图案结构与佛教的生死轮回永生之念有着千丝万缕的联系，以至在佛教装饰中经常得到应用。其中莲花纹主要作为瓦当的装饰纹样，而忍冬纹主要应用于地砖的装饰纹样，卷草纹也是常见的铺砖装饰纹样（图 2.2）。由此可以看出佛教对渤海建筑文化的影响。

图 2.2 上京城遗址出土卷草纹地砖

2.2 渤海建筑文化定位

渤海建筑文化是多种文化在同一地区，经过文化碰撞和吸收的结果，是多元建筑文化整合的一种表现。故在了解渤海建筑文化特质之前，需要对渤海建筑文化的构成进行解析。

2.2.1 渤海建筑文化区域定位

从空间概念的角度来讲，不同区域的建筑文化由于处于不同的文化区内，因此，所体现的建筑文化特质各不相同。而在同一文化区内，文化亚区都与核心文化区在文化上有很多相似之处，但相互之间又会由于具体的政治、经济、习俗等方面因素的影响而各有不同。要想了解一种建筑文化的构成，首先要确定其所在的建筑文化区域，并对这一区域进行文化区定位。

2.2.1.1 东亚建筑文化区

文化区既是一种空间单位，也是一个历史范畴，指的是根据不同地区盛行的文化特征的差异而划分的一种空间单位，即在同一区域内某一种文化要素，甚至是多种文化要素以及反映这些文化特征的景观呈现一致性的特征。文化区概念表达的是不同地区之间文化的差异性以及同一地区文化的相似性。

根据文化地理学的划分方式，世界区域可以简单地划分成六个区域，即西方文化区、伊斯兰文化区、印度文化区、东亚文化区、东南亚文化区和非洲文化区。古代东亚文化区基本属于汉文化圈，主要包括中国、朝鲜半岛、日本和越南等地，这些区域用不同的方式吸收中国文化，形成了具有本地特色的独立的新文化区。从渤海国所在的地理位置和文化特征上看，其刚好位于东亚文化区内。

建筑文化作为文化的一个因子，在区域的划分上与大的文化区划分具有一致性或是基本保持一致，故东亚建筑文化区主要包括的中国、日本、朝鲜和韩国，形成了以中国建筑文化为核心的东亚建筑文化圈。渤海国作为唐代附属国，无论从地理空间上，还是从政治上都是东亚建筑文化圈的重要组成部分之一。

渤海国、日本奈良时期和朝鲜半岛新罗时期的建筑文化与唐代中原地区的建筑文化一脉相承。首先，从这一时期的建筑构架来看，其采用的都是中国古代的木构架建筑体系，包括柱、斗拱、屋架等结构。其次，从城市的总体布局与单体建筑形制来看，都与唐长安城十分相似，深受其影响，如日本平城京、新罗王京、渤海上京城。此外，在建筑构件形态和装饰纹样上，也都密切相连，如鸱尾形式采用的都是鱼尾形，只是在具体装饰或是尺度上有所差异，装饰纹样也都是以莲花纹、卷草纹为主。

由此可见，唐代建筑文化确实在当时的东亚建筑文化区域内起到了决定性的主导性作用。而渤海国、日本和朝鲜半岛同属于边缘建筑文化区，这三个区域建筑文化要素相对于唐代核心文化区而言密度较低，除了表现部分典型的建筑文化特征外，还与核心文化区文化有一定的差异性。

同时，在唐朝时期，渤海国与日本和朝鲜半岛，多有往来，其中以与日本之间来往最为密切，历史文献上记载，渤海国共正式派遣聘日使节 34 次之多。而渤海国与当时朝鲜半岛新罗之间局势一直比较紧张，故往来较少。这样看来，渤海建筑文化与当时日本建筑文化之间联系更为紧密，但是由于同一时期新罗建筑文化直接传承于三国时期的百济、高句丽、新罗建筑文化，且高句丽建筑文化对渤海建筑文化又有着一定的影响，故渤海建筑文化、日本平城京建筑文化和新罗建筑文化之间会有一定的交叉渗透，这样在建筑具体形制、细部处理以及构造上会有一定的相似性。而这种相似性可能是区域性的，个别形制也会与核心区的唐代中原建筑文化形制明显不同，如上京城楼阁式城门遗址与日本平城京朱雀门遗址、高句丽安鹤宫城城门遗址十分相似，但这种城门类型却不见于唐代都城城门遗址。这说明在核心文化区以外的边缘文化区，由于其相互间地域上更为接近、彼此之间联系紧密，故在建筑文化的某些方面，较之与核心区建筑文化之间，更具相似性，这也是文化差异性的一种体现。

2.2.1.2 中国建筑文化区域

中国文化区，以汉文化为主体，自古以来受中国疆域的不断变化、物质资料生产方式的不断改变以及社会文化环境的变化等因素的影响，不同历史阶段的中国文化区域的划分会有所不同。中国古代文化区域，是以当时中国各地物质资料生产和生存方式为基础，并且与地理环境、社会经济、民族活动等体系相重叠进行划分的。由于学者研究的侧重点不同，重点参考的依据不同，故具体的划分方式也存在差异。

从考古学的角度进行区系划分，中国古代文化区划分为中原文化区、东南文化区和东北文化区三大区域，这三个区域都是中华民族文化的发祥地。英国学者李约瑟从文化地理学的角度进行划分，将中国文化区划分为北方文化、西北文化、西方文化、南方文化和东南文化。从经济学角度进行区域划分，可以分为：以狩猎、采集和捕鱼起主导作用的区域，以锄掘（徒手耕）农业或动物饲养起主导作用的区域以及以犁耕（耕耘）农业为主导作用的区域。这说明不同学科对中国古代文化区系的划分是不同的。确定渤海文化在整个中国古代文化区系的位置以及发挥的作用，对于正确分析渤海的建筑文化是必不可少的。

渤海国盛时疆域东至日本海，北到黑龙江，西起伊通河流域，南以泥河为界与新罗接壤，位于南北水陆要冲，从唐代当时的版图来看，主要位于其东北部地区。从文化地理学和考古学区系的划分来看，属于北方文化区，确切地说，是属于东北文化区域。中国古代东北文化区主要包括东北三省，内蒙古自治区东部、东南部与河北省北部及京津地区，还可联系到广大的东北亚地区。东北文化区有以下几个特点：

其一，这一区域包括三个气候区：亚寒带、温带和暖温带，南北温差较大，且地理环境复杂，包括平原、山区、丘陵、草原等，同时山川纵横、地势多样、海岸线较长，主要包括中部平原地区、东部山地地区、西部草原地区和南部辽东半岛丘陵地区。这一地区属于北方游牧文化区，主要以渔猎采摘结合农牧业为主要生产方式。

其二，东北地区自古以来就是多民族区域，这里主要包括四个民系：汉族、东胡、秽貊、肃慎。这几个民族在不同的历史时期，分别成为这一地区的主导性民族，如南北朝时期秽貊族建立的高句丽政权，唐朝时期靺鞨族建立的渤海国政权，契丹人建立的辽代，满族建立的清朝，等等。正是多样的民族性形成了东北地区多样的地域性文化特征。在隋唐时期，东北文化区可以分为高句丽文化区、渤海文化区和府郡文化区。

其三，东北文化区在形成与发展的过程中，与中原文化、北方文化以及东亚文化发生了不同程度的吸收和碰撞，但是在整个文化整合的过程中，对中原文化的借鉴体现了主动吸收性和被动接受性两种特点，并且体现出由最初的多元文化向单一文化的转化过程。这一过程大约经历了三个阶段：第一个阶段是渤海国时期，渤海文化是以中原文化为蓝本，将这一地区的多样文化进行整合。第二个阶段是辽金时期，将多样文化向单一性文化过渡。第三个阶段是清朝时期，形成了满族文化。由此可见，在整个东北地区文化发展过程中，本地区的文化始终起主导性作用，只是在不同的时期，文化的吸收程度和兼容程度有所不同而已。

渤海文化区处于东北文化区之内，其文化自古以来就是东北文化的重要组成部分，秦朝以前的肃慎文化、西汉的挹娄文化、南北朝的勿吉文化、隋唐的靺鞨文化，这些文化都成为渤海国成立之前东北多民族文化的重要分支。到了渤海国时期，渤海文化更成为这一地区的主导文化，成为东北文化区的核心文化，是使东北文化从多元文化向单一文化转化的第一阶段，可以说在东北文化的演变过程中起到至关重要的过渡作用。

2.2.2 渤海建筑文化的作用

2.2.2.1 中介性

文化地理学将文化区分为核心区和边缘区，核心区的文化经过传播，扩散到边缘区。而核心区文化扩散的速度与地理位置及人的认知程度有关，即距离核心文化区越近，人们的认同度越高的区域，受到的影响就越大，同化的可能性就越大。并且在文化的传播过程中，由于边缘区与核心区距离较远，二者之间往往存在其他文化亚区，两种文化在文化亚区交汇，而文化亚区就起到了一定的中介作用，这是文化共时性区域之间的常见现象。

在东北亚文化区内，渤海国就属于这样的文化亚区。究其原因主要有以下两点：一是从地理位置上看，渤海国位于唐朝、日本、朝鲜半岛之间，并且只有渤海国与唐朝中原直接接壤。再者，渤海国从建国伊始直到灭亡，一直与唐朝保持着臣属关系，只在极少的时间有战争冲突，与中原之间的政治关系相对稳定。而日本、朝鲜半岛与唐朝之间的关系时好时坏，在三者之间联系中断时，渤海国与三者之间却互有往来，这样唐朝中原文化依然会通过渤海文化传播到日本、朝鲜半岛。其中渤海国与日本之间开辟了“日本道”，由于其安全性相对较高，故成为 8 世纪中叶以后，日本与唐朝之间往来的必经之道。即使是到了 9 世纪中叶以后，日本停止了派遣唐使，渤海人仍与唐朝和日本之间保持着密切的联系，这样唐朝中原文化依然会通过渤海文化传播到日本，故虽然日本和唐朝之间已经中断往来，但是在文化上一直保持着间接交流，而在这一过程中，渤海文化起到了中介作用。建筑文化作为文化的一个因子亦是如此。

同时，在东亚各国文化之间的交流过程中，由于不同的建筑文化都汇集在渤海国，并且时间长达两百年之久，故渤海建筑文化在发展过程中，必然会受到潜移默化的影响，而这些多样的建筑文化虽然都是以唐朝建筑文化为主导，但都结合自身的自然环境因素和社会环境因素进行了本土化整合。而这些建筑文化经过整合后，又再次传播回渤海国。这样渤海建筑文化就受到初始文化区核心文化的影响，也受到继起文化区核心文化的影响，更有二者整合后的全新的文化影响。正是渤海所处的特殊地理和政治位置，决定了其不但在东亚建筑文化之间起到了重要的中介作用，也使得其自身的建筑文化构成上复杂多样，这在东亚建筑文化区内是独一无二的。

2.2.2.2 传承性

从历史纵向上看，文化具有强烈的传承性，即在同一地区文化发展的过程中，不同时期的文化会被本民族，或是其他民族吸收和利用，不断地形成新文化。这样各种文化会不断地沉积融合，形成多层文化叠置现象，构成了具有多重文化属性的文化景观。这一过程体现了文化的沉积性和历史层叠性。

在整个古代东北文化发展史上，从纵向的时间顺序上，历经了几个比较重要的文化发展时期，即高句丽文化（公元前 1 世纪 ~ 公元 7 世纪）、渤海文化（698 ~ 926 年）、辽代文化（916 ~ 1215 年）、金代文化（1125 ~ 1636 年）和清代文化（1636 ~ 1911 年）。这五种文化由于在管辖区域、民系构成、社会文化等方面有很大相似性，故而文化之间具有历史层叠性。而渤海文化作为其中重要一环，起到承上启下的作用，归结为下述三方面。

首先，对本民族建筑文化的传承。渤海人的祖先和后裔始终都是东北少数民族的一个族系，在不断完善本民族文化的同时，也在积极吸收其他民族的文化，这样不但使本民族的文化具有很强的连续性，也使得其他民族的文化得到了扩展空间。其次，对其他民族文化的借鉴与传承。通过对渤海建筑文化构成的分析可知，渤海建筑文化除了传承和延续了本民族的建筑文化以外，还吸收和借鉴了高句丽建筑文化，使得东北多样的文化在其存在的时间内得到了最大的融合和整合，即“不同文化相互吸收和融合，形成一种与原有文化不尽相同的全新的文化的过程”，这是文化的整合作用。正是这种文化整合作用才使得东北建筑文化不断更新发展，保持旺盛的生命力。再次，对后期该地区建筑文化的影响。渤海国被辽所灭，并且最初辽的都城就建在上京城，这样渤海建筑文化的一些东西直接被传承下来。

在建筑文化上最为突出、最具该地区地域特征的传承性主要表现在以下几个方面：

（1）“五京制”。“五京制”是根据经济、政治和文化等因素设立的，在中国古代秦汉时期就已出现，制度形成于唐代，并且在东北地区高句丽时期演变为“五部制”。后被渤海国继承，其后的辽金两代延续了该形制，在东北地区的“五京制”发展过程中，渤海的传承作用是明显的。

（2）在单体建筑形式上，比较典型的类型是楼阁式城门。这种类型的城门未见于唐代中原地区，却见于高句丽古墓和壁画中，并且见于渤海上京城和中京城以及东京城遗址中，这说明楼阁式城门已经成为这一时期的主要城门类型之一。并且这种楼阁式城门也见于有关辽代城市建筑的文献记载中，宋人路振的《乘轺录》中有关于辽中京城的记载：“……第二重城，城南门曰阳德门，凡三间，有楼阁，城高三丈……”这说明辽中京城采用的楼阁式城门与渤海国城门是同一种类型。但却未见于同时期中原都城的城门，故可以说这种城门制应该直接传承于渤海楼阁式城门，并且成为古代东北地区都城的主要城门形制。

（3）在细部构件上存在一定的相似性。以瓦当为例，辽代遗址出土的瓦当纹样以兽面纹为主（图 2.3），也出土了变形莲枝纹和莲花纹瓦当（图 2.3），其中莲花纹瓦当与渤海遗址出土的典型的莲花纹瓦当相似（图 2.4），采用的都是双莲瓣纹，中间为乳丁纹，间纹为人字纹。这从一个侧面验证了渤海建筑文化对辽代建筑文化的影响。由此可见，渤海建筑文化在古代东北建筑文化发展的过程中，对于后期该区域的建筑文化产生过很大的影响。

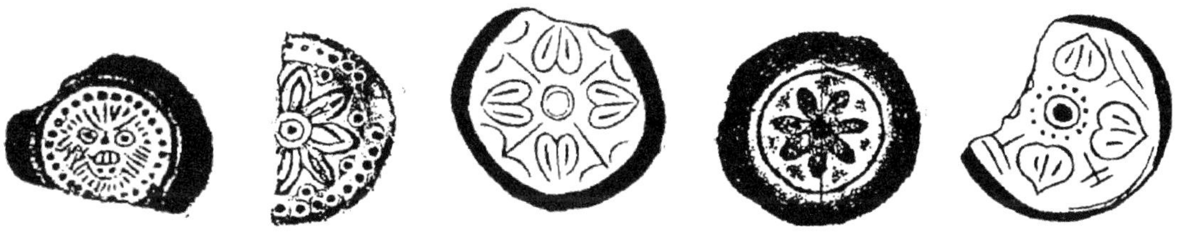

图 2.3 辽代遗址出土瓦当

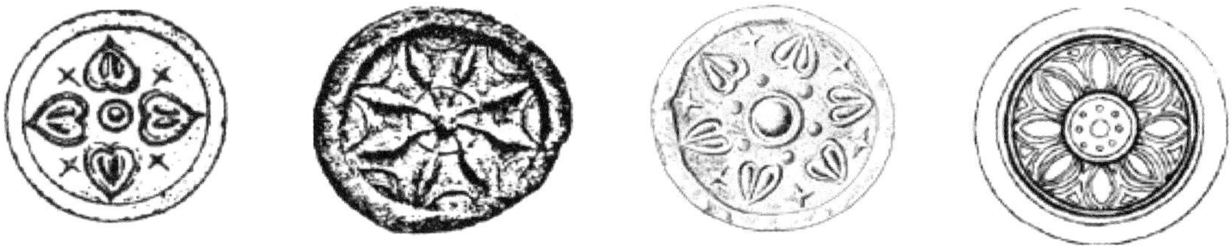

图 2.4 渤海遗址出土瓦当

2.3 渤海建筑文化的构成因子

渤海建筑文化位于东北亚建筑文化区内，与高句丽建筑文化、唐代建筑文化、新罗建筑文化和日本奈良建筑文化之间产生了不同程度的碰撞，并且最终经过文化整合，形成了独特的渤海建筑文化。这一文化整合过程，体现了不同时期、不同地域、不同民族多样文化在同一地区相互吸收、接纳、碰撞的现象，体现了多元文化整合与变异的特性。

2.3.1 唐代建筑文化的主导性

渤海国与唐朝的隶属关系以及渤海人对强大的唐文化的向往，使得唐代文化在渤海国得以迅速而广泛传播，无论是政治制度还是文化习俗，都体现了唐代文化对渤海文化的主导作用。作为渤海文化因子的渤海建筑文化亦是如此，即在体现了渤海人对中原建筑文化的心理认同感的同时，又表现了强势文化对弱势文化的主导作用。

2.3.1.1 对中原文化的心理认同感

人们按照不同文化要求进行社会活动的精神力量就是所谓的文化动力。这种文化的精神力量包括人们的共同意识、思想状态、价值观念等。唐代建筑文化能够迅速而广泛地传播到渤海国，并且被渤海人积极采纳，逐渐成为社会的主导文化，正是文化精神力量所致，体现了渤海人对中原文化的认同感。

究其缘由主要有两个方面：首先，渤海人的先民从秦汉时期的肃慎就开始与中原保持密切的联系，始终以臣服的姿态出现，逐渐形成了中原文化的主导性地位。这种心理状态一直潜移默化地影响着后来人，包括渤海人。虽然古代东北地区以少数民族为主要民族，但是一直与汉人杂居，这种长期的相处，就形成了靺鞨人“悦中国风俗，请被冠带”的形式。并且在不同的时期，不断有中原地区的汉人涌入这一地区，不断地带来当时中原地区最先进的文化。正是这种不断更新的先进文化，使得渤海先人意识到了中原文化的先进性和优越性。

其次，唐代文化是当时整个东亚地区最先进的核心文化，周边国家对唐代文化都十分向往和推崇。渤海国作为唐朝的附属国，与中原地区直接接壤，文化联系更为密切，故政治、经济、文化上接受唐文化亦属正常。自大祚荣后历代诸王都提倡积极学习中原文化，不断派遣贵族子弟到唐朝学习典籍，使得唐文化在渤海国得以迅速而广泛传播，如儒家文化思想、宗教信仰、文学诗歌、汉字等方面的文化逐渐被渤海文化所吸收，逐渐形成了与唐朝文化“车书一家”的局面，体现了强势文化对弱势文化的主导性作用。渤海建筑文化作为渤海文化的一个因子，自然也体现了这一特性。

2.3.1.2 核心文化区的辐射效应

文化地理学的理论认为，一个文化区域或是文化圈内，核心文化作为强势文化，对其边缘区域的弱势文化，具有一定的辐射效应。这种文化现象在渤海文化中均有所表现。

唐朝中原文化区是当时整个东亚核心文化区，属于初始文化中心区。核心文化会随着文化载体——人（包括这一区域外迁的人口和外来人口的进入）而不断地传播到其他区域，包括朝鲜半岛、日本岛、渤海国等地区。这些区域对唐代核心文化的认知和认同感，使得唐代核心文化得以顺利传播，并且与当地土生土长的文化结合，形成了初始文化领域以外发展起来的继起文化。这一文化传播过程体现了核心文化区对边缘文化区的辐射效应。至于辐射的程度和效果，与当地人的认知程度有很大的关系。

无论从政治还是地理位置上看，渤海国都处于唐代核心文化的辐射圈范围内。并且由于其地理位置偏僻，文化发展滞后，相对于唐代中原文化区而言，属于边缘文化区域。而此时作为强势文化的中原核心文化，就不可避免地扩散到弱势文化区——渤海文化区域。扩散到渤海国区域的中原文化与当地的其他民族文化相结合，创立了不同于核心文化的继起文化，但在这个继起文化中，作为核心区的中原文化始终起着主导性作用。这一继起文化也恰好是当时东北文化区的核心文化。

从现有的考古资料看，渤海国城市建筑的发展过程，几乎全部吸收了唐代建筑文化。在都城总体布局、宫殿群组合模式、单体建筑平面形式、建筑构件形态、装饰纹样等方面，均体现出唐代建筑文化之影响。相关问题将在其后的章节中进行详细讨论。

2.3.2　高句丽建筑文化的兼容性

2.3.2.1　同一地区建筑文化的层叠性

一个地区的文化存在历史层叠现象，即文化素材是由一系列文化层所构成的连续体。也就是说，本地区的一些生活习俗、观念、礼仪等会由于习惯的力量，由之前的文化层带到下一个与其紧邻的文化层，这样现有的文化特质必然会体现一些之前的文化属性。也可以认为，在同一地区的文化发展进程中，存在文化传承性和文化借鉴性等特征。因此，为了能很好地了解一个地区的文化特质，需要先弄清楚其文化层的序列性。

高句丽和渤海国是东北地区由少数民族先后建立的政权，位于东北文化区内，并且是东北文化发展的重要环节，立国期间一直是东北文化区的核心文化。相对于中原的初始文化中心而言，二者都属于继起的文化中心，也就是说，都是中原文化结合本土文化丛发展壮大的文化。

高句丽和渤海国兴亡更替，前后基本衔接，统治区域，相当大部分重合，管辖人口，又互有从属。二者在政治、经济和文化上有一定相似性，如，二者都是以渔猎业和畜牧业为主要经济来源，且都以佛教和萨满教为主要宗教信仰。

民系构成上，虽然前者以秽貊系为主，后者以肃慎系为主，但是二者都是由东北地区的四大民系构成的。除此之外，二者都崇尚中原文化。正是这种趋同的社会文化背景、人们的观念以及心理状态使得二者具有一定的兼容性。在很多子文化系统上具有一定的前后传承性。其中渤海建筑文化必然会受到高句丽建筑文化的影响，尤其是早期的渤海建筑文化。

在渤海建筑文化的地域性上，其具体表现为三个方面：一是渤海国早期都城采用的是平原城与山城结合的布局模式，这种布局模式直接导源于高句丽，这是特定的地理环境决定的。二是在居住建筑形态上，尤其是寝殿建筑，采用的都是正房和回廊的双层保温空间结构，这是为了抵御冬季严寒而设计的。三是在建筑的构造方式上，包括墙体的砌筑方式（图 2.5），居住建筑的采暖设施等方面。下面将二者在这三个方面的典型特征进行比较分析（表 2.1）。

a 五女山山城城墙　　b 盖县高丽山城土墙　　c 上京城宫城城墙　　d 上京城皇城城墙

图 2.5 高句丽、渤海城墙实例

表 2.1 渤海国与高句丽城市建筑典型特征比较分析

名称		渤海国城市建筑	高句丽城市建筑
城市布局模式		山城和平原城结合，以平原城为主	山城和平原城结合，以山城为主
建筑构造	城墙	石筑、土筑、土石混筑	石筑、土筑、土石混筑
	建筑墙体	土坯墙、木骨泥墙、拉哈墙	木骨泥墙、石筑墙
居住建筑形态（以寝殿为例）	共同点	地面式，采用正房与回廊结构，长方形，三个房间，东西两室等宽，为主要居室，中室较窄，采暖设施为火炕、灶和烟囱结合的形式	
	不同点	室内空间大小不同，火炕、灶和烟囱的具体位置、数量以及烟道的具体布置形式不同	

从表 2.1 的分析来看，高句丽建筑文化对渤海建筑文化的影响主要是以地域性的特质来体现的，这恰好体现了同一地区建筑文化的历史层叠性。

2.3.2.2 建筑文化的同源性

高句丽建筑文化和渤海建筑文化发展的共同特点就是：在建国初期，由于政治局面不稳定，与中原地区的交流不够密切，故建筑文化以东北地区原生地域性文化为主导。其后，随着政治局面的稳定，积极开展了与中原地区之间的文化交流。这样，先进的中原建筑文化以各种不同的方式不断地传入区域内。在文化传播的过程中，高句丽人和渤海人开始了解、认知、认可中原文化，并且开始积极地吸收其中精华所在，逐渐形成了以中原文化为主导地位的文化现象，并最终演变为高句丽和渤海国的核心文化，而本地区固有的文化则退居次要位置，或是以地域性的文化特质呈现。从这个角度来讲，二者的建筑文化，或者更确切地说，核心建筑文化都来源于中原建筑文化，故具有建筑文化的同源性。

从文化交流的时间顺序来看，高句丽跨越四个世纪，包括魏晋南北朝时期和隋唐时期，其建筑文化一直受到中原建筑文化影响，尤其是高句丽后期，影响最为明显，而渤海国历经 229 年，主要受到唐代建筑文化的影响。而中国古代城市建筑文化，在魏晋南北朝以后开始趋于同一性，二者在建筑文化的具体表现上具有很大的相似性。中原建筑文化对二者建筑文化的影响主要表现在核心文化上，或者更精确地说表现在官式建筑上。

这主要体现在以下几个方面：其一，都城规划布局上。以高句丽安鹤宫（图 2.6）和渤海上京城宫城为例（图 2.7），从宫城的总体布局来看，采用的都是规整式平面布局，功能分区明确，并

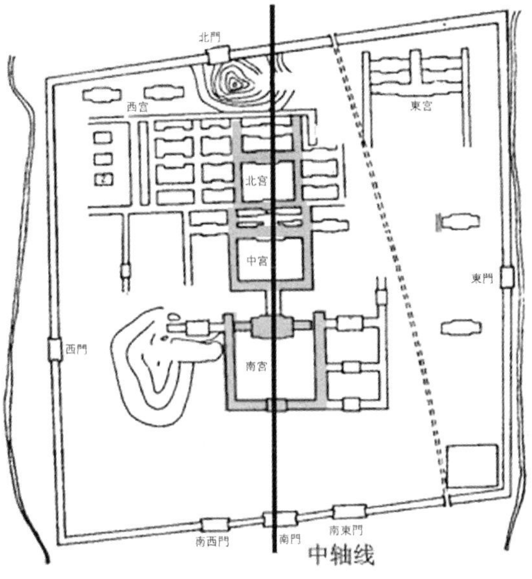

图 2.6 高句丽安鹤宫平面图①

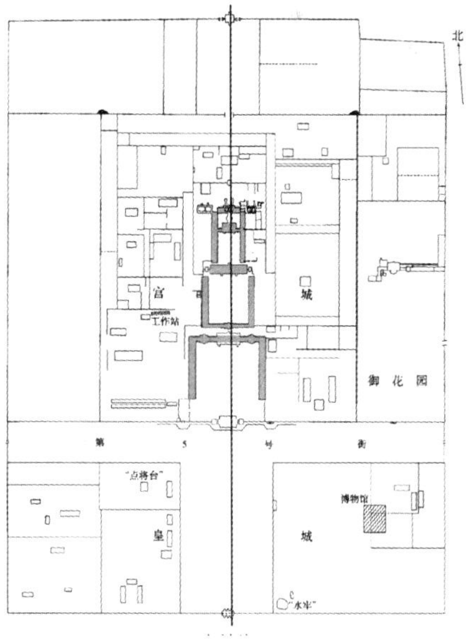

图 2.7 上京城宫城平面图

①该书引用的多幅插图中含繁体字，为保留插图原貌，未做繁转简的修订，特此注明。——编者注

且有明确的中轴线，主要宫殿建筑群位于宫城中区中轴线上，形成多个纵深庭院，这些院落采用对称式布局，体现了宫殿建筑的秩序感和庄重感。其次，从宫殿建筑群组合形式来看，采用的都是回廊式平面布局，即宫殿建筑之间以回廊进行连接，形成殿前庭院，其中庭院是朝会、庆贺和颁布法令的场所，这是中国古代宫殿建筑群最为常见的一种组合模式。可以说，两座宫城平面布局模式都直接源于中原地区典型的宫城模式。再次，就建筑构件而言，形态特征、装饰纹样、制作方法等具体细节都能从中原核心文化区找到蓝本，如鱼尾形鸱尾、莲花纹瓦当、忍冬纹地砖等。

从以上分析可以得知，高句丽和渤海国的核心建筑文化都主要源于中原地区的核心文化，虽然由于时间略有不同，二者存在一定差别，但总体发展趋势均与中原地区保持一致。

2.3.3 靺鞨建筑文化的传承性

2.3.3.1 主体民族建筑文化的优先性

一个区域文化的发展，核心区文化起到了主导性的作用，与此同时，这一区域内的主体民族文化则体现了文化发展的优先性。这里所说的主体民族，指的是这一区域的统治阶级的民族。就建筑文化的发展而言，这一民族文化的优先性往往表现在建筑的地域性特质上。

古代东北文化区，一直以来都是以少数民族为主要居住者和统治者，包括高句丽、渤海、辽代、金代和清代，故在整个东北文化发展的过程中，少数民族始终起着重要的作用。这种文化形态属性不同于中原地区以汉人为主导民族的发展模式，相比较而言，由于中原文化区始终以汉文化为主，因此文化发展的脉络更为清晰，连续性更强。而东北地区由于各个时期统治的民族不同，处于统治地位的民族文化发展就快些，传承性更强些，而其他民族文化则相对发展缓慢或是间断性发展，但总体来看都是向前发展的。

渤海国的主体民族是靺鞨族，作为东北地区四个古老族系之一，虽然文化发展缓慢，但却保持其延续性。故靺鞨文化的很多特质在渤海文化的形成中得以传承，并进行了快速演变，成为渤海文化的主体性文化的一部分，渤海建筑文化的发展体现了这一特性。从目前的考古资料来看，渤海一般居住建筑的形制，大部分都延续了靺鞨人居住遗址反映出的很多特点。

从表 2.2 可以看出，渤海半穴居建筑是在靺鞨半穴居建筑的基础上发展演变而来的，前者在各方面的处理手法更为成熟，如建筑的木构架体系以及墙体屋顶结构都更为坚固简单，更接近地上式建筑，采暖方式也更为完善，房屋的保暖性更好等。

2.3.3.2 生活习俗的传承性

虽然渤海国的民系构成多样，但由于他们同处于中高纬度地区，气候条件和地理条件相似，这

表 2.2 靺鞨居住遗址与渤海居住遗址比较研究

名称	靺鞨居住遗址	渤海居住遗址
形态类型	半穴居式，深入地下 30 ~ 75 厘米，最深可达 140 厘米	半穴居式，深入地下 40 ~ 140 厘米，地上式
平面布局形态	方形平面，门分为带门斗式门和墙壁上辟门两种形式	方形平面，长方形平面，门分为带门斗式门和墙壁上辟门两种形式
构架体系	木构架体系，柱网采用内外两圈回字形分布	木构架体系，柱网采用一圈和两圈回字形布置
墙体屋顶结构	墙壁采用的是木板墙壁，是由竖劈圆木板排列于穴壁，屋顶采用铺木杆或竖劈圆木板的方式，外抹草拌泥	墙壁多数由石块或河卵石砌筑而成，也有用对劈开的圆木榫接形成，已经出现瓦铺屋顶
采暖方式	灶取暖，灶分为方形和椭圆形两种，由柳条、木板或石板砌筑而成，多位于房屋的中心位置，直接由屋顶的天窗排烟，后出现了烟囱	分为灶取暖、灶炕结合取暖两种方式，有的设置了烟囱，灶多为椭圆形，石块砌筑；炕的烟道分为单烟道、双烟道和三烟道三种形式
室内地面	白灰铺地和木地板	白灰铺地和石块铺地

就决定了他们的生活习俗具有一定的相似性。即便有些许的不同，也会在民族文化融合的过程中向着趋同性的方向发展，而这种生活模式的演变必然体现了民族文化的传承性。其主要体现在以下三个方面：一是聚落式城镇布局模式的延续。靺鞨人早期部落形成的是氏族部落，部落内住着千余家，渤海国时期虽然这种氏族制已经瓦解，但是在村镇的布局中依然体现了这种聚居式的方式。二是居住建筑形式的传承，即渤海人半穴居居住模式传承于靺鞨人穴居生活模式，这是由于其适合抵御东北地区的严寒气候、建造便利，经济也应是原因之一（图 2.8、图 2.9）。三是渤海墓葬，这主要体现在墓葬的形式和墓葬的类型以及墓葬遗物方面。首先，在六顶山墓葬中发现了木椁被火烧的痕迹，有学者认为是火葬，火葬见于渤海早期，在渤海中后期较少出现，而这种火葬形式恰好是靺鞨族的一种古老葬俗。其次，在渤海墓葬中，无论是平民墓葬还是贵族墓葬，普遍存在着多人葬和二次葬的现象（图 2.10），而这种情况在萝北团结墓葬中已有发现，说明它是靺鞨族的古老葬俗之一。再者，

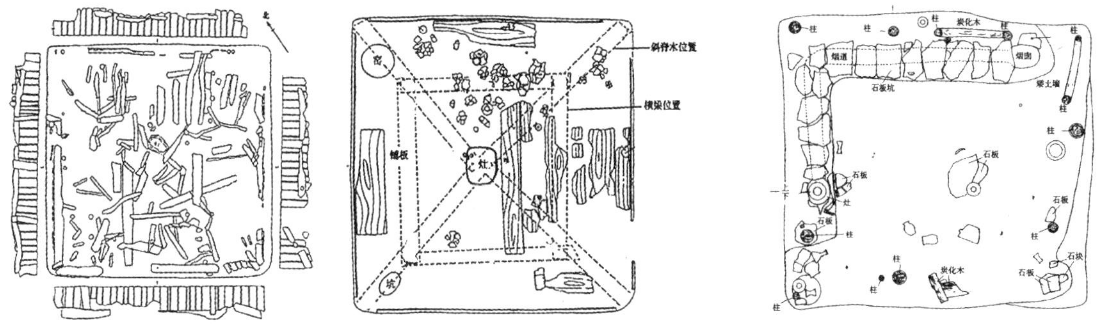

a 黑龙江同仁 F3 遗址　　b 凤林古城遗址

图 2.8 靺鞨房址

土坑墓形制是渤海早期的墓葬方式，主要受到靺鞨人土坑墓的影响，即“死者穿地埋之，以身衬土，无棺敛之具”，这说明人死后直接埋入土内，无棺木收殓（图 2.11）。而后椁葬中出现的木椁则与靺鞨人“葬则交木作椁”的葬俗相联系。除此之外，渤海贵族墓葬上出现的地上构筑物，则是勿吉人“父母春夏死，立埋之，冢上作屋”习俗的体现。由此可见，在渤海墓葬的发展与演变的过程中，靺鞨人的民俗习惯起到了主导性的作用。

a 木兰集 F1 遗址

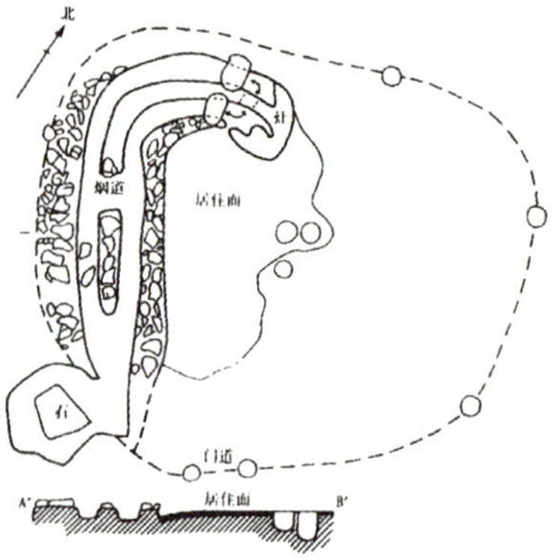

b 兴农遗址

图 2.9 渤海房址

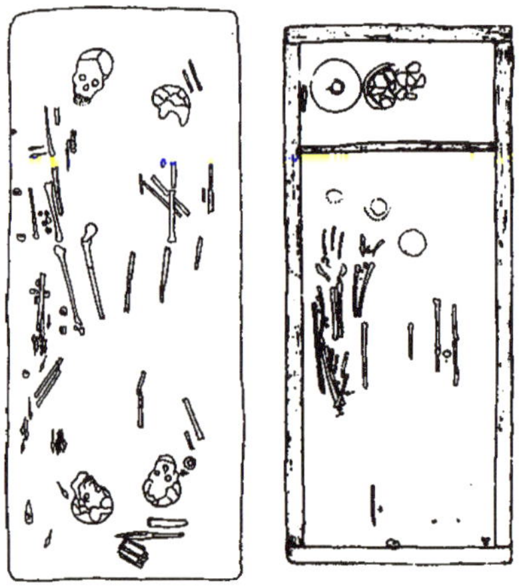

图 2.10 渤海土坑墓葬

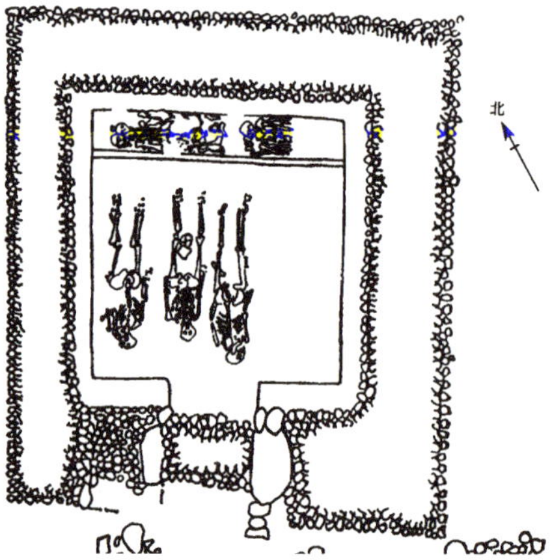

图 2.11 大城子 M1 平面图

2.4 渤海建筑文化的地域性特质

渤海建筑文化位于古代东北文化区内，由于前述分析的原因，我们可以知道，这个区域的建筑文化很强的地域性是区域内的自然环境和社会文化环境共同造就的结果。而一个区域的地域性建筑文化特质，具体可以从建筑形态语汇、构造做法语汇和独特的建筑材料构件语汇三个方面得以证实。

2.4.1 渤海建筑的特殊形态语汇

从现有的考古资料来看，渤海城市建筑中较为特殊的、比较典型的形态语汇，主要包括城市形态语汇和居住建筑形态语汇，这些形态语汇与唐代中原地区有明显不同。

2.4.1.1 城市形态语汇

古代东北地区的城市发展开始于原始社会晚期，历经兴隆洼文化、红山文化、夏家店文化、春秋战国时期文化，到秦汉时代开始形成独立的政权，包括夫餘国、高句丽国、渤海国以及开始于东北地区的辽、金和清。可以说，东北各民族的政治、经济、文化诸因素的发展、演变以及中原文化的深刻影响，使得东北古代城市的发展具有明显的间歇性与地域不平衡性。

古代东北地区城市形态可以分为平原城和山城两种主要类型，这与东北地区多样的地形地势条件有直接关系。高句丽时期出现了平原城与山城相结合的形式，其中山城多作为防御性城市，而平原城多作为居住生活的城市。

渤海国的城市形态延续了古代东北地区城市发展的特征，主要也可以分为平原城、山城和军事要塞城。并且山城的选址与平原城密切相关，一般在平原城的交通要塞上布置山城或要塞城，形成“众城拱卫”的形式，故山城主要起到军事防御的作用。这种布局形式直接受到高句丽时期城市布局模式的影响。

渤海国山城多是在靠近江河的水陆要冲的山谷或峡谷的隘口之地，利用山河之险修筑。山城依山而建，多是随山体走势，建在山顶、山脊、山腰或是山涧中，利用山脊和悬崖峭壁形成城墙，故城市的形状不规则，出现了方形、簸箕形、连环式等平面形状，这主要与地势和山体形状有关。

城墙除利用天然屏障外，分为土石结合砌筑、土筑和石筑等几种砌筑方式，并且在城市的内部布置了住宅、蓄水池、仓库、望台等建筑设施。需要特殊说明的是，在渤海早期的山城内，还修筑了土筑的方城，并且没有设置门，具体功能还不确定，不过这是渤海早期山城较为特殊的一种布局，可能直接传承于高句丽山城。

就整个山城的防御体系而言，几乎采用了所有古代城市的防御要素，包括城门、瓮城、角楼、望台、马面、城壕等。并且为了提高城市的防御性，一般在城门或城墙的前面设置多重城墙，这是渤海山城较为普遍的一种防御性手段。

平原城是渤海国的主要城市类型，也是渤海国城市发展的标志，体现了城市建设水平。平原城多建在物产丰富、土壤肥沃、交通便利的冲击平原地带，一般作为一个地区的主要政治、经济和居住中心。“五京”和主要的州府都采用平原城形制。平原城规模可以分为大、中、小三种类型。从现有的考古资料分析看，大、中城市主要是以中原城市为布置蓝本，而小城市则比较多地体现地域性的特点。此外，平原城的平面形制可以分为三重城制、双重城制和单城制三种布局形制。三重城制，即宫城、内城和郭城环环相套的形制，这是唐代都城的通用模式，渤海上京城采用的就是这种形制。双重城制，即内城和外城相套形成的“回”字形的城制，这是渤海都城和州府一级城市常用的一种城制（图 2.12）。单城制，即由一圈城墙围合而成的城制，这是渤海一般城市通常采用的城制（图 2.13）。

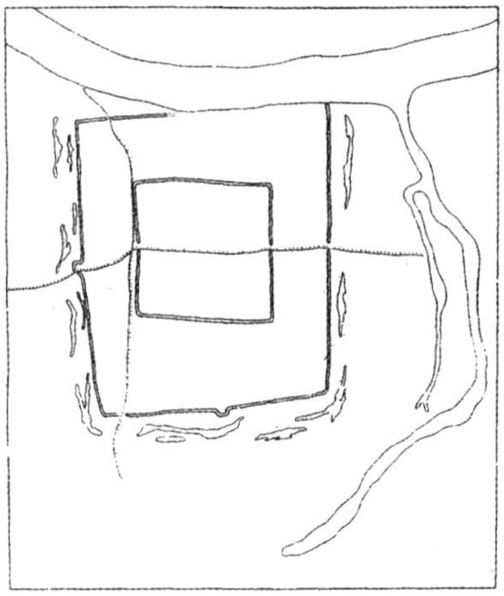

图 2.12 苏密城遗址平面图

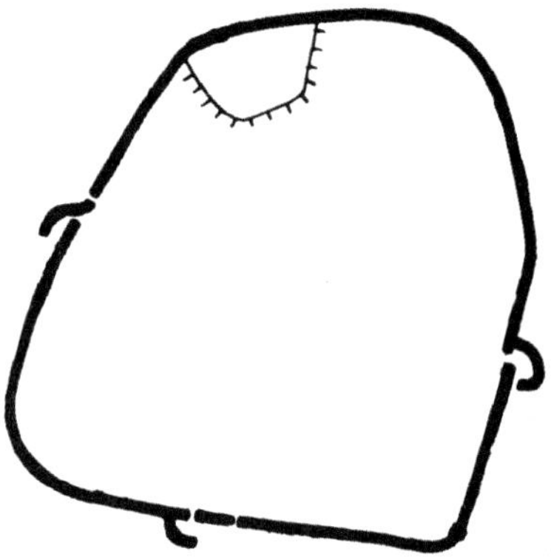

图 2.13 克拉斯基诺城遗址平面图

就平原城的防御性而言，三重城制的防御性最高，主要用于都城建设上，从目前发现的资料来看，只有上京城采用了这种布局形制。也正是由于这一点，上京城城墙外只见护城河，不见瓮城和马面。双重城制的防御性次之，这种城制，一般都设置马面、瓮城、角楼和护城壕等防御性设施，是标准的中原州郡城市模式。需要说明的是，渤海都城中京城和东京城采用的就是双重城制，但与上京城一样，在外城墙上并没有设置马面、瓮城、角楼等防御性设施，这可能主要是受到唐代都城长安城和洛阳城的影响。单城制在防御体系上与双重城制保持一致，多数都采用了较为完备的防御性体系。除此之外，城墙的砌筑方式，主要采用的是土筑形式，比较重要的城市则采用土石混筑或是石筑城墙的形式。

在城市的内部规划方面，州府以上的大型城市内部，包含了不同功能的建筑类型，如居住建筑、寺庙建筑、作坊建筑等多种类型，并且有城市街道将其划分为不同的功能性区域。这说明渤海国的城市建设取得了很大的进步，已经同中原地区的城市规模和形式更为接近，推进了整个古代东北地区城市的发展。

2.4.1.2 *居住建筑形态语汇*

居住建筑往往是一个地区最具代表性的建筑类型，是当地自然环境和生活习俗与社会文化的集中体现，是城市建筑文化地域性的典型代表。就渤海国的居住建筑形态而言，可以分为两类：一类是半穴居建筑，另一类是地上式建筑。

渤海国的半穴居式居住建筑直接传承于靺鞨人先民的居住形式，也是隋唐之前东北地区主要居住模式。早期的肃慎人冬天为了抵御寒冷，穴地而居。《后汉书·东夷列传》也记载挹娄人“土气极寒，常为穴居，以深为贵，大家至接九梯”。《魏书·勿吉传》中记载勿吉人“筑城穴居，屋形似冢，开口于上，以梯出入”。隋唐时期的靺鞨人也是采用“依山水掘地为居”的居住模式。

半穴居式居住建筑的结构较多采用的是回字形的木构架体系，即在房址坑的四角或是沿墙壁的地方以及中间位置集中或是分散布置础石，这样就形成了两圈柱网共同承担屋顶重量的结构形式（图 2.14）。沿穴壁的位置布置横制的木板作为墙。而屋顶多采用木板外铺类似于草拌泥的涂层，形成四坡顶，到后期也出现了瓦屋面。这种结构处理方式，与早期靺鞨人的居住建筑十分相似（图 2.15）。

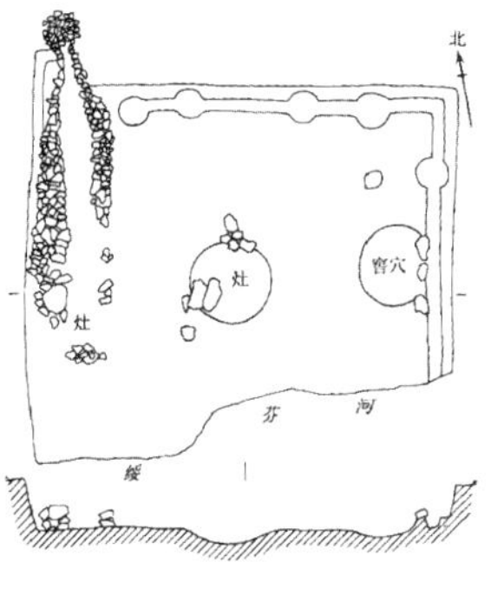

图 2.14 东宁县小营地房址

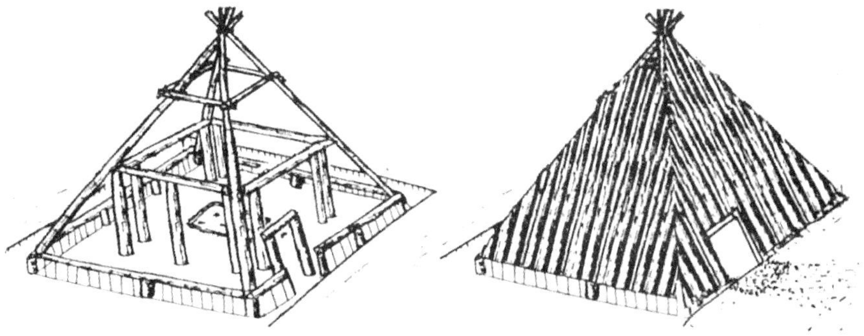
图 2.15 靺鞨人房屋复原图

地面居住建筑是渤海中后期的居住建筑模式。这种类型根据时间顺序可以分为两类：一种是建在地平面以下且深入地面以下的深度为 5 ~ 20 厘米的居住建筑，另一种是在地平面以上的居住建筑。其中前者应该是半穴居和地面式的过渡形式。发展到渤海中后期，在经济较为发达的地区，一般的居住建筑采用的都是地面式布局，只有地理位置较为偏僻的边远地区，仍然保持了早期半穴居式的居住模式。这一现象说明，即使在同一时段或者同一区域内，由于经济状况、政治地位、与中心文化区距离的远近等因素的影响，城市建筑发展也是相对不平衡的。这体现了文化传播的滞后性。

一般来说，大多数渤海地面式居住建筑结构，可以分为两种形式：一种是木构架结构，构造方式与半穴居式相似，也采用两圈柱网，外圈采用木骨泥墙作为维护结构。另一种是采用石墙承重，即用河卵石或是石块砌筑建筑墙体，只在局部位置设置木柱，作为部分屋顶的支撑之用。二者采用的都是瓦屋面。

需要说明的是，渤海居住建筑内部有取暖设施。早期渤海居住建筑为半穴居式，保温性能较好，且由于面积较小，一般采用单一的灶取暖的方式。中后期的半穴居建筑由于面积较大，为了提高采暖效果，逐渐形成了炕和灶采暖的形式。而地上式居住建筑一般采用的都是炕、灶、烟囱结合式的形式。这种炕灶结合的取暖方式在东北地区最早见于东汉时期的团结文化遗址中，后被高句丽人和靺鞨人所继承，逐渐演变为渤海国居住建筑的主体采暖方式。而渤海居住建筑采暖方式则对后期东北地区其他民族的居住建筑产生了非常深远的影响。这种采暖体系的演变与传承虽然是由东北地区寒冷的气候条件决定的，但同时也体现了同一地区人们生活模式的传承性。这种采暖体系构造处理的演化，也正是该区域建筑技术不断进步的一种体现。

2.4.2 渤海建筑的构造做法语汇

2.4.2.1 基础

基础是台基、墙体或是柱础的地下埋深部分，主要是为了提高基础上部结构的稳定性和承载力，同时也起到了抗湿和抗水土流失的作用。从现有唐代的考古资料和实物可知，唐代的基础构造主要有两种形式：一种是素土夯筑台基，唐代大明宫含元殿、麟德殿等大型宫殿采用的都是这种构造做法，这是唐代建筑基础常用的一种方式。另一种是在土壤中夹杂瓦片碎石，是瓦渣基础的一种，唐五台山南禅寺采用的就是这种基础。从基础的类型来看，唐代建筑基础主要分为满堂基础和独立的柱基础。前者是在夯土殿基上挖坑，嵌入石柱顕和柱础，后者是在柱础下直接挖方形柱坑，其内铺素土和瓦砾等材料，形成磉墩。由于后者各个柱础是独立成基础的，基础之间互不联系，这样较之满堂基础，抵抗土壤湿陷能力更高。

通过对渤海上京城、中京城和东京城的遗址报告分析，可以看到在主要的建筑、城墙、城门敦等处都有地下基础部分。其中中京城和东京城遗址反映的基础构造做法较为单一，采用的几乎都是一层河卵石一层素土砌筑而成，多呈口大底小的倒梯形。而上京城的建筑、墙体或是门敦的基础保存得相对较好，体现出来的基础构造做法也更为多样化。现将上京城建筑遗址中的基础做法进行整理分析（表 2.3）。

表 2.3 上京城建筑遗址基础分析

名称	基础性质	尺度	砌筑方式	与冰冻线的关系	材料
宫城正南门墩台基础	城门基础	宽于台基 2 米，深 2 米	在地面挖一个基槽，内填碎石沙土，层层夯筑	超过冰冻线	土石结合
宫城城墙基础	城墙基础	宽 6 米，深 2 米，高出基槽 0.4 米	分层砌筑，最下层为河卵石层，其上为玄武岩石层	超过冰冻线	石材
郭城城墙基础	城墙基础	深入地下 1 ~ 1.3 米	由一层灰黑色土和一层黄褐色土交替筑成，每层厚 5 ~ 8 厘米	没有超过冰冻线	素土
朱雀大街旁坊墙遗址	坊墙	宽 2.15 米， 深 0.7 ~ 0.8 米	底层为厚 0.4 米的黑褐土，其上铺一层厚 0.25 米灰褐土，再上为玄武岩石块层	没有超过冰冻线	土石结合
第一宫殿台基基础	宫殿基础	宽于台基底部，深 2 米	黄黏土和石块砌筑而成，且深入台基内部	超过冰冻线	土石结合
第三宫殿台基基础	宫殿基础	深入地下 2 米左右	—	—	—
第一宫殿廊庑基础	廊庑基础	宽于台基，最深处超过 1.7 米	黄黏土和沙土逐层夯筑	推测超过冰冻线	素土
第二宫殿廊庑台基基础	廊庑基础	宽于台基底部，深 0.6 米	先垫一层厚 0.3 米黑土，再垫一层厚 0.2 米黄沙土	没有超过冰冻线	素土
城北 9 号佛寺	佛寺基础	台基深入地下 0.25 米	黄黏土夯筑而成	没有超过冰冻线	素土
东半城 1 号佛寺	佛寺基础	台基深入地下 0.25 米	黄黏土夯筑而成	没有超过冰冻线	素土

从表 2.3 的分析可以看出上京城建筑基础有以下几个特点：

（1）基础的砌筑方式采用的都是分层夯筑的满堂基础。具体构造做法是先在地面上挖一个基槽，基槽的四周要较其上的台基或是柱础宽 1 ~ 2 米，然后在其内填充基础材料，并且逐层夯实，形成类似于“乱渣石”的基础，相当坚固耐用。具体的构筑方式会根据不同的建筑功能而有所差异。

（2）基础的埋深不同。等级较高的建筑基础或城墙、城门等基础埋深超过上京城冰冻线 1.8 米，这就保证了基础抵抗寒暑天气变化的能力，提高了基础的强度；但对于等级不高，或承重的荷载不是很大的建筑基础，其埋深要求不高。

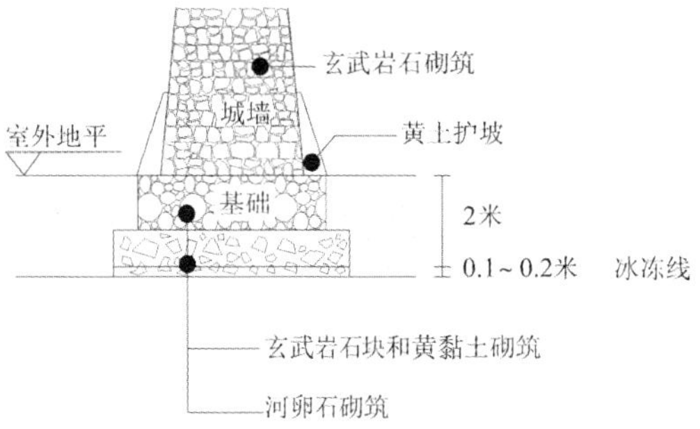

图 2.16 宫城城墙台基及基础做法示意图

（3）基础的砌筑方式分为三种。一种是素土分层夯筑而成，这种形式与唐代宫殿建筑通常采用的密实素土夯筑的做法相同。一种是由单纯的石块砌筑而成，如宫城城墙的基础（图 2.16），最下为河卵石，其上为玄武岩石块与黄黏土砌筑。另一种是由碎石和黄黏土分层夯筑而成的（图 2.17、图 2.18），这是上京城建筑台基、城墙或是城门墩通用的一种砌筑方式，与中京城和东京城建筑基础砌筑方式一样。这三者相比较而言，从基础的承载力和抗湿性能来看，石块基础＞土石结合基础＞素土基础。这与三者的使用功能和建筑的等级有关，等级越高的建筑采用的基础牢固性越强。

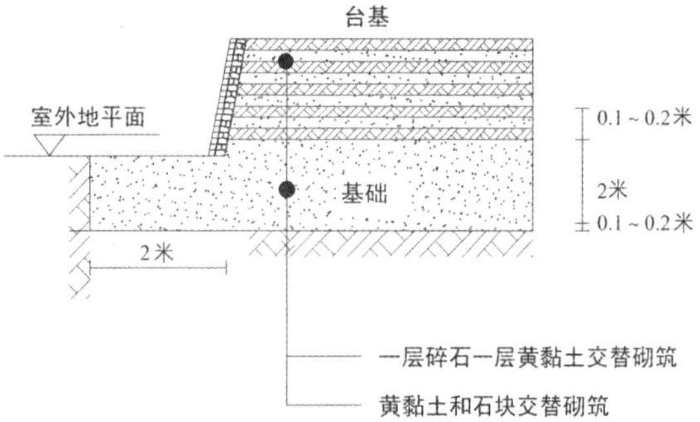

图 2.17 第一宫殿台基基础做法示意图

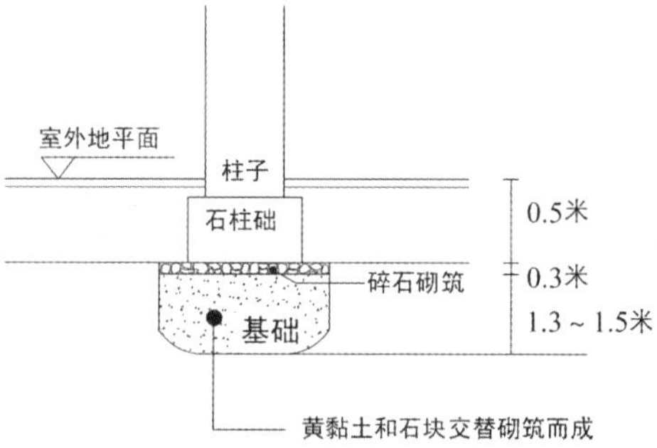

图 2.18 第一宫殿廊庑基础做法示意图

（4）基础伸入台基或是墙体内部。第一宫殿台基的基础伸入台基内部（图 2.17），两座佛寺台基的基础与台基连筑而成，这也是伸入基础的一种处理方式。这样的构造做法，使得基础和其上的部分联系得更为紧密。

（5）充分利用当地盛产的石材。一般采用当地盛产的河卵石和玄武岩石，这些材料不但具有很高的强度，由于就地取材，经济性也很好。这正是渤海建筑地域性特质的一种表现。

2.4.2.2 台基

台基是建筑的“下分”，起到防水隔潮，提高建筑稳定性的作用。渤海上京城、中京城和东京城遗址的主要宫殿建筑及其附属建筑几乎都建在台基之上。其中中京城和东京城遗址保存不好，相对而言，上京城遗址保存较好。下面将三者的建筑台基信息整理分析如下（表 2.4）。

从表 2.4 的分析研究可以发现渤海建筑台基有以下几点特征：

（1）台基的砌筑方式可以分为两种形式：其一是素土夯筑而成。这是隋唐时期台基常见的一种砌筑方式，往往采用絍木来提高台基的整体性，防止台基塌陷。但上京城宫殿台基未见有特殊处理，这可能与其台基低矮有关。其二是土石砌筑。又具体分为两种构造方式，一种是采用一层素土一层碎石交替砌筑，另一种是素土夹杂碎石砌筑，这种砌筑方式类似于宋《营造法式》中提到的瓦渣砌筑方式。这两种构造方式是渤海上京城建筑台基最常用的砌筑方式。较之素土台基而言，土石混筑台基承载力更高、耐久性更强。

表 2.4 渤海三座都城的建筑台基砌筑方式分析

名称			砌筑方式	材料	包壁	收分
中京城	第一、二、三、五号宫殿及其廊庑、配殿台基		夯土层、河卵石层交替砌筑	土、河卵石	—	—
	第四宫殿台基		两层夯土砌筑	土		
东京城	第一宫殿东西行廊		下半部黄土夯筑，上半部河卵石层与黄土层交替夯筑	土、河卵石	石材、木材包壁	—
	第二宫殿台基		夯土层、河卵石层交替砌筑		—	
	“十字廊”台基		夯土层、河卵石层交替砌筑		—	
上京城	第一宫殿台基		较为规整的玄武岩石砌筑，泥沙做浆	土、河卵石	内外两层：内层为较为规整的玄武岩石，外层为青砖	6:1 收分
	第二宫殿	主殿台基	纯净黄土堆筑	土	内外两层，内层为玄武岩石，外层为条石，黄土填缝	4 度收分
		廊庑台基	黄土砌筑		条石包壁	
	第三宫殿	主殿台基	上层玄武岩石砌筑，下层黄褐土堆砌	土	砖制散水	—
		廊庑台基	夹杂白灰颗粒的纯净黄褐土堆砌			
	第四宫殿		黄褐土堆砌	土	青砖包壁	—
	第五宫殿台基		黄土砌筑	土	青砖干摆包壁	—
	第 50 号宫殿台基		黄土夹杂河卵石、玄武岩碎石砌筑	土、河卵石	条石包壁	—
	东半城 1 号佛寺正殿台基		黄褐土夯筑	土	不规则、未经加工的玄武岩石块包壁	—
	城北 9 号佛寺台基		黄土和碎石夯筑	土、河卵石	条石包壁	—
	宫城正南门中央台基		含沙黄土和碎石块交替分层夯筑	土、河卵石	两层：内侧为毛石；外侧为条石	4 度收分
	西区寝殿台基		沙土和黄褐土分层夯筑	土	条石包壁	—
	皇城正南门台基		黄土夯筑	土	玄武岩石块包壁，灰褐土黏结	—

（2）台基的包壁。中京城和东京城由于包壁石多数无存，故很难判断具体的做法，但是上京城几乎所有的建筑台基都有包壁。等级较低的采用一层包壁，等级较高的建筑台基采用两层包壁。包壁石多是由玄武岩石制成的条石或青砖，这与隋唐时期砖制台基包壁性质是相同的。

（3）台基的收分。由于三座都城建筑遗址破坏严重，台基的包壁石保存不好，故只有上京城个别建筑遗址能够判断台基的收分。宫城正南门、郭城正北门和第一宫殿主殿的台基采用的都是 4 度收分。这可能是上京城宫殿台基普遍采用的一种收分坡度，远远小于唐宋时期的 4:1 的收分坡度。这可能与砌筑台基的材料有关，也可能是一种地方性的做法。

2.4.2.3 墙体

筑墙是古代建筑技术的重要组成部分，能从一个侧面反映当时的建筑工程技术水平。而“墙”

又包括城墙、坊墙、单体建筑墙等类型，由于使用功能不同，墙体的砌筑方式也各有不同。其中建筑墙体作为古代建筑的主要围护结构，可以起到防寒保温、隔热防潮的作用。同时作为分割构件，又可以起到划分空间的作用。并且早期的墙体采用和木构架结合的形成，可以起到承重的作用。以上京城建筑墙体遗址为研究对象，对其遗址中墙体构造方式的信息进行整理如下（表 2.5）。

表 2.5 渤海上京城建筑墙体遗址整理分析

名称	墙体性质	具体情况	其他	类型
第一宫殿东廊庑	廊庑墙	内为沙泥砌筑，外用草拌泥抹面，最外层白灰抹面，墙厚 0.26 米	墙间柱垫石 2 块	哈拉墙
第二宫殿东西廊庑	廊庑墙	石基土墙，厚 0.16 米，两面白灰抹面，部分白灰墙面上涂有红色饰面和装饰线	墙间柱直径 0.1 ~ 0.12 米，其下有小垫石	木骨版筑墙
第二宫殿南廊	廊庑墙	土墙，浅灰褐土和细沙砌筑，厚 0.16 米，两面抹 1 ~ 2 厘米厚白灰	墙间柱垫石 2 块	木骨版筑墙
第二宫殿南廊门	宫殿群门墙	土墙，厚 0.15 米，两面抹 0.2 ~ 0.8 厘米厚白灰	—	木骨版筑墙
第三宫殿主殿	宫殿墙	土坯垒砌，厚 4.5 ~ 6 厘米，土坯用草拌泥制成	础石之间有 3 块等距的墙间柱垫石	木骨土坯墙
第四宫殿	宫殿墙	土墙，厚 0.1 米，两侧白灰抹面	础石间有墙间柱	木骨版筑墙
第四宫殿旁寝殿	宫殿墙	土墙，黑褐土垒筑，其外为黄褐土，白灰抹面，厚 0.3 ~ 0.4 米	墙间有柱洞，柱洞为方形或长方形	土坯墙、木骨泥墙
东内苑主殿东廊	廊庑墙	土坯墙，厚 0.16 米，两面抹白灰，部分墙面有彩绘	—	土坯墙
第五宫殿	宫殿墙	土坯墙，厚 0.2 米，两面抹 1 厘米厚白灰	墙间有 3 块柱垫石	木骨土坯墙
西区寝殿	宫殿墙	土坯横直相错砌筑，土坯用草拌泥制成，墙面抹细沙泥，其外抹白灰，白灰皮上有彩绘，墙宽 40 ~ 42 厘米	墙间有柱洞，直径约 0.15 米	木骨土坯墙
皇城东区官署	建筑墙	由墙基和墙体组成，墙基石块铺砌，宽 0.8 米，墙体土筑厚 0.18 米，两面抹白灰，绘制彩绘	—	木骨版筑墙
东半城 1 号佛寺	佛寺墙	土筑，厚 0.15 米，两面抹白灰	墙间有 3 块础石	木骨版筑墙
城北 9 号佛寺	佛寺墙	黄土筑，厚 0.15 米，两面抹白灰	墙间有 2 块础石	木骨版筑墙

从表 2.5 的分析可以看出，上京城建筑墙体的砌筑有一个共同的特点，即础石之间立有 2 ~ 3 个小垫石，这应该是立柱的基石，判断墙体内部立有木柱。考虑到小垫石的直径明显小于础石直径，故其上柱径也较小，初步推断墙体内部的木柱是暗柱，不露于墙体表面。上京城建筑墙体的这种构造方式即是木骨泥墙的一种。

木骨泥墙最早出现在我国仰韶文化遗址中，从现有的考古资料可知，墙体先后经历了木骨泥墙时期、木骨版筑墙时期、木骨土坯墙时期三个时期。这一演变过程是随着我国古代夯土建筑技术的进步而逐步发展的。同时，木骨泥墙也见于朝鲜半岛高句丽时期宫殿建筑，如安鹤宫、丸都山城以及五女山等遗址中。

早期的木骨泥墙中木柱起到围护结构骨架和支撑屋顶的作用。具体砌筑方式是先在地面或台基上挖墙基槽，基槽立础石或是地栿，木骨立在二者之上或是直接立在基槽内。在木骨之间填充苇束，再用横向木杆及苇束夹紧固定，并将墙体表面烤为硬面，该方式见于河南二里头 F1/F2 廊庑遗址中。其中，基槽内立础石或地栿是为了防止墙体的不均匀沉降。

木骨版筑墙，是版筑墙的一种形式。有关版筑墙的砌筑方式，最早见于《诗·大雅·绵》，书中是这样描述当时施工情况的："其绳则直，缩版以载，作庙翼翼。捄之陾陾，度之薨薨，筑之登登，削屡冯冯，百堵皆兴。"简单说就是先"墙基放线，然后架立桢、干等模具，向模板内填土，用夯杆捣实，拆模后进行壁面整修加工"（图 2.19）。较之普通的版筑墙，木骨版筑墙只是在墙基内加立了起到加固作用的木柱。

上京城等级不高的主要建筑或是等级较高的次要建筑采用的都是木骨版筑墙形式。遗址报告中较为明确提到墙体砌筑程序有两种：一种是在础石上立柱，柱间施墙间柱，然后用灰褐土垒墙，墙两面用黄沙土抹平，墙的内侧抹白灰面，其实例见于第二宫殿西廊庑（图 2.20）。另一种是在台基面上挖基槽，在基内砌墙基，墙基经过夯实加固，其上砌墙体，墙体两侧抹白灰，部分墙体有彩绘，实例见于东内苑主殿东廊，这种形式不多见于遗址中。可以看出二者的不同之处在于，前者础石之间有小垫石，但没有墙基。后者没有小垫石，但有墙基。其中，前者是上京城建筑遗址中较为常见的类型，而后者不常见。同时，墙基的处理方式有两种：一种是简单的素土夯基（图 2.21a），这是唐代中原地区墙体普遍采用的一种墙基形式；另一种是用石块垒砌的墙基（图 2.21b），这是上京城所在地区特有的一种墙基构造做法，也是该地区高句丽时期建筑墙体基础的处理方式。二者同时见于第二宫殿西廊庑的遗址中。由此可见，上京城建筑墙体采用的木骨版筑墙的形式还是比较灵活的，这既可能与建造的前后时间有关，也可能与当时建筑等级制度有关。

木骨土坯墙，是土坯墙的一种形式，是中国古代建筑墙体的一种常见形式。土坯是采用模具预先制作而成的，内部添加了羊草、稻草等材料，增强了土坯的抗拉、抗剪和抗弯性能，具有防寒保温、防风、防热、隔音、防火、防震等性能。土坯既可用于砌筑墙体，也可用于砌筑塔和高台等建筑物。土坯墙的砌筑方式大致有两种：一种是干摆砌筑，没有任何筋骨。另一种是在土坯内加筋，起到增加坚固性的作用。宋《营造法式》中卷十三《泥作制度·垒墙》一节中，也提到"墙的高厚比为 4:1，上部厚度比下部收 6%，即每面斜收 3%，且每隔三皮土坯需加铺一层竹片作为墙筋。这样可以加强墙体的整体性"。

图 2.19 土坯墙砌筑图

图 2.20 第二宫殿西廊庑木骨版筑墙遗迹

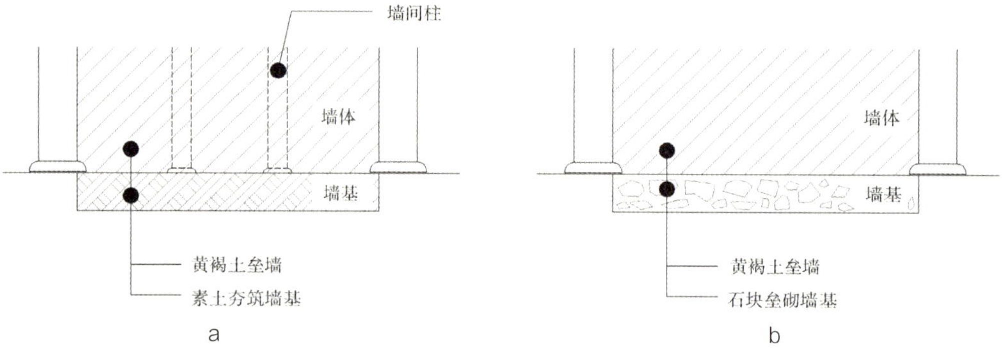

图 2.21 木骨版筑墙构造示意图

木骨土坯墙则是在墙体的内部间隔一定的距离立木柱，这种形式见于崇安闽越王宫前殿遗址。上京城宫城的主要宫殿建筑采用的正是木骨土坯墙的形式，其中土坯由沙性土掺杂草梗制成。根据遗址信息推测，大致的构造方式为：先在础石之间，立小垫石，其上立木柱。然后垒砌土坯，土坯采用横向交错叠砌的干摆方式（图 2.22），土坯之间用细泥沙土抹缝，然后在砌好的墙面上抹一层细泥沙土，再刷上一层厚 1 ~ 2 厘米的白灰，等级较高的墙面上还绘有彩绘。

需要特殊说明的是：由于目前遗址相关信息有限，上京城的木骨土坯墙中并没有发现墙基槽和墙基构造，这也可能是墙体构造的一种处理方式。由于墙体内部已经加了木骨架，或由于墙体厚度不像唐代建筑遗址的墙体厚度多在 1 米以上，故不需要太多构造来加强墙体牢固性。

除了木骨版筑墙和木骨土坯墙外，在上京城第三宫殿中发现了一种较为特殊的墙皮，其材料是由沙性土掺杂草梗和泥制成的草拌泥（图 2.23）。其上可见墙皮内面的凹痕有接触木条的

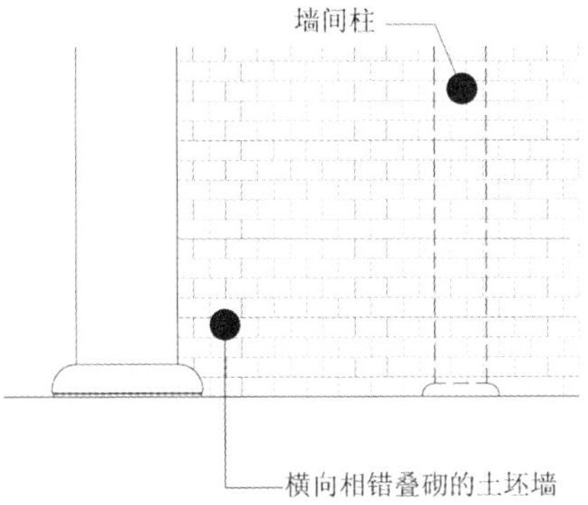

图 2.22 木骨土坯墙示意图

图 2.23 草拌泥墙皮

痕迹，故判断可能采用的是东北地区民居特有的“哈拉墙”早期构造做法。推测其施工方式为：在距离较近的木柱之间平行钉上较密集的木条，然后将草拌泥填入抹平，其上再抹沙泥土，最外侧抹白灰，主要用于次要建筑，这是东北地域特有的一种墙体处理形式，见于朝鲜族民居。不同之处就在于，前者的墙体是直接落在墙基之上或台基面上的，而后者的墙体是直接立在地栿之上的。

墙体的表面处理。宋《营造法式》卷十三记载，墙面抹面有四层，一般先用粗泥找平，再用中、细泥抹平，最后用掺有颜料的石灰泥压光，一般墙体的外壁为红灰色抹面，墙内壁为白灰抹面。这种墙面的处理形式见于北魏洛阳永宁寺塔。上京城建筑墙体的遗址反映其墙面的构造做法为：在土坯墙或版筑墙的外表面先用沙性土填缝，然后用黏性较强的黄褐土抹面，再在外侧抹白灰，最后在白灰面上绘制彩绘。这与《营造法式》墙面的做法基本相同，只是在材料使用上更多地采用地方性材料。

木骨版筑墙和木骨土坯墙是我国古代常见的墙体形式，上京城主要建筑采用这种方式，体现了对中原核心文化区建筑文化的一种传承；而哈拉墙是上京城所在地区特有的一种形式，最早见于高句丽遗址中，这体现了渤海建筑文化的兼容性。

2.4.2.4 室内地面

为了防止地面潮湿，古代建筑的室内地面常进行特殊的构造处理。早在 6 000 年前的河北武安磁山建筑遗址中，就发现了践踏而成的硬面，这是最原始的地面防潮处理。其后逐渐发展成为烘烤地面、白灰地面、砖铺地面、木地面等多种形式。其中砖铺地面和石铺地面是唐代宫殿建筑的主要铺地形式，见于唐代大明宫麟德殿遗址中，这种地面的构造做法，加强了防潮效果，是后来建筑室内地面常用的一种铺地方式。其中砖又分为素面青砖、黑色素砖和灰色素砖、花砖等多种形式。上京城建筑遗址中，也有部分室内地面可分辨铺装的方式（表 2.6）。

表 2.6 上京城建筑遗址室内地面构造

建筑遗址名称	室内地面构造
第三宫殿	三层草拌泥地面，第一层厚 1.6 ~ 2.1 厘米，上、下面均不甚平整；第二层厚 1 ~ 1.4 厘米，上面平整；第三层厚 0.5 厘米，上、下面均平整，最上面为白灰面，厚 1 厘米，上面压光
第四宫殿配殿	最下层为烧烤而致的红色沙质地面，其上为一层沙质较坚硬的黄褐土，再上是白灰地面
第一宫殿廊庑	最下层为经过火烘烤的地面，其上为一层不厚的细沙
东半城 1 号佛寺	台基上涂抹一层白灰，然后压光
城北 9 号佛寺	台基面上涂抹两层白灰，每层厚约 0.5 厘米

从对考古资料的整理分析发现，上京城建筑室内地面主要有两种构造方式：一种是经过烘烤的地面，这种做法最初见于仰韶文化的西安半坡遗址中，是将一定厚度的草拌泥直接进行烧制来作为地面的。而上京城建筑采用的烘烤地面是在地面的最下层，其上往往铺制沙土或是黏土，其上再铺白灰面。这种做法的好处在于，地面铺制层数较多，增强了防潮性能，主要用于附属建筑室内地面的处理。

另一种是白灰地面或灰土地面，这种地面形式最早见于龙山文化时期的甘肃天水师赵村的齐家文化建筑遗址中，是在地面上先铺一层草拌泥，然后在其上抹石灰，这是白灰地面最初的处理方式。后来逐渐演变为三和土白灰面，即以细沙、白灰、黄土混合而成的，表面更为坚硬光滑的地面。李笠翁就在《闲情偶寄・甃地》中说："以三和土甃地，筑之极坚，使完好如石，最为丰俭得宜。"这种形式的地面也见于宋画中的建筑，如《征人晓发图》（图 2.24）、《薇亭小憩图》（图 2.25）等。

图 2.24 《征人晓发图》灰土地面

图 2.25 《薇亭小憩图》灰土地面

从表 2.6 可以看出，白灰地面是上京城建筑室内地面的主要构造方式，并且依据建筑的等级，具体构造处理上又略有不同。如第三宫殿采用的是最为复杂的一种形式，即先在台基上铺三层草拌泥，其上再铺白灰抹面，并将其压光。其中，草拌泥具有一定的抗拉性，可以防止地面开裂。而白灰抹面既可以提高地面的防潮抗湿性能，又可以增强其坚固性和美观性。推测这应该是上京城重要宫殿建筑采用的一种室内地面构造。此外，经过烘烤的地面，其上多铺有黄褐土和白灰面，应用于宫殿建筑群的附属建筑。这种形式使得烘烤地面和白灰抹面同时发挥作用，提高了室内地面的抗湿性能，而黄褐土的黏性较高，可以提高白灰地面的牢固性。而一般的建筑，直接在台基上抹白灰面，这是一种相对较为简单的处理方式。

图 2.26 唐洛阳殿遗址

图 2.27 敦煌第 45 窟花砖地面

关于地面的处理方式有两点疑问需要进行说明。从现有的唐代壁画和唐代建筑遗址中（图2.26、图2.27）发现，砖铺地面或石铺地面是宫殿建筑主要采用的室内地面铺制方式。上京城地区生产石材，城墙和台基的砌筑、包壁、散水的铺制等方面多采用石材。为什么室内地面没有采用石材铺制呢？推测可能有两点原因：其一，虽然上京城地区石材丰富，但是考虑到石材的开采比较费时费力，当时的加工技术又比较落后，很难同时加工出那么多的石材。其二，上京城地区盛产石灰，且墙体和地面的白灰用量相对较小，且加工方式相对比较方便，不用耗费太多的人力和物力，故采用白灰面作为室内地面的主要处理手法。

还有一点需要说明的是，为了利于地面排水，需要将台基做出一定的坡度。但由于上京城建筑宫殿台基地面破坏严重，故很难确定其具体的坡度，这里暂且按《营造法式》规定的“殿阁厅堂等室内坡度为 0.1% ~ 0.2%，室外阶基坡度为 2% ~ 3%”进行复原。

2.4.3 渤海建筑的材料构件语汇

2.4.3.1 建筑装饰工艺

（1）柱础。柱础是柱子底部的构件，宋《营造法式》卷三记载“柱础，其名有六，一曰础，二曰踬，……，六曰磉，今谓之石碇”，具有承载柱子重量，避免其下陷的作用；并且可以使柱子和地面隔离，防止柱子受潮、破损、腐蚀，同时还具有一定装饰性。

隋唐时期柱础以覆盆式为主，这种类型的覆盆最早出现于汉代，并在南北朝时期开始流行，唐宋时期达到极盛。具体形态像倒扣的盆子，下方为方形底座，上部为圆盘状的凸起，二者在同一础石上雕刻。唐代覆盆柱础分为不加装饰的素平覆盆（图 2.28）和雕刻有各种纹样的覆盆（图 2.29），其以莲花装饰纹为主。其造型和六朝比较有一个明显特征，就是无论是简单的覆盆柱础石，还是雕刻莲瓣的柱础石，整体形态都平矮了许多。莲瓣也比六朝时肥短了一些。

上京城和中京城遗址中出土了覆盆式柱础。从装饰纹样上可以分为素平覆盆（图 2.30）和莲瓣覆盆两种（图 2.31），从遗址出土的情况来看，以素平覆盆为主。

从柱础与柱子的连接构造来看，也分为两种：一种是覆盆和础石一体雕刻而成，见于宫城正南门遗址（图 2.32）。这是唐代中原地区的常见覆盆类型，见于唐长安城大明宫栖凤阁遗址中。第二种是覆盆和础石分离制作而成的，即覆盆是预先制作的，柱子立在础石之上后，用覆盆围绕（图 2.33）。这种构造做法不见于唐代其他地区，应该是渤海国地区独创的一种方式。这种类型的覆盆较之第一种类型的优点在于，施工方便、拆装灵活。覆盆被破坏后，可以直接拆去，而不用更换础石，这样更为方便灵活。

需要说明的是，由于后者拆装灵活，故覆盆多施彩釉，这也是中原地区未见的，彩釉的装饰使得础石更为美观，故这种类型的柱础应该用于等级较高的宫殿建筑室内部分。

图 2.28 唐九成宫出土柱础

图 2.29 大明宫出土柱础

图 2.30 上京城出土柱础（1）

图 2.31 上京城出土柱础（2）

图 2.32 柱础覆盆一体式

图 2.33 柱础覆盆分离式

（2）屋顶脊饰。上京城遗址出土了大量的屋顶脊饰，包括鸱尾、垂兽和戗脊兽，这些构件的形态具有很强的地域性特征。

鸱尾是建筑屋顶两端最常用的饰物，上京城遗址中出土了鸱尾实物，但以残片居多，仅有部分残片能被复原成形。为了更加清晰地看出上京城鸱尾的特点，现将部分比较有代表性的鸱尾残片，包括其他遗址出土的，进行列表整理分析（表 2.7）。

从表 2.7 可以看出，渤海国鸱尾形态基本类似鱼尾，都有联珠纹、鱼鳍、鳍刺浅浮雕装饰纹样，只是在具体细部处理上有明显的不同。大体可以分为三种形式：第一种是形如靴状，头部形如蛟龙的浅浮雕，蛟龙的牙齿、胡须、眼睛形象逼真，背部有鱼鳍和鳍刺浅浮雕装饰，这应该是渤海早期鸱尾的一种形态（图 2.34a）。同时，这也是渤海国独创的一种鸱尾形式，未见于同时期的唐代鸱尾和高句丽鸱尾，但与日本奈良时期唐招提寺鸱尾有一定的相似性，都是形如靴状。

第二种是形如鱼尾，主体部分可分为平素无装饰纹（图 2.34b）和浅浮雕卷草装饰纹（图 2.34c），背部有鱼鳍和鳍刺装饰，并且鳍内有联珠纹，这是上京城和中京城鸱尾的普遍形态，说明这是当时较为成熟、典型、通用的一种鸱尾形式。这也是唐代中原地区早期鸱尾常见的一种形式（图 2.35），只是在细节处理上略有不同。

第三种是形如鱼尾，鸱尾的头部只有部分用蛟龙形式装饰，背部也有鱼鳍和鳍刺以及联珠纹装饰（图 2.34d）。这种鸱尾形态见于渤海国的边缘地区，这应该是第一种鸱尾和第二种鸱尾的过渡形态。

从表 2.7 可以看出，上京城鸱尾形态采用的是第二种形式，只是在鸱尾的细节处理上略有不同。

表 2.7 渤海遗址出土鸱尾类型分析

遗址名称	鸱尾总体形式	主体形态	联珠形式	鸱尾与屋脊连接方式
上京城城北 9 号佛寺	形如鱼尾，主体部分素面，利用突出的纹饰图案表现鳍身和鳍刺，鳍部较宽，鱼刺排列整齐，且鳍部内侧有一排圆孔，插入联珠状饰件；整体采用分片分段塑制，黏结成形	平素无纹饰	鳍部内侧有 7 个半圆形凸起的联珠状装饰，且各绕 16 个珠	直接与屋脊连接
上京城东半城 1 号佛寺		浮雕式的卷草纹	鳍部内侧有 5 个半圆形凸起联珠状装饰，且各绕 8 ~ 10 个珠	直接与屋脊连接，底部有长方形的镶嵌凹槽
中京城第一宫殿		平素无纹饰	鳍部内侧有半圆形凸起联珠状装饰，无珠环绕	由底座与屋脊连接
上京城第二宫殿		—	鳍部内侧有联珠中心，为乳丁状凸起，周围缠绕旋转菊纹，外绕 16 个珠	—
克拉斯基诺古城佛寺	形如鱼尾，鸱尾头部有蛟龙形象，占头部一部分不是全部。背部有浮雕状的鳍身和鳍刺。鳍内部有联珠纹	平素无装饰纹样	鳍部内侧有 9 个凸起联珠	—
杏山寺庙	形如靴状，鸱尾头部刻有浮雕状的蛟龙，嘴、胡须、眼、牙等较为清晰；背部有浮雕状的鳍身和鳍刺	平素无装饰纹样	鳍部内侧有联珠纹	鸱尾底部由凹槽与屋脊相连

a 杏山寺鸱尾　b 六顶山平素鸱尾　c 浅浮雕纹鸱尾　d 克拉斯基诺古城佛寺鸱尾复原图

图 2.34 渤海鸱尾形象

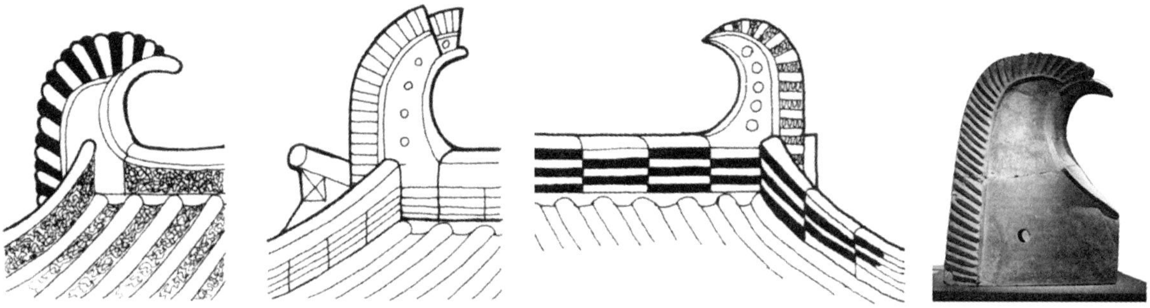

a 初唐第 431 窟　b 盛唐第 126 窟　c 初唐第 220 窟　d 大明宫出土的鸱尾

图 2.35 唐代鸱尾形象

至于是否有鸱吻形式的出现，现在还不能准确地进行判断。

上京城鸱尾的形象是渤海国鸱尾形式的典型代表，与同时期东亚其他国家的鸱尾进行比较，发现这一地区的鸱尾都是以中原地区的鸱尾形态为蓝本的，只是在演变的过程中加入了一些当地的文化特色，体现了文化的整合性。现将同时期中原地区、朝鲜半岛、日本和渤海国地域的鸱尾或鸱尾遗迹进行比较（表 2.8）。

从表 2.8 可以看出，东亚地区的鸱尾都是以鱼尾为基本形态的，分为鳍身、鳍刺两部分，并且有联珠纹等装饰图案，可以说都是由中国中原地区的鸱尾形态演变而来的。从文化传播的角度来说，当时渤海和朝鲜半岛、日本都受到中原核心文化的辐射。渤海鸱尾形态的演变正是可以证明，东亚不同的地域都是以中原建筑文化为蓝本的，只是在发展的过程中结合了一定的地域特色。

屋顶脊饰除了装饰正脊端部的鸱尾外，还有装饰垂脊、戗脊的兽头。从现有的资料来看，唐代建筑屋顶垂脊的做法可分为三种：一种是角脊端头饰脊头瓦，其前又顺列翘头或折腰筒瓦（图 2.39 a、b）。脊头瓦一般为完整的、浮雕式的、竖向梯形的“兽面砖”或“兽面瓦”，日本称为“鬼脸板”，见于日本东大寺，唐大明宫麟德殿遗址也出土了狮面的脊头瓦，韩国新罗时期的庆州也出

表 2.8 隋唐时期东北亚国家鸱尾比较

名称		渤海国地区	唐代中原地区	朝鲜半岛地区	日本地区
鸱尾共同点		形如鱼尾，主体部分素面，利用凸起的浮雕装饰纹样表现鳍身和鳍刺			
鸱尾不同点	鳍部形态	鳍部较宽，初期以素面为主，后期为卷草纹饰，内侧有凸起联珠装饰，且绕有多个小联珠装饰	鳍部较宽，以素面为主，有的鳍部有联珠纹饰	鳍部较宽，素面无装饰，有的有棱纹	素平或有羽毛状纹饰，有的有联珠纹装饰
	鳍刺形态	鳍刺较宽，凸起且排列整齐，直接与底座连接	鳍刺较宽且凸起，排列整齐，鳍刺直接排到底座，有的鳍刺接近底座	鳍刺较窄，凸起排列整齐，直接与底座连接	鳍刺较窄，呈浮雕状，直接与底座相连
基本形态		鱼尾形和靴形	鱼尾形	鱼尾形	鱼尾形和靴形
实例代表		上京城 9 号佛寺出土鸱尾	大明宫遗址（图 2.35d）	安鹤宫庆州鸱尾（图 2.36、图 2.37）	唐招提寺鸱尾（图 2.38）

图 2.36 安鹤宫遗址鸱尾

图 2.37 庆州出土鸱尾

图 2.38 唐招提寺鸱尾

土了牛面的兽面瓦。另一种是在垂脊端部装饰火珠，这种形式见于敦煌壁画中（图 2.39c）。还有一种是使用了垂兽，见于唐佛光寺大殿。而戗脊也有三种做法：一种是不施任何装饰构件，仅用扣脊瓦覆盖直达屋角，最前端施一块勾头瓦作为结束；另一种是在戗脊上翘起 1 ~ 3 块勾头瓦，见于唐永泰公主墓石椁（图 2.39d）；还有一种就是采用戗兽（图 2.39e、f）。

渤海上京城、中京城和东京城都出土了大量的兽头，形态相似，都是面部狰狞的怪兽，张口獠牙，朝天鼻，外凸的圆眼。一般鼻后部与底座间有斜向贯通的孔，安装时将铁条穿入孔中，将兽头固定于脊端（图 2.40a）。需要特殊说明的是，兽头虽然形态相似，但底座的倾斜度不同，这说明兽头分别用于垂脊和戗脊不同的部位。

除此之外，上京城还出土了套兽（图 2.40b）。这是用于仔角梁的端部，在保护仔角梁端部不

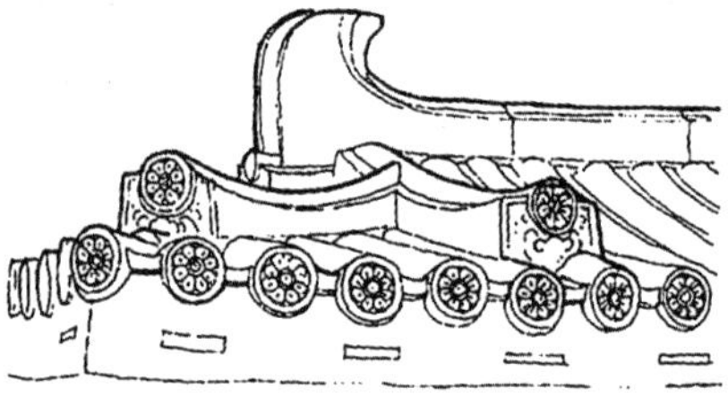

a 隋李静训墓石椁脊饰

b 泰安老君唐鸳鸯碑首（唐）

c 敦煌壁画（唐）

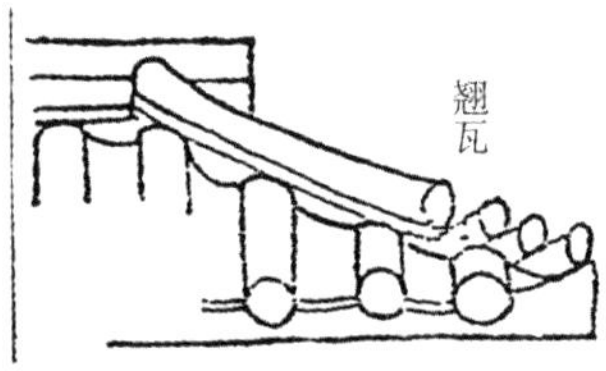

d 永泰公主墓石椁（初唐）

e 《瑞鹤图》戗脊（宋）

f 崇福寺弥陀殿戗兽

图 2.39 唐宋时期垂脊、戗脊脊饰

受雨水侵蚀的同时，又起到了美观的作用，最早的套兽出土于唐洛阳宫。需要说明的是，唐代仔角梁端部的处理方式有两种：一种是安装一块薄砖或是金铜构件来防水，并在角梁梁口安装透雕金铜板饰件。另一种是用套兽保护梁头，见于唐晚期，而渤海国出土的套兽，把套兽装饰仔角梁的做法提前到了唐初。

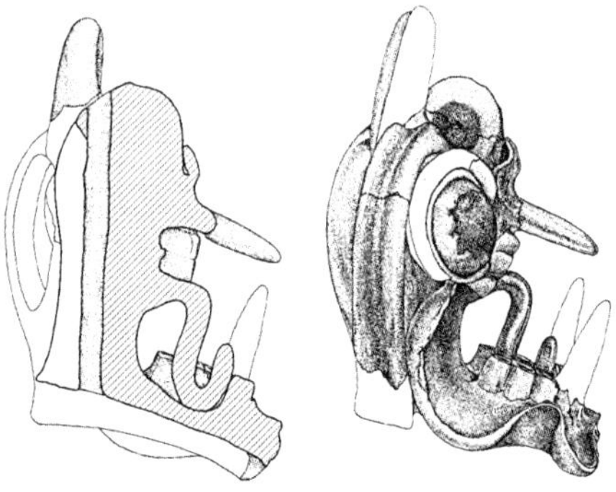

a 垂兽

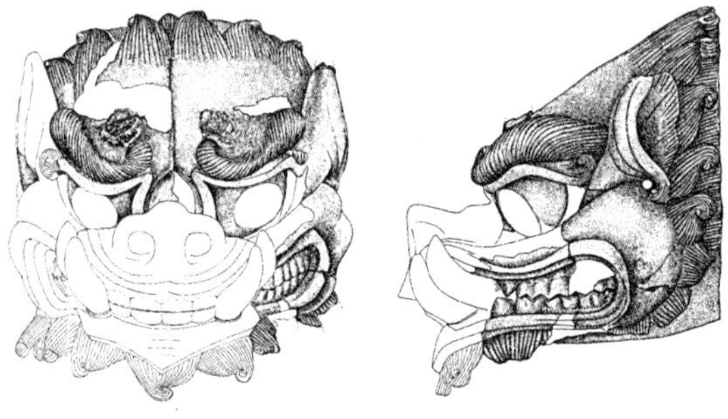

b 套兽

图 2.40 上京城遗址出土脊饰

（3）瓦作。上京城遗址出土了大量的瓦件，按瓦的质地可以分为素白瓦和琉璃瓦，前者多作为铺头瓦，黏土烧制，呈青灰色，后者除瓦唇外通体施绿釉，并且前者数量较多，后者数量较少。瓦的形式可以分为筒瓦、板瓦、檐头瓦、当沟瓦和压当条。

从瓦的类型可以看出，上京城采用的是高等级的筒瓦屋面，其中板瓦作为底面，筒瓦扣于板瓦之上，采用琉璃剪边的做法，即用琉璃瓦作为檐头和屋脊，用素白瓦作为屋面，并且用彩釉的鸱尾、垂兽和戗兽作为装饰。垂脊的侧面采用重唇板瓦作为华废，这是唐代宫殿建筑屋顶的一种典型的处理方式。

瓦当的纹样以莲花为装饰主题，分为中心纹饰、间纹、莲瓣纹等，见于渤海国多处建筑遗址中，是中后期常用的一种典型的瓦当装饰纹样。莲花纹瓦当根据莲花的形态又分为典型莲花纹瓦当、八瓣单体连枝莲纹瓦当、八瓣连体莲纹瓦当和莲蕾纹瓦当四种主要形式，它们之间各有不同。现将其特点进行比较分析（表 2.9）。

从表 2.9 可以看出，渤海莲花纹瓦当的总体形态相似，都是以莲花纹、莲蕾、凸起乳丁和圆环等为基本构成要素，但在瓦当的主体图案和间纹的处理上还是有很大不同。这可能是当时外来建筑

表 2.9 渤海遗址出土莲花纹瓦当形态比较

名称	典型莲花纹瓦当	八瓣单体连枝莲纹瓦当	八瓣连体莲纹瓦当	莲蕾纹瓦当
基本形态	双莲瓣，莲瓣呈凸棱线外轮廓，心尖朝外，心窝朝内，莲瓣之间有间纹，中心为凸起乳丁	八瓣侧是莲纹，每瓣与左右两侧的莲瓣交织相连，中心为凸起乳丁	八瓣连体心形莲纹，心窝朝外，心尖没有显现。花瓣在心形凸棱轮廓线内饰以同形花肉，花瓣之间为萼形纹	凸起莲蕾，莲蕾与中心的凸起乳丁由莲茎相连，莲蕾之间有间纹
中心组合形态	中心一大乳丁，外绕一圈小乳丁，再绕一圆环	中心一大乳丁，外绕一圈小乳丁，再绕一圆环	中心一大乳丁，外绕两圈凸棱纹，再绕一圈小乳丁	中心一大乳丁，外绕两个大圆环
	中心一大乳丁，外绕一圆环，其外再绕一圈小乳丁	中心一大乳丁，外绕一圆环，其外再绕一圈小乳丁，其外再绕一圆环	中心一大乳丁，外绕一圆环，再绕一圈小乳丁	中心一大乳丁和一圆环
	中心一大乳丁，外绕一圆环	中心一大乳丁，用放射线连接一圈小乳丁，其外再绕一圆环	—	中心一大乳丁
	中心一大乳丁，外绕一圈小乳丁			
间纹	萼形、十字形、弯月形间纹	无间纹	三角形间纹	弧形、草叶形间纹
图像	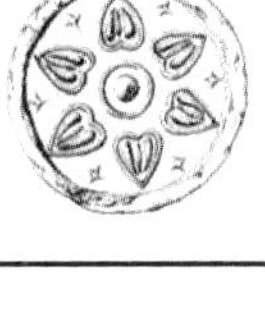	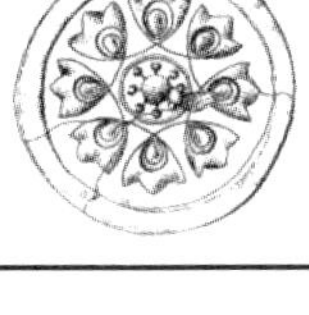	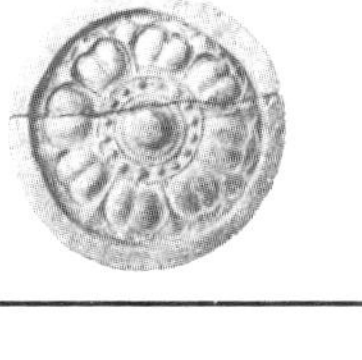	

文化和本土建筑文化在渤海地区共同作用的结果。

莲花纹瓦当是魏晋南北朝以来我国常用的一种瓦当纹样，在唐代达到了极盛期，同时，也是当时东亚各国普遍采用的纹样之一。渤海莲花纹瓦当源自中原地区的双瓣莲花纹样，同时加入本地区的装饰纹样，产生了比较有地域性特征的瓦当，并且在演变的过程中，又借鉴了高句丽莲花纹瓦当的细部处理方式。现对唐代中原莲花纹瓦当和朝鲜半岛高句丽莲花纹瓦当、渤海莲花纹瓦当进行比较研究（表 2.10），意在揭示渤海瓦当演进中的主导性影响因素。

表 2.10 唐代莲花纹瓦当、高句丽莲花纹瓦当、渤海莲花纹瓦当比较分析

名称		唐代中原莲花纹瓦当	高句丽莲花纹瓦当	渤海莲花纹瓦当
莲花纹形态	共同点	莲瓣呈凸棱线，多有凸棱线轮廓围绕，中心多有莲子或乳丁、莲瓣，有间纹装饰		
	不同点	有单瓣、双瓣莲花纹，莲瓣连体莲纹等类型	单瓣、双瓣莲花纹，莲蕾纹，莲瓣莲蕾纹等类型	双瓣莲花纹，莲蕾纹，八瓣连体莲纹等类型
中心组合形态	共同点	中心多为凸起莲子或半圆形凸起乳丁，其外围有小乳丁和凸弦纹环绕		
	不同点	中心为莲子等大的或中间莲子较大的莲蓬状	中心一凸起大乳丁，多数外绕一圈凸弦纹	中心一凸起大乳丁，其外围有凸棱线、圆环和小乳丁环绕
间纹	共同点	两莲瓣之间多有间纹装饰，且间纹多为凸起形态		
	不同点	三角形、丁字形纹	三角形凸纹、小圆乳丁纹	三角形纹、十字纹、萼形纹等
花瓣外围形态	多为联珠纹装饰	外围是凸起一定高度和宽度的凸弦纹	—	—

从表 2.10 可以看出，渤海莲花纹瓦当是以唐代中原地区的双瓣莲花纹瓦当为主要参考蓝本的，但莲瓣间的间纹较中原地区丰富。除此之外，渤海莲花纹瓦当也延续了高句丽莲花纹瓦当的原型，如莲蕾纹瓦当以及花瓣外围采用的凸起一定高度和宽度的凸弦纹形态。同时，渤海莲花纹瓦当也形成了独特的八瓣连枝莲体纹瓦当以及更为复杂的中心组合方式。

2.4.3.2 建筑材料应用

渤海建筑材料主要包括土、木、石材、河卵石以及少量的砖、陶器。这些材料的应用在体现中国古代土木建筑结构体系防火、隔音、防寒等多项优点的同时，又体现了石材、河卵石等地方材料坚固耐用、适应性强的地域性优势。为了更为清晰地说明建筑材料的地域性，现以渤海国都城“上京城”“中京城”和“东京城”的主要建筑遗址为研究对象，对相关的考古资料进行整理分析（表

2.11）。

由渤海都城的建造材料从最初天然的河卵石到较大较规整的石板、石条，从最初土、木、玄武岩石等纯天然材料的广泛应用到青砖、陶器等人工材料的逐步兴起，可以看出其开采天然材料的规模和能力逐渐提高，建筑材料的使用逐步多样化，这些都恰好体现了日趋完善的建造工艺，同时，也反映出渤海时期对于建筑材料性能的了解以及对于不同材料构筑技术的认知水准。

表 2.11 渤海三座都城的建筑材料分析

名称	上京城 （公元 756 ~ 784 年、794 ~ 926 年）	中京城 （公元 703 ~ 755 年）	东京城 （公元 785 ~ 793 年）
台基结构	Ⅰ型：玄武岩砌筑，玄武岩、青砖包壁 Ⅱ型：黄土砌筑，青砖包壁	Ⅰ型：夯土层、河卵石层交替垒砌 Ⅱ型：单纯素土夯筑而成	夯土层、河卵石层交替垒筑，石材包壁
城墙结构	宫城城墙：玄武岩垒砌	内城城墙：墙体逐层夯筑而成，基槽用夯土层和河卵石层交替垒砌而成	城墙以土筑为主
	皇城城墙：玄武岩垒砌	—	
	外郭城墙：一是以石为基，其上筑土夯之；二是中间土筑，两侧砌石；三是里侧土筑，外侧砌石；四是土筑	夯土砌筑	
础石	玄武岩	石块	石块
墙体	Ⅰ型：土坯垒砌 Ⅱ型：木骨泥墙	Ⅰ型：河卵石墙体 Ⅱ型：土坯垒砌 Ⅲ型：木骨泥墙	—

2.5 本章小结

渤海国由于其在东北亚区域的特殊地理位置，在中国唐代建筑文化、日本奈良建筑文化以及朝鲜半岛的新罗建筑文化之间起到了桥梁作用，在整个东北建筑文化的发展过程中起到了承上启下的过渡作用。唐代中原核心建筑文化、高句丽建筑文化、靺鞨建筑文化、日本奈良建筑文化以及朝鲜半岛新罗建筑文化等不同建筑文化几乎同时在渤海地区发生碰撞融合，并最终完成整合，形成了全新的渤海建筑文化，给这一文化打上了多种文化类型的烙印。同时由于特殊的自然环境和社会环境，渤海建筑地域性文化特质逐渐形成，而这种地域特质正是渤海建筑文化的独特性所在。对渤海建筑遗址实例所反映出来的建造技术信息的比较分析，有利于更清晰地揭示渤海建筑文化的地域性特征。

3 渤海上京城都城解析与总平面复原

An Analysis of Shangjing, Balhae's Capital City, and the Restoration of Its Master Plan

3.1 渤海国都城形制特点解析

渤海国存在的200多年间，史书上有明确记载的迁都共有四次。渤海国建国初期，大祚荣“据东牟山，筑城以居之”，其后，“显州，天宝中王所都”，“天宝末，钦茂徙上京，直旧国三百里”，“贞元时，东南徙东京。钦茂死……华玙为王，复还上京”。这说明渤海都城曾历经四座城市，并且都城的建设贯穿渤海国整个时期，使得都城形制日趋成熟，并最终形成定制。

3.1.1 四座都城的基本情况

史料记载，共有四座城市作为渤海国的都城，即“旧国”、上京城、中京城和东京城。考古学者对这四座都城先后进行了考古发掘工作，为了便于以后章节的比较研究，本节主要对这四座都城遗址所体现的一些城市布局特点进行分析说明。

3.1.1.1 城山子山城与敖东城平原城

“旧国”是渤海国早期的都城。关于“旧国”的具体位置，学术界有两种不同的看法：一种看法是敦化敖东城和城山子山城，这是早期学术界比较认同的一个看法；另一种看法是敦化敖东城和附近其他城址在内的一个区域，包括敖东城、城山子山城、永胜遗址等，这是近年来学术界提出的观点。本书仅对第一种看法进行分析研究。

《旧唐书·靺鞨传》中记载：“祚荣遂率其众保东桂娄之故地，据东牟山，筑城以居之。”根据这段历史文献记载以及考古发掘资料，学者认定城山子山城为历史文献中所指的“旧国”，也就是渤海国初期的都城。城山子山城在今吉林省敦化市西南22.5千米处一座海拔600米的孤山上。平面呈不规则的椭圆形（图3.1），这是由于山城是随着山势起伏而筑的。城周长2 000米左右，城墙上设置了马面作为都城的防御措施，并且在东西向城墙上设置两座门，城内有50多处半穴居式的居住遗址。

敖东城距城山子山城15千米，与城山子山城共同作为渤海国早期都城。敖东城采用的是内外重城制（图3.2），外城呈长方形，东西长400米，南北宽200米，城外有护城河。内城位于西部

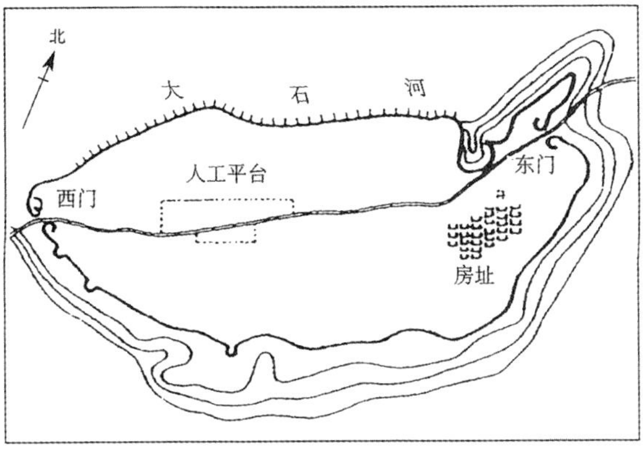

图 3.1 城山子山城遗址平面图

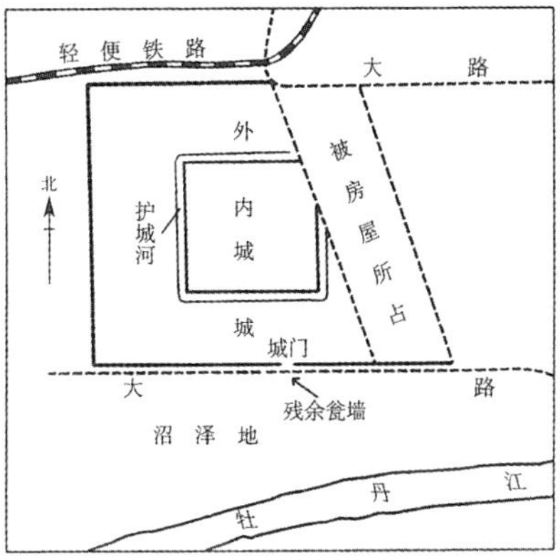

图 3.2 敖东城遗址平面图

中心位置，呈方形，边长 80 米左右。城墙为土筑，设置马面，并在外城墙的南墙上设置了城门，采用瓮城的形式。

对渤海国早期都城遗址情况，有几点需要进行说明：其一，早期都城制采用的是山城和平原城结合的都城制，这种都城制直接受到高句丽都城制的影响。其二，敖东城采用的是内外重城制，且内城位于外城西部的中心位置。这种重城制的布局方式也见于渤海都城东京城、上京城以及州府城苏密城，这说明这种布局形制应该是渤海国大型城市或是主要政治经济中心城市的一种通用布局模式。

敖东城和城山子山城的城墙上都设置了马面。马面是古代城市防御体系的重要组成部分，并且常见于渤海国城市遗址中，如南京城、城墙砬子城等遗址。这说明马面是渤海城市防御体系的一部分，这主要是受到高句丽时期城市防御体系的影响。而渤海国中后期的其他三座都城遗址中，未见有马面的遗迹，这与唐代长安城和洛阳城遗址中无马面的情况一致。这说明渤海国早期都城规模形制以及山城形制更多体现的是高句丽时期城市形制，而中后期的都城规划布局则主要是参考唐代都城形制。

3.1.1.2 中京城

目前考古学界对于中京城位置比较一致的看法是位于吉林省和龙市西古城。该城地处图们江支流海兰江流域，南侧是开阔的海兰江冲积平原，北侧是连绵起伏的丘陵地带，正处渤海腹心地区。西古城是渤海的早期城市之一，比其他四京的营筑都早，渤海以此为都二十余年。史书上提到中京城的文字记载有“显州，天宝中王所都”，“显州……唐天宝以前，渤海国所都”。由此可见，中京城应该是继“旧国”之后的渤海国第二座都城，属于渤海早期都城之一。历经近一个世纪的考古调查研究，中京城的基本城市布局和主要建筑形制已经基本清晰。

中京城采用的是内外城重城制（图 3.3），内外城都呈南北向长方形，外城南北长约 730 米，东西宽约 630 米；内城南北长 310 米左右，东西宽 190 米左右。外城大小尺度与东京城外城和上京城宫城尺度相仿。

内城位于外城北部，分为前后两个区，由隔墙分割。内城南墙中部向宫城内凹，这种处理方式与东京城一致。内城中轴线上共有三座主要建筑，即第一宫殿、第二宫殿与第五宫殿（宫殿名称参考中京城发掘报告）。其中，前两座宫殿位于内城前区，是主要的宫殿建筑群，并且在第二宫殿的东西两侧各有一座寝殿遗址，第五宫殿独立成区（图 3.3）。前后两个分区的布置方式与上京城宫城布局有相似之处。内城南部的外城区域设置了东西两座大小不一、形状自由的水池，此处应该是外城内的皇家内苑，这与上京城在宫城的东西两区设置园林十分相似。结合各个时期的考古调查研究，可以得出中京城城市布局与建筑形制的一些基本特征：

其一，中京城采用的是内外重城制，且内城位于外城中轴线北部的位置，这与东京城和上京城内城总体布局规划极为相似，这种布局模式应该直接导源于唐代都城长安城的布局形式。同时，唐代幽州城采用的也是这种布局模式，说明其可能是唐代州府的一种统一布局模式。中京城作为渤海国早期的都城遗址，可以说这种规划布局对后来都城制产生了很大的影响。

其二，中京城外城内有明显的内苑遗址，这说明在渤海国早期都城的建设中，就已经注重皇帝游乐玩赏的场所。虽然在东京城外城内并没有明显的园林遗址痕迹，但上京城、中京城都已经设置内苑，据此推测，东京城外城内也应该有内苑的遗址，这为进一步规划东京城总体布局提供了有力参考。

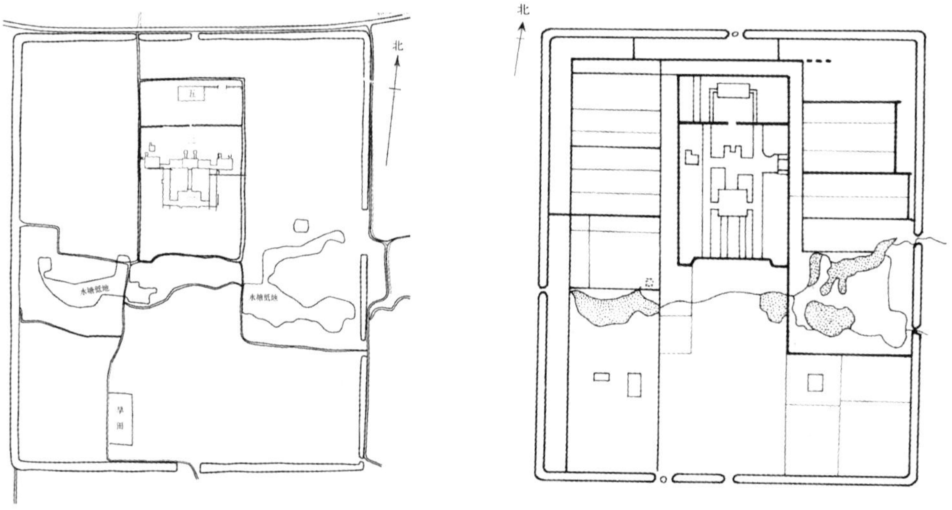

a 中京城遗址平面图　　b 中京城推想平面图

图 3.3 中京城遗址平面

其三，内城总体布置方式与上京城第二宫殿后部的区域布置相同。并且，前区宫殿建筑群布局模式、建筑之间的连接方式以及建筑单体的形制特征与东京城宫殿建筑群几乎相同，而与上京城相同区域位置的建筑群布置也极为相似（这将在以下的章节中进行详细分析）。这说明在渤海国整个都城的建设发展过程中，宫城部分主要区域布置形制是一脉相承的。

其四，中京城的门址，有两处被发掘，一座是外城正南门（图 3.4），另一座是内城前后区隔墙上的门（图 3.5）。其中，前者反映的是中原地区典型的门道式城门形式，而后者是楼阁式城门形式，这说明渤海早期城门类型已经呈现多样化的趋势。

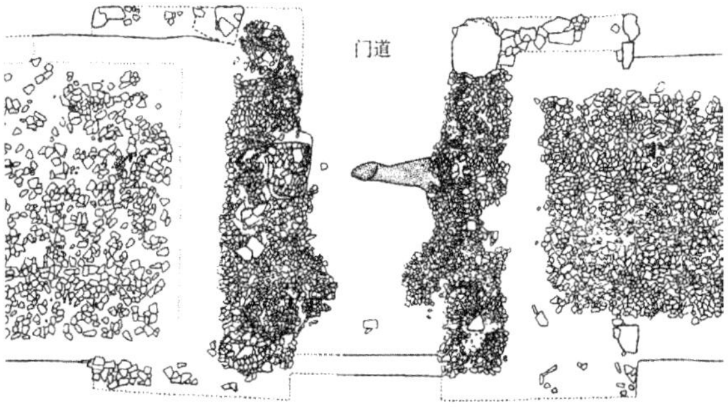

图 3.4 外城正南门遗址

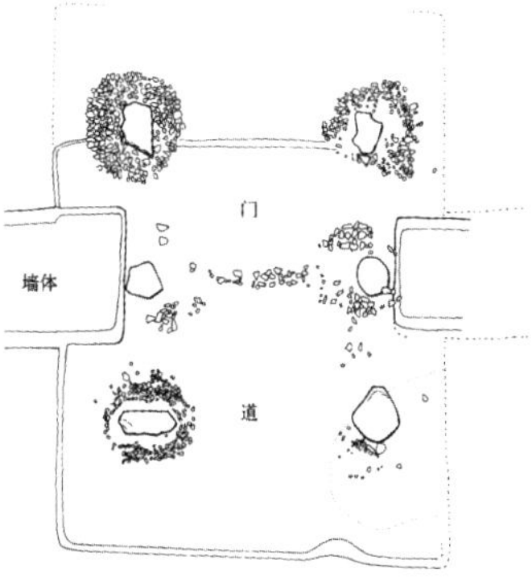

图 3.5 内城前后区隔墙门遗址

3.1.1.3 东京城

东京城位于今吉林省珲春市八连城，作为都城时间大约为 8 年，是渤海国第三座都城所在位置，其地势平坦，群山环绕，河流密集，是建都的理想区域。对于东京城的考古调查开始于 20 世纪 20 年代，历经近一个世纪，目前都城的基本情况和主要建筑形制逐渐清晰起来。

东京城采用的也是内外城重城制，外城呈长方形，南北长约 740 米，东西宽约 700 米，周围有土城墙遗址（图 3.6）。内城位于外城北部，也呈南

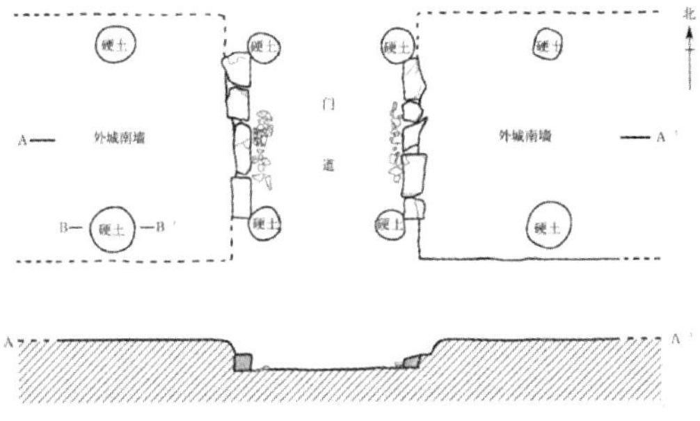

图 3.6 东京城城墙遗址

北稍长的纵向长方形，南北长约 320 米，东西宽约 220 米（图 3.7）。内城南墙中间位置向内城凹进，且墙体中间有城门遗迹，这与中京城内城南墙的处理方式一致（图 3.4）。内城与外城之间分隔成几个封闭的区域。其中内城南墙与外城南墙之间分隔为两个封闭的庭院，庭院之间的隔墙上设置院门，但院落内部未有遗址发现。在内城的南侧设置封闭的院落，其功能属性相当于上京城的皇城部分，故应该会布置一些官署建筑。内城北部紧邻外城城墙的位置是独立的封闭区域，参考上京城宫城的相应布置，推测其为内苑的部分。内城中轴线上共有四座主要宫殿遗址（图 3.7），其中第一宫殿和第二宫殿由连廊连接形成宫城的主体部分，即前朝区域。在第二号宫殿的东西两侧分别设置了第三、四宫殿，从平面布局形态来看应该是寝殿性质。城门遗址只有内城南门一处较为清晰。

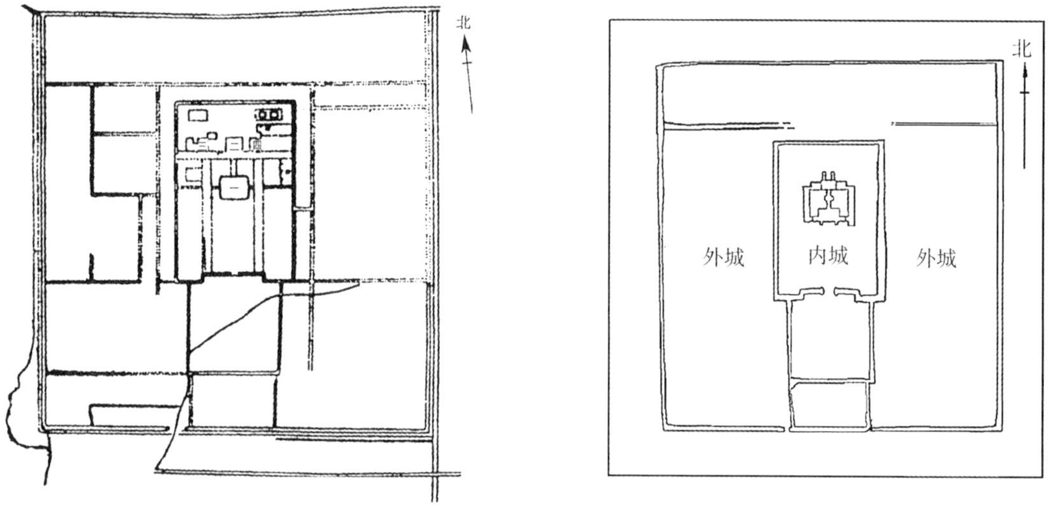

a 东京城平面图（1942）　　b 东京城平面图（2004）

图 3.7 东京城遗址平面

从现有的资料可以看出，东京城都城布局和建筑形制的几点特征：其一，采用的是内外重城制，由于其外城区域外部未进行考古调查，故暂不能确定是否设有外郭城，但从使用时间较短这一点来看，设置外郭城的可能性不大。考古学者推测内外城主要是行政区域，主要以宫殿区为主，而居住区和集市区应该设置在外城的周边区域，且没有城墙围合，可能是开敞区域。这种规划布局方式可能与其使用时间较短有关。

其二，内城南墙与外城南墙之间布置的两个庭院，与内城的中心宫殿区域共同形成了东京城的“前朝后寝”格局，其中第二个庭院应该是前朝区域，从大小尺度上来讲，比较适合举行大型的庆典礼仪活动。这种布局方式与上京城宫城中心区又非常相似。

其三，内城南门从平面础石排列情况来看，应该是一座面阔 5 间，进深 2 间的楼阁式城门（图 3.8）。这种楼阁式城门也见于上京城的皇城正南门、郭城正北门，说明这是渤海国都城城门的一种常用结构类型。

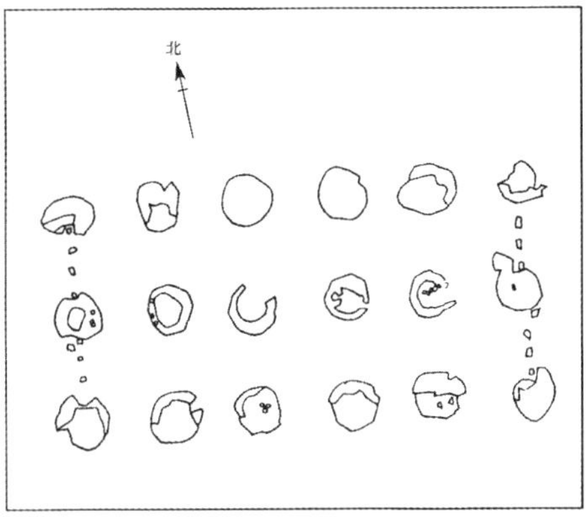

图 3.8 内城南门遗址平面图

其四，内城区中轴线上共有三座宫殿遗址，且三者之间由连廊相互联系。并且三者平面布局形制与上京城遗址的几座寝殿平面布局相同，采用的都是“凹”字形，即由主殿、烟道和烟囱组成（图 3.9），并且室内的采暖体系也基本一致，采用炕、灶和烟囱结合的取暖形式。

从以上分析可以看出，东京城的都城规划布局、宫殿建筑形制以及一些细部构造做法与上京城非常相似，这是由于东京城作为都城的时间与上京城较为临近。

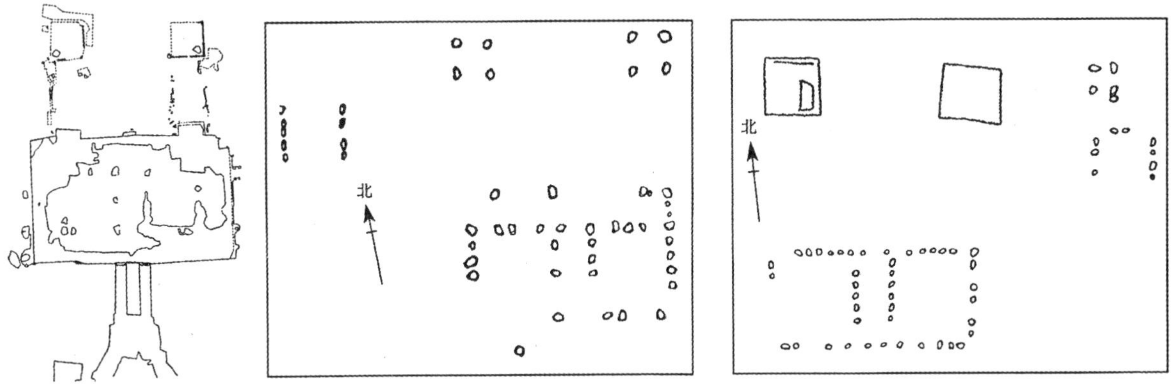

a 第二宫殿平面　　b 第三宫殿平面图　　c 第四宫殿平面图

图 3.9 东京城宫殿遗址平面图

3.1.1.4 上京城基本情况

上京城位于今黑龙江省牡丹江市宁安市，由郭城（外城）、皇城（内城）、宫城组成（图 3.10 a）。其中，外郭城南北长 3 358.5 米，东西长 4 586 米，面积约 15.4 平方千米，属于唐代大型州府城规模。渤海国存在的200多年间，曾两度迁都到上京城，一次是文王大茂钦时，一次是成王大华屿时，上京城作为都城的时间前后累计共160年左右。其都城规模之大和建筑形制之丰富远远超过中京城和东京城。目前为止，上京城遗址的基本情况已经较为清晰，其主要包括都城的规划结构、宫殿群的规模以及建筑形制等方面。本小节将对上京城遗址的基本情况进行简单的梳理，而具体的形制分析将在其后的章节中进行。

遗址先后经过数次考古发掘，由于发掘的时间、遗址的情况不同，其基本数据有一定的出入，现将一些有关都城尺度的基本数据进行整理（表3.1）。其中以《六顶山与渤海镇——唐代渤海国的贵族墓地与都城遗址》的考古数据最为详细，故复原总平面时按其数据进行复原推测。

表3.1 上京城基本数据整理

郭城尺度/米	宫城尺度/米		皇城尺度/米	数据出处
	中心区	附属区		
东墙：3 358.5 西墙：3 398 南墙：4 586 北墙：4 946	南北长：720 东西长：620	东面附属区：南北长722，东西长213 西面附属区：南北长722，东西长220 北面附属区：东西长847，南北长215	东墙：447 西墙：454 南墙：1 045 北墙：1 050	《六顶山与渤海镇——唐代渤海国的贵族墓地与都城遗址》
东墙：3 364 西墙：3 402 南墙：4 590 北墙：4 952	南北长：720 东西长：620	—	东西宽：450 南北长：1 050	《渤海上京城》
东墙：3 360 西墙：3 400 南墙：4 584 北墙：4 946 周长：16 290	南北长：720 东西长：620	—	东墙：450 西墙：454 南墙：1 045 北墙：1 050	《渤海遗迹》

结合上京城遗址平面图（图3.10a）对表3.1进行分析，发现上京城呈东西向的横向长方形布局，采用的是宫城、皇城和郭城的三重城制。其中宫城和皇城区共同组成上京城的内城区，宫城在北，皇城在南，位于郭城北部，这种布局与唐代长安城如出一辙。需要特殊说明的是，内城突出于郭城的北墙之外，其北墙作为郭城北墙的一部分。将内城突出于郭城北部之外，其原因主要是内城北墙是利用郭城北部突出的台地修筑的，这也是上京城都城布局的特殊之处。郭城共有城门11座，即东西两面各有2座城门，南面有3座城门，北面有4座城门，其中已经考古发掘的共有9座城门。根据城门等级制度不同，采用的形制也不相同（这将在城门一节中进行详细的分析说明）。

宫城呈南北向纵向长方形，包括外围的几个附属空间在内，东墙长约 900 米，南墙长 1 050 米，西墙长 940 米，北墙长 1 096 米。其又可以划分为四个区域，即宫城区、北部附属区、东部附属区和西部附属区，其中东部为东宫所在，而北部和西部为禁苑区。宫城内部又分为三部分，即东、中、西区，其中中区是宫城的核心宫廷区，设置了主要的宫殿建筑群，东西两区是附属区，设置了多个院落空间。宫城遗址的城门主要有两座，即南北各一座，从实际需要考虑，东西向至少有城门各一座（图 3.10b）。其中以宫城正南门的等级形制最高，形式最为特别。

核心宫廷区又分为东、中、西三个部分。其中在中心区，位于宫城中轴线上布置了五座主要宫殿建筑群，前四座宫殿建筑群采用的是回廊式布局模式，第五座宫殿采用的是庭院式布局模式。这五座宫殿建筑群与中轴线上的宫城正南门和宫城正北门共同形成了宫城中心区的空间序列，是整个都城皇家集权的高度象征。在皇城与宫城之间有一条东西向的横街，其宽度在 92 米左右，是郭城的东西向主要街道之一。皇城呈东西向长方形，分为东、中、西三个区域，其中中区宽度为 222 米左右，应该是宫城前的广场所在。东西区的南北长 355 米，东西长约 413 米，是主要的官署区域。已知皇城的城门遗址共有三座，即东门、西门和中门，三个门都经过考古发掘，其中西门和中门遗址保存较好。

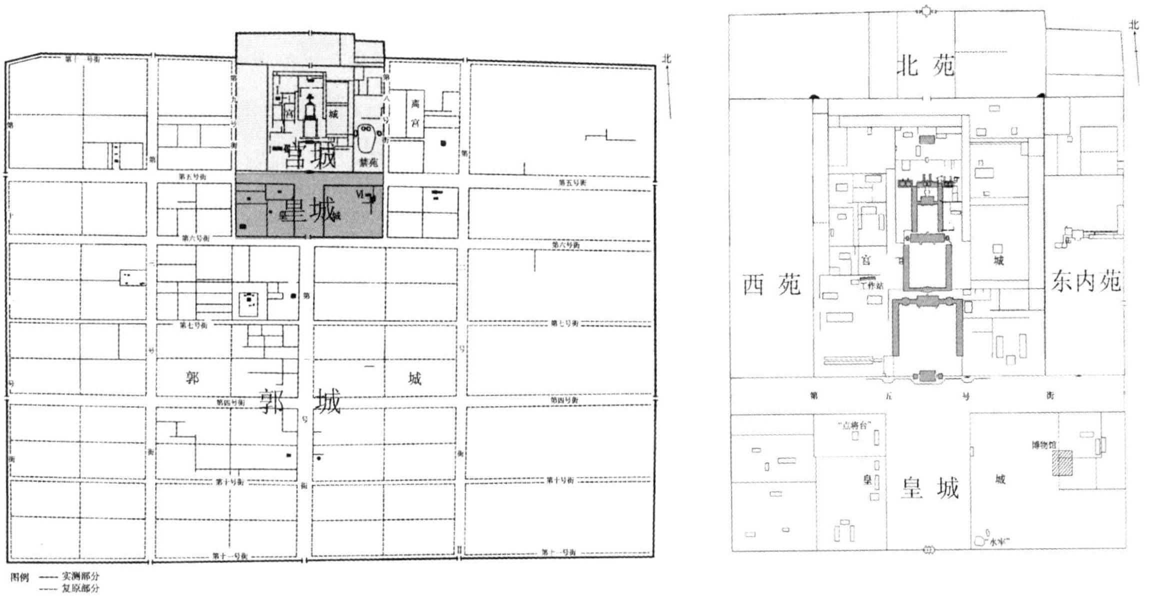

a 上京城遗址总平面图　　b 上京城内城平面图

图 3.10 上京城遗址平面分析图

以上只是概要地介绍了上京城都城遗址的基本情况，对于都城规划结构，将在后面进行更为详细的分析研究。

3.1.2 都城形制探讨

本节所谈论的都城形制是渤海四座都城相结合所体现的形制特点，而不是单指一座都城的规划形制。从现有的考古资料和文献记载来看，根据渤海国所处的不同时期，其可以分为两种都城制度，即“两城制”和“五京制”。

3.1.2.1 两城制——城防考虑

通过上节的分析可知，渤海国早期都城采用的是山城和平原城结合的“两城制”，这种都城体制的形成主要有以下几点原因：

首先，山城与平原城相结合的都城体制，更多的是从都城的军事防御性方面进行考虑的。由于渤海山城多建在地形复杂、地势陡峭、易守难攻之地，其防御性要高于平原城。故在平原城的附近山地地区、交通要塞上建立山城，不但可以起到保护平原城的作用，还可以起到在战时转移民众的作用，故这种平原城和山城结合的都城体制可以看作是特殊的地理环境和政治环境下北方少数民族特有的都城制度。

早在高句丽时期就已经出现了山城和平原城结合的都城模式，如高句丽中期的都城就包括山城丸城和平原城国内城，晚期的都城包括平原城安鹤宫，山城大城山城、青海石土城和平壤旧城，采用的都是山城与平原城结合的布局模式。可以说渤海国两城制正是对高句丽都城体制的一种延续。

其次，渤海国早期都城体现的“两城制”也可以看成“两京制”的一种体现。所谓的“两京制”就是在同一个朝代同时有两座城市作为都城。这两座城市在不同时期，或是根据不同的需要分别作为都城，其中一个是都城，而另一个是陪都。这与当时的政治、经济和防御体系的建设等因素都有一定的关系。这种都城形制最早出现在西周时期，即丰和镐两座都城，并被继承下来，到唐代出现了长安城和洛阳城两座都城以及后来的明代前期的“南京”和“北京”，清朝时期的“盛京”和“北京”也是这种体制的延续。渤海国早期“两城制”的不同之处在于一个是山城，一个是平原城。

再次，这种平原城与山城结合的形制，与渤海国所在的地理位置多山地、少平原有一定关系。将城市建在大山之上，既可以利用地势作为天然屏障，山体本身也可以作为城墙的一部分，同时也可以直接利用山石建造建筑，使用非常方便，可以节省大量的人力物力。从已知的考古信息可知，渤海国的山城数量明显要多于平原城的数量，恰好证实了这一点。渤海国建国初期，由于政治还不稳定，经济不够发达，建造山城作为都城是最佳选择。但山城由于面积和地势的限制，作为日益繁荣的都城，不如平原城有优势，故采用平原城和山城结合的两城制，可以解决这方面的问题。

3.1.2.2 五京制——唐代的延续

“京”字最早见于甲骨文，先秦时即被用来称呼首都。“五京之制”中所提到的“京”是规模最大、形制最高的城址类型。五京制导源于我国古代的五行（金、木、水、火、土）思想。这一学说盛行于春秋战国时期，汉代设置北方五部都尉、五郡等，当与这种学说有关。最早在历史文献中出现的是“五都”，如汉时洛阳、邯郸、临淄、宛、成都“五都”，三国魏时长安、许昌、谯、邺、洛阳“五都”。我国的五京制始于唐朝，据《旧唐书》《新唐书》和《资治通鉴》等书记载，唐肃宗至德二年（公元 757 年）已有五京名号，即长安为上京，洛阳为东京，凤翔为西京，成都为南京，太原为北京。其中，西京、南京和北京只是为了凑成“五京”之数，至此五京制正式确立。

五行思想对东北亚各族也产生了一定的影响。汉魏之际，在东北地区又出现了五部、五族、五方的划分。古代高句丽早在琉璃明王时期（公元 3 年）就确立了五部制度，在全国按东西南北中来划分五部，五部分属五大贵族统治。后来随着政权性质由奴隶制向封建制转变，五部进而与中原五方土观念相结合，形成“五褥萨制”。百济在所夫里时代实行“五部五方制”，即将首都分为上、前、中、下、后五部，首都之外则分东、西、南、北、中五方。新罗有五小京制，用来加强对全国的控制和边防的防卫。高句丽五部、百济五部五方和新罗五小京的设置时间都比唐朝五京制的设置时间要早，这说明东北亚各族在吸收中华文化时，并不是简单模仿，而是结合本民族的特征加以创新。“五京制”形制的建立，往往是根据当时统治者在政治、军事战略上的需要，可以看作是一种行政区域划分方式，体现的是一种政治体制。

渤海“五京制”形成于渤海中期，《新唐书》卷二一九《北狄传·渤海传》记载：“其王数遣诸生诣京师太学，习识古今制度，遂为海东盛国……地有五京、十五府、六十二州”，据上可推知渤海五京制是在渤海诸“王数遣诸生诣京师太学，习识古今制度”的背景下建立的，同时也应受到了其他邻近国家和地区的影响，体现了渤海国政治体制的成熟。

以“五京”为政治和经济中心，在其周围兴建了州、府和县一级的多个中小城市，最终形成了“海东盛国”的盛况。渤海的“五京制”对后期的辽代和金代都产生了巨大的影响。渤海国与辽代处于同一个地理区域，且渤海国被契丹所灭，渤海城市建筑文化对辽产生一定的影响，辽“五京制”的建立正是这种影响的具体体现。而金代是在消灭辽和宋后建立起来的国家，故对辽的建筑文化又有一定的传承，同样也采用了这一形制。这样在整个东北地区的历史中，“五京制”的都城制度占有重要地位，这与渤海国完善的“五京制”体制是密不可分的。现将东北地区历代出现过的“五京”都城制进行整理（表 3.2）。

表 3.2 东北地区“五京制”

渤海国（698 ~ 926 年）				辽代（907 ~ 1125 年）				金代（1115 ~ 1234 年）			
名称	位置	城制	性质	名称	位置	城制	性质	名称	位置	城制	性质
上京城	黑龙江宁安渤海镇	宫城、皇城、郭城制	都城	上京临潢府	内蒙古昭乌达盟巴林左旗林东镇南郊	南北两城制	都城	上京会宁府	黑龙江阿城东南白城	南北城制	都城
中京城	吉林和龙西古城	内、外城重城制	都城	中京大定府	内蒙古昭乌达盟宁城县大明镇	宫城、皇城、郭城制	都城	北京大定府	内蒙古昭乌达盟宁城县大明	—	陪都
东京城	吉林珲春八连城	内、外城重城制	都城	东京辽阳府	辽宁辽阳市	方形城市	陪都	东京辽阳府	辽宁辽阳市	—	陪都
南京城	朝鲜咸镜南道北青郡北青城	方形城市	府	南京析津府	河北、山西一带	内、外城制	陪都	南京开封府	河南开封市	—	陪都
西京城	—	—	府	西京大同府	山西大同市	方形城市	州	西京大同府	山西大同市	—	陪都

从表 3.2 可以得出几点结论：其一，“五京制”中的五座城市并非都作为都城，其中渤海国有三座都城，辽代有两座都城，金代有一座都城。其二，虽然三者都采用了“五京制”，且后两者传承于渤海国，但都城的具体规划布置存在很大的差异，并不是以渤海国都城布局形制为蓝本，而是以唐宋中原都城为蓝本，主要采用的是内外重城制，符合择中立宫的原则，这体现了少数民族对中原文化的推崇。其三，由于辽代与金代之间存在一定的传承关系，故在“五京”具体位置上，金与辽多有重合，并且都城形制也最为接近。

渤海“五京”是渤海时期的大城市，不仅如此，它们处在不同的地区，也是该地区的中心城市。渤海从其建立至五京悉备，其中有三座城市先后作为渤海国都城，包括上京城、东京城和中京城。渤海共有四次迁都历史，第一次是武王时期的 734 年之前，从旧国迁都到中京城，第二次是 755 年从中京城迁都上京城，第三次是 785 年由上京城迁都到东京城，第四次是 794 年从东京城迁都上京城，并一直到渤海灭亡。其中上京城先后两次作为都城，其时间长达 160 年左右，而其余两座作为都城的时间较短。也正是这个原因，从现有的考古发掘研究来看，上京城都城建设最为完备，建筑等级形制最为丰富，级别最高。而南京城和西京城至今城址还没有确定，也未做过王都，故本书暂不对其进行讨论。

3.1.3 渤海都城规划结构

本节主要讨论的是渤海上京城、东京城和中京城三座都城的功能布局、规划结构、规划思想以及都城布局模式演变规律等几个方面的内容。

3.1.3.1 都城布局通用模式——环城制

结合上京城、东京城和中京城三座都城遗址的考古发掘资料，发现三者的都城形制与布局模式极为相似，采用的都是环城制，即宫城、内城和外城层层相套的布局模式。不同之处在于，中京城和东京城采用的是内外重城制，而上京城采用的是宫城、皇城和郭城三重城制。

环城制是我国古代都城通用的一种布局模式，最早见于商代河南洛阳偃师商城，到《考工记》规定的营国制度则明确将宫城定位为全城规划的核心，即宫城位于王城的中心位置，体现了“择天下之中而立国，择国之中而立宫”的择中观念，并且这一观念一直被后世所继承，被看作是统治阶级的最高领导地位的一种象征。至此正式确定了环城制的都城格局。这种布局模式的优点在于既可以突出宫城在整个都城的核心地位，同时外城又可以对宫城起到很好的防卫作用，后来逐渐演变为历代都城的布局规划的参考蓝本。为了便于说明，现将唐代以前的历代采用重城制的都城进行总结（表 3.3）。

从表 3.3 的分析可以看出，唐代以前都城都采用重城制布局模式，并且三重城制和双重城制都有所体现。但早期宫城、内城和外城三者之间的位置关系并不确定。直到东汉洛阳城，才出现了宫城位于内城或外城北部中心位置的布局模式，这体现了择中立宫的思想，并且历经曹魏邺城、北魏洛阳以及唐代长安城和洛阳城，最终才正式确定了宫城、皇城和外城固定的重城制布局。其中宫城和皇城南北对峙的格局在唐代都城布局中正式确定。

而从渤海三座都城的规划布局形式来看，采用的也是内城、外城的重城制度，并且宫城或内城位于外城的北部，呈对称式中轴线式的布局模式。这与唐代长安城的布局模式极为相似，可以看出渤海都城都是以其为参照蓝本进行规划布局的。

表 3.3 唐以前采用重城制的都城

名称及朝代	都城结构布局	都城总平面示意图
商代河南洛阳城偃师县商城遗址	宫城、内城和外城三重城制，且宫城在内城的中部偏南，外城在宫城的东北部，部分墙体与内城重合	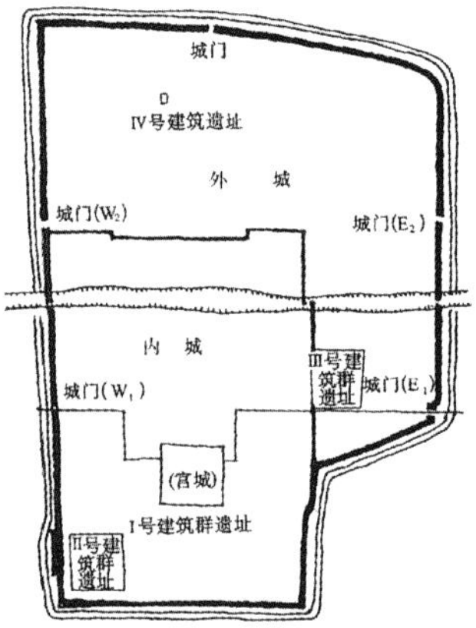
周代山东曲阜市鲁故城遗址	宫城、内城和外城三重城制，且宫城在内城的和外城的南部偏西的位置，三者城墙有重叠	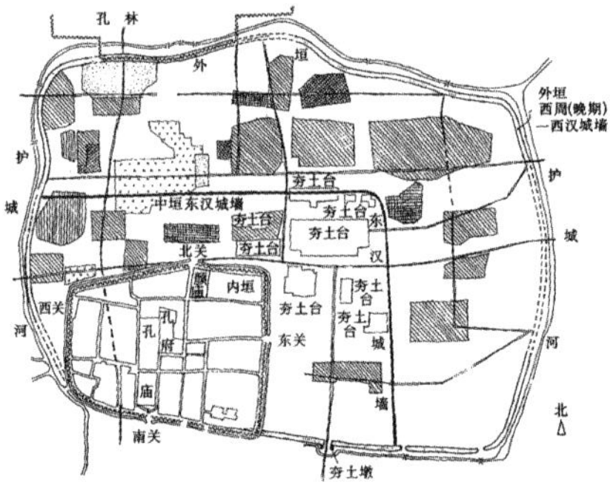
东汉洛阳城遗址	内城和外城的双重城制，宫城分为南北宫制	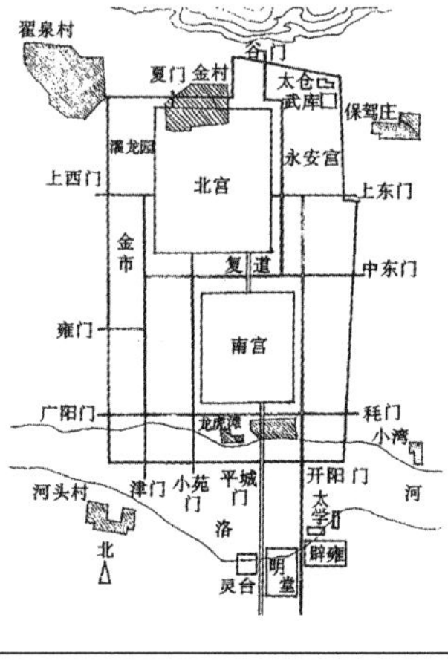

续表

名称及朝代	都城结构布局	都城总平面示意图
曹魏邺城遗址	内城和外城的双重城制，宫城位于外城北部中心位置	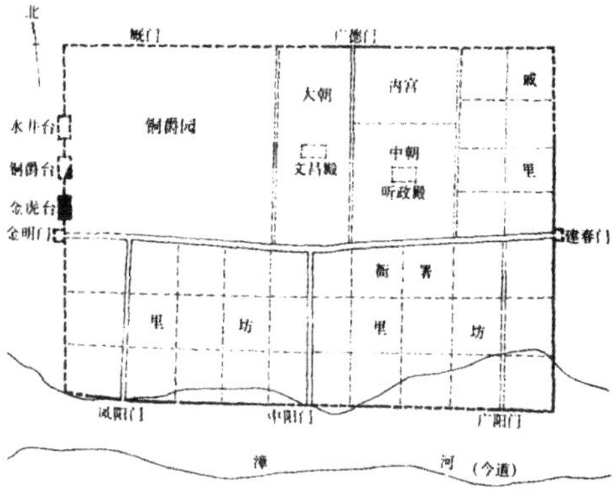
北魏洛阳城遗址	宫城、内城和郭城三重城制，宫城在北部偏西的位置	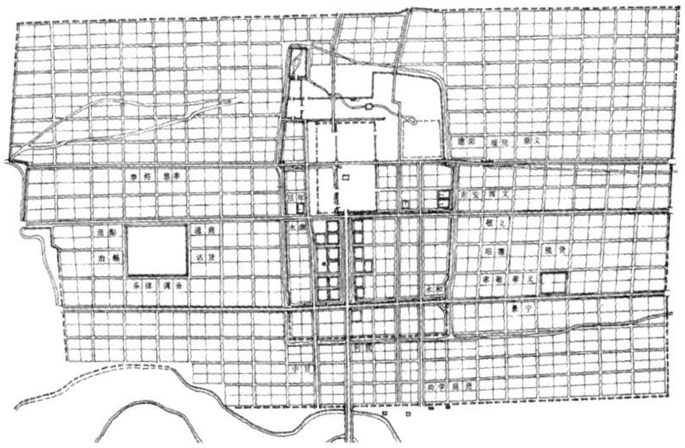
唐洛阳城遗址	宫城、皇城和郭城三重城制，且宫城位于北部偏西的位置	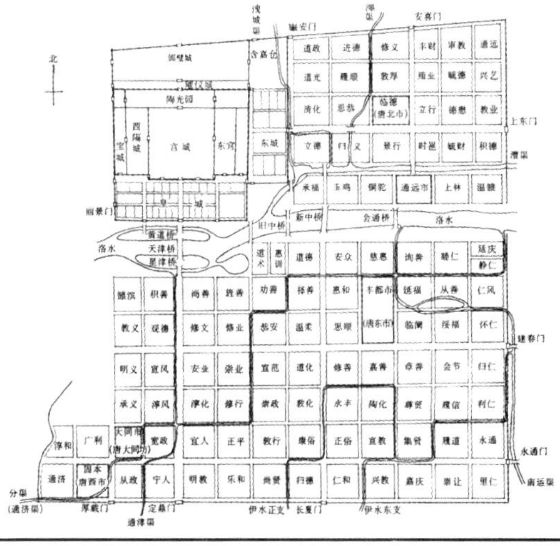

续表

名称及朝代	都城结构布局	都城总平面示意图
唐长安城遗址	宫城、皇城和郭城三重城制，宫城位于北部中间位置，北部墙体与郭城墙体重合	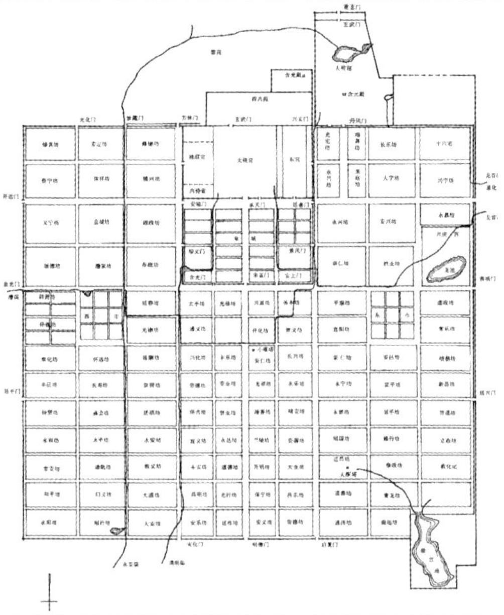

3.1.3.2 都城结构的比较研究

虽然渤海上京城、中京城和东京城三座都城采用的都是重城制，但是在具体的城市布局结构上存在着一定的差异性。为了便于进一步的分析研究，首先将三者的都城的基本信息进行整理分析（表 3.4）。

表 3.4 中京城、东京城和上京城都城基本信息

名称	都城形制	都城结构	大小尺度	宫城与外城的面积比	几何中心的设置
中京城	内外重城制	宫城位于外城的北部中间位置，宫城的南侧有东西两个苑池	外城：南北长 730 米，东西长 630 米；宫城：南北长 310 米，东西长 190 米	宫城：外城≈1:8	都城中心在宫城正南门；宫城中心在第二宫殿
东京城		宫城位于外城的北部中间位置，宫城南向正对中轴线的位置有两个院落	外城：南北长 740 米，东西长 700 米；宫城：南北长 310 米，东西长 220 米	宫城：外城≈1:8	宫城的几何中心在第一宫殿
上京城	宫城、皇城和郭城三重城制	宫城与皇城位于郭城的北部中间位置，宫城与皇城南北对峙，中间有一条横街隔开	宫城：南北长 720 米，东西长 620 米；皇城：南北长 450 米，东西长 1 050 米；郭城：南北长 4 586 米，东西长 3 358 米	宫城：（宫城＋皇城）≈1:2 宫城：郭城≈1:34	宫城中心区在第二宫殿；皇城和宫城以及附属区域的中心在第一宫殿

从表 3.4 可以看出，三座都城的规划结构既有共性又有差异性。首先，上京城是三座都城中结构布局最为完整的，包括宫城、皇城和郭城，直接以唐代长安城为蓝本。而中京城和东京城的规模仅相当于上京城宫城的规模，这既与修建的时间先后顺序、地理位置有关，更与其作为都城时间的长短有关。上京城作为渤海国都城的时间约占渤海国时期的 2/3，是渤海国最为重要的都城，故其各方面规划设置都比较完备，这是其他两座都城无法与其相比的。

其次，三座都城的宫城都是位于外城的北部中间区域，突出了宫城的重要位置，体现了“择国之中而立宫”的择中规划思想。并且三座都城的宫城尺度相近，这说明三者的都城结构形制是一脉相承的，是从内、外城制逐渐演变为宫城、皇城和郭城的结构形式的。并且宫城尺度与外城尺度之间存在一定的整数比例关系，这说明宫城的尺度应该是整个都城规划尺度的基本模数。

除此之外，结合三者平面布局，发现三者之间存在着一定的差异性。首先，东京城和上京城宫城的北部与外城之间有一个封闭的区域，从上京城该区域的遗迹来看，应该是内苑式的院落空间，这一区域设置的优点在于，在提高了宫城北部防御性的同时，又增加了外城功能空间。但中京城宫城北墙几乎与外城北墙临近，这与上京城的宫城北部的处理方式十分相似。从这一方面来看东京城和中京城的规划布局并没有上京城严谨成熟。

其次，上京城宫城和东京城宫城的东西两侧都分别有苑池的遗迹，这说明在相应的区域应该设置了内苑。由于东京城这一区域的遗址情况不甚明确，故不能判断是否采用了相同设计手法。

再次，东京城宫城南墙与外城南墙之间的中轴线上有两个尺度不同的院落，这一区域相当于上京城宫城的第一宫殿殿庭和第二宫殿殿庭空间，这种空间是为了举办大型朝会、庆典，颁布法令而设置的场所，从这个角度来讲，中京城在相应的位置上也存在这样的空间形态。

最后，还有一点需要说明的是，将三座宫城的对角线相连，发现都存在一定的几何中心。一般在古代都城规划的过程中，为了突出主殿地位，往往将其布置在整个宫城的几何中心上。经过分析，发现三座都城的宫城几何中心都较为明确，其中上京城宫城的几何中心在第二宫殿的位置（图 3.11a），东京城宫城几何中心在第一宫殿的位置（图 3.11b），二者几何中心都是设置在整个宫城建筑等级形制最高的建筑上，也是宫城的“外朝”部分。而中京城宫城的几何中心则在第二宫殿的位置上（图 3.11c），第二宫殿从建筑形制讲属于寝殿建筑，这不符合将几何中心设置在最为重要的宫殿建筑上的常规做法，但连接中京城前半部分区域的两条对角线，发现几何中心刚好落在宫城主殿——第一宫殿上，这与其他两座都城的处理手法是一样的。故三者在宫城几何中心的处理上是一致的。

至于整个都城的几何中心，中京城外城的几何中心在宫城正南门的位置，上京城内城（包括皇城、宫城以及宫城附属区）的几何中心在第一宫殿位置，二者的几何中心都是在都城中建筑等级较

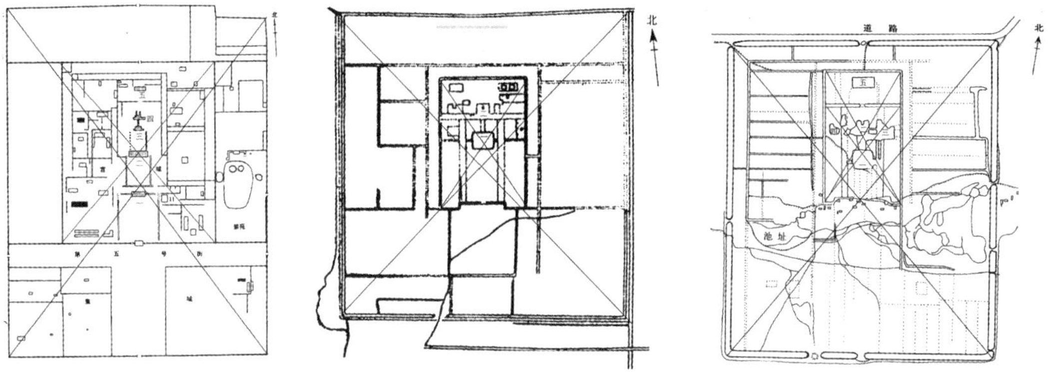

a 上京城宫城几何中心　　b 东京城宫城几何中心　　c 中京城宫城几何中心

图 3.11 三座宫城几何中心分析

高的建筑位置上。由于东京城外城的几何中心落在第一宫殿的殿庭区域内，这说明三座都城设计之初还是对几何中心有一定考虑的。

通过以上几点分析，可以初步推断，上京城都城布局是在中京城基础上进行改进的，只不过将中京城的宫城区作为上京城的宫城中区，外城格局作为宫城总体布局进行参考。东京城是在上京城都城结构形制的基础上发展起来的，即东京城内外城中轴线上的布置，参考后者宫城中区宫殿区的布置，而北部格局则参考了宫城附属区的布置模式。由此可见，三座都城的规划布局存在明显的相关性，体现了不同时期根据不同的需要对都城结构进行灵活规划的方法。

3.1.3.3 宫城结构的比较研究

根据相关的考古资料，现将三座都城的宫城基本情况进行整理分析（表 3.5）。

中京城宫城和东京城宫城尺度大小相同，呈南北长、东西短的纵向长方形。二者的宫城形状有一点需要特殊说明的是，宫城南墙的中间部分都是向宫城内部凹进的。经过分析，初步认为这种凹进的处理方式是为了突出宫城正南门，形成类似于门阙的形式。从现有的遗址情况来看，中京城宫城正南门，采用的是楼阁式城门，并没有采用像上京城那样气势宏大的城门组合模式，也没有采用唐代宫城正南门“阙门”结合的形制，故为了明确地划分区域，突出宫门，可能在平面布局上采用了特殊处理方式。

在宫城结构的具体划分上，中京城外城和东京城外城与上京城宫城的规模相当，二者宫城与上京城宫城中区部分相当，对这部分区域进行比较研究，尤其是第二宫殿与第五宫殿之间的区域（东西长 180 米，南北长 303 米），是由于三者的大小尺度更为接近。

表 3.5 渤海都城宫城形制异同分析

名称	上京城宫城（图 3.11a）	东京城宫城（图 3.11b）	中京城宫城（图 3.11c）
平面形状	东西窄、南北长的规整长方形	东西略窄、南北略长的规整长方形	东西窄、南北长的规整长方形
宫城尺度	东西长 620 米，南北长 720 米，周长 2 680 米	东西长 710 米，南北长 740 米，周长 2 900 米	东西长 630 米，南北长 730 米，周长 2 720 米
城门	宫城南、北墙正中各设一门，距正南门（五凤楼）60 米处，东西各设一单门道的侧门	至少有五座门，南、北墙正中各设一门，南墙偏西设有一门，东西两墙各设一门	南、北墙的正中各设一门
现存宫殿遗址	南北向中轴线上依次排列五座宫殿：第一宫殿、第二宫殿、第三宫殿、第四宫殿、第五宫殿	南北向中轴线上依次排列两座宫殿：第一宫殿、第二宫殿	南北向中轴线上依次排列三座宫殿：第一宫殿、第二宫殿、第五宫殿
相同形制宫殿	第三宫殿与第四宫殿：第三宫殿由正殿、东西慢道、殿左右南北走向廊庑以及与二殿围合的庭院组成。第四宫殿：由在同一台基上的主殿、东西配殿和东西两侧廊庑组成，北侧有外出烟道。两殿中间由“十”字形廊庑将两殿连为一体，形成“工”字形殿；第五宫殿：与第四宫殿相距 80 米，中间隔一道东西向横墙而自成独立的院落，横墙中部有门相通	第一宫殿与第二宫殿：第一宫殿由正殿、殿左右南北走向廊庑组成。第二宫殿由在同一台基上的主殿和东西配殿组成，北侧有外出烟道。两殿中间由“一”字形廊连为一体，形成“工”字形殿	第一宫殿与第二宫殿：第一宫殿由正殿、殿左右南北走向廊庑组成。第二宫殿由在同一台基上的主殿、东西配殿和东西两侧廊庑组成，北侧有外出烟道，两殿中间由“一”字形廊庑连为一体，形成“工”字形殿。第五宫殿：与第二宫殿相距 80 米，中间隔一道东西向横墙而自成独立的院落，横墙中部有门相通

首先，在三者的结构布置上，东京城和上京城更为相似，都是将宫殿区划分为前后两个区域，而中京城只有一个区域。这样在宫殿建筑的布置上，前两者更为接近，在中轴线上都布置了三座主要的宫殿，即中京城的第一宫殿、第二宫殿和第五宫殿，上京城的第三宫殿、第四宫殿和第五宫殿。而东京城中轴线上只有两座主要宫殿，即第一宫殿和第二宫殿。但三者也有相同之处，即在中京城和东京城第二宫殿的位置以及上京城的第四宫殿的位置上形成了一条以三座宫殿为主的水平方向轴线，在这条轴线上共布置了三座平面形制相似、有一定主次关系和等级差别的寝殿式宫殿，形成寝殿区域。这一信息说明，这一区域的布置模式应该是在早期中京城的宫城结构规划中就已经确定的。

还有一点需要说明的是“前朝后寝”的制度。虽然中京城和东京城宫城区的布局相对于上京城较为简单，但也体现了一定的“前朝后寝”制度。就中京城和东京城而言，有两种推断：第一种是宫城正南门是大朝部分，而第一宫殿是内朝和常朝部分，第二宫殿是“后寝”部分。但这种形制对宫城正门的规模形制有一定的要求，即作为大朝的部分，等级制度也是相对较高的。但从现有的宫城正南门遗址来看：中京城正南门是单门道形制，这作为大朝部分显然形制太低了。东京城宫城正南门是一座面阔 5 间、进深 2 间的平面结构。作为大朝部分，虽然面阔方向开间尺度可以满足，但是进深只有两间，从功能使用上来讲过于拥挤，这样也就排除了其作为大朝的可能性。

其次，第一宫殿是“前朝”部分，采用大朝、内朝和常朝合一的做法，并且第一宫殿前有面积较大的殿庭空间，适合举办大型朝会活动。而第二宫殿则是“后寝”部分，是皇帝主要的居住场所，而其东西两侧的寝殿应该是后宫嫔妃居住的场所（图 3.12）。

以上的分析说明，中京城和东京城的宫城区以及上京城宫城区采用了“前朝后寝”式布局，是渤海国都城发展的核心区，也可以说是一种固定的模式。其主要的变化只是在中轴线上宫殿的数量排列以及殿庭尺度的处理上有所不同而已。

3.1.3.4 宫殿建筑群组合模式

中京城的第一、二宫殿建筑群（图 3.13a），东京城的第一、二宫殿建筑群（图 3.13c）以及上京城宫城中轴线上的第三、四宫殿建筑群（图 3.13b），采用的都是由廊庑和回廊围合的廊院式的建筑群体组合模式，这是我国古代建筑群体通用的一种组合模式。根据进深的间数之别又分为一间廊和两间廊，一间廊起到联系交通的作用，而两间廊除了具有联系交通的作用外，还兼作辅助性的功能用房。廊庑则是在廊的基础上发展而来的，一般是由四排柱网组成的进深三间的平面形式，这

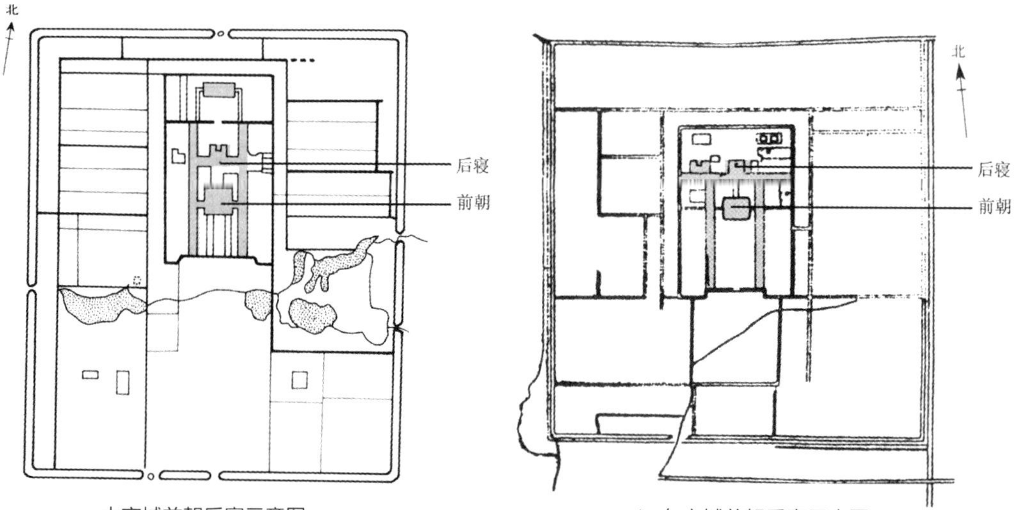

a 中京城前朝后寝示意图　　b 东京城前朝后寝示意图

图 3.12 东京城和中京城前朝后寝示意图

样就具有足够的空间作为不同功能的辅助用房。

其中，上京城宫城由于中轴线上宫殿的数量较多，因此宫殿建筑群的组合模式也最为丰富，包含的建筑要素类型最多，这将在以后的章节中进行说明。由于本节重点讨论的是三者的宫殿建筑群组合模式，故只对功能性质、平面布局结构相同的中京城和东京城第一、二宫殿建筑群与上京城第三、四宫殿建筑群（图 3.13 b）进行比较研究。

比较后发现有以下几个特点：其一，两个主殿的东西两侧之间，对称布置了廊庑，采用的都是进深两间的连廊形式，并且从上京城的遗址平面结构来看，连廊平面被柱网分割成若干个小房间，这应该是从实际的功能需要进行考虑的。其二，中京城的第一宫殿与廊庑之间以及上京城的第三宫殿与廊庑之间采用的都是进深一间的连廊联系，区别之处在于连廊的开间数不同而已。其三，在中京城第二宫殿以及上京城第四宫殿的左右两侧，与其平行的位置分别对称设置了居住用的寝殿。并且在三者的联系上体现了两种方式：一种是，主殿与东西两侧次要寝殿之间采用的是单廊联系，中京城和东京城采用的都是这种处理方式；另一种是主殿与次要寝殿之间有其他的建筑类型连接，上京城采用的就是这种方式。从现有的遗址情况还不能准确地判断其建筑平面形制，这可能和上京城较之前两者的规划布局更为复杂精细有关。

还有一点需要说明的是，中京城和东京城的第一、二宫殿建筑群以及上京城的第三、四宫殿建筑群形成了“工字形”殿，这是宋代以后流行的一种宫殿群体组合方式，这将在以后的章节中进行详细说明，这里不再赘述。

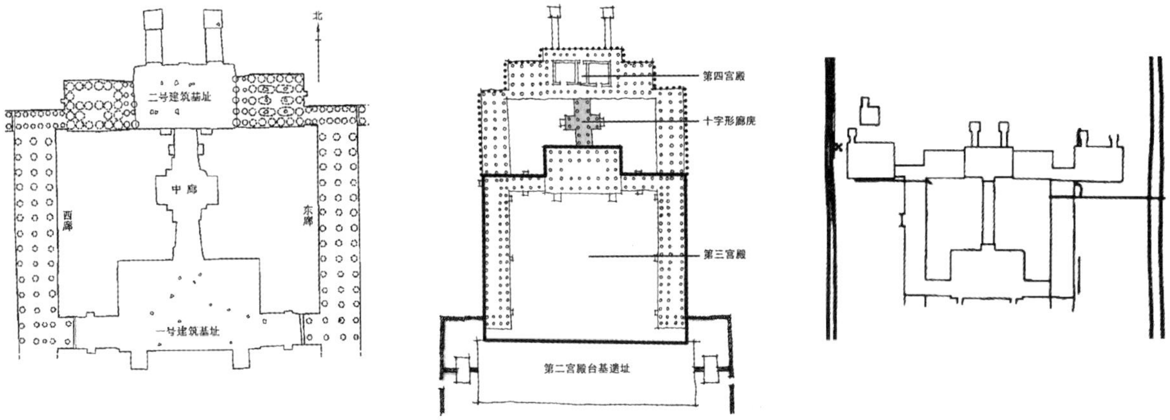

a 中京城第一、二宫殿建筑群　　b 上京城第三、四宫殿建筑群　　c 东京城第一、二宫殿建筑群

图 3.13 中京城、上京城、东京城宫殿建筑群

通过本节的分析发现，渤海国的三座都城的布局模式一脉相承，都是在唐长安城规划模式的基础上发展起来的，并在吸收先进的都城规划思想的同时，结合自身的政治、经济和文化等方面的因素，逐渐形成了自己独特的都城布局特质，而这种特质逐渐成为渤海国都城固有模式的一种。

3.2 上京城规划布局分析

本节以上京城都城规划布局为研究对象，对都城规划结构、体现的规划思想以及与同时期的东亚其他都城进行比较，力求全面解析上京城规划布局的特点。

3.2.1 上京城规划结构分析

3.2.1.1 都城规划结构

上京城的总体规划（图 3.10）将“城”“郭”“苑”视为一个有机整体，继承了城郭分工规划体制传统，即“郭”为经济活动区，“城”是政治活动区，“苑”是皇帝游戏休憩的场所。这种规划思想与东汉以来的主要都城功能分区、尊卑有序的结构布置一脉相承。其中“城”以皇帝的“朝寝”区——宫城为主，以行政办公区——皇城为辅。郭城则是以市为主，其他功能为辅，既是居民主要的生活区，也是都城的主要经济区。并且在都城的规划布局上充分体现了《考工记》中提到的营国制度中以宫为中心的规划结构和礼制秩序特点，主要体现城郭双重环套形制、“择中立宫”、里坊制以及棋盘式的经纬涂制道路网布局等特点。所谓“经”指的是南北道，“纬”指的是东西道，“涂”指的是绕城的环行道。

首先，就上京城城郭配置形制而言，体现了内城和郭城的双重环套配置方式。这种都城规划配置形制最为完备的是北魏洛阳城（图 3.14），体现了宫城、内城和外城层层相套的格局。到隋代都城规划布局时，考虑到可能会出现“内忧外患”的政治和军事演变局面以及功能分区的明确性，逐渐演变成宫城、皇城和郭城的制度，后被唐代所继承，并且得到了更为充分的发展（图 3.15）。渤海国地处北方地区，作为唐代的附属国，上京城都城的规划布局是以唐代都城长安城和洛阳城为规划参考蓝本的（图 3.16）。

其次，上京城的内城位于郭城的北部中间位置，形成以内城为郭城中心，宫城为内城中心的主体规划结构形制，表现了宫城在都城规划中的核心地位，体现了“择中立宫”的原则，即《吕氏春秋》中提到的“择天下之中而立国，择国之中而立宫”的思想，这属于礼制营建制度的一种具体表现形式。与此同时，内城中轴线延伸至郭城，成为整个都城规划的主轴线。并且这条主轴线上由南向北依次布置了郭城正南门、皇城正南门、宫城正南门、前朝区、后寝区、宫城正北门和郭城正北门，是一条序列性很强的轴线。

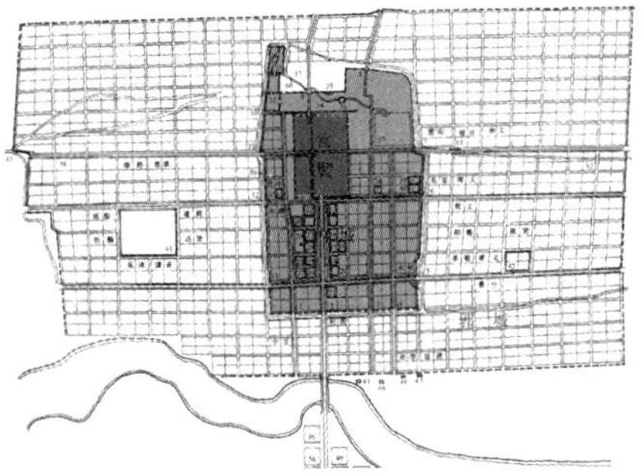

图 3.14 北魏洛阳城平面图

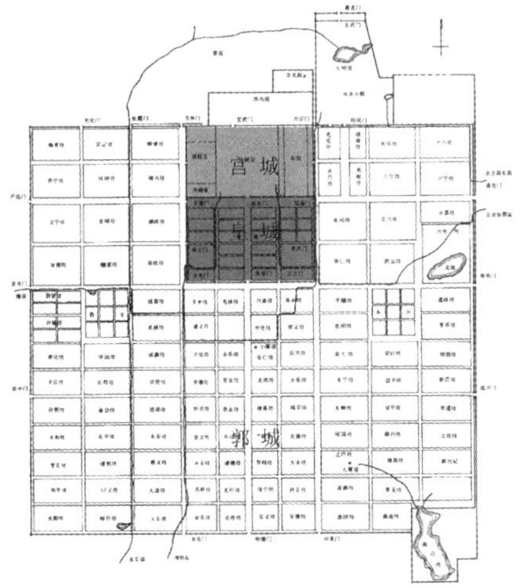

图 3.15 唐长安城平面图

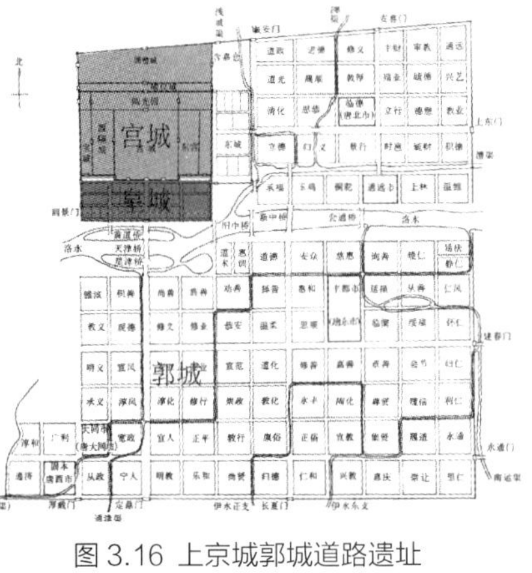

图 3.16 上京城郭城道路遗址

上京城采用的棋盘式的经纬涂制道路网，形成了里坊式的布局模式。这种规划布局是由早期营国制度中的井田方格网规划方法演变而来的，即利用郭城纵横交错的道路网格，将郭城区域划分为若干个大小不一的长方形的坊。坊采用的是封闭的形式，由坊墙围合而成，布置了不同的功能空间。

再次，就内城的分区规划而言（图 3.10），内城由宫城和皇城以及周围的附属区组成。宫城的主体是中心区，这一区域上布置了宫城的“前朝后寝”部分，宫城的东区为东宫区，是皇太子居住的地方，其内布置了上京城保存最为完整的东内苑。宫城的西区和北区都是内苑，这与唐长安城和洛阳城的布局一致。不同之处在于北内苑的布置，上京城的北内苑是宫城附属区的一部分，并不是宫城布局的一部分，这与唐洛阳城一致，而唐长安城除了在相同的区域上布置了北内苑外，还在宫城北部布置了内苑区，这是二者区别所在。

值得一提的是，上京城皇城布置显示了独特之处。上京城的皇城明确地分成三个区域，即东西官署区和中间道路区，由中间道路宽 222 米，东西两区宽 413 米，可以看出中间道路的宽度几乎是两侧宽度的一半，这说明中间道路应该是具有广场功能的，可以作为集会朝拜之所。这样的布置可能是为了弥补皇城与宫城之间道路宽度相对较窄的不足。

3.2.1.2 里坊规划结构分析

上京城郭城的平面布局体现了里坊布局结构形式。坊是城市聚居组织基本单位。先秦前称为“里”，隋代开始称“坊”。由于坊是根据棋盘式道路网格划分而成的，故坊多呈规则的方形。“坊”多是由四面封闭的墙围合而成的封闭形制，临街的一面开设门，坊里的居民都由此出入。《大业杂记》中记载：“坊各周四里，开四门临大街，门普为重楼，饰以丹粉。”这种封闭的“坊”制一直延续到唐代中后期。上京城郭城的里坊布局也体现了这一特性。

根据现有的遗址情况可以看出，上京城的东西半城都有坊址，且有部分坊址可以复原，现对较为清晰的坊址情况进行整理（表 3.6）。

表 3.6 上京城里坊基本情况分析

名称	面积（南北长 × 东西长）/(米 × 米)	具体位置	划分方式	规模
第 1 号坊	260×475	西半城，东起第一列北数第二坊	东西两部分	小坊
第 2 号坊	235×475	西半城，东起第一列北数第三坊	分为八个大小不同的院落	小坊
第 3 号坊	365×522	西半城，东起第二列北数第二坊	分为南北两部分	大坊
第 4 号坊	360×530	西半城，东起第二列北数第三坊	被东西向和南北向的墙分为四部分	大坊
第 5 号坊	245×533	西半城，东起第二列北数第四坊	分为东西两部分	小坊
第 6 号坊	260×533	西半城，东起第二列西数第五坊	分为东西两部分	小坊
第 7 号坊	365×460	西半城，东起第三列北数第二坊	分为南北两部分	大坊
第 8 号坊	350×500	东半城，西起第二列北数第三坊	被东西向和南北向的墙分为四部分	大坊

根据表 3.6 的信息，结合考古平面图可知，郭城的西半城遗址比较清晰（图 3.10），共有 41 个坊，南北 11 列，东西 4 列坊址。所有坊都呈东西长、南北短的横向长方形。根据坊址显示的尺度大小，可以将其分为大坊和小坊。宫城和皇城东、西两侧的坊为大坊；皇城以南的坊为小坊。东半城靠近宫城的部分是离宫，占两个坊址，紧邻皇城为一个坊址，二者都是大坊；其余只有对应内城和离宫的部分坊址比较明确，都是与东半城形制相似的小坊，但其东侧的郭城部分，具体形制不得而知，但在尺度上与西半城相应的位置有明显不同。

坊的周围设置了紧邻街道的坊墙，同时坊内部还设有分割墙。其中皇城紧邻的东西两个大坊四面临街，根据其中一个坊址报告可知，坊墙是用大小、形状不同的自然石块砌筑而成的，石块之间用土填缝。墙基的宽度在 1.8 米左右，墙的实际宽度在 1.1 米左右。宫城西侧紧邻的两个大坊是三面临街，其余各坊都是两面临街。一般坊根据实际需要划分成若干个大小不同的院落空间。

需要特殊说明的是以上对大小坊形制的解读是在考古发掘报告的基础上进行整理的，并不是实际复原的形制，至于上京城具体的里坊规模形制将在下一节的复原中进行推断分析。

3.2.1.3 道路网结构分析

上京城采用的是传统棋盘式经纬涂制道路网（图 3.17）。以全城南北中轴线为整个道路网规划结构的主轴线，宫城与皇城之间的东西向街延伸至郭城外，直达郭城的东西两门，作为辅轴线。可以说全城道路网是根据这组轴线进行布置的。

从现有的遗址状况来看，都城道路网格系由东西向四条道路及南北五条道路，共九条道路组成。这九条道路的基本情况见表 3.7 所示。

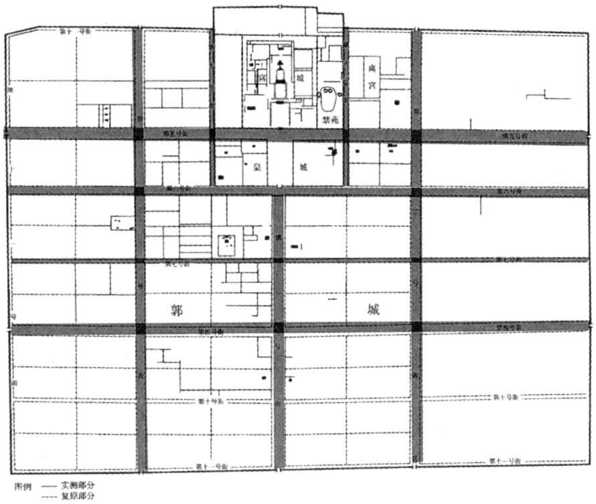

图 3.17 上京城郭城道路遗址

根据都城道路功能形制，结合以上列表，可以将整个上京城的道路网分为四个等级。自宫城正南门，经皇城正南门，到郭城正南门的第一号街道应该是整个都城南北向的主干道，宽度为 110 米，正是这条主干道将郭城分为东西两个区域。皇城与宫城之间的东向延伸至郭城东西城门的第五号街道，成为整个都城的东西向的主干道，其宽度为 92 米。这两条道路属于都城的一级道路。连接郭城南北两座次要城门和东西向两座次要城门的四条街道，即第六号街、第四号街、第二号街和第三号街，属于二级道路。内城东西向与郭城之间的道路第八号街和第九号街为三级道路，其宽度为 30 米左右。

需要说明的是，郭城已经发掘的南北向的道路，只有中轴线的主干道和两侧联系郭城南北向城门的两条次干道。从整个都城的联系便利性、功能分区来看，南北向应该还有其他的次要干道，这将在第三小节中进行复原说明。同时，根据经纬涂制的道路网格规律，郭城应该有绕城的环行道，其应该是宽度最窄、等级最低的四级道路。

从以上的分析来看，上京城道路网格的划分主要体现了以下几点特征：其一，从功能需要出发。

表 3.7 上京城街道遗址基本情况

名称	方向	长 / 米	宽 / 米	位置	等级
第一号街	南北向	2 195	110	郭城中轴线，皇城正南门至郭城正南门	一级道路
第二号街	南北向	3 400	78	郭城东城区北城门至南城门	二级道路
第三号街	南北向	3 450	78	郭城西城区郭城北城门至南城门	二级道路
第四号街	东西向	4 598	78	郭城南半城东城门至西城门	二级道路
第五号街	东西向	4 620	92	郭城北半城东城门至西城门	一级道路
第六号街	东西向	4 610	65	皇城前、郭城内的东西向道路	二级道路
第七号街	东西向	4 605	28	第六号街和第四号街之间东西向道路	三级道路
第八号街	南北向	1 300	34	内城西侧与离宫之间的道路	三级道路
第九号街	南北向	1 290	28	内城东侧的道路	三级道路

由于内城的南侧属于都城的主要经济区域，各个坊之内布置了集市和居住区，故交通频繁，街道的数量较多。其二，体现了内城主要地位。即在内城的东、西、南三面布置了街道，使得内城区与郭城的其他区域分离开来，既避免了郭城对内城的干扰，又突出了内城的主体地位。其三，街道布置的主次关系体现了等级制度。即对应城门位置的街道为都城的主要街道，而其他街道与其平行，成为次要街道，且以环行道宽度最小，这是一种礼制秩序的体现。

3.2.1.4 都城区域之间的模数比例分析

中国古代都城在规划的过程中，会体现一定的模数制或是比例关系，如《孟子·公孙丑章句下》："三里之城，七里之郭。"贺业钜先生根据春秋战国时期的文献资料和考古资料，得出城与郭的比例关系在 1:1.1 至 1:2.3 之间。而《考工记》中记载为"方九里，且天子居所占其一"。这样宫城的面积就约占郭城面积的 1/9，宫城与郭城的纵深比和横向比都为 1:3。其中北魏洛阳城在都城的规划中也体现了 1:3 的比例关系，如宫城与内城南北纵深比、东西宽之比都是 1:3，体现了宫城是整个都城建设的基本模数。发展到隋唐时期，这种模数比例关系更为明确，如唐洛阳城以宫城之宽与深为基本模数，其面积之四倍为内城面积，而宫城面积之 1/4 为一坊的面积。这说明在这一时期都城规划更趋于成熟。那么上京城都城规划是否也存在这样的模数比例关系？宫城是否也是都城规划的基本模数呢？

傅熹年先生的研究认为，内城（除去皇城部分）的面积的一半为基本模数 A（514 米 ×1 045 米）（图 3.18），郭城南侧的四坊的面积也为 A，与长安城和洛阳城都城规模布局都有一定的相似性。笔者在考古数据的基础上，经过分析提出了另一种观点：首先将内城东西宽（即皇城东西宽）1 045 米设定为基本模数 A，根据小坊的尺度，东西长在 500 ~ 533 米，南北长为 233 ~ 260 米，换算为基本模数制，得出小坊的面积为 $1/2\ A \times 1/4\ A$，且四坊为一组。内城东西两侧大坊的面积约为 522 米 ×360 米，大坊面积可以看作 $1/2\ A \times 1/3\ A$。而从现有的资料来看，上京城郭城是由这样的两种坊制组成的，故可以将上京城内城东西宽看作都城规划的基本模数，这恰好体现了内城在整个都城建设中的重要作用（图 3.19）。

除此之外，内城（宫城和皇城面积之和）与郭城面积之比约为 1:9，除去误差，内城面积可能为郭城面积的 1/9，这与《考工记》规定的都城规划中内城与外城的比例关系一致。以上的分析说明，上京城规划布局中确实存在模数制和比例关系。

3.2.2 上京城与唐长安城与洛阳城规划结构比较分析

3.2.2.1 规划结构布局

将考古资料和文献资料进行整理分析，发现上京城、唐长安城和洛阳城的规划布局可谓一脉相

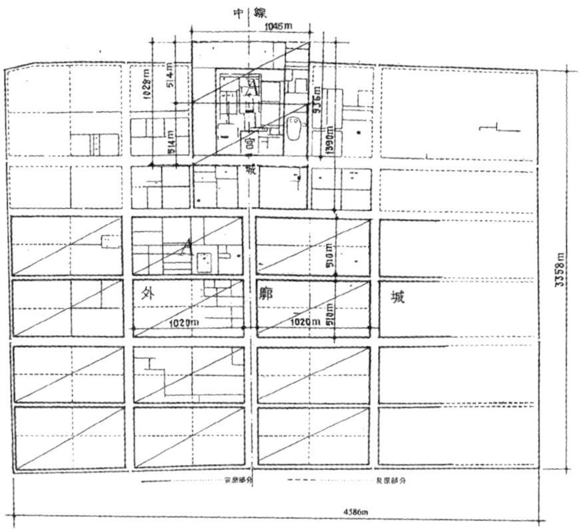

图 3.18 上京城模数分析图（傅熹年）

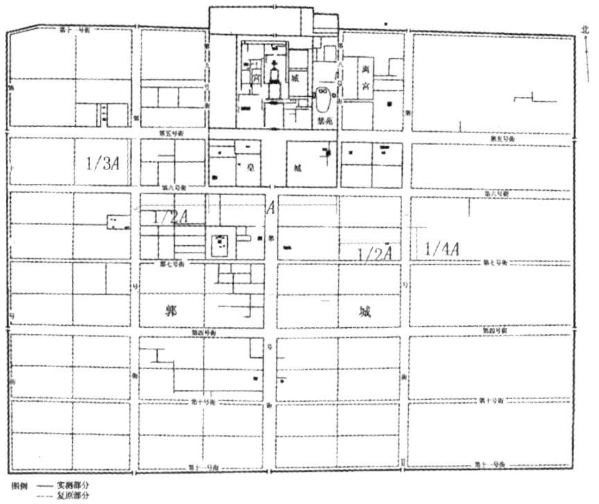

图 3.19 上京城模数分析图

承，都是秉承于北魏洛阳城的规划模式，共同体现了“择中立宫”、中轴线制度、重城制以及里坊制等中国古代都城规划的思想。由于当时唐代建筑文化是整个东亚文化圈的核心建筑文化，故上京城的都城布局模式应该是直接以长安城和洛阳城为蓝本的。只是在具体布局结构和细节处理上存在一定的差异性。

首先，从三座都城的结构布局上看，长安城采用的是东西长、南北短、较为规整的横向长方形布置，且郭城的东南角有突出的曲江池园林设置（图 3.15）；洛阳城采用的是东西短、南北长，较为规整的纵向长方形布置，且郭城的西南角设置了西市（图 3.16）；而上京城采用的是东西长、南北短、较为规整的横向长方形布置，其中内城的北部突出于郭城之外（图 3.19）。从以上可以看出三者采用的都是较为规整的长方形平面，采用棋盘式划分方式，只是由于具体的地理环境的影响，在具体的细部规划上有所差异而已。

其次，从都城的总体规划布局上看，三者采用的都是宫城、皇城和郭城的重城制，并且宫城和皇城共同组成内城。其中上京城和长安城的内城位于郭城北部中间位置，且内城北墙与郭城北墙重合，从而形成了郭城从东、西、南三面围合内城的重城制。而洛阳城的内城位于郭城的西北部，且内城的西墙和北墙与郭城的西墙和北墙重合，这主要是受地理条件的影响。三者的规划布局都体现了“择中立宫”的原则，即择郭城之中立内城，择内城之中立宫城，宫城位于郭城的中轴线上。

再次，从都城的功能分区来看，三座都城的郭城北部为内城，郭城南部为市坊，前者是政治活动区，后者是经济区域，在郭城的其他位置设置离宫，这主要体现了“以高为贵”的礼制观念，也就是说，结合地形条件对都城进行不同的等级划分，即选择地势高亢之龙首原作为规划的基址，置宫城于龙首原以南，由北而南布置各种分区，因而构成了宫北市南的总体规划格调。不同之处就在于，长安城郭城南部有东西两市，洛阳城则是在郭城的西部设置了南北两市，虽然位置不同，但都是根据功能区的性质和里坊的密集程度进行划分的。而上京城的市制目前仍不得而知。

此外，从上京城内城的布局来看，宫城为中心，宫城的四面设置不同的功能区进行围护，体现了“拱卫”的思想，突出了宫城在整个内城中的地位。上京城内城的这种布局形式，同时结合了长安城和洛阳城的特点，宫城的南部设置皇城是三者的共同特征，不同之处在于上京城和长安城宫城的东、西两侧分别设置了东宫和掖庭宫；由于洛阳城宫城位于西北角，故从城防考虑，在宫城的西部区外侧又设置了西夹城，这是前两者未见的。同时，长安城和洛阳城在东宫区的东侧又设置了夹城，为驻军和仓库之地，这也是从东宫的安全性考虑的；但上京城宫城的相同位置却未见有如此的设置。这可能与上京城内城的东侧设置了离宫有一定的关系。除此之外，就宫城的北部区域而言，长安城设置了西内苑，上京城设置了北内苑，洛阳城设置了圆壁城。虽然三者在具体使用功能上有所不同，但都作为驻军场所之用，这正是从宫城的防御性考虑的。

最后，就皇城的结构布局而言，三者存在明显的不同。在功能分布上，皇城是外朝部分，结合祖社和官署，成为宫城的前导区，与宫城区共同成为政治中心区，代表了“家天下”的政治性质。这个区域由整个都城的中轴线分为两个区域。不同之处在于，长安城和洛阳城是由中轴线划分为东西两个区域，而上京城皇城则是由东、西、中三个区域组成。其中中区是将中轴线所在的位置扩大成了一个广场区域，从现有的考古发掘资料来看，没有清晰的建筑遗迹，应并没有布置实际的功能。这种布局的目的就在于，为宫城的外朝部分提供一个举办大型朝贺、颁布政令的场所，从这一点也可以看出宫城正南门区域是整个宫城非常重要的一个区域，即宫城的“大朝”部分，这将在以后的章节中进行详细分析。

3.2.2.2 道路网格

上京城、长安城和洛阳城的郭城采用的都是棋盘式布局，是传统的经纬涂制道路网，即以全城的南北中轴线作为整个道路网规划结构的主轴线，以东西向的次轴线作为辅轴线，全城的道路依据二者进行设置。道路级别一般可以简单地分为三级，分级并不是以宽度为标准，而是以道路的功能性质为依据的。

首先，一级道路是都城的主轴线，历经郭城正南门、皇城正南门、宫城正南门、郭城正北门，与皇城前东西向主干道垂直相交，是郭城道路网中最宽的一条道路。根据史书记载，长安城和洛阳城的主轴线宽度为150米左右，上京城根据考古实测，其主轴线宽度为110米。二级道路是城市次干道，分为东西向和南北向，直接与城门相连。这样，一、二级道路共同组成了城市的主要道路，根据城门的数量，长安城和洛阳城采用的是每面三门，共十二门的都城制；而上京城采用的是南北每面三门，东西面两门，共十门的府郡制。故长安城和洛阳城的主要道路南北向和东西向各三条，共六条，而上京城则是南北向三条，东西向两条，共五条主要道路。

但主要道路在都城具体的设置上又不同，由于洛阳城的都城布置较为特殊，故这里只将长安城（图3.20）和上京城（图3.17）进行比较说明。首先，二者在郭城的东西向城门位置都设置了城市次要干道。不同之处在于，长安城将东西向的主要道路设置在皇城的正前方，即春明门至金光门，而上京城东西向的主要道路则是宫城横街的延续，即第五号街的位置。长安城这一设置是从功能分区的角度来考虑的，道路以北为政治区，道路以南为经济区。而上京城这一设置应该是从全城的规划布局角度考虑的，即整个都城东西城墙各设置两组城门，一组在郭城的南部，一组恰好正对宫城前横街，故将此作为都城东西向主要道路。

其次，长安城和上京城的郭城南北向都设置了三条道路，这三条道路连接南北向的城门。其中，中间一条主要干道是在中轴线的位置，而其余两条由于郭城城门位置的不同，道路的设置上有明显的不同。由于长安城内城与郭城东西向宽度比约为1:3，故将其余两条东西向的道路设置在紧邻内城的东西两侧；而上京城内城与郭城的东西向宽度比在1:4.7左右，故从整个都城的平面布局的平衡角度考虑，将其余两条东西向主要道路设置在郭城内。需要说明的是，上京城内城的东西两侧设置了城市的三级道路，这既是考虑将其与郭城的其他功能区域分开，同时也是从交通的便利性进行考虑的。总之，可以看出城市的主干道是根据城门的位置设定的，而城门的位置则是从整个城市平面布局的平衡性考虑的。

三级道路是平行于城市主要道路的道路，也包括环行道，即绕城，与城墙紧邻的道路。

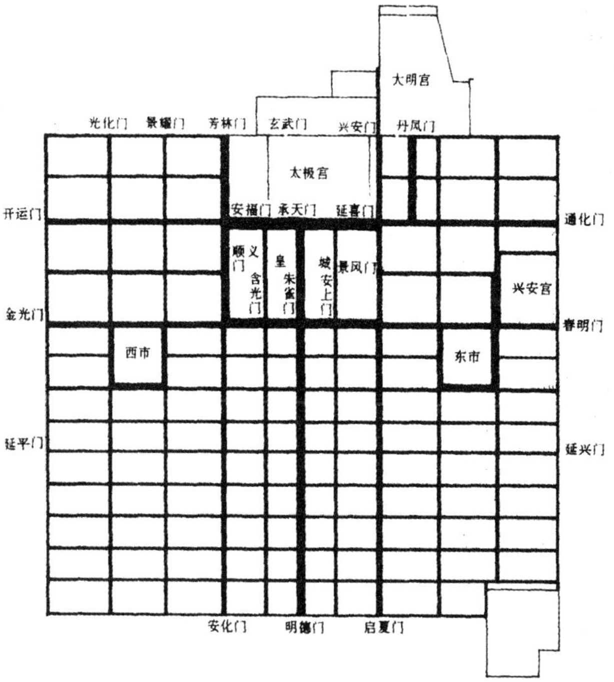

图3.20 唐长安城道路系统图

这一级道路的划分主要是根据实际交通功能和功能分区的需要。长安城的北部为宫城禁区，交通不频繁，故道路设置得比较稀疏，间距较大；南部区域属于繁华的市区，交通频繁，故道路较为密集，间距较小。洛阳城道路网的设置也体现了这一特点，即郭城的南部和东部道路网密集，宫城禁区则相对较为稀疏。

就上京城而言，目前知道的三级道路，主要包括东西向的第七号街，南北向的第八号街和第九号街，第十号街则是考古学者的推断。从都城的交通功能来看，这几条道路不能解决整个城市的交通问题，故参考长安城和洛阳城道路网的布置规律，除了设置第十号街外，还应该在郭城的南北向两条次要道路的两侧设置三级道路。这样整个城市的道路体系才更加完整，交通也更加便利。至于绕城的环行道应该是相应设置的。

3.2.2.3 市坊结构形式

由于上京城遗址中没有涉及市的部分，故本书不对其进行讨论，这里主要讨论里坊制。郭城内的里坊主要是为了满足贵族官吏、百姓居住，商贾、手工作坊生产经营等各类需要的场所。

从现有的资料分析可知，相比较而言，长安城的里坊制比较复杂，即皇城的南部共 36 个正方形坊（图 3.15），南北长 500 ~ 590 米，东西长 550 ~ 700 米。东西两侧各 27 个长方形坊，南北长同上，东西长 1 020 ~ 1 125 米，皇城和宫城的东西两侧各 12 个长方形坊，南北长 660 ~ 838 米，东西长 1 020 ~ 1 125 米，三者的大小更不相同，以长方形坊为主。洛阳城里坊规模较为简单，采用方形平面布局，规模为东西长 470 ~ 520 米，南北长 480 ~ 530 米（图 3.14）。这种较为统一的里坊制较之长安城更便于管理。这种里坊制对日本古代都城包括平城京、平安京、藤原京都有很大的影响。

至于上京城的里坊规模，从采用长方形布置，且有大小坊之分，可知其主要参考长安城的里坊制。这里需要特殊说明的是，考古报告中关于上京城里坊制的解读，是否真实反映了上京城当时的里坊形制呢？由于同时期的日本平城京和平安京的里坊制都是以洛阳城正方形的里坊制为蓝本，那么上京城是否也采用的是正方形的里坊制呢？这些问题都是有待进一步讨论。关于上京城里坊制复原形制的讨论将在下一节进行。

需要说明的是，个别坊的周围有墙体遗迹，这说明里坊采用的是封闭形制，这与当时长安城和洛阳城里坊一致，至于坊内部街道划分形式不得而知。参考《长安志》，结合考古发掘报告，可知长安城里坊内部有两种划分方式，即“一”字形和“十”字形街。其中皇城南部，启夏门和安化门之间的坊采用的是东西二门，南北不开门的形式，即“在宫城直南，不欲开北街，泄气以冲城阙”。而其他多数坊采用的是“十”字形街的形式（图 3.21）。至于街道的等级可以分为三种，即街、巷、曲，具体的划分形式，还在讨论中。上京城里坊内的街道也可以按此种模式进行复原尝试。

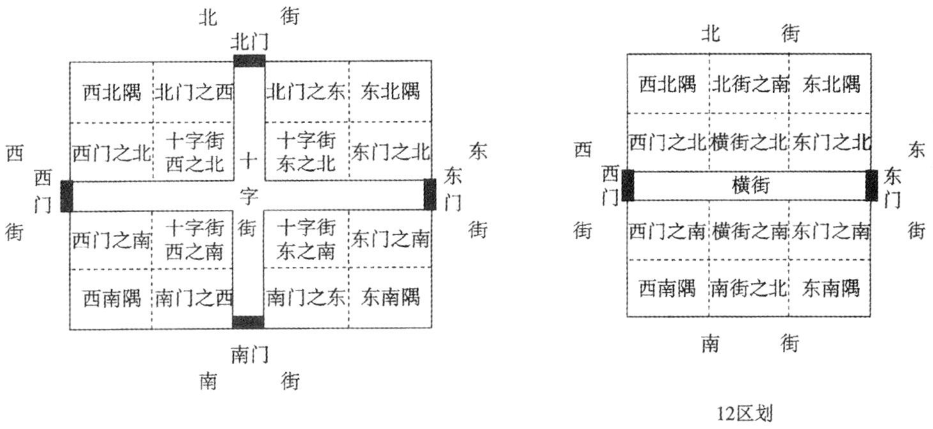

图 3.21 唐长安城里坊内部分区

3.2.3 上京城与同时期日本岛、朝鲜半岛都城规划结构的比较分析

渤海国、日本岛和朝鲜半岛同处于东亚建筑文化圈内，都借鉴了唐代核心建筑文化区的设计手法，并结合自身的自然环境和社会环境的特点，形成了具有一定地域性特质的建筑文化。本节以都城规划布局为研究对象，对上京城，日本平城京、平安京和朝鲜半岛新罗统一时期的王京进行比较研究。

3.2.3.1 都城城郭体系

纵观上京城、新罗王京（图 3.22）、日本平城京（图 3.23）和平安京（图 3.24），这四座都城的规划布局结构，都是以唐代都城长安城和洛阳城布局模式为蓝本的，且主要参考长安城。现将四座都城的平面进行比较分析，并且将其基本情况进行列表分析（表 3.8）。

从表 3.8 分析可以看出，四者具有共同的都城规划特点：其一，采用的都是宫城和郭城结合的形制，其中宫城位于郭城的北部中间位置。不同之处在于，上京城、平城京和平安京采用的是环环相套的重城制，而新罗王朝庆州城采用的是宫城独立于郭城的形制，但是否采用重城制还不能确定。纵观朝鲜半岛主要都城布局形制（图 3.22），发现只有高句丽长安城、百济泗沘城和高丽开京采用的是环环相套的重城制，而统一新罗庆州城和朝鲜汉城采用的是宫城与外城分离的做法，这主要与朝鲜半岛的山地环境有关，主要是借助山城和平原城结合的都城制度，山城作为平原城的护卫，故对于郭城的建设并不那么严格遵守中国古代都城模式。也就是说，外城、皇城和宫城的关系并不明确。

其二，城墙的修筑。城墙是都城的主要防御性体系，是中国历代都城中必备的防御要素。上京城的郭城、宫城和皇城都修筑有城墙，这与中国古代都城制一脉相承。但日本两座都城的郭城部分，采用的是开放的布局形制，即只在郭城的南部设置了城墙，且城墙为土筑，不作为防御之用，应该是罗城的一个标志。而朝鲜半岛由于采用的是山城拱卫平原城的布局模式，故一般的平原城郭城也不筑城墙，只是利用天然的屏障进行防御，新罗王京自然不例外。但平城京、平安京和新罗王京的宫城部分都筑有城墙，这也恰好突出了宫城的主要地位。

其三，四座都城采用的都是棋盘式道路，其中，郭城都存在明显的南北向的中轴线——朱雀大街，经过郭城的正南门、郭城内部、宫城正南门、宫城正北门，其宽度是道路中最宽的。其中上京城中轴线宽度为 110 米，新罗王京为 120 米，平城京为 70 米，前两者更为接近唐两京的朱雀大街的宽度，这种宽度既是等级制度的象征，又与都城内的交通繁荣程度有关，这一点也可以体现当时都城的规模。这种棋盘式的网格将郭城划分为较为规整的里坊，其中平城京和平安京成为“条坊制”，东西走向的大路为“条”大路南

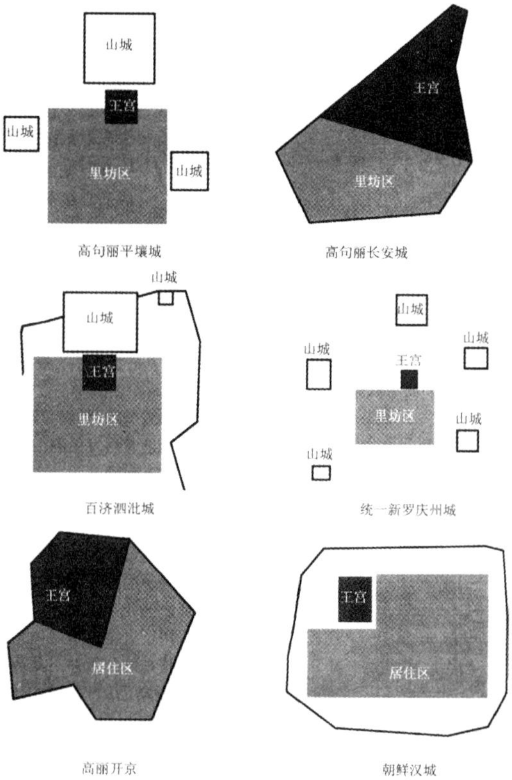

图 3.22 朝鲜半岛主要都城平面

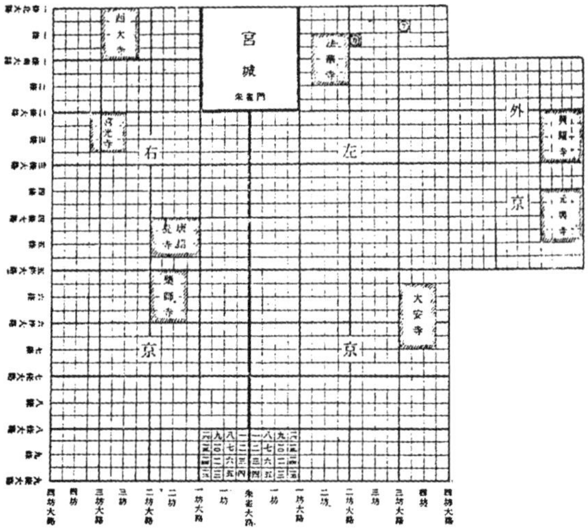

图 3.23 日本平城京平面图

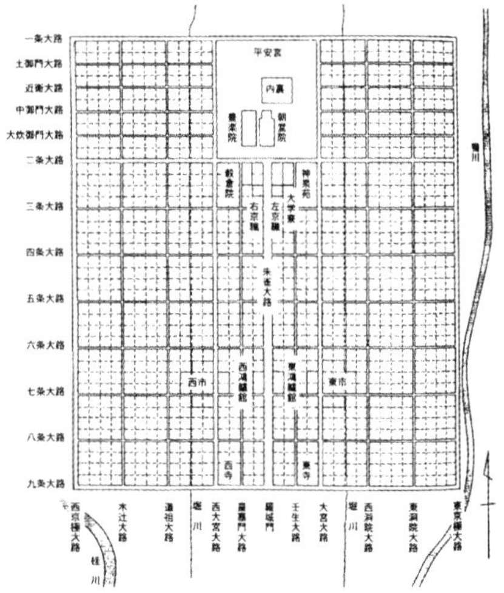

图 3.24 日本平安京平面图

表 3.8 上京城、平城京、平安京和王京都城体系比较

名称	渤海上京城	日本平城京	日本平安京	新罗王京
郭城形态	东西长、南北窄	南北长、东西窄	南北长、东西窄	东西长、南北窄
宫城位于京城北部正中	√	√	√	√
都城正中南北轴线是朱雀大街	具体情况不详	√	√	√
都城左右对称布置东、西两市	√	√	√	√
方形里坊制度	√	√	√	√
棋盘式网格道路	√	√	√	√
是否设置郭城墙	是	只设置郭城南墙	只设置郭城南墙	是

北走向的大路为“坊”大路。上京城和新罗王京依然采用里坊制，虽然名称不同，但都是源于中国古代都城的里坊制。

在都城的规划布局上，有几点需要进行说明：其一，就平城京而言，都城并不是规整的方形，而是在左京的外侧设置了外京，这是其他三座都城所不见的，有学者认为这主要是受长安城布局的影响，即唐长安城内部东侧、太极宫的东侧设置了大明宫。其二，在平城京的东南角人工开凿了“越江池”，这并不是地形限制所致，而是有意而为的，应该是极力追求同隋唐长安城曲江池的位置保持一致。这种类似的处理手法也见于新罗王京中，即在王京的东南角设置了“雁鸭池”。其三，平城京和平安京采用的是南北长、东西窄的纵向长方形平面，新罗王京和上京城采用的是东西长、南北窄的横向长方形平面，与唐长安城类似。这种平面的布局主要是与地势条件有关，并不绝对都是模仿唐代两座都城的。这说明唐代两座都城确实是当时东北亚地区都城模式的主要参考蓝本，但是具体的细部处理方面，还是根据地理环境和前期的都城形制进行调整的。

就宫城与内城的形制而言，由于新罗王京的宫城形制不明，故这里暂不就这方面进行讨论，只对上京城（图 3.15）、平城京（图 3.25）和平安京（图 3.26）进行分析研究。

（1）上京城内城包括宫城和皇城两部分，且宫城位于皇城的北部，采用的是宫城和皇城两位一体的形制，而平城京和平安京只有宫城，没有皇城，中央官署设在宫内，与上京城宫城、皇城前后相重相比，“避免了宫内和宫外两套机构重叠之弊”，形成了内里、太极殿和朝堂院三位一体的形制。其中，平城京的“前朝后寝”部分由前期位于宫城的中心位置，演变为后期位于宫城的东侧，而平安京“前朝后寝”则位于宫城的东侧。虽然在具体的布置上有所不同，但是上京城和日本的平城

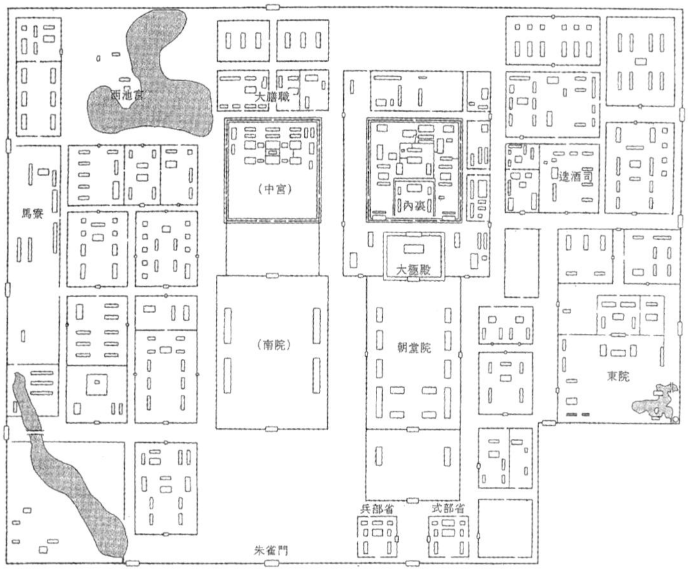

图 3.25 日本平城京内城平面图

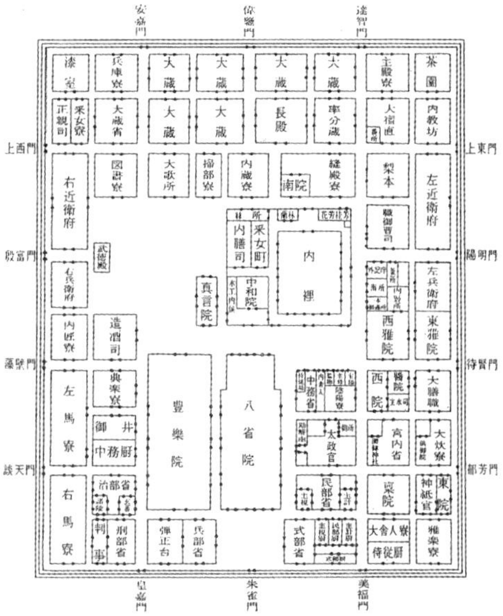

图 3.26 日本平安京内城平面图

京与平安京都是以唐两京的都城制度为蓝本的。

（2）上京城的“前朝后寝”和中后期平城京的“前朝后寝”都在一条直线上，前者是第一宫殿，第二宫殿，第三、四宫殿依次排列，其中第一、二宫殿属于“外朝”部分，第三、四宫殿属于“后寝”部分；而平城京则是朝集殿院、第二朝堂院、太极殿和内里依次排列，其中太极殿和朝堂院相当于“外朝”部分，且在太极殿的前部设有龙尾道，龙尾道前是大殿广场，约占整个院落 2/3 的空间，是显示天皇权威的礼仪空间，是可以举办大型朝会或颁布法令等大型活动的场所。这种在“外朝”部分布置大小不同的几个院落，作为举办朝廷不同活动场所的做法，二者十分相似。而内里相当于“后寝”部分，是天皇处理日常政务及生活的空间。这种布局形制也都是源自唐太极宫、大明宫和洛阳宫三座都城的布局结构。

（3）平城京和平安京宫城的几点特殊之处有四点。其一，《续日本纪》记载：“罗城门外是朝廷举行迎接外国使节的礼仪场所。”这种将郭城的正南门作为迎宾活动场所的，只见于日本都城，未见于上京城和唐两座都城的文献记载。其二，平城京前期的太极殿前和平安京的太极殿前都设置了龙尾道，这直接以唐大明宫含元殿为参考蓝本，已知的上京城并没见有这种布局模式的宫殿。其三，平安京朝堂院的正南门应天门，与洛阳城内城应天门的形制十分相似，都是采用“门阙”结合的方式。这种城门的等级形制最高，但在上京城城门的形制中却未有体现。其四，平城京和平安京的城门较多，前者 12 门，后者 14 门，采用的城门制应该是《周礼·考工记》中规定的都城郭城的城门制，这种宫城的城门制，不同于上京城内城的城门制，后者只有皇城正南门和宫城北部区域的正北门是已经确定的，其他未知。从城门形制来看，上京城城门制更符合当时唐代城市等级制度的要求，而日本虽同属东亚建筑文化圈，但远离中国唐长安，故在都城布局规划的等级制度上并不完全以唐代都城为模板，这也体现了日本都城建设的独特性。

3.2.3.2 都城道路体系

从现有的考古资料来看，四座都城采用的都是棋盘式的网格道路，其中新罗王京由于考古资料的局限性，其道路体系不甚明确，故这里仅对上京城与平城京和平安京的道路形制进行比较研究。

首先，日本古代都城的街坊空间被称为“条坊”，即模仿中国古代的里坊制。城市道路将都城划分为东西向的“条”，南北向的“坊”，故城市道路的名称也是以这些条坊命名的，即“某条大路”“某坊大路”。

其次，平安京继承了平城京的条坊制，二者采用的都是东西走向的大路九条；而南北走向的大路，平城京除去外京与平安京一样，都是九条，其外京又有三条，这样平城京南北走向大路共十一条（图 3.23、图 3.24）。

再次，二者的道路都分为三个等级：其中，都城的中轴线朱雀大街为主要道路，宽度为 74 米左右，平城京内城两侧的“二条大路”为都城的次要轴线，宽度为 37 米左右，其他条坊道路宽为 9 ~ 24 米，而小路则宽为 6 ~ 7 米。从整个道路的布置来看，二者的规划较为规整统一，只是在具体划分形式、大小尺度、等级制度上有所不同。

需要特殊说明的是，在平城京宫城的正南面、朱雀大街和东西坊之间的坊间道路有加宽的迹象，且加宽到了二级道路的宽度。而宫城的东面和西面的条间路也进行了加宽，这与唐长安道路的处理方式相类似，这可能与这一区域的人流量大，交通较为频繁有关。从以上的分析来看，日本两座都城的道路体系划分主要是参考了唐两京的道路网格布置，但在具体的布置上结合自己实际的情况进行了调整。

上京城道路也分为三个等级，其中以中轴线朱雀大街最为宽敞，宽度为 110 米左右，其次是宫城前的东西向大街，宽度为 78 米，是都城的次要轴线。其余道路都以二者为参考对象进行划分，且以水平向划分最为明确。较之日本都城的道路网格，上京城的道路较宽，这说明上京城的人口较多，且人流量和车流量较大，换而言之，上京城较之日本两座京城更为繁华。此外，上京城与唐两京都城道路设置上存在区别，即内城东西两侧的道路并不贯穿城市的南北，而是仅作为三级道路进行处理的。而日本两座都城则在相同位置设置了贯穿都城南北的次要干道，这与唐长安城完全一致。

3.2.3.3 里坊制度

里坊制度是中国古代都城的主要划分方式，也是东北亚地区都城的主要划分方式。朝鲜半岛较为大规模地引入中国式里坊制的应该是高句丽时期的平壤城，其后，新罗庆州城也采用了这一制度。而日本较早采用里坊制的都城是藤原京，这是日本最早的正规都城，形成了较为完整的条坊制，一直沿用到平安京。

有关新罗庆州的里坊制资料有限，就已知的信息来看，各坊的规模不太整齐，大体上南北长 140 米，东西宽 160 米，大小比较接近，可以看成是方形里坊。坊内有十字形的路，分成四个小区，路宽在 3 米左右，可以看出新罗庆州的坊规模较小。

日本平城京和平安京采用的是条坊制，这是根据道路的划分进行命名的，主要体现了以下几个特点：其一，坊采用的都是规整的正方形，大小尺度相等（图 3.27），且与唐两京的里坊大小尺度相近。其二，正对宫城的条坊采用的是东西向四列，宫城的东西两侧则布置了东西向三列（平城京外京除外）（图 3.23、图 3.24）。这种布局模式与唐长安城里坊的布置形式一致，与洛阳城内城南区里坊的布置形式一致，只是在里坊的数量上有所不同。其三，条坊内部被“井”字形路划分为 16 块（图 3.27）。这与宿白先生复原的唐两京里坊有一定的相似性，即城坊被十字街四分后，又被十字巷或巷道细分为 16 区块或是 12 区块。不同之处在于唐两京坊内的道路分为街、巷和曲三级。而日本两座京城的坊内道路只有一级，显然后者较前者，规划上更为简单明确。

上京城的里坊制在前文中已经进行了详细说明，采用的是长方形的平面布局，坊的内部划分比较灵活，体现了一定的 “一”字形街和“十”字形街，但划分形式更为灵活。由此可见，日本两座都城的条坊制更接近唐两京的里坊制，划分形式更为规整简单，而上京城的条坊制在总体布局、规

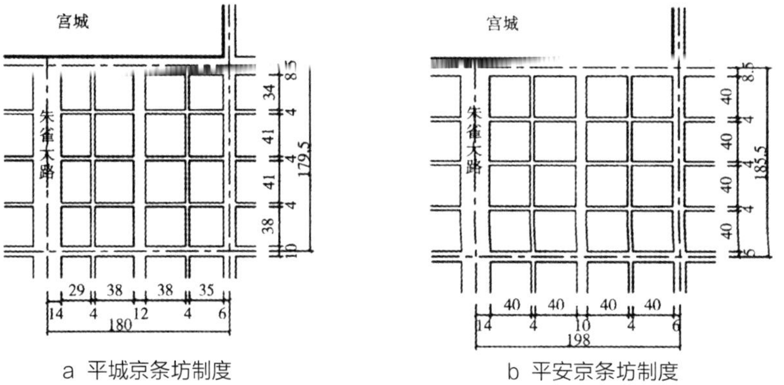

a 平城京条坊制度　　b 平安京条坊制度

图 3.27 平城京、平安京条坊制度

模与形制等方面有自身的特点。

从以上的分析可以看出，当时东北亚地区这主要的四座都城都是以唐代长安城和洛阳城为蓝本进行规划布局的，只是在一些具体的、细部的结构中进行了创新，形成了具有各自特色的布局形式。其中，渤海上京城虽然有意模仿唐代两座都城，但是碍于其从属地位，在很多方面体现的是州府制度，而日本两座都城和新罗王京，由于其相对独立，因此在模仿唐代都城制度时可能更彻底些。

3.3 上京城宫城平面复原探讨

3.3.1 建筑营造尺复原

营造用尺，即历代木工、刻工、石工、量地等营造活动所用之尺，通称木尺、工尺、营造尺、鲁班尺等。对于营造尺尺长和尺制的复原是古建筑复原的先决条件。而由于不同的历史朝代、不同的地域营造尺的尺长和尺制又各有不同。当时施工误差，现代考古学实测值误差以及现代尺制和古代尺制不同等因素，使得营造尺的复原成为一项非常复杂的工作。

3.3.1.1 与上京城建筑营造尺有关的营造尺制说明

（1）唐代建筑营造尺。唐尺承隋尺制度，分为大尺和小尺两种，为十进制单位制，且一大尺相当于小尺的一尺二寸。其中小尺仅用于“调钟律、测晷影、合汤药”等，而大尺是官尺，作为生活用尺，故建筑营造尺为大尺。小尺为黎尺，多数专家推测 1 小尺 = 24.5 厘米，则 1 大尺 = 29.4 厘米（表 3.9）。

表 3.9 基于唐长安城考古数据的唐尺推测表

数值	学者姓名	数据出处
1 唐尺 = 29.5 厘米	陈梦家	《亩制与里制》
1 唐尺 = 29.51 厘米	傅振伦	《隋唐五代物质文化史参考资料》
1 唐尺 = 29.576 56 厘米	杨宽	《中国历代尺度考》
1 唐尺 = 29.49 ~ 29.59 厘米	万国鼎	《唐尺考》
1 唐尺 = 29.6 厘米	曾武秀	《中国历代尺度概述》
1 唐尺 = 29.4 厘米	（日）森鹿三	《汉唐——里之长研究》
1 唐尺 = 29.458 厘米	（日）平冈武夫	《唐代的长安与洛阳》

目前国内现存的唐尺都是大尺，多为 29.5 ~ 29.7 厘米。根据现有的研究成果，多位专家对唐大尺的具体数值进行了推测，可以概括为以下几点：

其一，根据唐长安城遗址的考古研究，多数专家推测唐大尺的数值为 29.4 ~ 29.6 厘米。

其二，根据日本奈良时期建筑的实测数值，推测唐尺为 29.7 厘米。

其三，唐尺有逐渐增大的趋势，即中唐以后，至五代时期唐尺尺长达到 31 厘米。

（2）辽尺。关于辽尺的研究，学者提出了辽尺准唐尺的说法，张十庆先生推断辽尺尺长为 29.7 厘米，而肖旻提出了不同的看法，认为辽尺的取值有两种可能，一种是表现为唐尺和五代尺度，为 29.7 ~ 30.7 厘米。另一种表现为五代尺和北宋尺，数值为 30.6 ~ 31.5 厘米。现对目前保留的辽代建筑的营造尺进行整理分析（表 3.10）

表 3.10 现存辽代建筑营造尺数值推定

年代	实例	地域	营造尺
1020	奉国寺大殿	—	0.295 5
1128 ~ 1143	善化寺大殿	山西大同	0.297
984	独乐寺观音阁	天津蓟州区	0.296
1024	广济寺三大士殿	天津宝坻区	0.294
1056	应县木塔	山西应县	0.295

（3）高丽尺。参考日本《令义解》中记载的高丽尺五尺与准今尺大六尺相当，推断高丽尺为 35.6 厘米。

3.3.1.2 以往学者对上京城营造尺推定

先后有国内外的学者对渤海上京城的整体都城布局、宫殿建筑、佛寺建筑等进行了复原研究。其中营造尺的复原多是以唐尺为主要参考依据，但在具体数值上又存在着一定的差别，现将已知的复原营造尺数值进行整理（表 3.11）。

从表 3.11 可以看出，对于营造尺的复原值并不是确定的，但主要都是参考唐代营造尺 1 唐尺 = 29.4 厘米进行复原推测的。其中张铁宁《渤海上京龙泉府宫殿建筑复原》和龙江《渤海上京宫城正南门复原研究》，直接将营造尺复原为 1 唐尺 = 29.4 厘米。而日本相关学者则在复原时，对主要宫殿建筑的考古数据进行了整理，在此基础上进行了复原推断，即 1 唐尺 = 29.34 厘米，其他几篇论文主要是以各自研究对象的数据进行分析，并且结合在时间上与渤海国有一定联系的唐尺、高句丽尺和辽尺，对复原尺进行了推断，复原值不够统一，但明显大于 29.4 厘米，与唐代中后期的营造尺接近。

这些数据都有一定的依据，由于入手的角度不同，研究的侧重点不同，以及参考依据不同，故得出了不同的营造尺。但有一点是可以确定的，就是上京城的营造尺主要是受到唐代营造尺数值的影响。

表 3.11 上京城营造尺复原值整理

营造尺复原值	复原内容	参考依据	出处
1 唐尺 = 29.4 厘米	第一、二、三、四、五宫殿，宫城正南门	唐前期营造尺	张铁宁《渤海上京城龙泉府宫殿建筑复原》
1 唐尺 = 29.34 厘米	上京城总平面	上京城主要宫殿的基本数据分析得出	（日）《渤海上京龙泉府新考》
1 唐尺 = 29.5 厘米	第一宫殿建筑群	唐代营造尺	宋雪雅《渤海上京城第一宫殿及其附属建筑复原研究》
1 唐尺 = 29.4 厘米	宫城正南门	唐代营造尺	—
1 唐尺 = 29.6 ～ 30.2 厘米	第三、四宫殿	高句丽尺、唐尺、辽尺	徐冉《渤海上京宫城第三、四宫殿复原研究》
1 唐尺 = 20.7 ～ 30 厘米	第二、五宫殿		刘川《渤海上京城第二与第五宫殿复原研究》
1 唐尺 = 30 ～ 30.2 厘米	上京城主要城门		李霞《渤海上京城城门复原研究》

3.3.1.3 上京城营造尺复原推断

对于上京城营造尺的复原需要从三个方面进行综合考虑。其一，了解唐尺、辽尺以及日本奈良时期的尺制。其二，对遗址的数据进行整理，包括都城的整体数据与建筑遗址较为清晰的柱网数据，从数据反映的一些规律进行推断。其三，由于第二点涉及建筑间广规律，这里需要对其进行说明。

首先，上京城作为都城的时间为公元 756 ~ 784 年、794 ~ 926 年，现将与此时间相近的唐代、辽代的建筑实例与遗址进行整理（表 3.12）。

从表 3.12 所反映的信息来看，有两点值得注意：其一，与上京城时间相近的建筑采用的营造尺有两种取值，即 29.4 厘米和 29.6 厘米，而同时期的日本奈良建筑实例所体现的营造尺为 29.7 厘米。其二，建筑间广一般采用的都是整数尺制或是半尺制，但由于实例有限，可能所反映的规律并不全面。

其次，对上京城遗址的数据进行整理，包括都城和建筑两部分。数据主要来自《六顶山与渤海镇——唐代渤海国的贵族墓地与都城遗址》《渤海上京城》《东京城》（表 3.13）。

从唐代文献记载和遗址实际情况可知，当时城市的总体规划是以步为丈量单位的，1 步 = 5 尺，且一般所用尺度为丈的整数倍。从以上两点出发，将宫城、皇城和郭城以及较为完整的坊的数据进行整理，并按丈的整数倍进行换算，发现营造尺有 29.5 厘米和 30 厘米两种尺制。其中 29.5 厘米的尺制采用的比例较高，且数据精确度较高的坊几乎都以 29.5 厘米为营造尺。

表 3.12 唐代、辽代建筑实例及遗址营造尺

名称	时间	原始数据 / 厘米	折合唐尺	营造尺 / 厘米
大明宫 含元殿	663 年、803 年 重修	面阔：485+529×9+485 进深：485+485+485+485	16.5+18×9+16.5 16.5+16.5+16.5+16.5	29.4
大明宫 麟德殿	唐初	面阔：530×11 进深：500+425+425+500	18×11 17+14.5+14.5+17	29.4
华清池 星辰汤殿宇	唐初（644 年）	面阔：300+325+355+390+ 355+325+300 进深：300+300+520+300+300	10+11+12+13.5+12+11+10 10+10+17.5+10+10	29.4
华清池 莲花汤殿宇	唐初（723 年）	面阔：300+405+460+406+300 进深：300+300+298+301+300	10+14+15.5+14+10 10+10+10+10+10	29.4
南禅寺大殿	中唐（782 年）	面阔：331+499+331 进深：330+330+330	16+24+16 16+16+16	29.6
佛光寺大殿	晚唐（857 年）	面阔：440+504×5+440 进深：436+444.5×2+436	17.5+20×5+17.5 17.5×4	29.6
独乐寺观音阁	辽（984 年）	面阔：342+432+472+432+342 进深：341+369+369+341	11.5+14.5+16+14.5+11.5 11.5+12.5+12.5+11.5	29.6 ~ 30.6
山西应县木塔	辽（1056 年）	—	—	29.7

但以城市的总体尺度为研究依据，有两点因素会影响营造尺复原的准确性。其一，由于都城的历史久远，有些地形条件已经发生改变，对于规模较大的都城来说，即使现在利用较为精确的测量方法和测量仪器也很难对其进行准确的测算。其二，考古发掘报告提供的数据多以米为单位，这种现代公制的测量单位与古代的测量单位完全不同，尽管二者间有一定的换算方法，但还会存在一定的误差。其三，考古发掘报告提供以米为基本单位的数据往往精确度不高，故得出的营造尺复原推断只能作为初步的参考值。

为了进一步验证营造尺的复原值，需要对主要的建筑遗址数据进行整理分析，在分析的过程中，主要秉持着两个原则。其一，数据来源既有考古发掘报告，又有实测，当数据不一致时，以精确度高的为准。其二，采用整数尺制，即建筑的间广采用 1 尺或 0.5 尺的整数倍进行换算，分析结果可见表 3.14。

从表 3.14 可以看出，营造尺并不统一，数据分别为 29.5 厘米、29.6 厘米、30 厘米、30.2 厘米。其中 29.5 厘米和 30 厘米两种数据出现的频率较高。造成这一结果的原因主要有两点：其一，部分考古数据的精确度不高，误差较大，有的只是提到了较为模糊的数据，如第三宫殿的面阔、间广为

400 厘米，禁苑主殿提供的尺度则是 330 ~ 350 米，这样必然会使营造尺有一定的误差。其二，遗址历经千年，有些础石难免有移动的可能，其中部分遗址础石的具体位置是推断的，并不是遗址真实的反映。这些原因都会造成复原尺的不确定性。

表 3.13 依据上京城都城数据推断的营造尺数值

名称		原始数据 / 米	整数尺制 / 丈	营造尺 / 丈
郭城		东面墙：3 358.5 南面墙：4 586 西面墙：3 398 北面墙：4 946	1 138 1 554 1 152 1 677	2.95
宫城	中区	东西长：620 南北长：720	210 244	2.95/3
	东区	东西长：213 南北长：720	71（213÷3） 240（720÷3）	3/2.95
	西区	东西长：220 南北长：722	73 241	3
皇城	总尺寸	东西长：451 南北长：1 050	150（451÷3） 350（1 050÷3）	3/2.95
	东区	东西长：413 南北长：354	140 120	2.95
坊	—	东西长：475 南北长：260	161 88	2.95
	—	东西长：533 南北长：260	181 88	2.95
	—	东西长：522 南北长：365	177 124	2.95
		东西长：533 南北长：245	181 83	2.95

表 3.14 依据上京城建筑遗址数据推断的营造尺数值

遗址名称		原始数据 / 厘米	整数尺制	营造尺 / 厘米
第三宫殿	主殿	面阔：400×7 进深：400×4	13.5×7 13.5×4	29.6
	廊庑	面阔：400×18+260 进深：260+650（650÷2+29.5）	13.5×18	—
第四宫殿东西配殿		面阔：400×3（约） 进深：350×3（约）	11.5×3 11.5×3	29.6 30.4
第五宫殿		面阔：340×11 进深：340×5	11.5×11 11.5×5	29.5 30.2

续表

遗址名称		原始数据 / 厘米	整数尺制	营造尺 / 厘米
第一宫殿	北廊	面阔：450×12 进深：300×2	15×12 10×2	30
	主殿	面阔：（平均值）460×11 进深：（平均值）460×4	15.5×11 15.5×4	29.6
	东廊庑	面阔：450×29 进深：400+600+400	15×29 13.5+20+13.5	30
宫城正南门		面阔：340+396+452+448+480+455+457+396+340 进深：340+402+404+404+394+340	—	30
郭城正北门		面阔：310+420+420+420+310	—	30
城北 9 号佛寺		面阔：225+300+300+300+225 进深：235+270+270+235	7.5+10+10+10+7.5 8+9+9+8	30 29.5
东内苑宫殿		面阔：345×7 进深：345×4	11.5×7 11.5×4	30
皇城正南门		面阔：360+390×5+360 进深：430×2	12+13×5+12 14.5×2	30 29.5
第二宫殿	廊庑	面阔：300+450×25 进深：300+600+300	10+15×25 10+20+10	30
	南廊	面阔：370×24 进深：310×2	12.5×24 10.5×2	29.5
	南门	面阔：400×5 进深：400×2	13.5×5 13.5×2	29.6
东半城 1 号佛寺正殿		面阔：358×5（360×5） 进深：358×4	12×5 12×4	29.5

从以上两个表的分析可以看出，营造尺存在 1 尺 = 29.5 厘米和 1 尺 = 30 厘米两种可能。这样就需要讨论两个问题：其一，上京城的建设采用的是两种营造尺制还是一种营造尺制。其二，如果采用一种营造尺制，采用的是哪一种营造尺。

首先，从以往对于上京城研究的成果看，上京城的建设可能经历了几个阶段，但是总体规划布局应该是最初规划好的，这样营造尺应该具有一致性。而如果采用两种营造尺制，那么应该有一定的前后关系，但表格的数据并没有反映出这样的规律。

其次，需要确定采用的是 29.5 厘米还是 30 厘米的营造尺制。就表 3.12 反映的情况来看，与渤海上京城同时期建筑的营造尺在 29.4 ~ 29.7 厘米，且上京城遗址分析的数据也以 29.5 厘米为多，故这里暂且按 1 尺 = 29.5 厘米进行复原，但并不排除采用 30 厘米的可能性，这有待于从其他方面继续进行论证，但在此暂不做过多推断。

3.3.2 材分制研究

材分制是复原研究的另一个重要问题。有关唐代的材分制没有专门的记载，但宋李诫编著的《营造法式》被认为是对宋之前的建筑材分制的总结，故对本复原研究有重要的参考意义。本书同时有必要结合遗留的唐代建筑实例和辽代早期的建筑实例所体现的材分制特点，对唐代、辽代建筑实例进行概要的分析（表 3.15）。

表 3.15 唐代、辽代早期建筑实例材分制分析

名称	年代	开间数	开间尺度（按柱头间距算）/ 厘米	当心间广 / 厘米 / 份	材 / 厘米 / 份	分值 厘米 / 寸	相当于（法式）材等	按（法式）材等制度
南禅寺大殿	782	3×3	331+499+331 330+330+330	499/314	24×16	1.6/0.54	二	三
佛光寺大殿	857	7×4	440+504 × 5+440 436+440 × 2+436（柱头）	504/252	30 × 20.5	2.00/0.67	一	二
独乐寺山门	984	3×3	505+606+606+505（柱头）	606/367	24.5 × 16.8	1.65/0.55（29.8） 0.54（30.6）	二	三
独乐寺观音阁	984	5×3	332+431+467+431+332（柱头） 332+370+370+332（柱头）	472/262 467/260	25.5 × 18 38.5 × 18	1.80/0.60（29.6） 0.58（30.8）	一 二	二
应县佛宫寺释迦塔	1056	每面 3 间	一层 263+442+263（柱头）	442/260	25.5 × 17	1.70/0.58（29.5） 0.55（30.7）	二	三
日本药师寺东塔	730	主一层面阔 3×3，副阶 1 间	234.5×3	234/125	0.85×0.62 0.8×0.62	1.88/0.63	一	二

从表 3.15 的分析可以看出两个现象：其一，与宋《营造法式》相比，相同等级的建筑，列举的建筑实例的实际用材普遍偏大，且普遍高于《营造法式》规定的一等材等。其二，建筑面阔尺度与材分制之间并没有确切的关系，并没有确切地体现在《营造法式》中，殿堂型木构架每一朵铺作间广为 125 份，且间广以 25 份递增，故一般殿堂间广在 250 ~ 450 份之间，而厅堂间广在 200 ~ 300 份之间，这说明当时的间广与材份之间还没有严格硬性的规定。但建筑实例的面阔间广都在 200 份以上，且佛光寺大殿明间面阔间广为 220 份 +250 × 5 份 +220 份，南禅寺大殿为 200 份 +300 份 +200 份，体现了《营造法式》的特点。这说明唐代建筑已经采用了一定的材分制，并且与《营造法式》具有一定的相似性，但由于时间、地域、建造的误差，出现了多种可能性。虽然从材分制的角度很难对面阔和进深的间广进行准确的分析说明，但并不排除这种可能性。

作为复原的必要条件，材分是必须考虑的。对于上京城宫殿遗址的复原是以如下几个观点作为主要依据的：其一，唐代建筑用材普遍比《营造法式》用材大。其二，每一朵铺作的间广在 100 份以上。其三，如果建筑遗址平面与建筑实例形制和规模相同，参考实例材分制。其四，《营造法式》依然作为复原的重要参考依据之一。具体复原的材分制可参见以下的章节分析。

3.3.3 总平面复原说明

总平面的复原主要涉及两个问题：一个是规划度量制，另一个是规划方法。这里主要以唐代洛阳城、长安城以及日本平城京为参考对象进行复原说明。

3.3.3.1 规划所用度量制度

在对上京城都城的总体布局复原中，首先要确定度量制度。由于相关的史书上并没有渤海国这方面的记载，故需要从唐长安城和洛阳城以及日本相关都城的度量制进行说明（表 3.16）。

表 3.16 唐朝都城和日本都城度量制度分析

名称	长安城	洛阳城	藤原京	平城京	长冈京	平安京
时间（年）	583 ~ 904	—	694 ~ 710	710 ~ 784	784 ~ 794	794 ~ 1868
度制	1 里 = 360 步 1 步 = 5 尺 1 尺 = 0.295 米 1 步 = 1.47 米	1 里 = 300 步 1 步 = 6 尺 1 尺 = 0.295 米 1 步 = 1.77 米	1 里 = 300 步 1 步 = 5 大尺 1 大尺 = 0.354 米 1 步 = 1.77 米	1 里 = 300 步 1 步 = 5 大尺 1 小尺 = 0.295 米 1 步 = 1.77 米	1 里 = 180 = 1 800 小尺 1 小尺 = 0.294 米	1 里 = 180 = 1 800 小尺 1 小尺 = 0.298 米

从表 3.16 可以看出，都城的规划度量以“步”或是“里”为基本单位。虽然“里”“步”和“尺”之间在换算比例上有一定差别，但是 1 步 =1.77 米，几乎是通用的。上京城都城规划是否也采用这种换算规律需要进一步进行验证。

就都城的规划方法而言，傅熹年先生认为：对于实行里坊制度的都城而言，宫城的面积大都与坊和街区之间面积有模数关系，并且以坊或街区为面积模数更为简单。结合表 3.16 和考古数据分析，会发现长安城朱雀大街两侧的里坊、洛阳里坊、藤原京里坊和平城京里坊都占 1 里的见方，根据 1 里 =531 米，故里坊的尺度都在 531 米见方左右。只有长安城的里坊尺寸较多，共有 5 种。

在 3.2.1.2 的分析中，发现上京城的里坊共有两种尺度，即大坊和小坊，其中大坊在宫城和皇城的东西两侧，而小坊位于皇城的正南向，且小坊的尺度为 533 米 ×260 米左右，这刚好是 1/2 里坊的面积。从遗址平面来看，4 个小坊为一组，约占 2 里的面积，这说明上京城的总体规划也是以里坊为模数单位的，但采用的是 2 里、1 里还是 1/2 里，还需要进一步进行说明。

除此之外，还涉及规划过程和具体的操作方法。已有相关的学者进行了研究，就唐长安城而言，是以宫城和皇城先行，道路体系和里坊体系从之，是典型的“自上而下”方式，规划操作以元素的累加为主，基准方式以地块和道路的边界基准为主。洛阳城采用的则是以道路中线为基准，确定每个街坊占一个单元，即 300 步见方。日本的都城则是先以严整的网格框定宫城、市、坊等所有要素，在大网格下进行细分，基准方式从以道路中心为基准变为以用地边界为基准。

虽然以上的分析，在一些具体问题上，学者们还存在一定的争议，且需要继续讨论研究，但是大的方面具有基本统一性意见，故对上京城都城的复原推想具有重要的借鉴意义。

3.3.3.2 总平面复原推断

有关上京城总平面布局的数据，只有《六顶山与渤海镇——唐代渤海国的贵族墓地与都城遗址》进行了说明，但是仍有一些细节问题并没有说清楚，如道路一般由中间的道路和两侧的排水沟组成，但报告中并没有提及。故对上京城的复原也只是在考古数据基础上，提出的一种可能性。随着今后考古发掘的深入，内容有待于充实完善。这里主要讨论三个问题：一是度量制，二是里坊的划分方法，三是基本模式。

首先，经过前文的讨论，已经知道与渤海上京城同时期的几座都城采用的都是 1 步 =1.77 米的换算关系，只有长安城采用的是 1 步 = 1.47 米。但前者 1 里 = 300 步 = 531 米，后者 1 里 = 360 步 = 531 米，体现了“同宽不同步”的现象。这可能是由于当时尺度制的改变，即在唐武德七年（624 年），颁布了度量衡制，即“武德七年始定律令，以度田之制，五尺为步，步二百四十为亩，亩百为顷”。但都城在建设上为了与隋保持一致或是平稳过渡，故在“里”的尺度上保持了一致。而日本都城尺制则相对简单，直接采用唐大尺，即 1 步 = 1 大尺 = 1.77 米，1 里 = 300 步。

上京城的地理位置处于二者之间，且在二者的往来上起到了一定的中介作用，并且从都城规划的简便性来考虑，可以认为采用 1 步 = 1.77 米的度量制可能性更大。按这个尺制对上京城都城的几个基本尺寸进行整理分析（表 3.17）。

其次，对里坊进行讨论。其一，从表 3.17 可以看出，郭城西半城的第二列里坊，第四坊至第十一坊的东西长均为 530 米，接近 1 里，相当于 1 800 尺。而东西长度在 235 ~ 260 米，接近于 1/2 里，这说明这部分的里坊还是以 1 里为基本模数的。其二，第三列里坊东西为 465 米，其紧邻的第三号街宽 78 米，如果以道路中心线为基准的话，则坊的东西宽度应为（475+39）米 = 514 米，接近 1 里。第四列坊的东西长 500 米左右，则坊的东西宽度在（500+39）米 =539 米，接近 1 里。其三，皇城正南向、朱雀大街两侧的坊，南北共 8 个，东西长为 475 米，明显小于 531 米；但根据朱雀大街的宽度 110 米，如果是以道路中心线为基准的话，则坊的东西跨度在（475+55）米 = 530 米，接近 1

里。其四，宫城和皇城两侧有东西三列，南北三排的大坊，其中第一排坊的尺度为南北宽 360 ~ 370 米，这样第一排坊的尺度为（370+14）米（推测涂路宽 28 米）= 384 米，折合 217 步，整合为 200 步（按整数的倍数）。第二排坊的尺度为（370+46）米 = 416 米，接近 250 步，第三排坊的尺度为（360+32.5+46）米 = 438.5 米，折合 247 步，整合为 250 步。

表 3.17 上京城都城尺度换算表

名称		米	尺（1 尺 =0.295 米）	步（1 步 =6 尺 =1.77 米）	里（1 里 =300 步）
外郭尺寸		东墙 3 358.5	11 385	1 897	6.32
		西墙 3 398	11 519	1 920	6.4
		南墙 4 586	15 546	2 591	8.64
		北墙 4 946	16 766	2 794	9.31
宫城尺寸	计外围尺寸	东墙 900	3 051	508	1.69
		西墙 940	3 186	531	1.77
		南墙 1 050	3 559	593	1.98
		北墙 1 096	3 715	619	2.06
	中心区域	南北长 720	2 441	407	1.36
		东西长 620	2 102	350	1.17
坊尺寸	小坊（宫城东侧第二列）	东向长 533	1 807	301	1
		南北长 260 ~ 265	898	150	0.5
	小坊（宫城前东侧第一列）	东西长 475	1 610	268	0.89
		南北长 235 ~ 260	881	147	0.49
	大坊（宫城东侧）	东西长 530	1 797	299	1
		南北长 360 ~ 365	1 237	206	0.69
皇城尺寸		东墙 447	1 515	253	0.84
		西墙 454	1 539	256	0.85
		南墙 1 045	3 542	590	2
		北墙 1 050	3 559	593	2

需要特殊说明的是，郭城东半城的第一列和第二列参考西半城进行复原，而第二大街以东的区域，里坊制并不明确，故需要进行推断。首先，这一区域从第二街的道路中心线到城墙的区域宽度在 1 358 米左右，折合为 1 358 米除以 1.77 米 / 步，等于 768 步，这样减去两坊的东西宽度 300 步，剩余 168 步，整合为 150 步，故这个区域应可以布置下两个半坊的里坊。

通过以上的分析可知，对于郭城的复原可以总结为以下几点（图 3.28）：

（1）以 300 步网格的正方形网格为基本规划单元，以 50 步为里坊的基本模式。

（2）以道路中线为基准，确定每个街坊占一个单元，为 300 步。

（3）皇城以南的区域以四个小坊组成一组，且东西向都是以 300 步为基本单位进行划分街坊。

（4）在复原时以皇城正南门和郭城的城门为基准点进行复原，这是考虑郭城内道路的宽度在测量方面存在一定的误差。

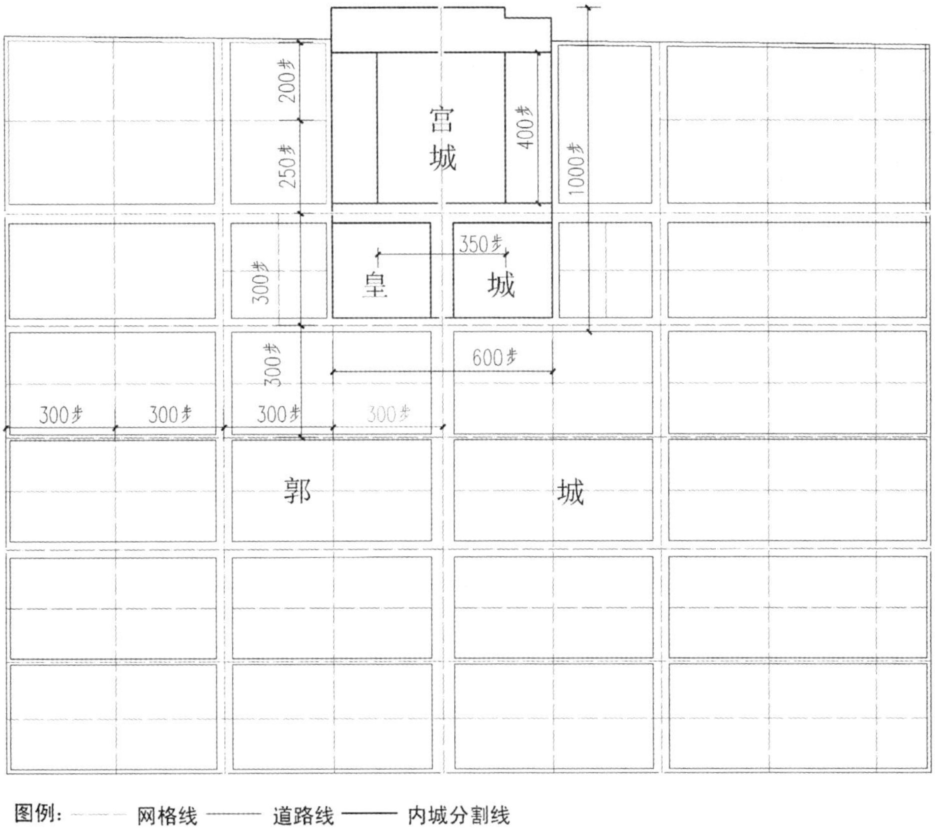

图 3.28 上京城总平面复原推想

最后，关于宫城和皇城的设计规格。这个内城的尺度为：南北长（454+92+722+215）米 =1 483 米，折合为 1 000 步；东西宽 1 050 米，折合为 600 步。宫城核心部分南北长 722 米，折合为 400 步，东西长 620 米，折合为 350 步。 并且内城除去皇城的区域，其尺度为：南北长 1 029 米，东西长 1 050 米。而四个小坊组成的区域，东西长 1 062 米，南北长 530 米，恰好是其一半的面积。故可以得出一个结论，即内城的一半（除去皇城的区域）是整个郭城的基本模数，恰好体现了宫城是整个都城的中心。

3.4 本章小结

渤海国先后以中京城、东京城和上京城三座城市为都城，三者的规划布局模式都是以唐代长安城和洛阳城为参考蓝本，可谓一脉相承，其中以上京城最为完备，并且与同时期日本平城京、平安京以及朝鲜半岛新罗王京有一定的相似性，这是由于三者都受到当时唐代城市建筑文化的影响。但由于三者所处的地理位置、经济条件以及政治环境不同，在都城布局上又存在明显的差异。这正是建筑文化地域性的一种表现形式。

由于上京城主要是以唐代两座都城为参考对象的，故在上京城宫城平面的复原时，从营造尺制、度量制度到建筑的材分制都以唐代为参考依据，并结合同一地区前期的高句丽以及后期辽代的相关制度，推导上京城规划设计时可能采用的布局模式以及建筑营造尺制和材分制。

4 渤海上京城宫城建筑与空间环境分析

An Analysis of the Imperial Palace of Shangjing, Balhae's Capital City, and Its Space Environment

4.1 宫殿区平面布局与空间序列分析

4.1.1 建造年代划分

上京城的建造经历了漫长而持续的过程，今天所呈现的遗址全貌是几代君王共同努力的结果。就上京城的建造时间而言，历史文献并没有提及，只能根据渤海国迁都的时间进行大体的推断。历史文献中提到渤海国迁都的记载整理如下：①大祚荣“据东牟山，筑城以居之”（《旧唐书·渤海靺鞨传》）；②“显州，天宝中王所都”（《新唐书·地理志》）；③“显州……唐天宝以前，渤海国所都”（《武纪总要》）；④“天宝末，钦茂徙上京，直旧国三百里”（《新唐书·渤海传》）；⑤“贞元时，东南徙东京。钦茂死……华屿为王，复还上京”（《新唐书·渤海传》）。根据以上记载，部分专家认为渤海迁都的时序应为：旧国（公元698 ~ 天宝中）—中京城（天宝中 ~ 天宝末）—上京城（公元756 ~ 784年）—东京城（公元785 ~ 793年）—上京城（公元794 ~ 926年）。虽然不能确定上京城具体的建造时间，但是可以看出在公元756年，上京城已经初具都城规模，其面积至少应与中京城相当。785年又迁都东京，说明在756 ~ 784年，新建了东京城，其规模与上京城宫城中区部分基本相当，这也是一项浩大的工程，同时也可能继续建造上京城，但上京城此时的建造不会是太大规模。而历史文献中记载“至彝震……拟建宫阙”（《辽史》），大彝震时期相当于公元830 ~ 857年，这说明上京城的建造是一个持续的过程。渤海国后期可能主要建造的是郭城和对一些主要宫殿建筑的修建与改建。故推断，渤海上京城主要宫殿区域的建造应该在唐代中期时完成。

关于城市建筑的建造时序，由于史料记载不详，故考古专家也只是进行了大胆推测，并且在一些问题上存在分歧，并没有形成定论。但对上京城总体布局模式和建造时序是没有异议的，即上京城建造最初已经有了全面的规划，采用宫城、皇城和郭城三重城制，三者的建造时序为：先建宫城，后建皇城，最后建郭城。其次，就宫城而言，是先建中心区，后建东区、西区和北区。但对宫城中轴线上主要的五座宫殿建造时序存在一定分歧，渤海研究学者魏存成先生认为：第三、四、五宫殿为最先建造，且第二宫殿是前期的宫城正南门。而第一宫殿、宫城正南门为后建，此时第二宫殿改建成现存的形式，第三、四宫殿经历过后建重修。但其中第二宫殿是由城门改建而成还是新建的，目前还是很难定论，需要进一步研究。

从建筑考古学角度，结合历史文献资料和遗址情况，可以得出以下分析判断：

（1）从渤海迁都的时序上可知：渤海国经过四次迁都，迁都顺序为中京城、上京城、东京城、上京城。这样，三者的宫城布局形态必然会相互借鉴，互做参考。通过比较可以看出，三者宫城中轴线上都有第三、四、五宫殿这样的布局形态，故而推断上京城的这三座宫殿确实是最初建立的。而第一宫殿、第二宫殿和正南门的形式是中京城和东京城未见的。

（2）从上京城遗址所反映的情况来看：第一宫殿与东西两侧慢道之间有30厘米空隙，充以黄黏土，并且发现第一宫殿台基的土衬石、散水砖和部分壁砖仍保留着压在黄黏土之下的状态，这说明二者并不是同时建造的。而遗址中也显示第三宫殿的台基有上下叠压的迹象，说明重新修建过。但第二宫殿遗址并没有显示有重修的痕迹。

（3）对宫城中区中轴线上的主要建筑遗址平面进行分析：第一宫殿和第三宫殿以及宫城正南门采用的都是金厢斗底槽的平面结构，但有细微的差别。第一宫殿较其他几座宫殿内外两圈柱网外侧各多了一个柱子，这种平面布局见于唐代大明宫麟德殿遗址，是唐代早期建筑的一种平面结构。而第三宫殿和宫城正南门采用的是唐代后期典型的金厢斗底槽形式。同时，虽然第二宫殿遗址情况不清楚，但较之前三者规模都大，说明其更为复杂。

（4）从出土的建筑遗物来看：第三宫殿出土了环状和带莲花纹的两类覆盆，第二宫殿出土了环状覆盆，宫城正南门是在础石上直接雕刻覆盆的。第一宫殿覆盆形式不明，但第一宫殿础石为素平础石，未见有雕琢的痕迹，故与第二宫殿的覆盆形式可能一致。可以看出莲花纹覆盆是最成熟的一种形式，应该是后期的产物，环状应该是普遍采用的一种形式，而在础石上直接雕刻是一种最为简单而常见的形式。遗址中还出土了鸱尾和鸱吻残片：第一宫殿出土了鸱尾残片；第二宫殿出土的鸱尾残片中，联珠纹的样式更为多样；而第三宫殿则出土了鸱吻残片。从鸱尾的发展来看，应该是从简单的装饰纹样鸱尾演进为复杂装饰纹样鸱尾再演进为鸱吻。故从以上两点推断，第三宫殿是晚于第一、二宫殿建造的。

鉴于以上四点，可以认为第三、四、五宫殿是前期建造的，而第三宫殿是经过修改建造的；第一宫殿、第二宫殿和宫城正南门是后期建造的，其中以第一宫殿的建造时期最早。

4.1.2 宫殿区建筑性质定位

4.1.2.1 “前朝后寝”制度

“朝”是宫城中帝王进行政务活动和礼仪庆典的行政区，涉及嘉礼中的朝礼和朝贺之礼；“寝”早期是指皇帝和诸侯的起居之所，《春秋·公羊传》记载：“天子、诸侯皆有三寝，一曰：高寝，二曰：路寝，三曰：小寝。”后期逐渐演变为专指皇帝起居的生活区域。宫殿群的空间序列布局模式由早期的“前堂后室”的单体建筑演变为“前朝后寝”或“前堂后室”的群体建筑布局模式。

该模式最早出现在商代河南安阳市小屯商宫殿遗址区，遗址已经在南北向明确排列三个区域，这说明其功能上有一定顺序变化，可能是“前朝后寝”的早期形式。到周代就明确提出了“前朝后寝”的宫殿布局模式，隋唐时期都城布置继承这一制度，但在具体位置和使用功能上有很大的不同。到宋代，该制度已经相当成熟，形成了“前三朝，后三朝”的制度，并一直延续到明清两朝。

上京城宫城中区的宫殿布局上也应该体现了“前朝后寝”的制度，为了更好地诠释该特征，现对唐太极宫、唐洛阳宫、唐大明宫、高句丽安鹤宫、统一时期的新罗东宫、日本平城京和上京城宫城进行比较研究（表 4.1）。

表 4.1 隋唐时期东北亚地区主要宫城“前朝后寝”形制比较

名称	前朝部分	后寝部分
唐太极宫	朱明门南侧为前朝、北侧为后寝，主要包括承天门、太极殿和两仪殿	主要包括两仪殿、甘露殿两殿以及两殿的东西两部分，其中两仪殿是寝殿的前部
唐洛阳宫	应天门以北到宫城第一道横街以南区域，包括应天门、乾元殿和贞观殿	宫城第一道横街以北到陶光园南墙之间为寝区，其中贞观殿是寝区的前部
唐大明宫	丹凤门以北与第一道横街以南的区域，包括含元殿、宣政殿和紫宸殿	第一道横街以北到含凉殿的区域，其中紫宸殿是寝区的前部
高句丽安鹤宫	第一宫殿群和第二宫殿群	第二宫殿群以北的中区部分
统一新罗东宫	中门、正殿和中殿部分	中殿以北的区域
日本平城京	朝集殿院、第二朝堂院和太极殿	太极殿北部横街以北的部分
渤海上京城宫京	宫城正南门到第三宫殿区，包括第一宫殿、第二宫殿和第三宫殿部分	第三、四宫殿区，第五宫殿区部分

从以上的分析可以看出，几座宫城中心区的布局在不同程度上都体现了“前朝后寝”的制度。其中唐代三座宫城中区划分最为明确，布局最为完备，中轴线上排列的宫殿群最为密集。且太极宫和洛阳宫的“前朝后寝”有明显的分界线，即永巷。永巷制是前殿后寝间的横街，王以下的府第均不许布置永巷。永巷的南侧为前朝区，永巷的北侧为后寝区，并且寝区的前寝区是皇帝日朝的场所（图 4.1）。

而日本平城京和朝鲜半岛的高句丽安鹤宫和新罗东宫宫城相对简单，宫城轴线上排列的宫殿群数量相对较少。其中平城京明确地分为前朝区和内里区（即寝殿区），并且二者各自形成独立的区域（图 4.2）。但安鹤宫和新罗东宫区域划分并不十分明确，虽然主殿都由廊庑围合成独立的殿庭，但是彼此之间用连廊相互联系，“前朝后寝”部分分区并不明确。

就上京城而言，缺乏相应的文字记载，这里仅根据考古研究成果进行一定推测（图 4.3）。从列表和图中对宫城的总体分析来看，其一，上京城主要模仿的是唐代宫城的布局模式，但“前朝区”与“后寝区”并没有设置永巷相连，这也恰好证明了上京城采用州府的制度，而不是王城制。其二，上京城的前朝区包括第一、二、三宫殿，共三座宫殿，这与一般的前朝区有两座主殿不同，但与大

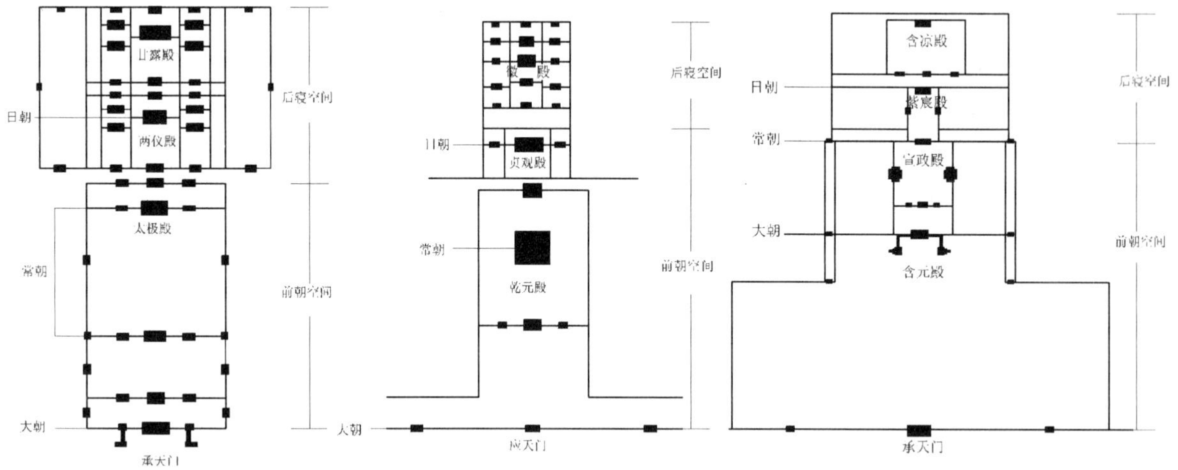

a 唐太极宫　　b 唐洛阳宫　　c 唐大明宫

图 4.1 唐代三座宫城前朝后寝示意图

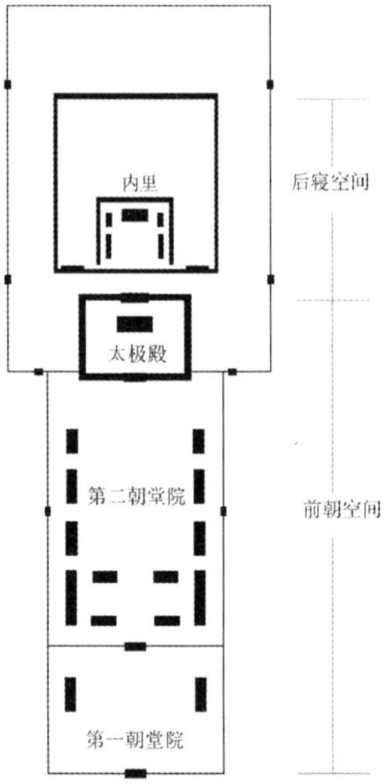

图 4.2 平城京前朝后寝

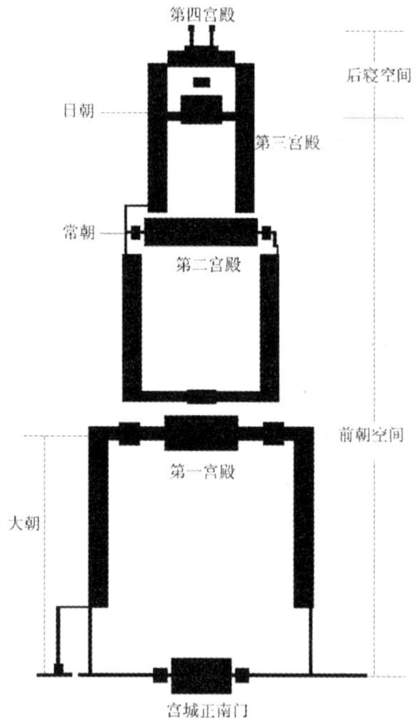

图 4.3 上京城前朝后寝

明宫的布置形式十分相似。其三，在前朝区的第一宫殿殿庭和第二宫殿殿庭之间有一道横街，使得二者各自形成独立的区域，这种布局形式不见于其他几座宫城的前朝区，这既可能是永巷制的一种变相的体现，也可能是由于上京城作为王都而有意为之。第二宫殿形制最高（这将在以后的章节中进行分析），为了显示出谦恭的姿态，故将其与第一宫殿区域区分开来。其四，上京城中轴线上寝殿区只有一个区域，即第三、四宫殿区，较之唐代三座宫城少了一个寝殿区域，这是宫城布局的一种简化，也可能与王城的宫殿数量较之皇城的宫殿数量少有一定的关系，但却与高句丽安鹤宫和日本平城京有一定的相似之处。并且渤海国的其他两座宫城中京城和东京城，都是寝区部分相对比较简单。由此可见，上京城虽然极力模仿唐代都城，但是考虑到等级制度以及当时国力情况，其都城规划与建筑布局还是相对简单一些。

4.1.2.2 "三朝制"的具体划分

"三朝"主要指的是宫城皇帝处理政务的场所，起源于周代的"三朝五门"。《周礼》记载："天子诸侯皆三朝，外朝一，内朝二，内朝之在路门内者获谓之燕朝。"三朝指的是对宫城区进行的功能划分，从南到北纵向排列依次为外朝、内朝、治朝，也有大朝、常朝、日朝，或外朝、中朝、内朝，文献记载中称谓各有不同。

周代时三朝的功能分别为：外朝的主要功能是举办重要的大典，如册命、献俘、公布法令以及断立狱诉，举行"三询"等。《周礼·秋官》记载："小司冠之职，掌外朝之政，以致万民而询焉。一曰询国危，二曰询国迁，三曰询立君。"内朝则是皇帝每天处理日常政务之所，又是举办宾射的场所。治朝亦属于内朝，在路门以内与燕寝间，是接见群臣议事，与宗族内亲议事、燕饮及燕射等的场所。

随着时间的推移，由于政治体制不断更替变化，"三朝"的具体功能又有一定的变化。到隋唐时期，"三朝制"确定了基本的模式，并一直延续，影响到宋、辽、金、明、清的宫城布局形式。但这时期三朝的功能与周天子时期有明显的不同。其中外朝是举办元日和冬至的大规模朝贺的地点，而中朝是指定期举行朝议的地方，内朝则是皇帝日常处理朝政的场所，包括朝贺君主、百官奏事以及殿廷议事等。前两者侧重于礼仪性功能，而后者侧重于日常行政功能。一般城门楼上是举行朝贺、大赦，或是咨询国家大事等意见的场所。

那么上京城的朝区是否也存在"三朝制"呢？具体的划分又是怎样的？结合已往部分学者对该问题的研究成果，将其观点进行整理，并与唐大明宫、太极宫和洛阳宫三座都城案例进行比较研究，从而判断"三朝制"的可能性和具体划分区域（表 4.2）。

结合表 4.2 的归纳分析，有几点需要说明：其一，自唐高宗永徽二年（651 年）以后，唐代的朝会礼仪由三个等级组成，第一等级是在京九品以上的文武官和各州派遣的朝集使、各藩国派遣的藩客等参见的元日和冬至大朝会，第二等级是在京九品以上的文武职事官于每月朔望日参加的朔望朝参，第三等级是五品以上文官及监察御史、员外郎、太常博士等参加的常朝。而一些节日的朝贺、

表 4.2 唐代三座宫城和上京城“三朝制”的划分方式

<table>
<tr><th colspan="2">名称</th><th>大朝</th><th>常朝</th><th>日朝</th><th>特点</th><th>备注</th></tr>
<tr><td rowspan="2">唐太极宫</td><td>第一种分法</td><td>承天门及其前部广场</td><td>太极殿及其殿庭</td><td>两仪殿</td><td rowspan="2">两仪殿是寝殿区的主殿</td><td>建筑史学界普遍认同的观点</td></tr>
<tr><td>第二种分法</td><td>太极殿及其殿庭</td><td>太极殿及其殿庭</td><td>两仪殿</td><td>新观点</td></tr>
<tr><td colspan="2">唐洛阳宫</td><td>应天门</td><td>乾元殿</td><td>徽殿</td><td>徽殿是寝殿区的主殿</td><td>—</td></tr>
<tr><td colspan="2">唐大明宫</td><td>含元殿</td><td>宣政殿</td><td>紫宸殿</td><td>紫宸殿是寝殿区的主殿</td><td>—</td></tr>
<tr><td colspan="2" rowspan="3">渤海上京城</td><td>宫城正南门</td><td>第一宫殿</td><td>第二宫殿</td><td>—</td><td>李殿福
刘晓东</td></tr>
<tr><td>第一宫殿</td><td>第二宫殿</td><td>第三宫殿</td><td rowspan="2">第三宫殿是寝殿区的主殿</td><td>魏存成
朱国忱</td></tr>
<tr><td>宫城正南门、第一宫殿</td><td>第二宫殿</td><td>第三宫殿</td><td>刘川</td></tr>
</table>

大赦、咨询国家大事等也会在宫城正南门举行。其二，从表 4.2 可知，一般大朝会由于参加人数较多，场面宏大，故需要较为宽敞的广场和殿庭。太极殿、含元殿以及应天门前都有面积较大的广场，其中前两者是三朝制中广场面积最大的。并且为了给观赏大型活动提供足够的空间和高度，大朝会的宫殿或是城门往往建在高台基上。其三，唐代三座宫城的日朝部分都位于寝殿区的主殿，这与周代治朝的位置一致，体现了路门之内为燕朝的特点。由于其要经过寝殿区的阁门，故又有“如阁”之说。

有关上京城“三朝制”的划分方法，学者们存在着一定的分歧，主要可以概括为两种：一种观点认为，宫城正南门是外朝部分，第一宫殿是常朝部分，第二宫殿是日朝部分，而第三、四宫殿则是寝殿部分，与政务完全没有关系。另一种观点认为，第一宫殿是外朝部分，第二宫殿是常朝部分，第三宫殿是日朝部分，也是寝殿区的主殿。这两种划分方法，都有一定的道理，前者是以太极宫和洛阳宫为参考，而后者可能是参考大明宫的划分方式。

通过分析可以认为：宫城正南门和第一宫殿区域为大朝部分，第二宫殿区域为常朝部分，第三宫殿区域为日朝部分，即上京城主要参考唐大明宫的“三朝制”的分法。其理由有四点：

（1）上京城中轴线上前朝区主要包括宫城正南门，第一宫殿，第二宫殿，第三、四宫殿；太极宫中轴线上的前朝区主要包括承天门、太极殿、两仪殿。大明宫中轴线上的朝会区主要包括丹凤门、含元殿、宣政殿、紫宸殿。洛阳宫中轴线上的朝会区主要包括应天门、乾元殿……可以看出只有大明宫朝会区和上京城朝会区一样，都是由三座宫殿和一座城门组成。

（2）从现有的部分历史学者和建筑学者对唐代朝仪制度的分析来看，认为太极宫的太极殿是：大朝和朔望朝的场所，两仪殿是日朝的场所。如《唐六典》卷四《尚书礼部》中记载：“凡元日，大陈设于太极殿，皇帝衮冕临轩、展官悬之乐。”而应天门只是大赦、宴请和宣布政令的场所。洛阳宫应该存在大朝和朔望朝同在乾元殿举行的可能，这种分析似乎更为合理。

（3）第二宫殿是面阔 19 间，进深 4 间的大殿（复原），这样大的宫殿形制已经超过了当时唐代都城的任何一座单体宫殿规模，从礼制上说有越礼的嫌疑，不能作为迎接唐王朝或其他国家使节的场所。而第一宫殿是面阔 11 间，进深 4 间的大殿，从建筑的等级上来看，没有超过唐朝的含元殿和太极殿面阔 13 间，故可以作为接待外国使节的场所。从这个角度来讲，第二宫殿作为常朝之用，规模形制更多的是为了满足当时渤海国王称帝的一种心理。

（4）第三宫殿与第四宫殿之间由十字形连廊连接，共同作为宫城的寝殿部分。从唐代三座宫城的日朝位置来看，都是寝殿区的主殿，上京城也应该是延续了这一做法。从另一个方面来看，上京城地处我国寒冷地区，冬季漫长寒冷，当时寝殿和居住建筑的内部布局必然有采暖设施。如果第三宫殿单纯地作为寝殿的话，应该和其他寝殿一样，用火炕取暖，即在建筑的平面上布置烟道、灶、烟囱等设施。但从现有的遗址上看，第三宫殿没有采暖设施，可能只是用火炉进行临时性的取暖，故从防寒保暖的角度来分析，第三宫殿只能作为处理政务的空间，而不能作为居住空间使用，因此作为日朝的可能性比较大。

由此可以得出上京城存在着“三朝制”划分的判断，只是具体的空间划分形式与唐代宫城典型的分区形式不同，这既与当时的政治因素有关，又与渤海王称帝的心理有关。可见部分宫殿形制在不同的地区、不同环境因素作用下存在着一定差异性，这也正是地域文化的体现。

4.1.3 殿庭结构分析

4.1.3.1 宫殿区几何分析

上京城宫城中心区平面呈长方形，南北长约 720 米，东西长约 620 米，主要是由中轴线上的宫殿区和东西两个附属区组成。中轴线上的宫殿区，从宫城的正南门到第五宫殿区域，集中布置了四个完整的庭院式空间，分别为第一宫殿殿庭，第二宫殿殿庭，第三、四宫殿殿庭和第五宫殿殿庭。其中前三个殿庭是纵向长方形，而第五宫殿的殿庭采用的是横向长方形布置（图 4.4），并且前三个殿庭的面积逐渐缩小，这与殿庭的朝仪等级制度有一定的关系。

学者的分析研究发现，宫城区总体规划布局上存在着一定的几何关系。傅熹年先生最先对渤海上京城宫城中心部分进行了几何分析，推断出宫城存在四处重要的几何关系，分别为：宫城中心部分的几何中心落在第二宫殿上；第一宫殿殿庭区域和第二宫殿殿庭区域（除去第二宫殿主殿部分）的对角线交点落在第一宫殿上；第三、四宫殿区域，包括第二宫殿主殿形成的区域的对角线交点落在第三宫殿上；第五宫殿区域和其后的一个区域的对角线交点落在第五宫殿上（图 4.5）。

结合最新的发掘报告，从现有的测绘图分析，可以推测出宫殿区存在的几何关系如下：

首先，可以看出整个宫城和皇城区的对角线的交点位于第一宫殿区和第二宫殿殿门附近，除去测量和绘制的误差，推测其交点位于第一宫殿上（图 4.4），即第一宫殿是整个宫城和皇城区域的几何中心，这说明第一宫殿应该是整个宫城的核心，这也恰好印证了第一宫殿大朝的礼制功能。

其次，将宫城中心区的对角连线，发现对角线的中心恰好落在第二宫殿上（图 4.4），这说明第二宫殿是宫城最重要的建筑，处于宫城的核心区。如果对唐太极宫和洛阳宫的宫城中区都进行类似的分析，就会发现其几何中心都位于礼制等级制度最高的宫殿上，即太极宫的几何中心为太极殿，洛阳宫的几何中心为乾元殿（图 4.6）。这两座宫殿都是“三朝制”的常朝、朔望朝所在，是“前朝区”的主殿，其建筑等级制度也是宫城中形制最高的。这也从侧面印证了第二宫殿是上京城常朝的推测。

再次，上京城宫殿区的“前朝后寝”部分也存在一定的几何关系。由前一节的分析可知，宫城的“前朝区”包括宫城正南门以北和第一宫殿以南围合的区域。连接这个区的两条对角线，发现其交点的位置恰好落在第一宫殿上（图 4.4），这说明第一宫殿是“前朝区”的核心部分，这也印证了其为大朝功能形制的推测。宫城的“后寝区”是第二宫殿北部和第五宫殿殿门和隔墙之间围合的区域。连接这个区的两条对角线，发现交点位于第三宫殿所在的位置（图 4.4），这突出了第三宫殿在“后寝区”的核心的主殿地位。除此之外，第五宫殿自成一个封闭的区域，这个区域的几何中心恰好落在第五宫殿所在的位置（图 4.4）。

这里有一点需要说明的是，唐太极宫和洛阳宫中区涉及的“三朝制”宫殿有两座，且大朝和朔望朝都在主殿即太极殿和乾元殿进行，故宫城中区的几何中心只有一个，且落在主殿之上。上京城与之相比，“三朝制”宫殿有三座，且大朝和朔望朝分开设置。并且由于一定原因第二宫殿的建筑的等级形制反而高于第一宫殿。故为了突出二者的地位，设定了两个几何中心。由此可见，上京城在建设之初是经过周密设计的，以体现皇家的礼制等级和行政等级为依据，体现了都城规划布局手法的娴熟，也从侧面体现了唐代城市规划布局方法的成熟性、多样性和灵活性。

4.1.3.2 殿庭基本信息

上京城宫城中轴线上的宫殿区主要是由四个殿庭组成：第一殿殿庭，第二殿殿庭，第三、四殿殿庭和第五殿殿庭。为了便于说明，现将这四个殿庭的基本信息进行整理（表 4.3）。

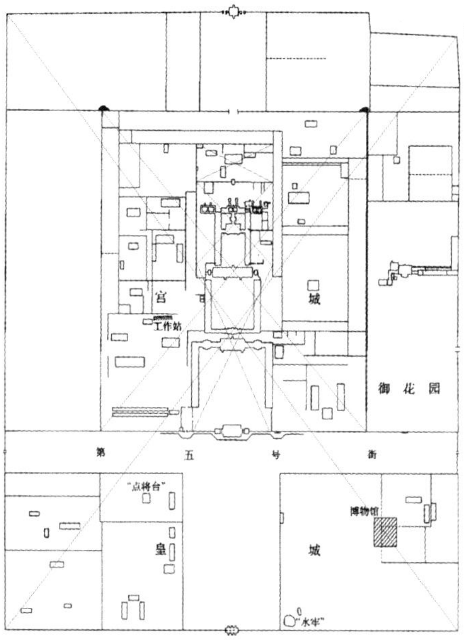

图 4.4 上京城宫城几何关系分析图

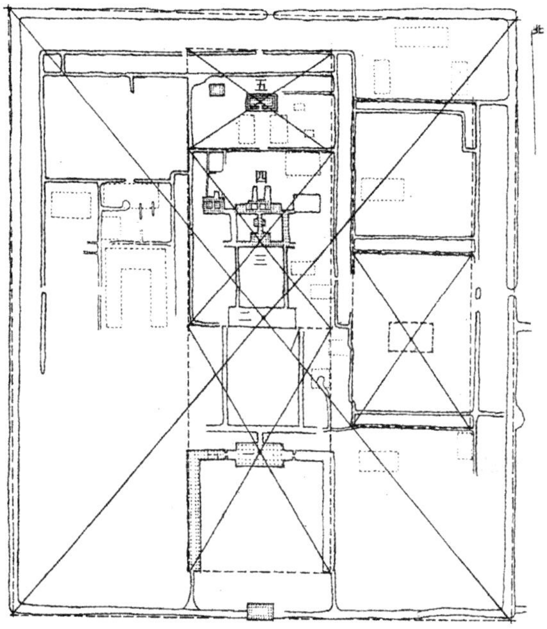

图 4.5 上京城宫城几何关系分析图（傅熹年）

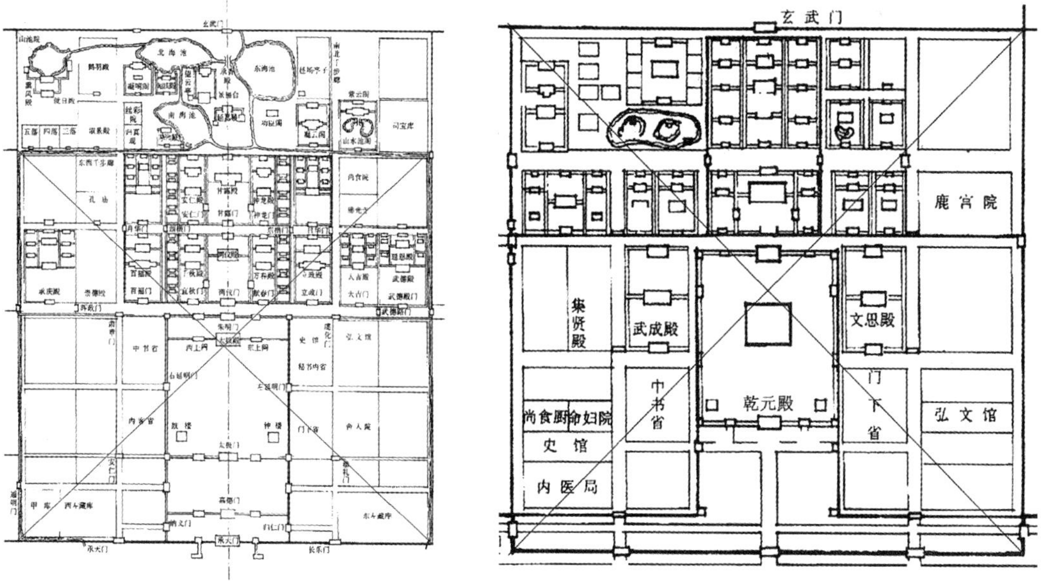

a 太极宫几何中心

b 洛阳宫几何中心

图 4.6 唐代两座宫城几何中心分析

表 4.3 上京城中轴线上殿庭基本信息表

名称	基本情况	构成要素						殿庭类型
		主殿	东西廊庑	南门	南廊或墙	阕门	连接墙	
第一宫殿殿庭	由两个横向长方形院落共同组成一个纵向的院落	√	√	—	√	√	√	回廊式
第二宫殿殿庭	纵向长方形院落，南北长约 120 米，东西长约 99.6 米	√	√	√	√	√	√	回廊式
第三、四宫殿殿庭	由两个长方形庭院组成，第三宫殿前殿庭南北长 76 米，东西长 55.7 米，第四宫殿前殿庭南北长 30 米	√	√	—	—	—	√	回廊式
第五宫殿殿庭	横向长方形，东西长 179.4 米，南北长 84.8 米	√	—	√	√	—	—	庭院式

从表 4.3 分析来看，反映了几点信息：首先，上京城宫城中轴线上的五座宫殿建筑群采用的都是庭院式布局，这是中国古代宫殿群体、佛寺群体、居住群体通用的一种平面空间布置模式，也是东北亚古代建筑群体的一种组合模式，并且大部分是由主殿、东西廊庑、阕门、连接墙等几个要素组成的。这种组合模式是唐代宫殿及墓葬院落式平面的典型模式（图 4.7、图 4.8）。

其次，殿庭的平面空间形态以纵向的长方形为主，只有第五宫殿殿庭采用的是横向的长方形。这种纵向布置长方形的好处在于，在院落进深不是很大的情况下，增加了宫城的纵深感，拉长了宫城中轴线的长度。同时，在保证宫城私密性的同时，也增加了宫殿区的军事防御性，可谓一举多得。

再者，前四座宫殿建筑群围合的院落逐渐缩小，这应该是由院落的象征性和功能性决定的。第一宫殿群庭院作为迎接外国使节、庆典朝贺活动的场所，需要一个面积开阔、气势宏伟的广场空间。第二宫殿群庭院作为都城内部举办宴会或是庆典的场所，相对于第一宫殿群庭院，功能性质偏于对内，故广场空间相对较小些。第三宫殿群庭院作为日朝空间，只是处理日朝议政或接见大臣的场合，广场空间的大小尺度更多的是从平面构图上考虑的。这样就形成了逐渐缩小的庭院平面模式。这种布局方式也见于安鹤宫和平城宫中轴线上的主殿院落布置，也可能是当时通用的一种形式。

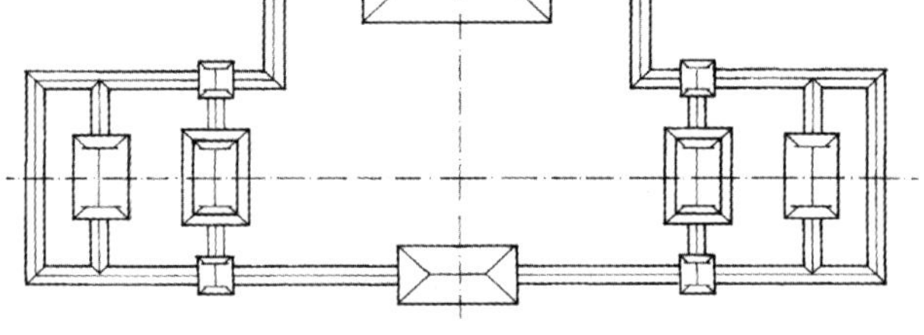

图 4.7 唐代壁画中的回廊式格局

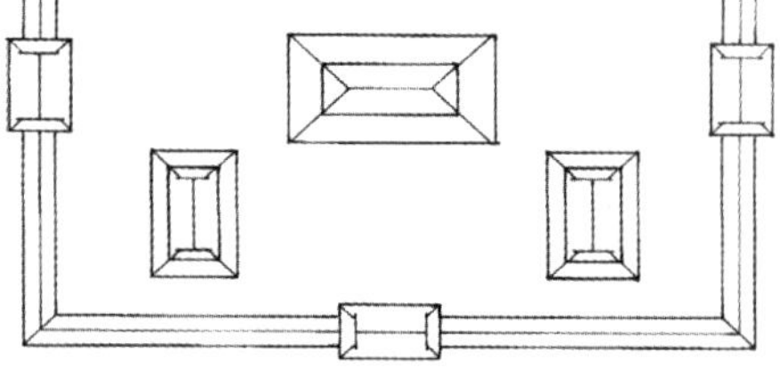

图 4.8 唐代壁画中的庭院式格局

4.1.3.3 殿庭结构类型——回廊式和庭院式两种

上京城中轴线上的主要宫殿建筑群采用的是院落式布局模式。这种空间布局模式早在夏代河南洛阳偃师二里头宫殿遗址中就有体现了（图 4.9），即宫殿遗址位于院落的中心偏北部，左右两侧有回廊接连，宫殿前门由回廊连接，北侧为实墙，是一进的庭院式模式。这说明廊院布局平面在商代已经开始成熟了。周代时已经出现了多进的院落式布局，如陕西凤翔县秦雍城 3 号宫室建筑遗址（图 4.10），就是由纵向五进院落组成的平面形式。并且院落从小到大，形成了当时周制的“五门”。到汉代更是出现了于“前殿左、右两侧另增设东、西厢之夹殿”，作为常朝议政、接见大臣的地方。这种庭院式的组合模式到南北朝时期日渐成熟，并逐渐演变为唐宋时期回廊式格局（图 4.7）和庭院式格局（图 4.8）。

从表格 4.3 分析来看，上京城中轴线上宫殿建筑群院落空间结构也体现了廊院式和庭院式两种模式。其中第一宫殿殿庭，第二宫殿殿庭，第三、四宫殿殿庭采用的都是廊院式结构形式，只有第五宫殿采用的是庭院式结构形式。

廊院式空间模式的特点：主殿位于院落空间的北部中间位置，周围环绕回廊或廊庑，南廊的位置设置殿门。这种回廊与建筑相结合的方法，可收到艺术上大与小、高低与虚实、明与暗的对比效果，同时回廊各间装有直棂窗，可向外眺望，扩大空间。这种形制的布局遗址最早见于河南偃师商城遗址第 5 号宫殿址，后来逐渐演化为在主殿的两侧加配殿，在廊庑或回廊的两侧或是四角的位置设置门、角楼等建筑，使得整个组合模式更为丰富，并成为唐宋时期宫殿建筑群的主要平面组合模式（图 4.11）。

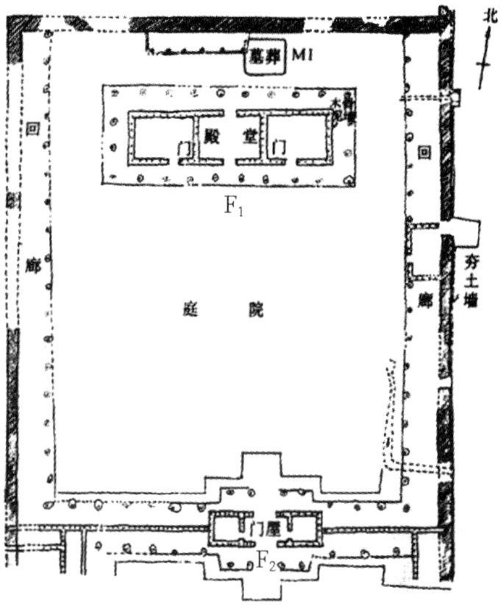

图 4.9 洛阳偃师二里头宫殿遗址

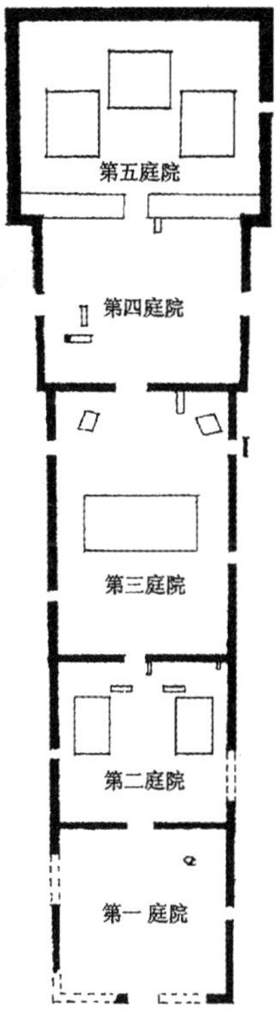

图 4.10 秦雍城 3 号宫室遗址

已知的唐长安青龙寺主院与西院遗址、唐西明寺东院遗址、唐大明宫麟德殿遗址、北宋东京大庆殿遗址，以及高句丽安鹤宫遗址、统一新罗东宫遗址采用的都是回廊式结构布局模式。敦煌唐代壁画中表现了更多的院落布局，其单座院落的大小规模主要表现在尺度和所用门殿数目上。最简单的为一门一厅，用回廊围成矩形院落。稍大者可有前后两厅，即在前述院落中再建一厅，形成前后两厅相重的布置。再大者在前厅左右也建廊，院落遂呈日字形平面。规模再大者，可在门、前厅（殿）、后厅（殿）左右建挟屋或朵殿。最高规格的则在挟屋、朵殿的基础上于东西廊上开东西门，并在回廊转角处建角亭。在这几种布置的基础上，再加上建筑层数的变化，如门、后殿、东西门或角亭建为二层，又可出现更多的院落形式（图 4.12）。

这种布局形式中的回廊在唐代后期逐渐被廊庑所取代，这既增加了廊庑空间的使用面积，同时又保留了廊院的部分特点，由于其更加实用，因此逐渐成为宋以后的主要院落空间组织形式。

表 4.4 列举了唐代部分院落的规模尺寸，其中渤海上京城宫城的规模仅比唐大明宫和隋东都洛阳宫稍小一点，说明其规制很高，只是因为地方政权的特殊地位，才有意稍加损减。另外，渤海上

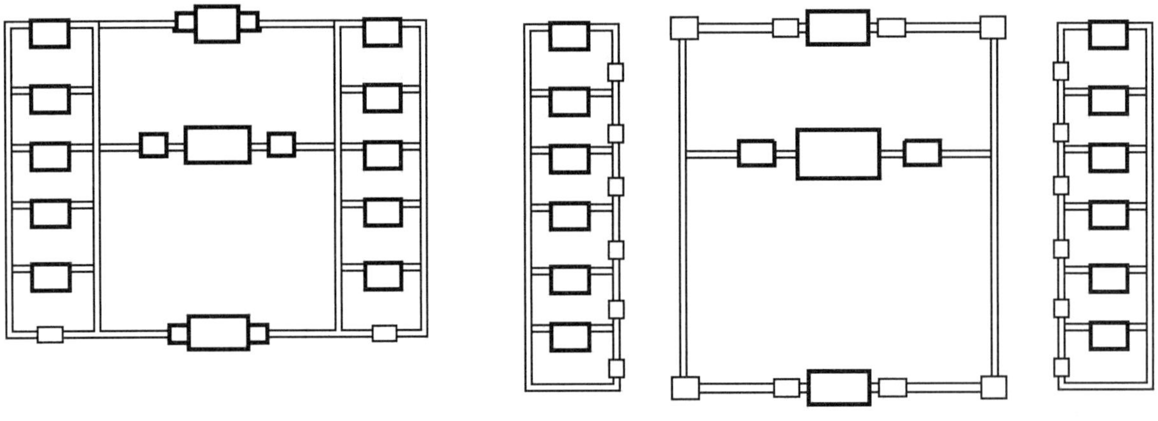

图 4.11 唐代廊院式布局平面示意图

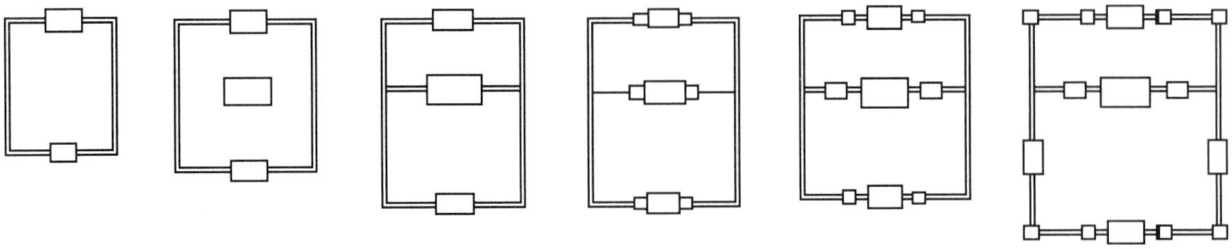

图 4.12 唐代单座院落形式示意图

表 4.4 唐代院落规模比较

殿庭名称		宽 × 深 /（尺 × 尺）
唐长安西明寺		210 × 88
唐长安青龙寺西院		300 × 310
唐大明宫	紫宸殿	300 × 360
	宣政殿	650 × 650
渤海上京城宫城	第一宫殿	500 × 600
	第二宫殿	300 × 400
	第三宫殿	200 × 250
隋东都洛阳宫主殿乾阳殿		？ × 750
日本平城京	太极殿	370 × 270
	内里（寝宫）	630 × 650

京城宫城中区由多所院落串联组成大型建筑群，各院落在尺度、空间形式、组成要素及主殿的体量上都有所不同，这种变化使整个建筑群主次分明、丰富多彩，应该是精心设计的结果。

上京城宫城中轴线上四个殿 庭均采用回廊式结构，但是在具体处理方法上又有明显的不同。

首先，殿庭的围合方式，主要有两种：第一种，殿庭是由门、廊庑、主殿、连接墙围合而成的较为完整的结构形式，第一宫殿殿庭和第二宫殿殿庭采用的是这种形式，这是唐宋时期回廊式宫殿布局最为常见的一种形式。第二种，殿庭是由廊庑、主殿、连接墙围合成的结构形式，第三、四宫殿殿庭采用的是这种形式。这种结构形式并未见于其他同时期的已知宫殿遗址中。推测有两种可能：一个原因是，这种形制有可能确实是当时殿庭规划布局的一种方式；另一原因是，第三宫殿殿庭原本是有门的，但经过后期的改建，由于尺度的局 限性，故对其原有的布局进行了调整。其依据是第三宫殿遗址有改建的痕迹，故东西廊庑也不能排除重新修建的可能。从殿庭的完整性来看，第二种推测的可能性比较大。

其次，主殿与廊庑的连接方式，从分析图上来看，共有三种形式：一种是主殿与廊庑之间由慢道相连，如第一宫殿、第三宫殿，这是唐宋时期宫殿常用的一种连接方式，如已知的唐大明宫含元殿遗址，北宋东京大庆殿遗址。另一种形式是主殿与廊庑直接相连，只有第四宫殿采用的是这种形式，这是一种较为特殊的连接方式，应该与主殿与东西廊庑两侧的距离有关，由于第四宫殿殿庭的宽度较小，而第四宫殿采用的又是主殿与东西配殿的组合式宫殿，这样使得主殿与东西廊庑紧邻，故没有再设连廊的余地。还有一种形式是主殿与廊庑、阁门之间由隔墙相连，如第二宫殿，这种连接方式见于明清时期的故宫太和殿和保和殿遗址（图 4.11）。由于资料有限，尚不能确定这种形式的出现年代、形制等问题，但可以确定，唐代建筑群中已经出现了这种连接方式。

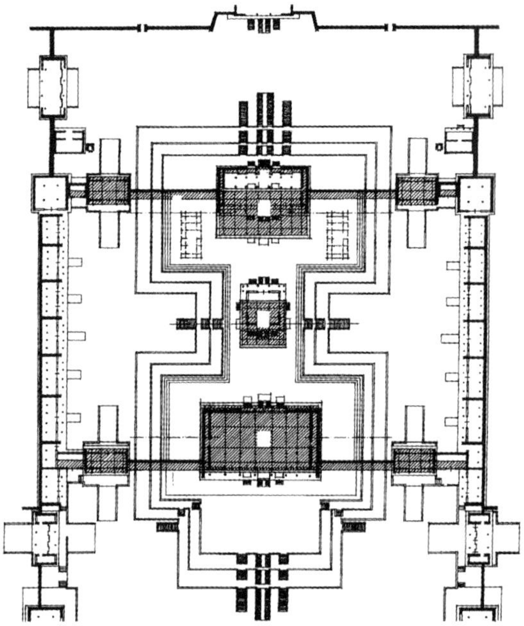

图 4.11 清太和殿和保和殿示意图

庭院式布局的特点是主殿独立于院落北部中心的位置，周围不与回廊或是墙体直接连接，相对独立。其中主殿既可以是独立的单体建筑，也可以是有东西夹殿的组合式建筑群体。这种结构模式最早见于河南偃师二里头 F1、F2 宫殿遗址（图 4.9）中，并且在唐代敦煌壁画中多有体现。

庭院式结构布局，由于主殿相对来讲比较独立，故更加突出了主殿的主体地位，但较之回廊式布局，建筑之间的联系不够紧密。虽然这也是宫殿建筑群常采用的一种布局模式，但从已知的古代宫城遗址资料来看，只见于元大都大明宫主殿遗址中，这说明其并不是宫殿建筑群主要采用的一种布局模式。但这种布局模式却是古代佛寺常常采用的，如辽代独乐寺、奉国寺等。

这种殿庭布局模式，虽然主殿是独立的建筑，但是在主殿周围通常也有廊庑环绕，这应该更多地是为了满足功能需要。但是从现有的考古资料来看，第五宫殿的殿庭尺度为南北长 84.8 米，东西长 179.4 米，这么大的广场空间并不是用回廊界定的，而是用围墙围合而成的，这应该是庭院式布局结构中最为简单的一种模式。这样从建筑群体的组合关系来看，第五宫殿的气势远远不如前四座宫殿恢宏，这也正是第五宫殿采用楼阁式外观形态的原因之一，力求从单体建筑的体量上突出其建筑等级地位。在渤海国的中京城和东京城中都发现有该类型的庭院式布置，说明这种布局是渤海都城常用的一种空间布局形式。

4.1.3.4 殿庭的基本模数、比例关系

上京城都城总体布局是以皇城的东西长为基本模数，且都城与宫城之间存在一定的比例关系，因此上京城宫城五个殿庭作为宫城中轴线的主要室外空间，也应该存在基本模数，且相互之间存在一定的比例关系。这可以通过对考古数据进行分析而得出结论。

傅熹年先生在前期考古资料分析的基础上，以唐尺 29.4 厘米为营造尺，画 10 丈和 5 丈的方格网，在图上核查，得出了渤海上京城宫城中部的主要建筑是以 10 丈网格为主，以 5 丈网格为辅助的基准进行的规划布置（图 4.12），并对整个上京城进行分析，得出了以宫城（包括宫城前横街）面积的一半为模数的规律（图 4.12）。

对最新考古数据和傅熹年先生得出的规律进行分析研究发现几点规律。

首先，关于殿庭基本模数。设定殿庭的尺度为：东西长为 A，南北长为 B，面积为 S。根据 1 唐丈 =2.95 米的换算关系，对各个殿庭尺度进行换算，可以得出以下结论。第一宫殿殿庭尺度为：第一部分 $A1 \times B1=54 \times 15$ 丈，第二部分 $A11 \times B11=54 \times 46$ 丈；第二宫殿殿庭尺度为：$A2 \times B2=35 \times 41$ 丈；第三宫殿殿庭尺度为：$A3 \times B3=19 \times 24$ 丈；第四宫殿殿庭尺度为：$A4 \times B4=15 \times 19$ 丈；第五宫殿殿庭尺度为：$A5 \times B5=60 \times 29$ 丈，通过分析，发现这些尺度经过整合后都可以看作是 5 丈的整数倍（图 4.12），这样推断，5 丈可能是殿庭的基本模数，而 5×5 丈的网格可能是殿庭最初设计的基本网格构架，也可能是宫城的基本网格尺度。

其次，殿庭的比例关系。根据上面给出的殿庭的基本尺度，发现存在这样的规律：第一宫殿殿庭（包括两部分）与第二宫殿殿庭面积比 $S1:S2=1:2$；第二宫殿殿庭与第三宫殿殿庭的面积比 $S2:S3=3:1$；第二宫殿殿庭与第四宫殿殿庭面积比 $S2:S4=5:1$；第二宫殿殿庭与第五宫殿殿庭面积比 $S2:S5=4:5$。从以上的分析发现，除了第五宫殿殿庭以外，第一、三、

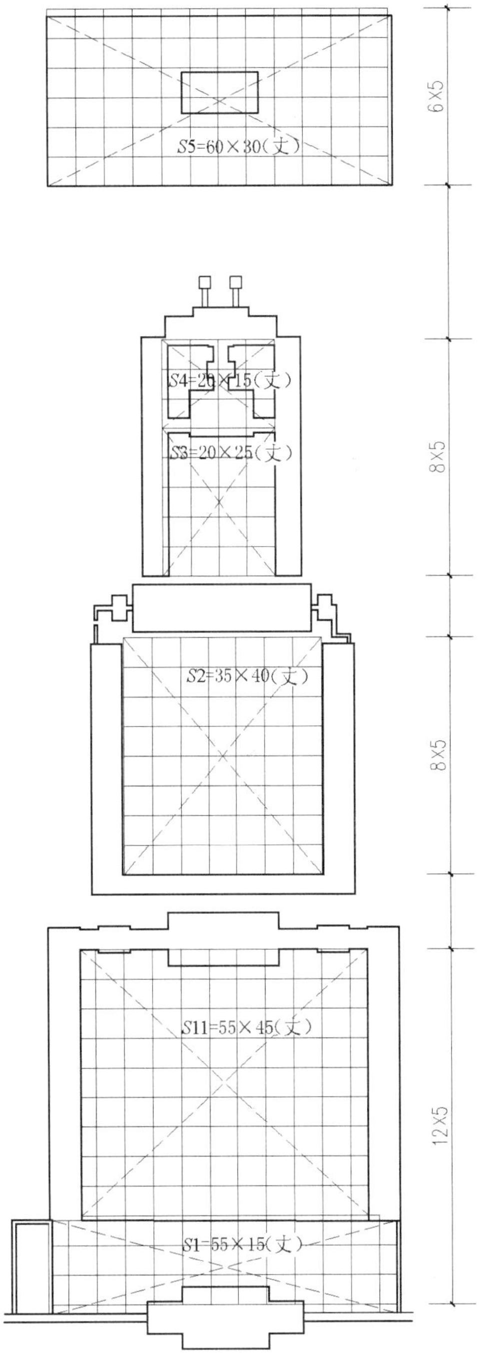

图 4.12 五座殿庭分析

四宫殿殿庭面积与第二宫殿殿庭之间存在整数比的关系，这说明第二宫殿殿庭是宫城中心区的基本模数，这也恰好证实了第二宫殿在上京城都城规划中的核心地位。

4.1.3.5 殿庭视线分析

中国古代建筑及规划设计中十分关注视线设计，通过视线设计可以使建筑获得最佳的观赏位置。在群体布局中，一些关键性的观赏点例如门洞口、纵横轴线的交会点等地的观赏效果应当受到格外的重视。一般而言，观赏建筑最理想的水平视角是54°，即观赏者与被观赏的建筑距离等于建筑的横向面宽。观察建筑的最佳垂直视角为18°，即观赏者和建筑距离为建筑高度的3倍。

渤海上京城宫城的规划运用了视线设计的原则，使整个中轴线上的建筑高低错落，大小有别。由南至北中轴线上五凤楼，第一、二、三、四、五宫殿的殿阶基高度分别为5.2米、3.15米、2.16米、1.6米、0.4米、0.6米，台基高度依次递减，因此由南向北看成为最主要的视角导向，虽然第五宫殿的台基略高于第四宫殿，但由北向南看还是相对要弱一些。站在五凤楼上观赏第一宫殿建筑群，水平视角为最佳视角54°，是观赏的最佳地点，这时垂直视角为5°（图4.13）。沿中轴线向北走，距离第一宫殿台基南侧56米，即等于其横向面宽的位置，获得了观赏第一宫殿主体建筑的最佳水平视角54°，这时候的垂直视角也基本接近最佳值，距离第一宫殿台基南侧33米的位置获得观赏第一宫殿主体建筑的最佳垂直视角18°（图4.13）。同样，站在第一宫殿殿庭里回望五凤楼可以发现，在中轴线上距离五凤楼73米的位置具有观赏五凤楼的最佳水平视角54°，距离其63米的位置具有观赏五凤楼的最佳垂直视角18°（图4.13）。

由于自第一宫殿北望第二宫殿要越过第二宫殿殿门，因此第一宫殿台基北侧中部不是观赏第二宫殿的最佳位置。站在第二宫殿殿门的台基北侧正中观赏第二宫殿建筑群，水平视角恰好为54°，是观赏的最佳地点。由第二宫殿殿门进入第二宫殿殿庭，在距离第二宫殿台基南侧93米，第二宫殿殿门台基北侧18米的位置获得了观赏第二宫殿主体建筑的最佳水平视角，那么依据垂直最佳视角亦可以反推出第二宫殿正殿高在15米左右，这为第二宫殿的复原设计和第二宫殿整体布局的推断提供了依据。站在第二宫殿台基南侧回望第一宫殿建筑群要越过第二宫殿殿庭南端的东西向廊庑，观赏效果要差一些，水平视角为65°，垂直视角为5°（图4.13），与站在五凤楼上观赏第一宫殿建筑群的垂直视角相同。

观赏者站在第二宫殿台基北侧中部，若观看第三宫殿正殿则形成的水平视角为24°，若观看整个庭院所形成的水平视角为40°，因此第二宫殿台基北侧中部并不是观赏第三宫殿的最佳位置，而在中轴线上距第三宫殿正殿32米的位置上获得了最佳的水平观赏视角，这点恰好与由第三宫殿南北向廊庑四角所画的对角线交点相重合（图4.13）。距第三宫殿正殿台基南侧26米的位置可获得观赏第三宫殿最佳的垂直观赏视角18°。如前所述，“王”字形宫殿的后殿——第四宫殿因“十”字形廊庑的存在被分为了东西两个小庭院，而且此进庭院进深较小，因而在第四宫殿正殿南面中部无法完整观看第三宫殿正殿，同样，在第三宫殿正殿北端中部也无法观赏第四宫殿正殿及其东西配殿整体面貌。

由第四宫殿台基北侧中部步下，穿过第四宫殿与第五宫殿之间的横墙进入第五宫殿殿庭，在距第五宫殿38米的位置获得了观赏第五宫殿的最佳水平视角，自这个位置回望“王”字形宫殿建筑群，恰好也获得了最佳水平观赏视角，那么依据垂直最佳视角可以反推出第五宫殿高在20米左右。这样，第五宫殿与五凤楼南北遥遥相对，前后呼应，渤海上京城宫城的全景一览无余（图4.13）。

4.2　宫殿区建筑形制分析

上京城宫城区中区的宫殿区是考古发掘的重点，经过几十年不断的调查研究，已经基本探明了其主要宫殿的位置和形式。这些宫殿建筑群体现了当时唐代宫殿群规划和单体建筑的特点，同时也从侧面揭示了东北亚地区宫殿建筑的一些特色，更形成了上京城特有的建筑模式。本节以中心宫殿区为研究对象，从宫殿区建筑性质定位、总体布局分析以及宫殿群平面布局特征等几个方面进行分析研究，力求全面细致地揭示其特征。

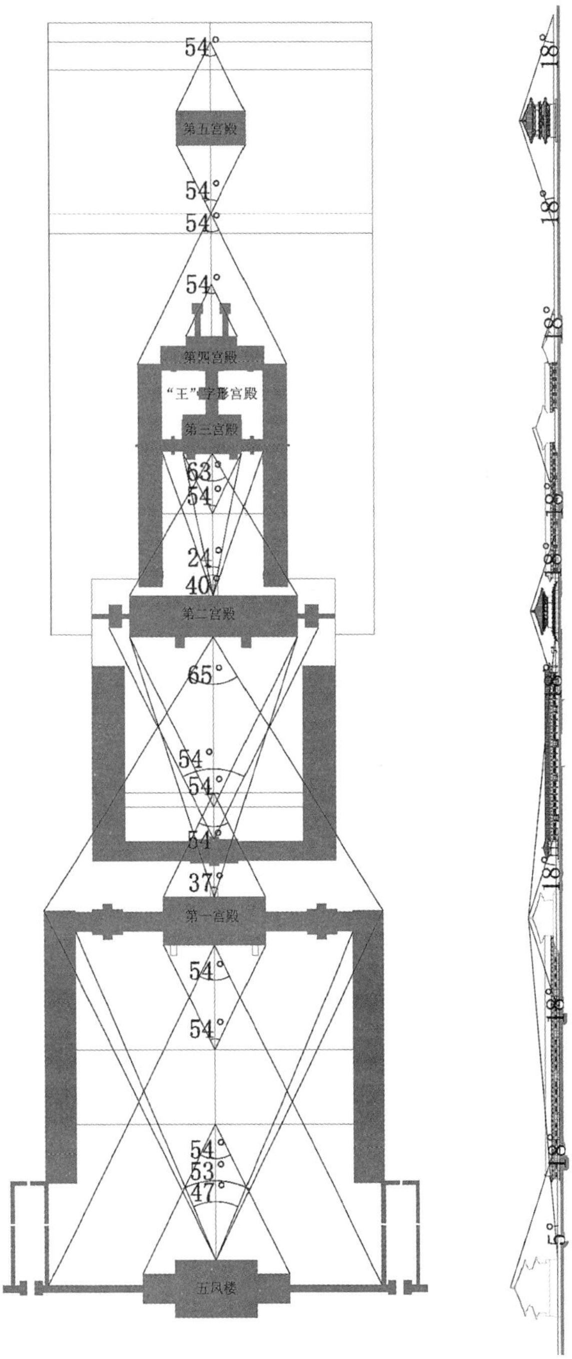

图4.13　渤海上京城宫城中区视线分析图

4.2.1 宫殿建筑平面组合结构形制

4.2.1.1 工字形殿格局——第三、四宫殿

上京城第三宫殿、第四宫殿和中间“十字形”廊一同形成了工字形殿格局形式。这种宫殿格局也见于渤海国的其他两座宫殿遗址，即中京城遗址和东京城遗址。故可知，工字形殿格局应该是渤海国宫城主要宫殿较多采用的一种组合方式。这种组合形式并未见于唐代宫城遗址和壁画中，但却是宋代以后常用的一种宫殿组合形式。

“工”字形殿，在历史文献中曾被称为“旋室”“玄室”。工字形殿形制并不是一成不变的，早期的工字形平面布局不同于后世，前室为方、后室为圆可能是最原始的状态，如陕西省客省庄二期文化遗址（图 4.14）。方与圆，阳与阴，前与后，男与女这些概念在这样的空间中得以体现，在男权极重的中国奴隶社会和封建社会里，这样一种形制的建筑，前室便成为了男性主外的活动空间，后室则成为女性主内的活动空间。因而，在建筑等级处理上，工字形平面建筑中前室（庙）高于内室（寝），这种处理方式，进一步强化了男尊女卑的观念，工字形殿也就成了中国传统家庭中夫妻关系的写照。

在《诗经》中有一首著名的诗《閟宫》，“新庙奕奕，奚斯所作”。《吕氏春秋·季春》：“天子……荐鲔于寝庙”，高诱注曰：“前曰庙，后曰寝，《诗云》‘寝庙奕奕’，言相连也。”毕沅校曰：“《兽颂》‘路寝孔硕，新庙奕奕’，此引作‘寝庙奕奕’……《周礼·隶仆》注‘奕奕’作‘绎绎’，云‘相连貌’也。”建筑群各单体之间有交通连接是必然的，只是连接方式不同而已，或是路径或是廊庑，其中路径连接乃是基本要求，廊庑不仅满足了路径的功能，还加强了建筑之间的连接。在此，必须说明的是，以廊庑连接各单体建筑是中国传统建筑的惯用手法，从而形成了典型的廊院式布局（图 4.15），但是正如图所示，此类布局中作为连接体的廊庑位于院落的周边，充当着院落的围合界面，这种廊庑的连接方式较为普遍，但不同于工字形平面中位于前后建筑中轴线上的廊庑，其不仅完成了两者的连接，而且使两者一体化，形成了一个整体的宫殿。那么在此为何不提其他建筑而仅强调閟宫“寝庙奕奕”？想必前后建筑之间不止有路径连接，在寝殿间还有廊庑相连，即采用了前殿后寝的工字形平面。《说文》里说：“秘，神也”，学者何新认为“神”同“寿”“生”，故閟宫又称神宫、寿宫。汉武帝行宫甘泉宫中主要殿堂称“寿宫”，“骈交错而曼衍”，

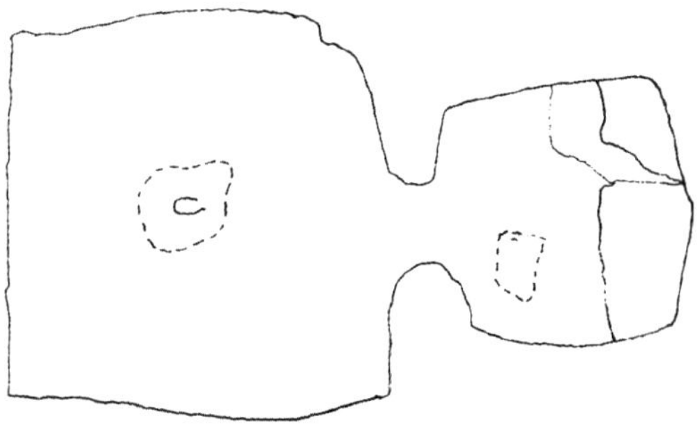

图 4.14 陕西省客省庄二期文化遗址

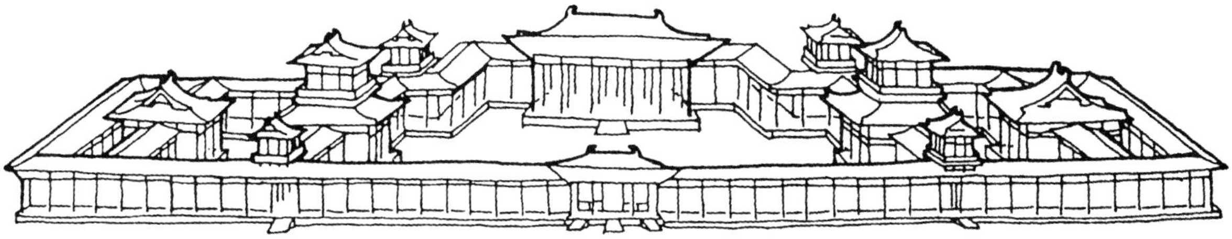

图 4.15 盛唐第 148 窟南壁弥勒经变的佛寺

乃供奉高禖之神（生育女神）的场所，采用与生殖有关的工字平面的布局，演绎阴阳交合之宇宙大法。“寿宫”在唐代又称为“长生殿”，暗含祈求子孙昌繁之意。《资治通鉴·唐记》记载，武则天长安四年（704 年），“太后寝疾，居长生院”，注云：“长生院，即长生殿……盖唐寝殿皆谓之长生殿。”虽有这些古文献的记载佐证，但因严重缺乏唐朝帝王主要寝殿的考古实证资料，目前尚无法得到“长生殿”一定为工字形殿的结论。

现知最早的“工”字形殿是在陕西凤雏发掘出的西周宗庙遗址（图 4.16），形成的是“前堂后室”的形式，“堂”和“室”由中间的廊连接。但这时的工字形殿与周围环绕的围廊之间并没有明确的形式上的独立，因此还不能完全说是工字形殿。

相对而言，渤海国都城的几座工字殿格局更加明确，突出于周围廊庑，形成了“前朝后寝”的格局，即前殿为日朝部分，后殿为寝殿部分。这种组合模式并未见于唐代几座都城遗址中，说明这种模式还不是一种普遍存在的形式。直到宋代时得到快速发展，形式日渐成熟。并且，从宋代宫殿的遗址平面形态来看，其前殿等级明显高于后殿，如北宋东京大庆殿遗址（图 4.17a），并且影响到了同时期高丽王朝的宫殿平面形态，如开京满月台长和殿遗址（图 4.17c）。后来逐渐演变为元、明、清三朝主体宫殿的主要形式，如元大都正殿大明殿（图 4.17b）、延春阁等。

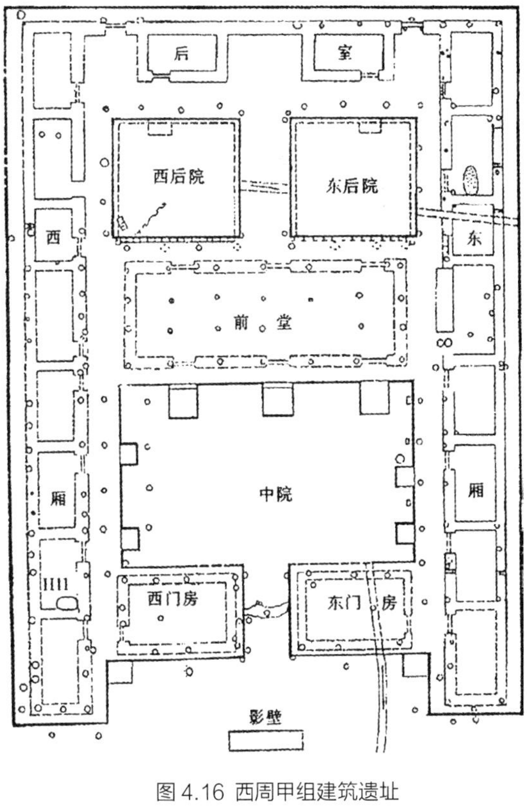

图 4.16 西周甲组建筑遗址

但到明清时，工字形殿格局发生了一些明显的变化，即工字形殿出现了由前、中、后三殿共同组合而成，中间的连廊由中殿所代替的形式，如故宫的太和殿、中和殿、保和殿（图 4.17d）。至此，工字形形殿格局的模式基本完成。工字殿是封建社会中的高等级建筑。唐代《营缮令》规定：“非常参官，不得造轴心舍。”这里的“轴心舍”，即是工字形平面的建筑。

渤海国时期工字殿格局的出现说明唐代宫殿建筑已经开始采用工字形制。但渤海工字形殿与宋以后的工字形殿有一些细微的差别。首先，中间连廊的形式，从现有渤海三座工字形殿平面遗址可以看出，中间连廊是“十字形”廊，这不同于宋代工字形之间的“一字形”连廊。“一字形”连廊仅仅起到连接先后殿的作用，而“十字形”连廊除了连接作用外，还兼有服务用房的作用。

渤海国时期工字形殿并没设在同一座台基之上，而是各自分开设置台基的，且前殿的台基高度高于后寝的台基高度，这是为了从高度上突出前殿。宋代以后的工字形殿台基的处理演变为两种形式：一种是在同一座台基之上，北宋宫城大庆殿，明清故宫前三殿，但二者的高度也会有一定的变化；另一种是各自设置独立的台基，如元大都宫殿大明殿。

相对于宋以后的工字形殿，渤海国时期的工字形殿的第三宫殿的形式并不突出，除了台基略高

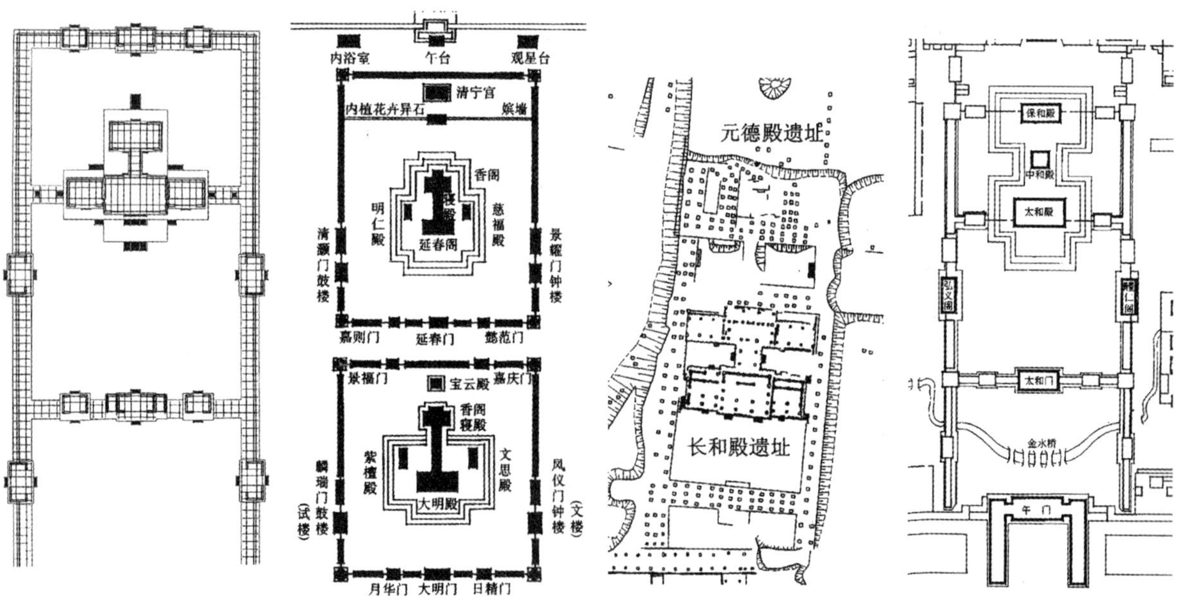

a 北宋东京大庆殿　　b 元大都大明殿　　c 开京满月台长和殿　　d 清紫禁城前三殿

图 4.17 “工字形”殿实例

外，宫殿的体量和宫殿的组合方式并没有明显高于第四宫殿，也就是说从宫殿的等级制度来讲，差别并不是很大。但宋代以后的工字形殿从组合方式可以看出明显突出了前殿的等级地位，如北宋大庆殿前殿采用的是主殿两侧带朵殿的形式，而寝殿采用的是单体建筑形式。元大都大明殿平面规模，包括面阔和进深的间数和尺度都明显大于后部的寝殿，可见后期工字形殿的处理手法趋于成熟。

可见上京城所应用的工字形殿格局模式，还处于工字形殿的发展阶段，但已经把工字形殿的发展又提前了一个朝代，并且对于全面了解唐代宫殿群体平面布局形制，起到了至关重要的作用。

4.2.1.2 “凹字形”平面

“凹字形”平面是宫殿建筑群之间的一种组合方式，是由中间主殿，左右各一小殿以及三者之间的曲尺形连廊或直廊连接而成的，并且主殿的规模形制明显高于小殿，见于唐代敦煌壁画中（图 4.18）。

根据具体的平面布局形式，“凹字形”又可以分为两种：一种是对称式布局，即左右小殿与主殿之间完全是对称的布置方式，这种形式一般多用于等级较高、比较正式的建筑平面布局，如大明宫含元殿，太极宫承天门和洛阳宫应天门，已知的上京城东内苑主殿遗址东半城 1 号佛寺正殿遗址采用的也是这种平面布局（图 4.19）。另一种形式是非对称式布局，即左右两小殿与主殿之间的连廊形式不同，连廊形式可以是直线形、折线形或曲线形多种形式，这样就形成了不对称式的平面。这种平面一般多应用于布局比较灵活的园林建筑或次要建筑中，上京城东内苑主殿采用的就是这种平面布局，即主殿和两个小殿之间分别由曲尺形回廊和直线形廊连接。

从唐代敦煌壁画中可知，这种“凹字形”宫殿平面组合形式又形成了三种不同的体量造型：一种是主殿和配殿采用的都是单层的建筑，但主殿平面布局或是体量明显大于配殿的形制（图 4.18）。另一种是中间主殿是单层建筑，两侧小殿采用的是楼阁形式，楼阁与主殿之间以弧廊或直廊连接，形成“两楼夹一殿”的形式，如唐敦煌第 341 窟中的壁画（图 4.20）。宋代河北正定隆兴寺大悲阁，据记载其阁在被毁前，两旁各建有御书楼和集庆阁，这种布局形式也该是唐代建筑遗风，故说明这种形式确实存在过。第三种就是三楼并置的形式，三者之间以阁道连接，为了突出中间主殿的地位，往往其高度略高于两旁的楼阁，或是外观上加以区别，如四川乐山凌云寺摩崖右侧崖壁《净土经变图》（图 4.21）。至于上京城东内苑主殿的立面组合形式将在复原一节进行详细的讨论。

4.2.1.3 “凸字形”平面

“凸字形”建筑平面，是指主殿和左右配殿之间直接相连的建筑群平面组合形式，一般配殿作为主殿的附属建筑，故也可以看作是复合型建筑平面的一种形式，其见于唐代敦煌壁画中的宫殿和城门的平面组合形式（图 4.22），未见于唐代建筑遗址中，但同时期朝鲜半岛高句丽安鹤宫的宫殿遗址以及统一新罗时期的东宫内殿遗址，采用的都是这种组合式的平面布局，这说明“凸字形”的宫殿组合形式在唐代时期已经是一种较为普遍的形式了。并且在宋代以后得到了广泛的应用，如北宋宫殿大庆殿前殿遗址、元大都大明殿寝殿遗址以及高丽开京满月台的部分宫殿遗址，采用的也都是这种平面布置，并一直沿用到明清时期。

上京城的寝殿第四宫殿采用的就是“凸字形”平面，并且从现有的考古资料来看，渤海国中京城第二宫殿遗址和东京城第二号宫殿遗址采用的也是这种平面，这说明“凸字形”平面组合形式可能是上京城寝殿平面的一种通用的布局模式。这种“凸字形”平面布局既能通过配殿突出主殿的主导性，同时也使空间功能更加多样化。

“凸”字形平面形成的建筑造型形态可以简单地概括为两大类，第一类是主殿和配殿采用的都是单层建筑外观造型，由于配殿与主殿屋顶的连接方式的不同，又可以分为三种形式。一种是配殿与主殿的屋顶互相独立，都是完整的屋顶形式，没有相互搭接的联系；另一种是配殿的屋檐直接插到主殿屋檐之下的柱头上（图 4.22）；还有一种连接方式是配殿的屋檐穿插到主殿的屋檐内。第二类建筑外观造型为：主殿采用单层重檐或是楼阁的形式，而两侧配殿则采用的是单层建筑形式，在具体的屋檐组合形式上，一般配殿的屋檐多是与下层屋檐高度相同，并且二者衔接在一起（图 4.23）。上京城第四宫殿的“凸字形”具体外观形态将在以后的章节中进行详细讨论。

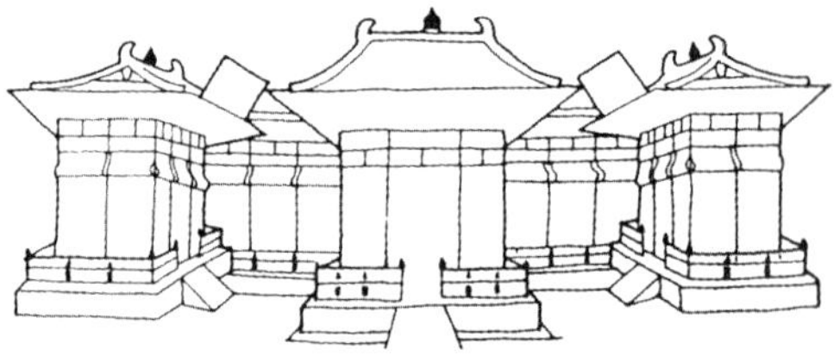

图 4.18 凹字形建筑平面图

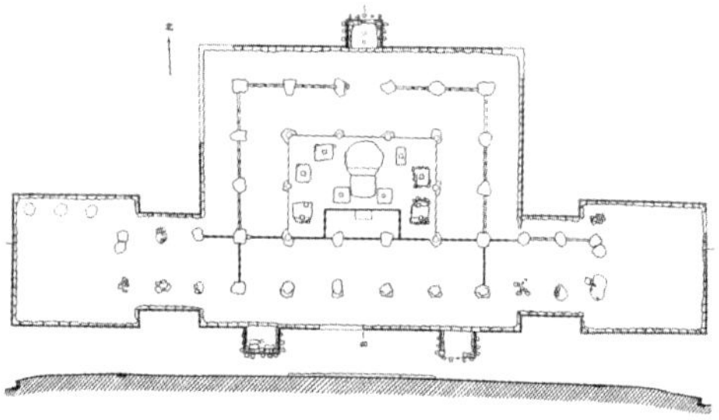

图 4.19 上京城东半城 1 号佛寺址

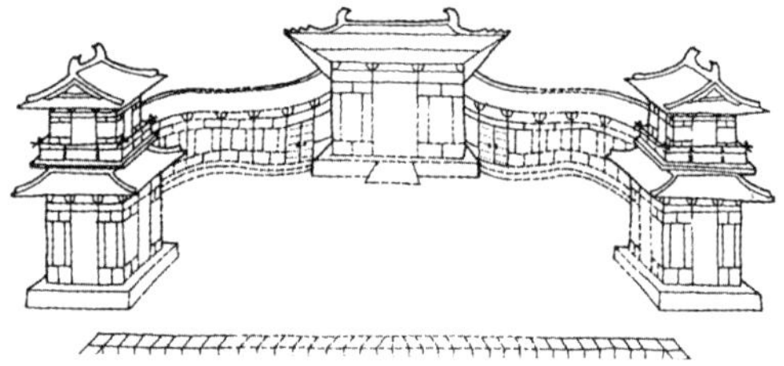

图 4.20 唐敦煌第 341 窟壁画

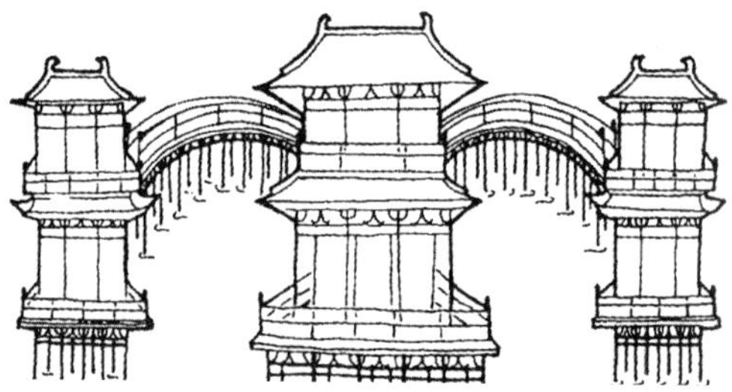

图 4.21 乐山凌云寺摩崖右侧崖壁《净土经变图》

图 4.22 中唐第 158 窟中壁画

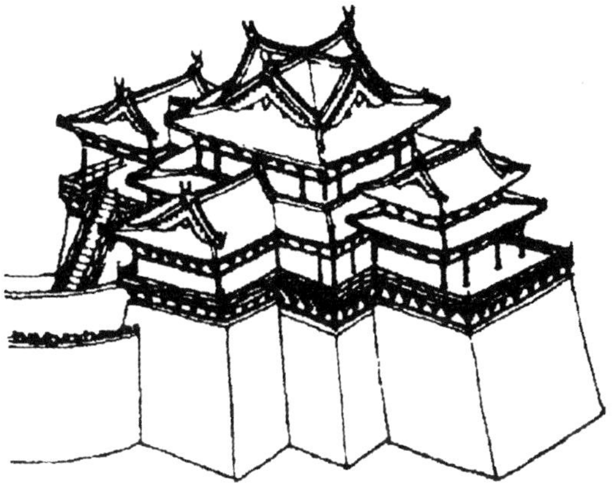

图 4.23 宋画《滕王阁》中的滕王阁

4.2.2 寝殿建筑的独特性

4.2.2.1 寝殿建筑平面布局与结构

上京城遗址中共发掘了三处寝殿遗址，包括第四宫殿遗址（图 4.24a）、第四宫殿旁寝殿遗址（图 4.24b）、西区寝殿遗址（图 4.24 c），这几座寝殿遗址平面布局十分相似。在东京城遗址和中京城遗址中也发现了寝殿遗址，包括东京城第二宫殿遗址，第三、四宫殿遗址；中京城第二宫殿遗址、第三宫殿遗址（图 4.24d）和第四宫殿遗址（图 4.24e）。现将遗址平面较为清晰、考古信息比较全面的遗址整理成表（表 4.5）。从表 4.5 可以看出渤海寝殿平面布局的几点特征：

（1）宫城中轴线上的寝殿采用的都是主殿和东西两侧配殿组成的“凸字形”平面，朝鲜半岛高句丽安鹤宫寝殿（图 4.25）和统一新罗时期东宫寝殿采用的都是这种形式（图 4.26）。这种组合式的宫殿平面布局，较之单体建筑气势更强，等级更高，功能性也更强。这既可能是当时寝殿布局的一种通用形式，也可能是与渤海国宫城的殿区布局较之唐代宫城“前后寝区”几进深的院落更为简单有关，这种布局增加了寝区使用面积。

（2）主殿平面有两种形式，一种是由主殿、主殿北部东西两侧烟道以及烟道端部的烟囱组成，这种平面形式见于高句丽时期吉林集安寝殿遗址（图 4.27），应该是当时寝殿建筑通用的一种布局形式。另一种形式是由主殿、主殿北部的烟道和烟囱组成的（图 4.24e）等级较低的建筑平面布局。需要特殊说明的是，由于寝殿的面积大小不同，故烟道的长短和烟囱的大小也有所差别。这种平面组合形式具有很强的地域性，并且一直影响我国清代的寝殿布局和朝鲜半岛高句丽后期的寝殿建筑。

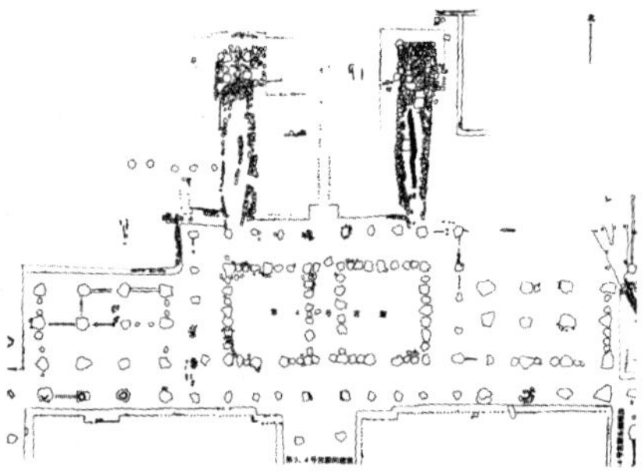

a 上京城第四宫殿遗址平面图

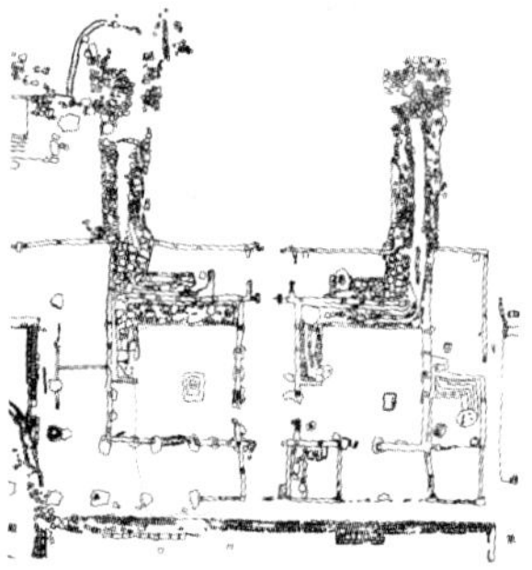

b 上京城第四宫殿旁寝殿平面图

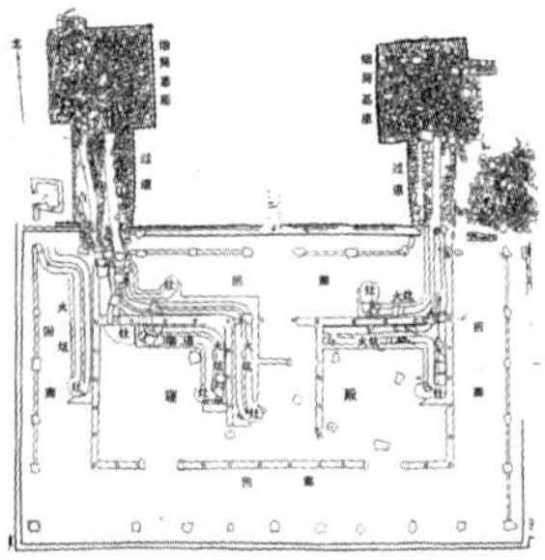

c 上京城西区寝殿平面图

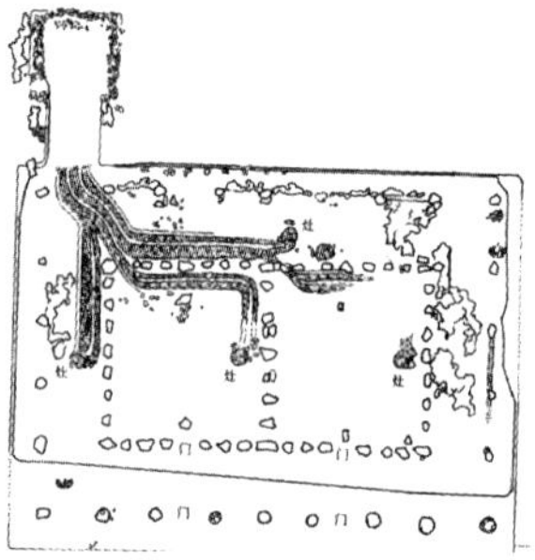

d 中京城第三宫殿平面图

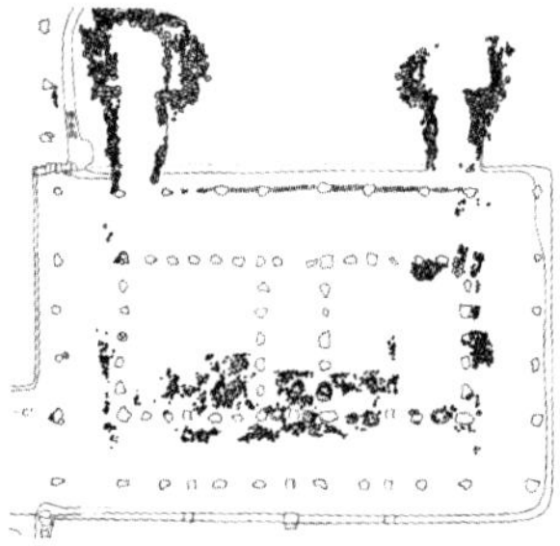

e 中京城第四宫殿平面图

图 4.24 渤海寝殿实例

表 4.5 渤海园寝殿遗址平面布局分析

名称	平面布局		内部空间	
	共同点	不同点	共同点	不同点
上京城第四宫殿	地面式，主殿由主体建筑、东西两侧烟道，烟筒组成	主殿和两侧配殿形成“凸字形”平面	正房和回廊式结构，正房分为东、中、西三部分，东西两室等宽，中室较窄	面阔 9 间，进深 5 间
上京城第四宫殿旁寝殿		—		面阔 9 间，进深 4 间，周围廊封闭
上京城西区寝殿		烟道的长度较小		面阔 9 间，进深 5 间，前廊开敞，其余封闭
中京城第二宫殿		—		—
中京城第三宫殿		—		—
东京城第二宫殿		主殿和两侧配殿形成“凸字形”平面		—
中京城第四宫殿	主殿由主体建筑、西侧烟道和烟道端部的烟囱组成		面阔 8 间，进深 5 间，由等宽的东西两室和回廊组成，其中东西两室面阔 3 间、进深 3 间	

（3）内部空间布局。内部空间采用“双层保温空间”。具体布局形式表现为正房和回廊的平面结构。正房作为主要的居住空间，分为三室，东西两室等宽，中室较窄。室内布置了火炕进行取暖，并且有保温性能很好的土坯墙（中间夹有木骨架）作为维护结构。回廊作为辅助的服务空间，前廊开敞，其余三面回廊由墙体围合，并且分割成几个纵横向的小室，室内也都布置了火炕（图 4.24）。这种平面结构的优点在于形成了一个阻挡寒流的过渡空间，有效地减弱了冷空气的强度，提高了建筑的整体保温性能，是气候适应性的一种体现。这种平面布局形态见于早期的吉林集安高句丽建筑遗址（图 4.27）。遗址平面为东西长的长方形，内分三室，东西二室等宽，中室较窄，外围回廊。东西二室设灶炕，炕沿两室的东壁和北壁延伸，均为两条烟道。这可能是“双层保温空间”的最早结构。这种“双层保温空间”结构，对我国后期的清代寝殿建筑，李氏朝朝时期的寝殿建筑，以及我国东北民间居住建筑都有很大的影响，这种空间模式不仅有效分割了空间，使得内外功能分区明确，而且也非常适合北方地区的寒冷气候，具有强烈的地域色彩。

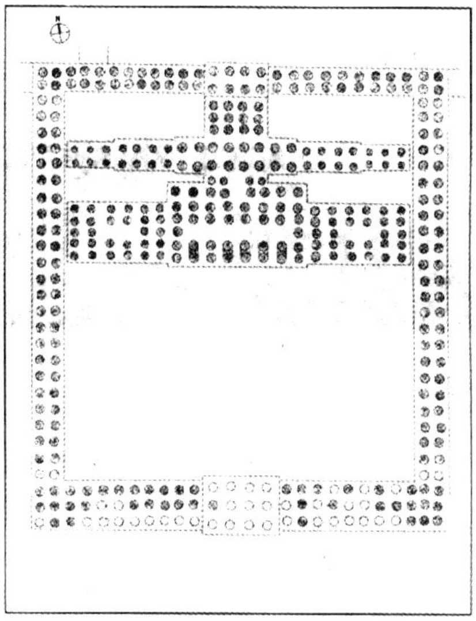

图 4.25 安鹤宫寝殿

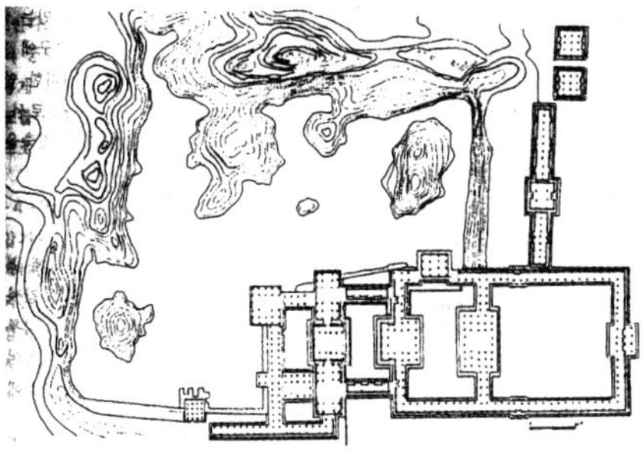

图 4.26 新罗东宫寝殿

4.2.2.2 寝殿的独特采暖形式

为了抵御漫长而寒冷的冬季，我国北方地区逐渐形成了多种采暖方式，主要归纳为四种：第一种为炙地，就是烤地，用火在地面上烤。从热工学的角度来说，即把地作为一种介质，经烧烤后使热量贮存于其中，土的热惰性较大，保温时间较长。唐代孟郊诗《寒地百姓吟》中有：“无火炙地眠，半夜皆立号。”可见，到唐代时仍保有这种取暖方式（图 4.28）。第二种为火地，是在地面下用火烤，要在地面下铺设烟道，相应地还要有烟火口和排烟口或烟囱，设备配套构造复杂。火地在清代比较盛行，清沈阳故

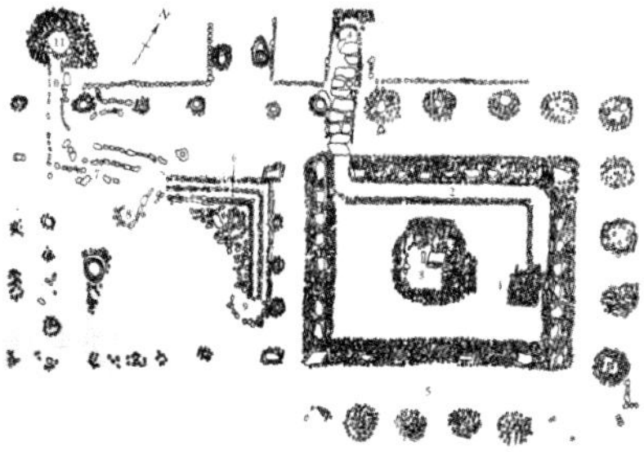

图 4.27 吉林集安高句丽宫址寝殿

宫和北京故宫便用到了火地的做法，清以前的实例未见，但根据《水经注》中有关记载，至迟在北魏时，我国北方较大的公共建筑中已有火地的设置。火地优点在于室内散热面积大，热量均匀传递，且于室外台基上专设烧火口，并另设出烟口，室内环境则避免了受烟、灰的污染，当起居习惯还是席地而坐的时候，坐卧其上比较舒服。现今蒙古包仍用火地采暖（图 4.29），也是火地的一种。第三种为火炕，其原理与火地基本相同，主要区别是火炕从地上高起，形如床榻，火地则是不高起的平地。火炕这种取暖方式在北方地区普遍流行，根据炕的形态特征可分为直线形炕、L 形炕、U 形炕三种。根据烟道数量又可分为单股烟道、双股烟道和三股烟道三种。其中，以 A 形最节省室内活动空间，以三股烟道的供热效率最高。第四种为火墙，即在灶前有一小矮墙或房屋之间的隔墙与灶相连，其墙壁中间挖空一部分，作为走火的烟道，运用整个墙体来为房间供热。内蒙古额济纳旗和西安北郊阎家村均发现了西汉年间的“暖墙”。

渤海国居住建筑也非常注重室内的采暖保温，逐渐形成了炕、灶和烟囱三者结合得比较完整的采暖体系。

火炕起源于北方寒冷地区，最早的火炕建筑遗址见于团结文化时期。有明确记载的文献最早见于《旧唐书・高丽传》：“其俗贫窭者，冬月皆作长坑，下燃温火以取暖”，并且集安高句丽时期的遗址中也有火炕、灶和烟囱的出现。说明这时期已经出现较为完整的取暖设施了。

渤海居住遗址中发现了很多火炕取暖的痕迹，根据建筑的规模和等级的不同，火炕、灶和烟筒的形式和数量也各有不同。就一般的居住建筑而言，火炕的面积较小，一般在室内设置一个长方形

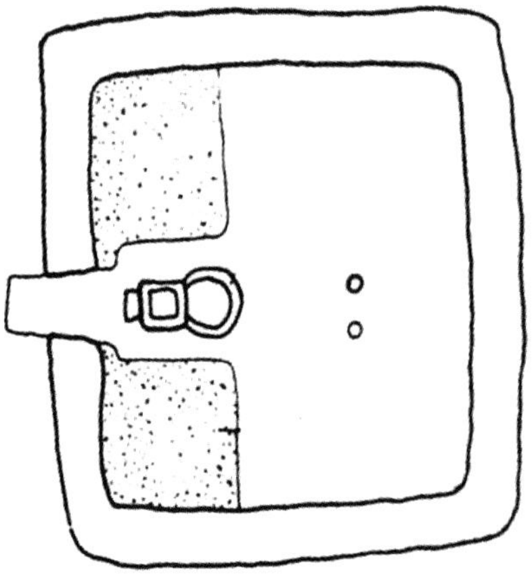

图 4.28 炙地采暖

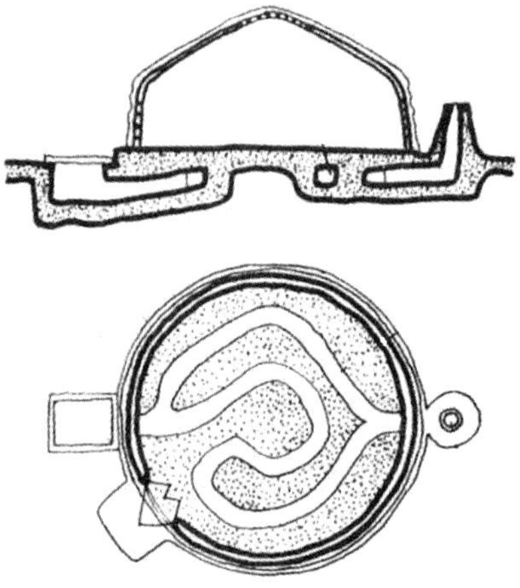

图 4.29 火地采暖的蒙古包

或曲尺形炕，灶和烟筒也往往只有一个。而宫殿建筑的室内取暖形式相对比较复杂，一般为了提高室内的采暖效果，往往在多个空间内靠近墙体的位置设置多个火炕，灶的数量也有多个。同时为了提高排烟效果，烟筒也设置多个。现对渤海遗址中保存比较完整，且比较有代表性的火炕遗址进行比较分析（表 4.6）。

表 4.6 渤海遗址中的火炕形制

<table>
<tr><th>遗址名称</th><th>火炕</th><th>灶</th><th>烟道</th><th>烟筒</th><th>备注</th></tr>
<tr><td>上京城西区寝殿</td><td>东西两室曲尺形炕，中间设置长方形炕，均采用双烟道，北廊东西部炕采用单烟道</td><td>共有七个灶，东中屋各一个，西屋两个，西廊一个，北廊两个；灶呈圆形</td><td>双烟道，土坯砌筑</td><td rowspan="2">方形，由过道连接、独立于建筑外，东西各一个，土石砌筑</td><td>宫殿</td></tr>
<tr><td>上京城第四宫殿旁寝殿</td><td>东西两室设曲尺形炕，北廊和西廊设炕，均采用双烟道</td><td>紧邻火炕，圆形，四个</td><td>双烟道，土石砌筑</td><td>宫殿</td></tr>
<tr><td>中京城第四宫殿</td><td>两个曲尺形火炕，两个长方形火炕</td><td>紧邻火炕，圆形、半圆形，四个，直径 0.7 ~ 0.9 米</td><td>双烟道，土坯砌筑</td><td>方形，由短过道连接，独立于建筑外的只有西向一个</td><td>宫殿</td></tr>
<tr><td>东宁县小地营渤海房</td><td>一个长方形火炕</td><td>紧邻火炕，圆形，有火塘，直径 0.8 米</td><td>单烟道，河卵石砌筑</td><td>圆形，紧邻建筑一个，河卵石砌筑</td><td>民居</td></tr>
<tr><td>黑龙江省海林市渡口</td><td>一个曲尺形火炕，河卵石叠砌</td><td>紧邻火炕有三个圆形灶，直径分别为 0.75 米，0.51 米，0.49 米</td><td>双烟道，河卵石砌筑</td><td>—</td><td>民居</td></tr>
</table>

通过表 4.6 可以看出，渤海居住建筑采用的是火炕、灶和烟筒的取暖方式。火炕一般分为直线形、曲尺形和 U 字形三种，前两者为主要形式，其中，寝殿建筑以曲尺形火炕为主，这是由于曲尺形火炕比直线形火炕取暖面积大，又比 U 字形节省空间，可以说弥补了二者的不足，成为主要的火炕形式。

火炕下面有烟道，烟道一般紧贴墙壁而与之平行，在其一端与圆形或方形的灶坑相连接，并且连接处处理成直角且略显弧形。几条烟道最终都会汇聚到烟筒处，形成一个整体的取暖系统。根据烟道的数量，可以分为单烟道、双烟道和三烟道三种形式，双烟道逐渐演变为主要的烟道形式。由于烟道的长短影响炕的取暖效果，也就是说位于室内的烟道越长，炕面积越大，取暖效果也就越好。但由于室内空间的局限性，不能无限地加长炕的长度，故最终形成了曲尺形双烟道的最佳组合形式，这也是渤海国寝殿建筑最为典型的取暖组合形式。

并且，在火炕的一端往往设置灶，灶往往随着火炕的布置也设置多个，且以圆形的灶为主。灶早期多为独立的取暖设置，早在原始社会早期就已经出现了，后来随着火炕的出现，灶的取暖作用逐渐减弱，最终形成了灶和火炕相结合的取暖形式。除此之外，为了把烟灰有效地排到室外，往往把烟道延伸到室外，并且为了提高排烟的效果在烟道的端部设置了高高的烟囱，这样可以更好地提高烟囱的抽力。

除此之外，从遗址上还可以看出，炕、烟道和烟囱的建造材料都是地方特有的一些建筑材料，体现了一定的地域性。以烟道为例，其砌筑材料主要有土坯、石块、河卵石（图 4.30）。从现有的遗址情况可以看出，等级较高的寝殿建筑的火炕、烟道以及烟筒加工得比较精细美观，如上京城宫城西区寝殿遗址，其烟道由四层土坯砌筑，内壁涂草泥灰，外壁涂细泥黄沙，再涂刷一层白灰面，构造比较复杂。而平民居住的房屋建造的烟道以及火炕则比较简单粗糙，如黑龙江东宁县小地营遗址的烟道用河卵石砌筑而成，黑龙江海林市兴农渤海时期的遗址中烟道则是用土堆垒捶实而成，由此可见，平民居住砌筑方式更加注重其实用性。

这种火炕取暖方式一直延续下来，并且影响到辽金时期的居住建筑、清朝的寝殿建筑以及朝鲜李氏王朝寝殿建筑，也影响了东北地区的汉族民居、朝鲜族民居和满族民居。

a 西古城 3 号宫殿烟囱

b 上京城西区寝殿烟道

c 上京城第四宫殿旁的寝殿烟道

图 4.30 渤海寝殿建筑烟道、烟囱遗址

4.2.2.3 与东亚地区寝殿建筑比较

在整个东北地区寝殿建筑的发展过程中，渤海国寝殿建筑起到了承前启后的作用，在传承了高句丽寝殿建筑的一些特点的同时，又影响了后期的清朝寝殿建筑、李氏朝鲜的寝殿建筑以及东北地区的民居建筑。这些影响主要体现在平面布局、内部空间的处理以及采暖设施等方面（表 4.7）。

从表 4.7 可以看出，主体建筑和回廊的结构形式是东北亚地区寝殿常见的一种平面结构模式，其中主体建筑为皇帝主要的生活和休息空间，往往由中、东、西三部分空间组成，东西为主要居住空间，在早期并不进行划分，到后期划分为多个小室，说明其功能性更为明确了。而中部空间从最初的次要性辅助空间，逐渐演变为主要的议政空间，成为寝殿的“堂”的部分，这是一个很大的变化。回廊空间多为辅助性的功能空间，且从最初的四面回廊逐渐演变为前后廊的形式，且前廊多为开敞性廊，这为寝殿南侧提供了一个天子“临轩”的空间，并且也使得室内空间的视觉更为开敞。其次，

表 4.7 渤海寝殿建筑与东北亚寝殿建筑分析

名称		渤海寝殿建筑	高句丽寝殿建筑	清代寝殿建筑	李氏朝鲜寝殿建筑
共同点		主体部分为东、中、西三个空间层次，且有廊的围绕，室内有采暖设施			
不同点	中部空间	辅助空间，分为前后几个空间	辅助空间	多为主要空间，为“堂”之用，是皇帝理政空间	主要的议政空间，做“堂”之用
	外廊空间	周围回廊，一般东、西、北三面多为封闭空间，南面多为开敞廊	推测应该有封闭廊和开敞廊两种形式	一般设置开敞的前廊或是前后廊	设置前后封闭的回廊空间，为辅助空间
	东西两室	主要居住空间，面积大小、形式相同	主要居住空间、对称分布	“室”的空间为居住之用，面积相同，但具体划分形式不同	主要的居住空间，分为若干个小房间
	主要入口	东西两室南墙的中间位置	—	在中部空间的南墙中间位置	设置在中间空间位置
	采暖设施	火炕取暖，东西两室、回廊靠墙一侧设置曲尺形、直线形火炕，寝殿北部有两个烟道和烟筒	东西两室设置L形火炕，且寝殿的北部东西两侧各有两个烟道和烟筒	一种是火炕取暖，火炕高于地面，呈“U”字形、直线形、曲尺形	位于室内地面下，满地炕，烟筒独立于建筑之外，一般设置在寝殿的北部

采用的都是火炕、烟道、灶和烟筒相结合的取暖方式。这种取暖方式是东亚地区居住建筑通用的一种取暖方式。其中火炕作为睡觉和休息之所，一般高于地面的高度，并且分U字形炕、曲尺形炕和直线形炕多种形式，为了提高室内的采暖效果，火炕的面积和尺度逐渐增大。到清代时出现了火地取暖方式，即在地平以下挖烟道，地面上铺置地板，可以直接席地而坐取暖，这样，增加了室内的散热面积，使得热量更为均匀（图 4.31）。朝鲜半岛李朝时期出现的满铺炕也可以看成是火地的一种形式，二者的区别在于满铺炕高于地面，而火地与室内地平在一条水平线上。

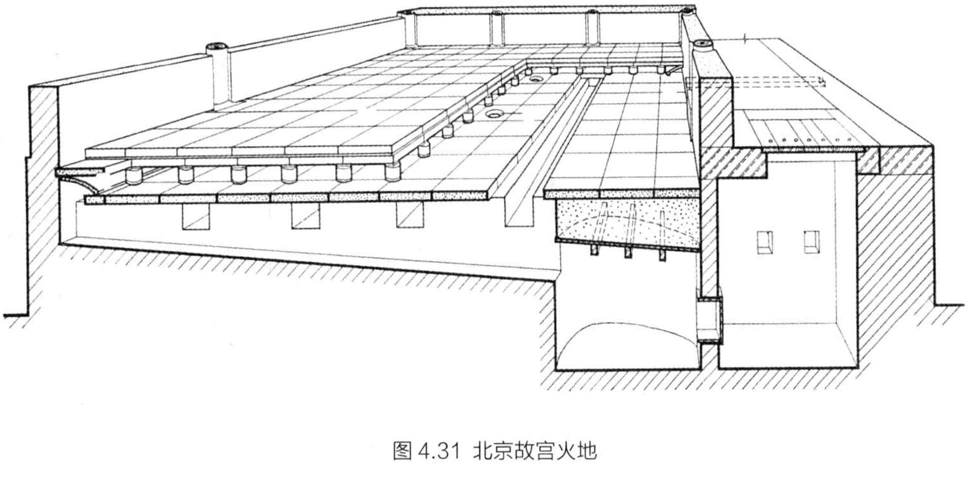

图 4.31 北京故宫火地

由以上的分析可知，渤海国寝殿建筑形式受高句丽时期寝殿建筑的影响，无论是建筑的平面布局，还是空间形态和采暖方式，都具有很大的相似性，并且对后期清代寝殿建筑（图 4.32）、李氏朝鲜寝殿建筑（图 4.33）以及东北地区的民居有着深远的影响。

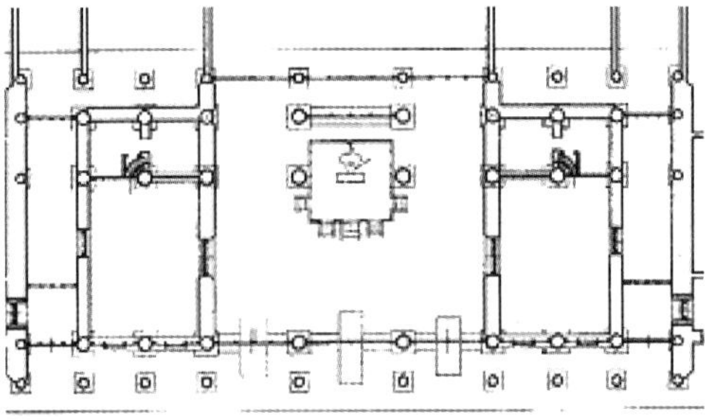
a 紫禁城乾清宫

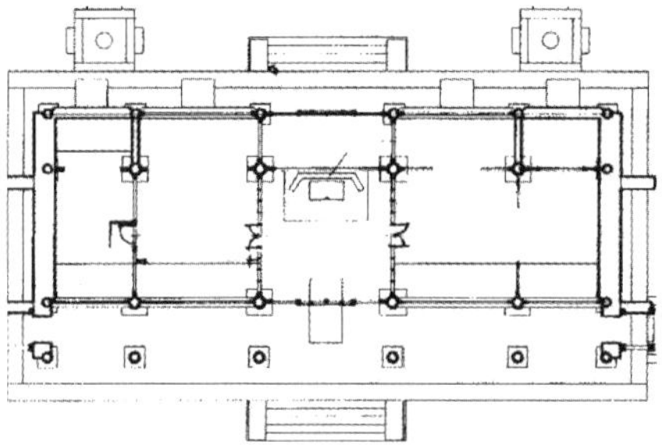
b 紫禁城储秀宫

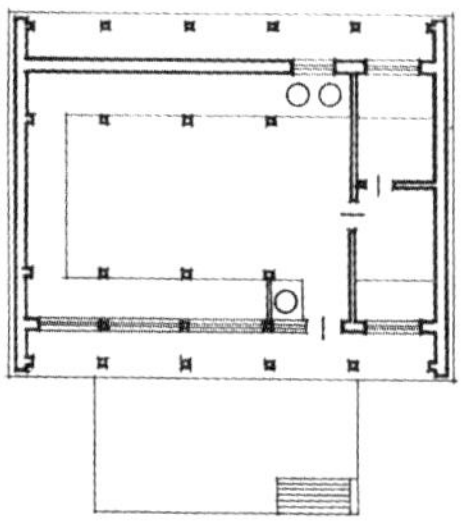
c 坤宁宫

图 4.32 清代寝殿建筑实例

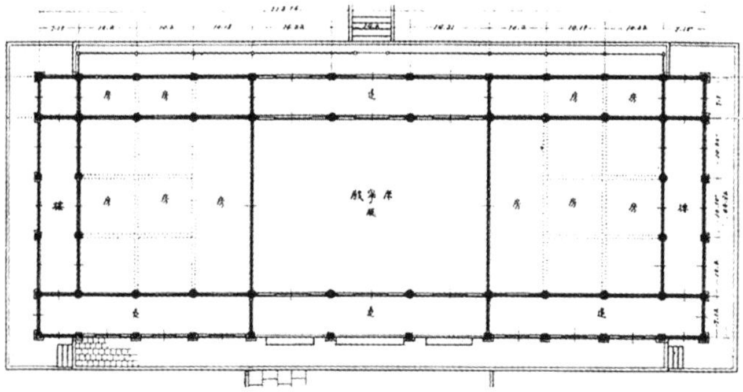
a 景福宫康宁殿

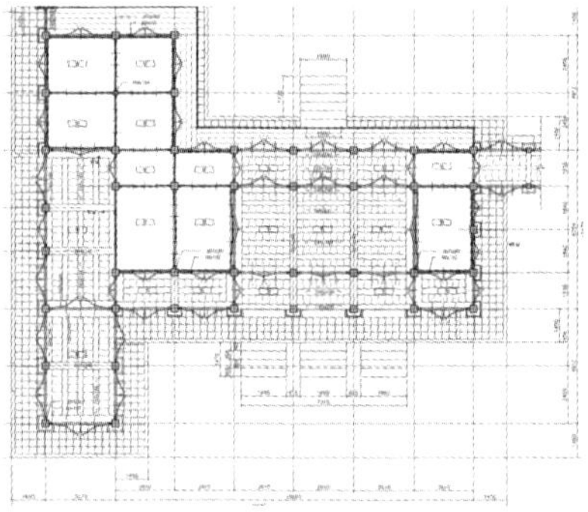
b 景福宫清宁殿

c 大造殿

d 康宁殿

e 交泰殿

图 4.33 朝鲜半岛李朝时期寝殿建筑实例

4.3 上京城园林形制研究

4.3.1 上京城园林情况概述

从现有的资料可知，上京城共有五座园林遗址，其中只有一座保存较为完整，即东内苑遗址。郭城外的北苑尚且有迹可循，其他园林形制则多是学者的推测。通过对现存的遗址信息进行整理分析，尝试探讨上京城园林形制的一些特征。

4.3.1.1 园林分布与分类

唐代皇家园林可以分为三类，即大内御苑、行宫御苑和离宫御苑。其中行宫御苑和离宫御苑绝大多数都建置在郊外山岳风景优美的地带，许多宫殿建筑群分布在辽阔的具有天然山、水、植被的大自然生态环境之中，呈“苑”中有“宫”的格局，并且很重视建筑基址的选择。这些皇家园林既是为帝王避暑消闲的生活享受提供的空间场所，也是他们得以投身大自然怀抱的天人和谐环境，同时也反映了唐人在宫苑与风景相结合建造方面的高素质和高水准。

大内御苑是中国历代皇家常见的一种园林形式，由于其在都城的内部，且多是模仿自然山水，人工修建而成，并且具有一定的象征意义，故园林的布局模式具有相同性。基本上都体现“一池三山”的形式，即一个苑池和苑池内的三座假山构成了园林的主要景观要素，这源于先民对自然的崇拜，即对水体和山体的崇拜。其中“一池”代表太液池，“三山”代表方丈、蓬莱、瀛洲三座神山，象征海上仙山。

根据《汉书》的记载，太液池中所造的假山应该不止三个，而在《史记》中演变为瀛州、方丈、蓬莱三座仙山的布局。除了平衡布局外，“三”在中国文化中具有的特殊含义起到了一定的作用，如《后汉书·袁绍传》云：“三者，数之小终，言深也。”又如《国语·周语下》记载：“纪之以三，平之以六。”韦昭注：“三，天、地、人也。”模仿三山的形式，确立了水体在园林布局中的地位，这样就形成了山体、水体、建筑三者相结合的布局形态。

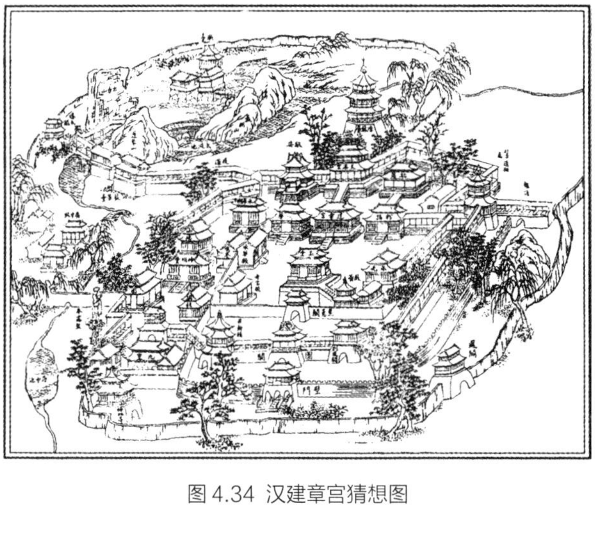

图 4.34 汉建章宫猜想图

这种一池三山的布局形态最早见于汉建章宫（图 4.34），并逐渐演变为中国古代皇家园林的一种基本模式。但由于地势、园林面积、水源等因素的影响，具体形态呈现多样化。而离宫御苑和行宫御苑，一般都建在都城周围自然环境优越的地方，多是借助真山真水，天然雕饰而成，这样园林的总体布置多是以实际的自然环境为主导因素，没有太多的局限性，故园林的形态和类型更加灵活多样。为了能够较为清晰地分析上京城内苑地布局形制特点，将其与唐长安城和洛阳城内苑遗址布局形制信息进行整理如下（表 4.8）。

表 4.8 唐都城及渤海上京城主要内苑遗址布局形制分析

内苑名称	布局位置	苑池形式	假山状况
唐长安城太极宫北内苑	太极宫北侧	三座苑池，周围有供观赏的建筑	不详
唐长安城大明宫	大明宫内部，位于北侧	两座苑池，一大一小	太液池中有一座假山
唐长安城兴庆宫	郭城北侧	一座苑池	苑池外有一座假山
唐洛阳宫陶光园	宫城北侧	可能是连续的一座苑池	两座假山
唐洛阳宫九州池	宫城的西北角	一座苑池	六座假山
渤海上京城东内苑	宫城东侧	一座苑池	池内三座假山，池外两座假山

从表 4.8 可以看出，已知的唐长安城和洛阳城的大内御苑遗址，总体布局都是以“池”和“神山”作为主要的园林构成要素，但具体的形态又呈现了多样性，如“两池一山”“一池两山”等。这既与内苑地势、水源、象征意义有关，也体现了当时皇家园林设计手法的娴熟。

从目前的资料来看，上京城的园林也可以依照这样的标准进行分类：一类是都城内的大内御苑，主要指宫城周围，位于内城的园林；至于内城外，郭城以内的御苑，考古资料并没有涉及。另一类是在都城之外，临近都城的御苑，这也是大内御苑的一种，参考唐代御苑的称谓，将其称为禁苑，这种类型的御苑多以推测为主。

4.3.1.2 都城内苑

根据现有的考古资料，推测在宫城的周围主要有三座内苑，包括宫城北部的北内苑、西部的西内苑以及东部的东内苑（图 4.35）。其中东内苑形制最为完整，建筑形制比较明确。其他两座遗址破坏严重，很难明确看出园林的形制特征。这

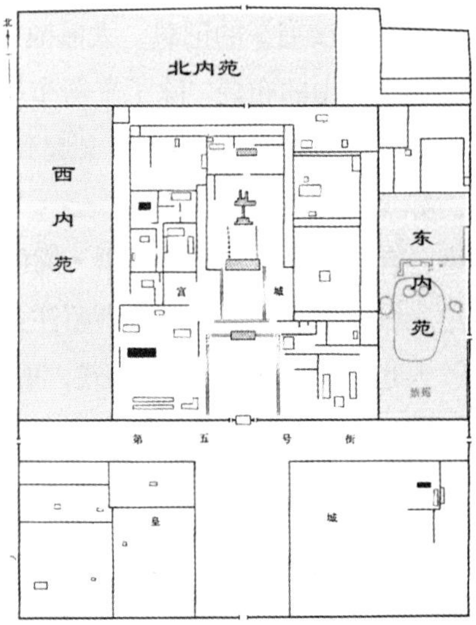

图 4.35 上京城内苑分布图

里仅对内苑与宫城的平面布局关系进行分析说明。为了进一步分析都城大内御苑的构成，将唐长安城、洛阳城，高句丽安鹤宫，统一新罗时期月城以及日本平城京的大内御苑进行比较分析（表 4.9）。

表 4.9 东北亚同时期宫城大内御苑比较

宫城	唐太极宫	唐洛阳宫	唐大明宫	高句丽安鹤宫	统一新罗时期月城	日本平城京	渤海上京城
宫城性质	皇宫	皇宫	皇宫	皇宫	皇宫	皇宫	王城
建造年代	583 年	632 年	634 年	5 世纪初	—	794 年	698
内苑数量	2	3	2	2	2	3	3
内苑位置	宫城北部	宫城北部	宫城北部	北宫北侧	月城东北	宫城东南	宫城北侧
	东宫北部	宫城西北部	宫城东部	南宫西侧	—	宫城西南	宫城西侧
						宫城西北	宫城东侧

从表 4.9 可以得出几点结论：其一，都城的内城一般都设置多个大内御苑，并且布置的位置较为灵活，这与地势高低、水源走势有一定的关系，也与宫城与园林的固定位置有一定关系。其二，几座都城都在宫城北部设置内苑，这种布局模式，在延长宫城中轴线的同时，形成了“前朝后寝，最后园林”的布局模式，并逐渐演变为都城布局的一种通用形式。其产生的原因在于，内苑区紧邻宫城的寝殿区，这样便于皇帝游玩。其三，在宫城的北部设置内苑，形成一个独立的区域，使得宫城与郭城隔离。

上京城宫城的东、西、北三面都设置了大内御苑，这应该是参考了唐代的三座宫城内苑布局形制。三座内苑的设置既满足了皇帝游乐赏玩的目的，同时与皇城结合，将宫城四面围合，形成了宫城防护的一道屏障，提高了宫城的整体防御能力。

其中北内苑的设置体现了“宫城最北部设置内苑”的固定都城布局模式。整个北内苑东西长约 1 000 米，南北长约 200 米，从现有的考古调查结果来看，整个区域可以划分为东、中、西三部分。南墙直接与宫城北墙相连，北墙与郭城北墙相连。在这样一个位置十分重要的区域，设置一个独立的空间场所，对于提高宫城的防御性十分必要。从整个地势条件来看，北内苑明显低于宫城，高度差在几米到十几米之间，中部略高，东部较低，西部中间位置较为低洼。北内苑东部遗址较多，遗物最为丰富，但具体的布局形制尚有待研究。

西内苑位于宫城的西侧，仅与宫城一墙之隔，东西长约 220 米，南北长约 720 米，北墙东端与宫城西北角相接，北墙西端与外城向北突出的西墙相连，南墙起于宫城西南角，向西修筑，并与宫城的西城相交。内部地势呈现东高西低，北高南低的形式。西内苑的内部由于曾用于民宅和耕地，遗址被破坏较多，仅出土了一些陶片和瓦块以及一些建筑遗址，故难以对西内苑的布局形制进行分析研究。这种在宫城的西部设置大内御苑，并不是内苑在内城中的布局定制，唐代三座宫城只有洛阳城宫城的西侧北部设置了内苑。这是由于洛阳城宫城的西侧有水源，这样可以直接将水引入园林作为景观，十分便利。虽然上京城外城的西侧 3 千米外是牡丹江，但西内苑的西侧由外城环绕，这就造成了西内苑与水源之间距离较远，使得水源引入不便。因此西内苑所在地不是内苑设置的理想位置。从以上分析可知，上京城西内苑的设置应该是参考了唐洛阳城内苑的布置，与地势、水源的地理环境并无直接的关系。

一般来说，宫城的东部多为太子居住的东宫，很少设置大内御苑。上京城宫城的东侧设置了东内苑。究其缘由，应该有两个原因：其一可能是受到唐大明宫平面布局的影响。大明宫独立于长安城之外，除南面与长安城郭城北墙相连外，其余三面皆无外城环绕，这样势必会减弱宫城的防御性，从这点出发，大明宫的东西两侧布置了一些其他的建筑功能区域，其中包括东内苑的布置，显然上京城东内苑的布置也起到了相同的作用。其二，东方是太阳升起的地方，阳气旺盛，正好可与水至阴相调和，在这里布置园林水系，十分妥帖。

东内苑南北长 528.1 米，东西长 234.7 米，呈东西窄、南北长的长方形布局。在整个东内苑的规划布局中，以椭圆形的苑池为内苑中心，周围环以亭榭、假山、岛屿、宫殿及回廊等园林要素，各要素之间相互协调、相互映衬。其中主要宫殿在苑池的北岸附近，其地势较高，在殿内可以看到整个苑内的景观。其中苑池中的假山和苑池外的假山相视而置，遥相呼应，形成了东内苑紧凑、对称、和谐的总体布局形态。

4.3.1.3 禁苑

唐代禁苑的设置一般包括两个主要功能：一个是为皇帝提供游乐、狩猎、农垦生产等活动的场所。另一个是驻屯禁军，起保护都城的作用。禁苑的设置一般考虑两个因素：其一，设置在都城之外，并且与都城的距离较近，可以对都城起到一定的护卫作用；其二，自然地理环境较为优越，自然风景秀美，并且临近水源，且地势较为平坦，既利于建造景观，又利于军事演练，同时还可以进行大规模的狩猎、竞技比赛等活动。唐代有两座比较重要的禁苑，一个是唐长安城北部的禁苑，另一个是唐洛阳城西侧的西苑。二者位置的选择恰好体现了以上几点要求。

就目前的资料来看，上京城城外主要有两处禁苑，一处是位于郭城北部的北苑，另一处是位于郭城西部的西苑，这应该是同时受到了唐长安城北部禁苑和唐洛阳城西侧西苑的影响。上京城北苑，北枕忽汗河（牡丹江），南抵王城（上京），西濒大川（牡丹江），东可延至马莲河。这是牡丹江和上京城都城的过渡地带，地面比较开阔，濒水临山，风景优美，自然地理条件优越，非常适合驰骋射猎以及驻守禁军。在现有的北苑范围内，有水榭亭台、楼宇殿阁，也有池沼水泊等。其中水面较大，深浅相宜，既可泛舟赏景，亦可垂钓。

开辟这里为上京城的禁苑可能主要有以下几个因素：首先，这里临近京城，联系比较方便。其次，地理自然条件比较优越，便于宫城的安全防卫。唐代宫北禁苑的一个重要作用是屯驻禁军，唐代的历史也证明，这与唐政权存亡关系甚大。唐太宗、玄宗、代宗发动宫廷政变得帝位，最直接原因是得到玄武门北禁军的支持拥戴，同时这也是预留的外逃出路，安史之乱时唐玄宗就是从禁苑西门出至远郊西逃的。由此可以看出，渤海的建设者也借鉴了唐代历史的经验，在宫城北设置禁苑的意义重大。再次，这里是牡丹江和宫城的过渡地带，地面比较开阔，濒水临山，风景优美，是游玩享乐的好去处。

西苑在上京城西部牡丹江沿岸一带和江之“河通”（即河洲，江中小岛）地带，这里距离牡丹江约 3 千米，是上京城与牡丹江之间的平旷之地，南北 5 千米左右，比较开阔。北与北苑相连，南向为平川，再南近低山地带，地理条件十分优越。清初一些文人流放宁古塔，并对上京城遗址进行了考察记录，其中就有提及西苑情况的，如《白云集》记载：“郭外平旷数十里，其西七八里许，有石碛数区，各周环三四里，似屯兵刍牧之所。”从这些文人的记载可知，在清朝初期，西苑还保留着亭榭痕迹，并且多以自然景观为主，如亭榭不是建在人工池泊之中，而是建在河洲上，构成特色之处。

考古专家推测，在上京城外城东南或有一处苑址。这与唐长安城东南的芙蓉苑曲江池相似。另外日本奈良时期的平城京之东南，也有一处苑池，与长安城曲江池相近，池及其城角大部分在城外，名为越田池。上京外城东南地势低洼，城外低于城内，至今仍有一片沼泽，可以大胆推测这里应该是一个小型的湖泊，东与马莲河交汇相通。

4.3.2　上京城园林布局形态研究

分析上京城园林布局形态，需要解读“宫”与“苑”的关系。宫，即宫殿建筑群。《释名》：“宫，穹也，言屋见於垣上，穹崇然也。……古者，贵贱所居皆得称宫，故《礼记》曰：‘由命士以上，父子皆异宫。……至秦、汉以来，乃定为至尊之所居之称’。”苑，即园林，是建筑在郊野山林地带的离宫别苑，占地广，规模大。

这里所谓的“宫”与“苑”是一对相对的概念，按分析的视角不同，可以给出两组不同的理解。其一，“宫”指的是都城、宫城，与之相对的“苑”指的是大内御苑，这是从都城的宏观布局来理解的（图 4.36）。其二，“宫”指的是园林中的宫殿区，也就是建筑群，“苑”指的是园林中山水景观要素，这是从大内御苑自身布局微观角度来理解的（图 4.37）。

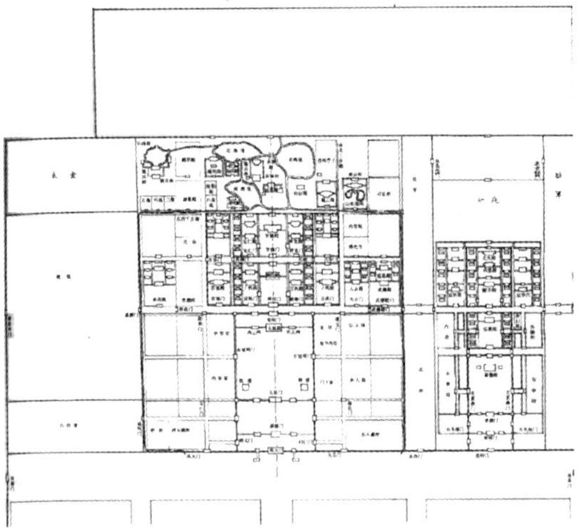

图 4.36 太极宫园林布局

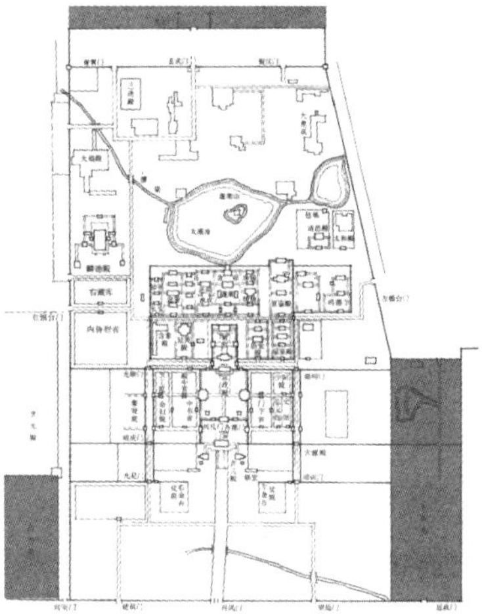

图 4.37 大明宫园林布局

4.3.2.1 “宫”与“苑”关系的宏观解析

从宏观上来理解“宫”与“苑”的关系，包括了都城与禁苑的关系以及宫城与大内御苑的关系。二者的关系体现在都城的总体布局上共有两点特征：首先，宫居其中，苑围其外，形成众“苑”拱“宫”的形制，这既为皇帝提供了多处游乐场所，同时也为保护都城提供了一道屏障，起到保护宫城的作用，提高了都城和宫城的防御性。无论是上京城禁苑的设置，还是宫城周围大内苑的设置，都充分体现了这一特点。

其次，形成了前朝后寝最北内苑的格局，将大内御苑设置在都城中轴线的结束位置，与宫城的前朝后寝部分共同形成都城中心区的空间序列。这种平面布局模式，最早见于东汉洛阳，并在魏晋南北朝时期趋于成熟，北魏洛阳城就是这一时期的典型代表（图 4.38），即在宫城的北部修建了华林园，作为宫城的结束部分；在隋唐时期得到了进一步发展，演变为一种固定的布局模式，唐代两座都城长安城（图 4.39）和洛阳城（图 4.40）采用的都是这种典型的布局模式。上京城宫城北部北内苑的设置，虽然位置并不正对宫城中心区域（图 4.35），但是仍然在都城的中轴线上，可以起到相同的作用。

从以上分析可以得知，上京城内苑的布置同时参考了唐代长安城和洛阳城的总体布局形制特征，体现了当时园林布局的典型特征，这从侧面说明，唐代皇家园林在都城中的位置已经趋于定式。

4.3.2.2 “宫”与“苑”关系的微观解析

从微观层面理解“宫”与“苑”的关系，关注的是在同一内苑中建筑群与山水要素之间的关系。

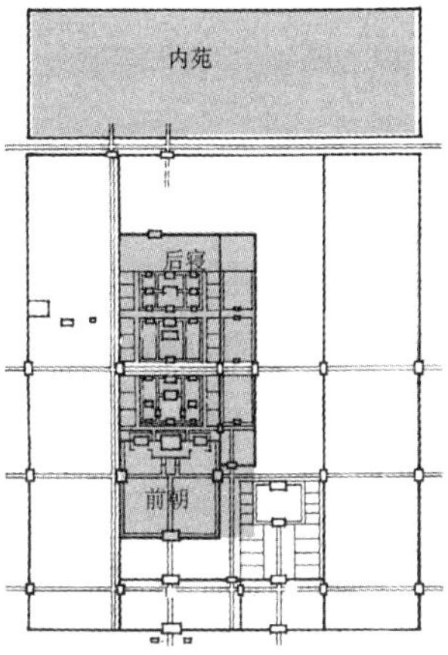

图 4.38 洛阳城宫城布局

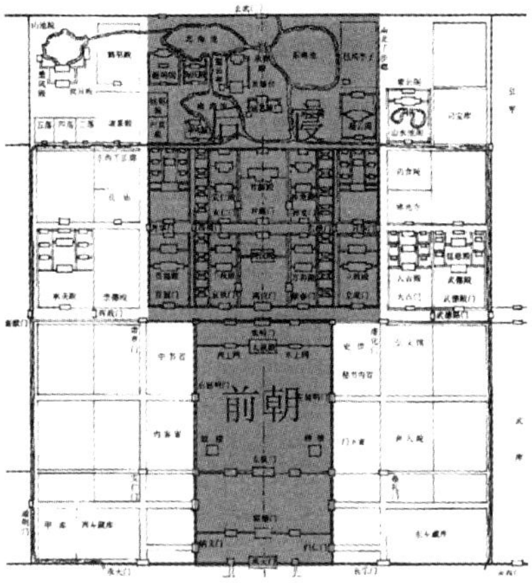

图 4.39 长安城宫城布局

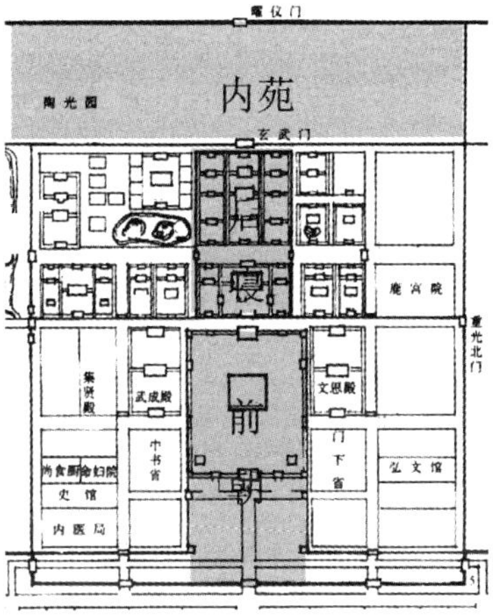

图 4.40 洛阳城宫城布局

二者之间的关系根据实际情况，划分的形式也比较灵活，形成了两种要素不相混合，各自相互独立分离而又并合的关系。这种情况往往是“宫”与“苑”呈分置形式，关系比较明确，并且根据具体的位置关系，可以概括为两种布局模式：一种是前宫后苑的格局，即宫廷区在内苑的南部，园林区在内苑的北部，这种布局模式除了游乐功能外，还可以兼作皇帝处理政务的场所，宫殿建筑的布置较为规整，如唐大明宫采用的就是这种布局模式（图 4.41），即作为处理政务的宫殿区靠近城门区域，而园林则处于相对较为私密的北侧。

另一种是呈现前苑后宫的格局，即宫殿区在内苑的北部，园林区在内苑的南部，这样的平面布局完全是为满足游乐的要求，其中宫殿区建筑群的设置也都是为内苑服务的，较之前者建筑群的布置更为灵活多样，如唐长安城兴庆宫的平面布局模式（图 4.42），龙池和假山位于南部，主要的宫殿建筑却零星地布置在苑池的周围，并且北部独立成区。

此外，还存在另一种情况，即“宫”与“苑”之间往往彼此穿插，相互延伸，二者浑然一体，并没有明确的位置关系区分，布局模式十分灵活，呈现“宫”中有“苑，“苑”中有“宫”的格局。如唐洛阳宫陶光园的布局模式，其中水系作为园林的主要构成要素，形成大小不同的多个水池，建筑零散地布置其中，并没有一个独立的完整的宫殿区域，这种平面布局体现

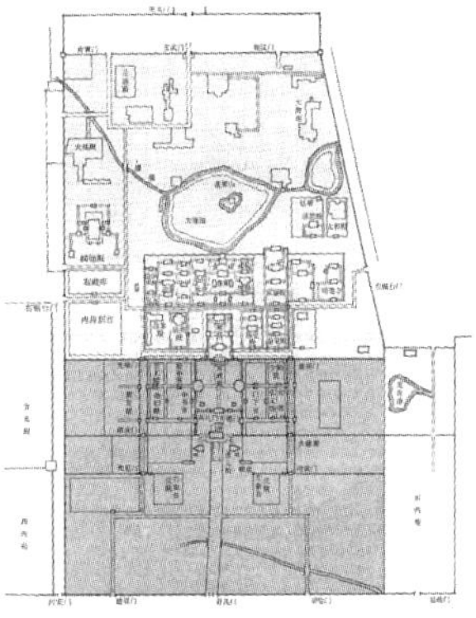

图 4.41 唐大明宫前宫后苑模式

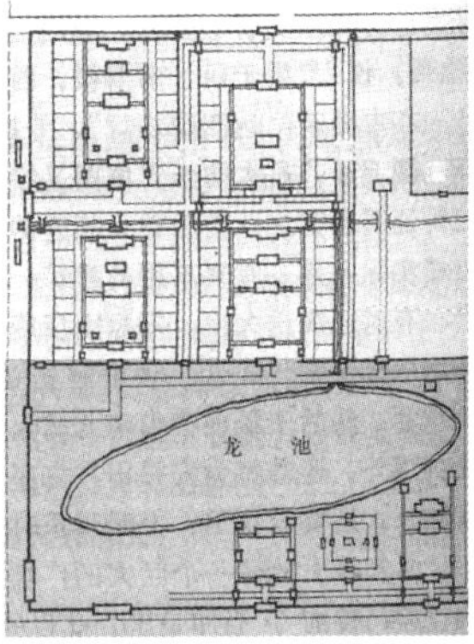

图 4.42 唐兴庆宫前苑后宫模式

了园林布局模式的灵活性和多变性，更能突出园林的个性特征。

上京城园林遗址中，由于东内苑遗址状况保留得较好，因此其形制比较明确。东内苑以苑池为主要景观要素，其他构成要素，包括建筑群、假山等，都以其为中心进行布置，从目前遗址状况可知，在苑池的北部只有一组建筑群，且所占的面积较小，虽然假山上有亭榭的遗迹，但也只起到点缀的作用，从这个角度来讲，东内苑更多体现的是“苑”中有“宫”的格局。

4.3.3 上京城园林形制与同时期东亚园林形制比较

以现有的园林考古信息为依据，将上京城东内苑与同时期东亚园林进行比较，从中进一步探讨上京城园林的地域性特质，其主要包括日本奈良平城京东院庭园遗址（图 4.43）和平安前期平安京神泉苑（图 4.44）、新罗的雁鸭池（图 4.45）、唐大明宫太液池（图 4.41）、唐长安城兴庆宫（图 4.42）以及上京城东内苑。对几座唐朝时期园林基本信息的整理分析如表 4.10。

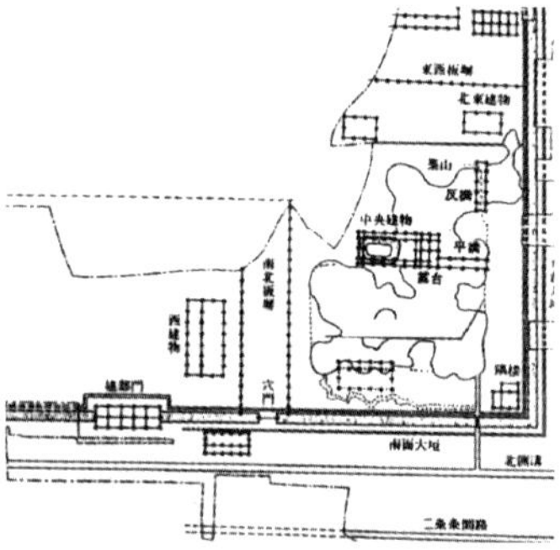

图 4.43 平城京东院庭园

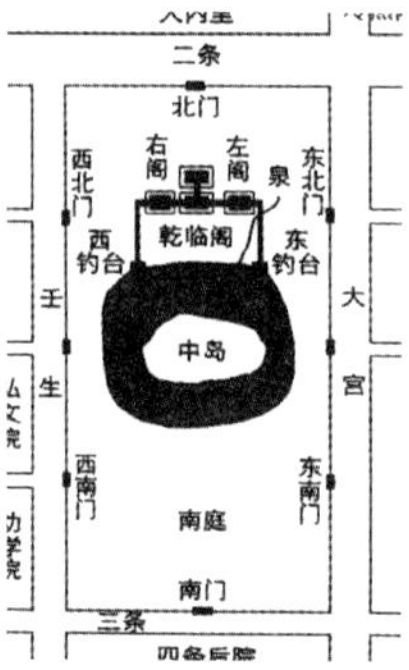

图 4.44 平安京神泉苑

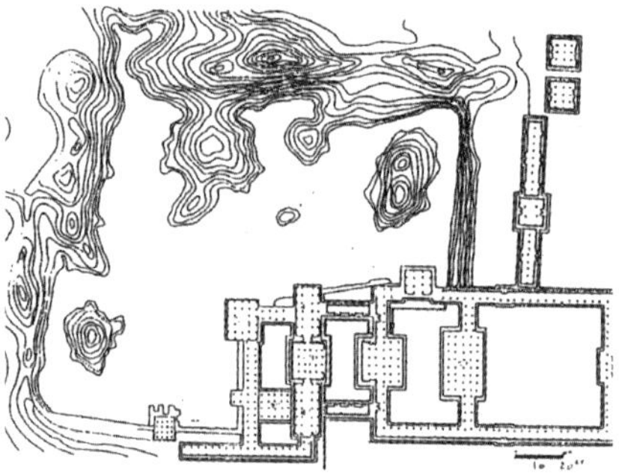

图 4.45 新罗雁鸭池

表 4.10 几座唐朝时期东北亚皇家内苑遗址基本信息表

名称	所处位置	内苑规模	布局形制	苑池形态	布局模式与文化语义
太液池	大明宫北侧	面积为 16 000 平方米	以苑池为中心，池中有一岛屿	一大一小东西两池组成	道教的神仙思想，“一池三山”的布局模式
兴庆宫	太极宫东部	面积约 1 350 平方米	苑池在南侧	椭圆形	
上京城东内苑	宫城东部	南北 520 米，东西长 210 米	以苑池为中心，池中有两岛屿	南北向椭圆形	
东院庭园	平城京东南角	面积为 6 600 ~ 7 000 平方米	以苑池为中心	不规则形状	
神泉苑	平安京东南角	南北长 530，东西长 260 米	以苑池为中心，池中有一岛屿	椭圆形	
雁鸭池	月城东北	面积为 15 600 平方米	以苑池为中心，池中有两岛屿	近似方形	

从表 4.10 可以看出，几座内苑在总体布局、规模、园林构成要素特点等几个方面虽然存在着一定的差异，但还是一脉相承的，在基本布局形制上具有相似性。

4.3.3.1 内苑总体布局模式比较

内苑与宫城的位置关系可以概括为两种：一种是内苑位于宫城的东部，包括东南部和东部两个方位。其中日本两座内苑位于宫城的东南角，这可能参考了唐长安城布局模式，即与长安城东南角设置芙蓉苑有一定的相似性，也可能和平城京与平安京的地势和水源有一定的关系。而上京城东内苑和兴庆宫都位于宫城的东部，一个紧邻宫城东侧，一个独立成为一个内苑区。其中，由于兴庆宫作为唐代独立的行宫，与太极宫有一定的距离，故需要有固定的场所处理朝政，这样就形成了“南苑北宫”的布局模式，即在内苑的北部设置多进深的宫殿建筑群，作为皇帝临时处理朝政和生活的场所。至于为何将内苑至于宫城的东部，这可能与道教思想有一定的关系，即太阳东升，故东向阳气最盛，且有紫气东来之说。

另一种则是内苑位于宫城北部。这是中国古代宫城“前朝后寝最北内苑”的一种典型的布局模式，即内苑作为宫城轴线的结束点。可以看出内苑与宫城的位置关系除了体现一定的宫城布局模式、道教思想外，也与地形地势以及水源有直接的关系。

此外，总体布局模式体现了两个特点：其一，以苑池为中心，周围布置其他景观要素，从而形成了一个较大、较集中的单一空间。苑池为整个内苑的构图和视觉中心，形成一种向心性和内聚性极强的空间布局模式。这种核心式的布局模式，是这一时期皇家内苑较为常见的。其二，体现了“一池三山”的布局模式，这是中国古代皇家园林的一种典型模式，体现了道家神仙思想中对自然山水的崇拜。但由于园林规模、视距效果、各景观要素之间的关系等方面的考虑，神山的数量、规模以及位置会有一定的差异，形成了“一池三山”“一池两山”“一池一山”等多种形式。

4.3.3.2 园林构成要素比较

内苑遗址中的建筑群、苑池以及假山三个园林构成要素相对保留的信息较多，其他因素由于遗址信息不明确，无法进行有价值的分析。首先，苑池的周围布置多处建筑，以亭、台、楼、榭等不同的建筑样式存在，且一般体量不大，这些建筑既可以作为园林景观节点，也可以作为观赏园林的场所，是主要的园林构成要素。一般在内苑内，紧邻苑池的位置都设置一组体量较大、位置明显的建筑群，作为观赏园林景观的主要观赏点。主要建筑群既可以是单独的一组体量较大的建筑，也可以是一组建筑群，或者可能是一个宫殿建筑群。

其中平城京东院庭园由于面积较小，且园林建筑多为单体散布在园林之内，故并没有明确的主体建筑，只是在苑池的中间位置设置了一座体量相对较大的建筑，在这座建筑上，可以 360 度观看园林景观。而上京城东内苑与平成京神泉苑的布置极为相似，二者都是主要宫殿群，位于苑池的北部，且采用的都是中央主殿、左右两侧配殿和连廊组成形式。由于苑池与主体建筑群采用的是南北向布置，且后者靠近苑池的北侧，故整个苑池的景观可以尽收眼底。几座苑池设计中，雁鸭池的建筑群最为复杂，是一组四进的庭院式宫殿群，且有明确的南北向中轴线，每一进庭院都是由主殿和回廊组成，建筑形式极为规整，采用的是宫殿建筑群的布局模式。这是由于雁鸭池作为朝鲜半岛统一时期新罗的东宫，不仅是王世子的居所，也是接见外国使节、宴请宾客的场所，具有重要的政治地位，需要建筑群更具威严性，故采用规整的建筑群形式更为合适。

其次，苑池在这一时期的内苑设计中，无论是从位置上还是从规模上都起到了绝对核心作用，是内苑景观构成的一个重点。苑池的形式分为椭圆形和自由曲线形两种形式。其中唐代两座内苑和上京城东内苑以及平城京神泉苑采用的是椭圆形。之所以采用椭圆形的处理形式，一方面是由于其具有极强的向心性和辐射性，且从内苑的任何角度看，苑池的形式都是一样的。另一方面也是由于圆形代表天，寓意了皇家的地位，同时也象征了圆满之意，并且从苑池的处理上也较之自由的曲线形更为简单。从时间角度来看，上京城东内苑和平安京神泉苑应该是参考了唐代内苑的设计手法。

平城京东院庭园和新罗雁鸭池的苑池采用的是自由曲线形，这是对自然水体的一种模仿，是唐代离宫别苑中水体常见的一种处理方式。这种处理方式活跃了苑池的整个气氛，使得园林更为灵活生动。但由于东院庭园的南向和东向临近宫城的城墙位置，而雁鸭池由于西侧和南侧是较为规整的建筑群，故二者也形成了较为规整的方形布局形式，可见二者的园林设计手法是规整性与灵活性相结合。

至于池岸的处理，几座苑池的相似之处在于，采用的都是石砌的方式，只是在石材的选择和砌筑方式上有所不同，如太液池、上京城东内苑、雁鸭池采用的都是石砌，东院庭园采用的是玉积石。而池底的处理分为两种方式：一种是用石头铺成池底，这是苑池底部最为常见的一种处理方式，如东院庭园采用的是丸石铺池底，后期采用小石板，唐代上阳宫园林中的苑池，用卵石铺成池底。另一种是先用土作为池底，其上铺黏土作为防水，这种处理方式较为简单，且施工量较小，节省材料，雁鸭池采用的就是这种方式。上京城东内苑虽然池底结构不完整，但从遗址上也可以看出采用的是这种处理方式。

4.4 渤海上京城城防体系探讨

4.4.1 渤海都城城防体系研究

渤海都城城防体系直接借鉴于东北地区的高句丽城防体系，并且在其基础上以唐代长安城和洛阳城为蓝本，结合本地区地理环境和军事防御重点，形成了一套独特的防御体系，这对于完善东北地区城市防御体系具有承前启后的作用。

4.4.1.1 渤海国都城防御体系演变

渤海国存在的200多年间，在前期高句丽城市城防体系的基础上，引入中原城市防御体系，先后经历两个比较明显的演变过程，按照时间顺序，可以简单分为渤海早期和渤海中后期两个阶段。

首先，渤海早期都城采用的是平原城和山城结合的防御体系。学术界普遍认为敖东城和城山子山城是渤海国早期的都城，其中前者为平原城（图3.2），后者为山城（图3.1）。这种平原城与山城结合的防御体系直接脱胎于前期的高句丽都城防御体系。高句丽中期都城包括平原城国内城和山城丸都城，后期都城平壤城包括平原城安鹤宫，山城大城山城、青海石土城和平壤旧城，采用的都是山城与平原城结合的布局模式。这与东北地区特有的政治环境和地理环境有很大关系。东北地区少数民族众多，常年处于动乱之中，相对于平原城而言，山城的防御性更高，但平原城的生活更为便利，这样就逐渐形成了二者结合的模式，这是东北地区特有的一种防御性体系。

这种“双重城制”的都城防御体系的优点在于：一是山城利用险要的地形地势条件，往往布置在交通要道上，且居高临下，具有易守难攻、及时窥探军情的特点，防御性极强，最早见于我国辽西的夏家文化，其后高句丽结合地理环境的特点，传承和发展了山城形式，并一直影响东亚山地城市的建设，包括渤海国和朝鲜半岛。二是平原城一般多靠近河流地带的冲积平原，且有山岭环抱，可以借助高山或悬崖形成防御性屏障，是主要的生活和商业的聚集地。三是将二者结合后，在战争之时，山城可以作为平原城的防御城堡，阻挡敌人的攻击，为平原城的居民撤离提供时间。同时，由于其防御性强于平原城，也可以为平原城的居民提供一个临时庇护的场所。

渤海国中后期的都城包括上京城、中京城和东京城，三者都是平原城，在其附近均设有一定数量的防御性山城。但是在通往几座都城的交通要塞上建立了很多中小型的山城。从军事角度来讲，这些小山城也是都城的防御体系重要的组成部分之一，也可以看成是平原城与山城结合的模式。但不属于典型的“双重城制”，而是多个山城拱卫都城的形制。以上京城为例，对其附近的山城情况整理分析如下（表4.11）。

从渤海当时的政治军事方面来看，主要防御的是东北向的黑水靺鞨以及西南向的唐军和后来强大起来的契丹人。故上京城的主要防御在东北向和西南向，而山城的分布也主要集中在这两个方向上，并且多数借助山崖峭壁作为城墙的一部分，山城易守难攻，防御性极强。同样，在渤海东京城、南京城以及州一级的平原城附近都修筑了大量的山城。这是渤海国中后期都城设计的一个重要特点，山城拱卫平原城，是山城和平原城结合的一种新模式。

表 4.11 上京城周边山城情况分析

山城名称	位置关系	基本情况
城墙砬子山城	上京城正南方	山城西侧为悬崖，东、西、北三面均为镜泊湖环绕，城墙依山脊形式形成不规则形状
九公里山城	上京城西北向	山城南侧为悬崖峭壁，东、西北为崇山峻岭，城墙随山脊走势形成不规则形状
大锅盔山山城	上京城东北向	山城坐落在山顶，山城的墙体围绕山脊用青石块砌筑
红石砬子山城	上京城东北向	山城北墙修筑在峭壁的山岸上，南墙为平缓的山坡，西侧和中部较为平坦
重唇河山城	上京城南向	山城东部为悬崖，北侧为开阔的湖面。山城修筑在山顶，城墙修筑在山脊之上，平面呈不规则形状
五排山山城	上京城东北向	山城修筑在袋状滩地的袋口处，紧邻绥芬河河岸的悬崖峭壁，墙体由东西向沿山脊逐渐内收，最后合拢在西侧山脊的最高峰处

4.4.1.2 渤海都城城防构成要素

从现有的考古报告来看，渤海城市的主要防御设施包括城墙、城门、护城河 / 城壕、马面以及瓮城等，这些都是中国古代城市防御体系的重要构成要素。经过分析发现，渤海国山城和平原城，采用了不同的防御性设施，并且相同的防御设施之间也存在一定的差异。将渤海国主要城市和城防体系比较有代表性的遗址信息整理分析如下（表 4.12）。

表 4.12 渤海部分城市防御构成要素分析

城市名称	城市性质	城市类型	城防设施					
			城门	城墙	护城河	马面	瓮城	其他
敖东城	都城	平原城	—	土筑	内城、郭城外围各有护城河	南、北、西墙有马面	南墙疑似有瓮城	—
城山子山城	都城	山城	—	城墙土石结合砌筑	—	东墙、西墙有马面	—	—
中京城	都城	平原城	每面城墙各有一座城门	夯土城墙	郭城外有护城河	—	—	—
东京城	都城	平原城	每面城墙各有一座城门	土筑	外城 6 米处有护城河	—	—	—
上京城	都城	平原城	已知郭城共有十一座城门	土筑、土石结合、石墙	宫城、郭城外各有一道护城河	—	—	—
南京城	府	平原城	每面城墙各有一座城门	土筑	—	城门和角楼之间设置马面	南门址处有瓮城	角楼、雉堞
苏密城	府	平原城	每面城墙各有一座城门	土筑	内城、郭城外各有一道护城河	—	西门、南门有瓮城遗迹	内外城具有角楼
城墙砬子城	—	山城	推测城门有三座	土墙、石墙、土石砌筑	城外有一道城壕	北墙、西墙各有马面	北墙、南墙各有瓮城	发现有瞭望台遗迹、拦马墙
城子后山城	—	山城	推测城门有三座	土墙	北墙外有护城壕	十五个马面	有瓮城遗迹	拦马墙
大城子古城	府	平原城	—	土石砌筑	城外有护城河	—	西城墙外有瓮城	角楼痕迹

表 4.12 主要列举了渤海几座都城和部分城市的防御构成要素，从中发现了渤海城市防御体系构成要素的几个特点。

（1）渤海早期都城或府州一级的城市城防要素比较齐全，包括城门、城墙、马面、瓮城、护城河等，而后期都城的重点在于城门、城墙和护城河，未见有马面和瓮城。这可能是因为中后期都城建设受到唐代长安城和洛阳城的影响，二者都没有马面和瓮城防御要素；也可能是与渤海中后期政治稳定、军事战斗能力较强有关，这一时期外敌入侵较少，故都城的防御意识有所减弱，都城的建设更注重生活。

（2）渤海山城城防体系一般包括城墙、城门、瓮城和马面等，其中比较特殊的是护城河的处理方式。由于山城多位于山脊之上，很难引水，故护城河一般处理为“隍”的形式，并且形成了较为特殊的重墙制，即羊马城。羊马城是建在城墙外和护城河或城壕之间的小隔墙，既可派兵把守，也可以不派兵把守，增强了城墙的防御性，这也是隋唐时期比较有特点的城墙防御体系的一种处理方式。由于山城城墙外的“隍”防御性要低于平原城的护城河，故在城隍前修筑羊马城可以弥补防御性弱的缺点。

（3）渤海都城以及一般等级的平原城都设置了护城河。根据渤海平原城护城河的遗址状况，可以将其分为一道护城河和两道护城河两种形式。一道护城河一般是在城市的城墙外设置；两道护城河是针对内外“重城制”的城市而设置的，即在内城的城墙外和外城的城墙外各设置一道护城河，如渤海上京城、东京城以及苏密城。两道护城河的设置，明显提高了城市的整体防御性，与此同时，内城城墙外另设一道护城河可以使内城自成一个防御体系，明显提高了内城的防御性，突出了内城重要的军事地位。

（4）筑城是城防的首要任务，城墙也就成为中国古代城池的防御重点。城墙最早见于仰韶文化晚期的古城遗址中（郑州西山仰韶文化晚期古城），以夯土砌筑为主，汉代时开始出现了一些砖包墙皮的形式，到后期出现了砖砌或石砌的城墙。但在边远地区，由于材料的限制，出现了用其他地域性材料砌筑的城墙，如高句丽的石墙。

渤海国城墙基本分为三类：土筑、土石结合砌筑、石块砌筑，并且以土筑为主。土筑城墙是我国古代城墙的主要筑墙方式，这主要是由于土壤采取方便，且技术较为成熟。石墙和土石结合的城墙往往见于我国古代边城地区，这主要是源于对地方材料的应用。渤海国所在的地域盛产石材，很多建筑遗址都说明了这一点。但在上述四座都城中，只有上京城城墙主要采用土石结合的砌筑方式，其他三座都城的城墙采用的还是以土筑的形式为主。这主要原因可能在于，石材的开采较为费时费力，需要大量的人力物力，而土筑技术相对简单。

（5）渤海平原城城门的设置体现了一定的城市等级制度。渤海三座都城（上京城除外）以及州府一级的城市，一般都在四面城墙的中心位置各设置一座城门，这是隋唐时期一般城市的城门形制。只有上京城采用了十一城门形制，相当于州郡城门制。相对于平原城而言，山城的城门设置就显得随意一些，这主要是由于山城一般建在山脊上或山谷中，周围环境多变，故城门只能根据具体的地理环境、防御要求等方面进行设置，很难形成一定的规律性。

4.4.1.3 上京城城防体系特点

（1）军事优先，选择都城位置。《管子・乘马》中记载："凡立国都，非于大山之下，必于广川之上。高毋近旱而水用足；下毋近水而沟防省。因天材，就地利，故城郭不必中规矩，道路不必中准绳。"这是东周时期形成的一种筑城思想，强调的是城市选址和规划的实用性。也就是说都城一般建造在地势较为平坦的地带，且周围有崇山峻岭和山河湖海的环绕，这样可以借助有利的地形地势条件，起到防御性作用。上京城的选址正体现了这一点。

首先，上京城的选址相对于渤海国疆域而言，位于北部地区，显得过于偏远，这不同于中国古代都城向中心区南移的趋势。这与东北地区少数民族众多，民族之间关系复杂，战乱不断有关，加之当时对唐王朝的军事防范需求，故选择相对偏远、易守难攻的地区进行建都。其次，上京城位于东京城盆地之内，该盆地环山绕水，山河屏障，形胜险要，易守难攻。并且其周围群山环绕，包括东边的老爷岭、西边的张广才岭，南面是镜泊湖周围险要的山地，北向是忽汉河，越过此河，是蜿蜒起伏的山区。可见，上京城周围险要的地理环境非常适合筑城建都。此外，根据上一节的分析可知，在通往上京城的各个山口要塞上修建了许多类似于军事要塞或隘口的山城以及类似于长城的山墙或边墙，形成拱卫京师之势。所有这些共同构筑成上京城地区严密的防御体系。

（2）都城的总体规划布局。从都城规划角度来看，上京城采用的也是宫城外围布置郭城，形成重城制的理念，体现了"筑城以为君，筑郭以为民"的思想以及宫城的核心军事地位。除此之外，就宫城的布置而言，核心区为宫殿建筑群，而其东、西、北为内苑，南侧为皇城，其中北侧和西侧的内苑，有驻兵的可能性，这样就形成了以宫城宫殿区为核心，层层设置具有防御作用的功能空间模式，这样的布局直接来源于唐代长安城的总体布局。有一点需要说明的是，上京城宫城的北墙直接作为郭城的北墙，这样就降低了宫城的防御性，但是从地理条件来看，上京城的北部地势较高，且紧邻城墙部分的地势较宫城低十多米，再往北就是比较陡峭的岩石区，可以说地势条件优越，故这样布置是"因地势"的一种体现，从防御性来看也是可以的。

（3）城防构成要素。从现有的遗址情况来看，上京城的城防设施主要包括城门、城墙、护城河、雉堞、城厢和角楼几个要素。其中城门、城墙、雉堞将会在以后的章节中做详细的分析。

（4）护城河。护城河一般是围绕都城外郭城的城墙之外的一道深沟，有水称“池”，无水称“隍”，并与城墙有一定的距离。护城河最早脱胎于我国史前社会的“环壕聚落”，即在村落的外围挖一重或两重壕沟，既是为防止野兽的侵犯，也是为了明确一个部落的界线。随着城市的出现，其逐渐演变为以防御性为主的护城河。不仅具有屏障城墙的军事防御功能，且多与自然水系相通，与城内的引排水系相通，共同形成较为完备的城市引、排水系统。

上京城的护城河共有两道，一道环绕于郭城的城墙之外，另一道则环绕于宫城的城墙之外。其中，郭城北墙的东北角外侧有明显的壕沟遗迹，深度在 1 米左右，底部宽度在 6 ~ 8 米之间，上部宽在 9 ~ 10 米，相关学者推测可能是原来的护城河。而在郭城西墙的某些墙段也发现有壕沟的痕迹。但二者距离城墙的距离较近，可能是“隍”的形式。宫城的南墙、东墙和西墙外有城壕遗迹，其中南墙处的城壕遗迹比较明显，距离 4 号城门（假门）5 ~ 6 米，呈梯形，底部宽 1.65 米，顶部宽 2.5 米，深 1.8 米，是以白灰与河卵石黏合铺地的。

（5）角楼。《墨子·备城门》记载：“城四面四隅皆为高磨𢉈。”可以看出在城墙的四角修筑城楼是都城防御体系的重要组成部分。这主要是由于城墙的四角是都城的突出部分，易于受两面的攻击，是敌人攻击的主要目标之一，故在春秋时期的都城防御体系中，已经出现了为加强城墙角防守而在城角处构筑的高台角楼。如洛邑王城遗址的西北角，就残存 4 米左右高的土台。朱国忱先生在《渤海故都》一书中提到“由今遗址观察，城之各角，特别是主要四角比较厚重高大，当有堞楼之类的设施”，这里提到的堞楼其实就是角楼的意思。从表 4.12 可以看出，渤海大部分城市都有角楼遗迹，这说明当时角楼已经是渤海国城市防御体系的重要组成部分了，而作为都城的上京城自然也应设置。在唐代敦煌壁画中（图 4.46），城墙的转角处几乎都设置了角楼，说明了当时角楼作为军事防御的普遍性。

（6）雉堞。雉堞，后世称为女儿墙，是城墙顶部外沿和内沿的矮墙，一般外堞高于内堞。且外堞上有观察射击用的垛口，称为俾倪。春秋时期的《左传・襄公六年》就记载有“堙之环城，傅于堞”。雉堞经历了三个发展阶段：单个垛口（先秦时期）至“凸”字形垛口墙（汉末）（图 4.47）至矩形垛口墙（宋末）（图 4.48）。上京城城墙顶部遗迹无存，不能直接判断是否有雉堞，但是根据《辽史》中记载，辽人在攻打上京城的时候，城内的守兵用雉堞作为守护措施，但最终辽人占领了城墙上雉堞的有利地位，这说明上京城的城墙之上有雉堞的防御性设施。

（7）城厢。城厢是与瓮城相对的概念。瓮城设置在城门的外部，是突出于城墙之外的设施，而城厢则是设置在城门的内部。这两种形式都是为了提高城门的防御性能。城厢的具体结构形式为：与城门附近的城墙用 L 形的墙体相连，并在与城门相对的位置设置闸门，这样进攻者进入城厢后，城门和闸门同时关闭，守城者就可以居高临下消灭敌人。唐大明宫北部的玄武门就有城厢遗迹（图 4.49）。上京城宫城正南门西侧门（图 4.50），就设置了类似于城厢的布局形制，考古学者称其为类似瓮城的内重门。但这与典型的城厢平面有显著的不同，城厢是在内外两道城墙之上设置城门，而上京城则在其他两面墙上也设置了门，并采用的是一般的隔墙形式，未见有加厚的痕迹。这也可能只是为了单纯地分散或聚集人流，但这无疑也增加了这座城门的防御性，故可以看作是城厢的一种形制。

图 4.46 敦煌第 85 窟晚唐壁画

图 4.47 宋钓鱼城垛口

图 4.48 西安明城墙垛口

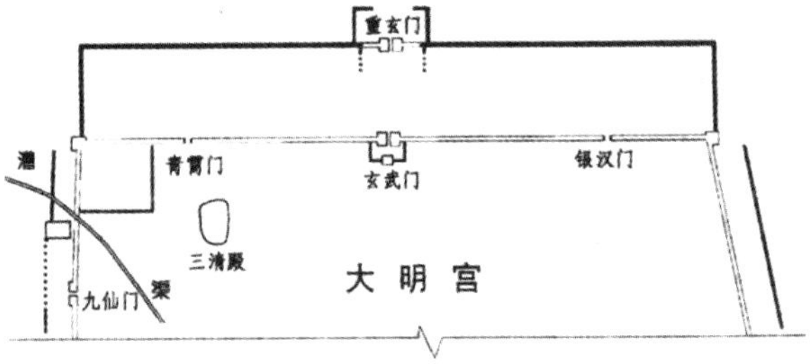

图 4.49 唐大明宫玄武门平面图

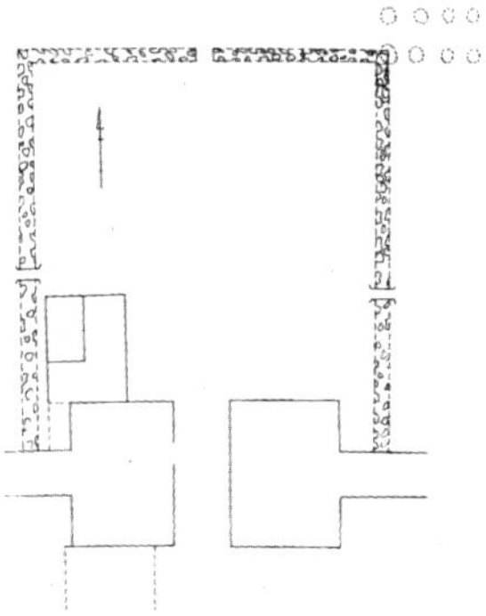

图 4.50 上京城宫城南墙西门

4.4.2 渤海上京城城防与同时期东亚都城城防比较

上京城的城防与唐长安城和洛阳城、高句丽时期的安鹤宫、日本奈良时期的平城京和平安京的城防在城门形制、城墙形制以及其他城防设施等方面有很多值得探讨的异同点，将其进行比较研究，可以更清晰地了解上京城具有的城防特征。

4.4.2.1 城防体系比较研究

由于不同区域的地理位置、政治环境、气候条件、人文风俗等因素的影响，城市防御体系的具体构成要素略有差异，现将当时东亚几个主要都城的不同防御体系构成要素进行比较（表 4.13）。

表 4.13 东亚主要都城防御体系分析

都城名称	都城制	城墙	城门	护城河	瓮城	角楼
唐长安城	宫城、皇城、郭城重城布局	夯土版筑	12 个郭城门、7 个皇城城门，8 个宫城城门	郭城外 3 米处，宽 9 米，深 4 米	玄武门有瓮城	有角楼
唐洛阳城			12 个郭城门，7 个皇城城门，7 个宫城城门	郭城外有护城河	—	城墙四角有角楼
高句丽时期安鹤宫	宫城布局	土石混筑	城门 6 个	无护城河，在东西两墙外有自然水渠	无	城墙四角有角楼（复原）
日本奈良平城京	宫城和郭城布局	无外城墙、宫城墙为土墙	外城城门 1 个、宫城城门 11 个	城外有城壕	—	—
日本奈良平安京			外城城门 1 个、宫城城门 14 个	外城外有城壕	—	—
辽中京城	宫城、皇城、郭城布局	土墙	已知郭城城门 1 个、皇城城门 1 个、宫城城门 3 个	—	外城有瓮城痕迹	宫城、郭城有角楼
渤海上京城	宫城、皇城、郭城布局	土筑、石筑、土石结合	外城城门 10 个	宫城、外城墙外有护城河	无	城墙四角有角楼

分析表 4.13 可以看到，在都城总体布局的防御性方面，除高句丽安鹤宫是只有宫城没有郭城外，其余六座都城采用的都是郭城内置宫城的重城制布置模式，且宫城在郭城的北部，这种布局模式增强了宫城的整体防御性。

在城防构成要素上，这七座都城共同设置的城防要素包括城墙、城门、护城河和角楼。其中唐长安城和辽中京城的郭城设置了瓮城，辽中京城的皇城城门设置了马面。由此可见，虽然城防构成要素多样，但并不会全部防御要素同时出现在一座都城防御体系中，这可能与城防体系发展、城防和筑城结构重点有关，此外，与当时的政治因素也会有一定的关系。

上京城的城防特殊之处就在于，在宫城和郭城城墙外分别设置了护城河，而其他几座都城只有郭城外设置了护城河。这种两道护城河的形式也见于渤海东京城。但这并不是渤海国特有的防御形式，早在春秋时期江苏武进淹城遗址中，就显示有子城、内城、外城的三城三壕的体系（图 4.51）。这种几重城制就设几重护城河的布局形式，提高了都城的防御性，尤其突出了宫城的重要防御地位。 由于上京城的皇城城墙采用的是其上覆盖屋顶的形式，防御性较差，因此也降低了整个宫城的防御性等级，而在宫城外多设置一圈护城河的做法，恰好可以弥补这一缺点。

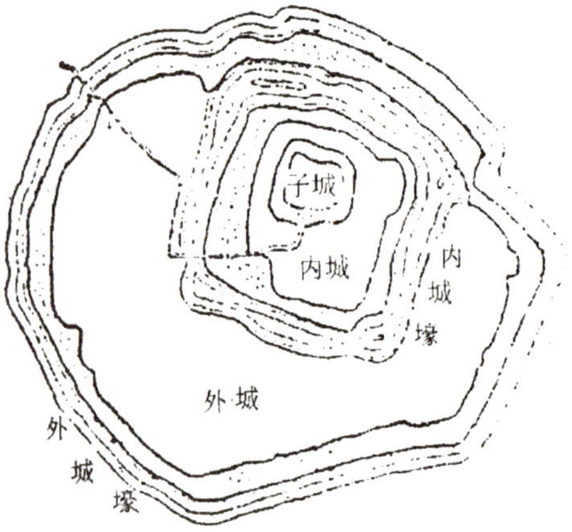

图 4.51 江苏武进淹城遗址

通过以上的分析可以得知，上京城的防御体系主要参考唐代长安城和洛阳城，但在具体的城防要素的构造或是形制上又有独特的特征，这既有同时期邻国的影响，又有对同地区不同时期建筑经验的借鉴，更有自己独创的特色。

4.4.2.2 城门

城门是都城防御体系的重要组成部分之一，也是相对比较薄弱的环节，于是形成了瓮城、城厢、羊马城等多种与城门相结合的防护设施。城门自身也采用了较为坚固的构造处理方法，包括厚重的门墩、双重门制、增加悬门等。这些与城门密切相关的要素，在当时东亚地区都城建设中都有体现，而上京城的城门制度也非常有其特色，其中城门和城墙是最典型的代表（表 4.14）。

通过表 4.14 可以初步得出以下几个结论：

（1）唐代两座都城的郭城采用的是十二城门制，即四面郭墙各开三门，严格执行了《考工记·匠人》王城的“旁三门”制度。上京城采用的是十城门制（北墙东部多开一门），即在郭城的南北墙上各设置三座城门，东西向各设置两座城门，且城门两两相对，这是唐代州府一级城门制的体现。日本两座都城城门形制比较灵活，其中平城京的十一座城门分布更是不均等，且城门并不相对，平安京虽然城门两两相对，但城内的街道并非直通，而两座都城的郭城采用的是开放的布局形式，并未见城墙，只是在郭城的南向设置了限定性的南墙和城门，可见日本都城更注重的是宫城的防御性。安鹤宫则属于宫城的性质，城门的布置更灵活。这说明在城门等级制度上，中原地区的都城和直接受中原文化影响的上京城都较为严格地遵守城门等级制度，而较为边远的地区则结合自己的情况进行了灵活运用。

（2）城门形制。唐代都城采用的是门道式城门制，日本奈良两座都城和安鹤宫则完全采用的是楼阁式城门制。而上京城城门制最为丰富，包括门道式城门和楼阁式城门两种形式，并且创造了

表 4.14 东北亚都城城门比较研究

都城		城门数量	城门位置	城门形制	门道数量	门墩构造	门阙
唐长安城	宫城	9	南面4门、东面1门、西面2门、北面2门	门道式	—	土筑城门	承天门有门阙
	皇城	7	南面3门，东、西两面各2门		含光门三门道	—	—
	郭城	12	每面各3门		明德门五门道，春明门一门道，其余各门三门道	土筑，外皮包砖	—
	大明宫	11	南面5门、东面1门、西面2门、北面3门	门道式	丹凤门五门道，其余一门道	土筑，外皮包砖	—
唐洛阳城	宫城	6	南面7门、北面1门、西面2门	门道式	单门城门、三门道	土筑	应天门有门阙
	皇城	6	南面3门、东面1门、西面2门		皇城南垣西门三门道		—
	郭城	12	每面各3门		已知均为三门道		—
渤海上京城	宫城	4	南墙正中3门，北墙1门	门道式、楼阁式、门道和楼阁结合式	宫城正南门二门道、其余一门道	土石砌筑、石砌筑两种	无门阙
	皇城	3	东、西、南面各1门		三门道		
	郭城	11	南面3门，东、西各2门，北面4门		郭城正北门、正南门三门道，其余一门道		
高句丽安鹤宫		6	南面3门，其余每面各1门	楼阁式	—	无门墩	无门阙
日本平城京	宫城	10	南面3门，北面1门，西面3门，东面3门	楼阁式城门	—	—	无门阙
	郭城	1	南墙正中1门				
日本平安京	宫城	14	东西面各4门，南北各3门	楼阁式城门	—	—	朝堂院门为门阙制

独特的门道和楼阁结合式城门制。这种城门形制的差异恰好说明了两个问题：一，虽然唐代都城采用的是门道式城门，但楼阁式城门却是其他三个地区通用的一种城门形制，这体现了在核心文化区以外，地理位置接近、文化交流往来频繁的区域之间，建筑文化更为相似。二，渤海作为三者文化的汇集地和中转站，不同形式的建筑文化在这一地区融合、碰撞，并最终进行整合后，会产生一种全新的建筑文化，而上京城独特的楼阁与门道式城门正是建筑文化整合的一种表征。

需要说明的是，上京城、长安城和洛阳城的门道式城门都遵守城门等级制度，即都城主要城门采用三门道制，州郡主要城门采用双门道制。但上京城城门采用的三门道制其具体形式与唐代都城城门有所不同，该城门形制的特点在后文有分析。

（3）门墩的砌筑方式。唐代都城城门的门墩采用的都是夯土版筑外皮包砖的形式。上京城的城门门墩有两种砌筑方式：纯的石块砌筑和土石结合的砌筑，这和当地盛产石材密切相关，这种门墩构筑形式的牢固性和防御性明显高于前者。

（4）门阙城门制的变异。

唐洛阳城应天门（图 4.52）、唐长安城承天门以及日本平安京朝堂院宫门（图 4.53）采用的是门阙城门制，这种门阙做法盛行于汉代和六朝时期，用于都城最重要的城门，等级极高，发展到隋唐时期出现了门阙分置的形式，形成了“凹字形”平面（图 4.54），并成为主要城门的一种定制。上京城宫城正南门采用的门道与楼阁结合的城门形制（图 4.55），其实也可以看作是门阙式城门的一种变异形式，即将中央的门墩及其城楼看作是“门”，两侧的小城门及上部的建筑则看作是“阙”，形成左右两阙夹楼的形制。虽然没有形成“凹”字形的空间模式，但中央门楼的两侧城门也起到了突出城楼主体形象的作用。

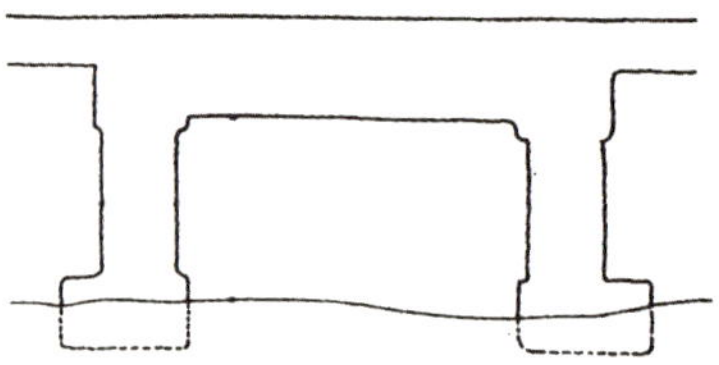

图 4.52 唐洛阳城应天门

图 4.53 平安京朝堂院宫门

4.4.2.3 城墙

城墙是都城的防御重点之一，包括城墙的高度、宽度、砌筑方式以及城墙上的设施，如雉堞、角楼和突出城墙的马面等。根据现有的考古资料将这几座都城的城墙状况进行整理比较（表 4.15）。

从表 4.15 可以看出这几座都城城墙有以下几点特征：

（1）城墙的形制。为了加强宫城的防御性，这几座都城几乎采用的都是郭城城墙、皇城城墙和宫城城墙的三重城墙制，只有日本两座城墙采用的是宫城城墙的一重城墙制，这与地区间的战争频繁性和统治者的防御心理有很大的关系。

图 4.54 敦煌第 9 窟晚唐壁画门阙

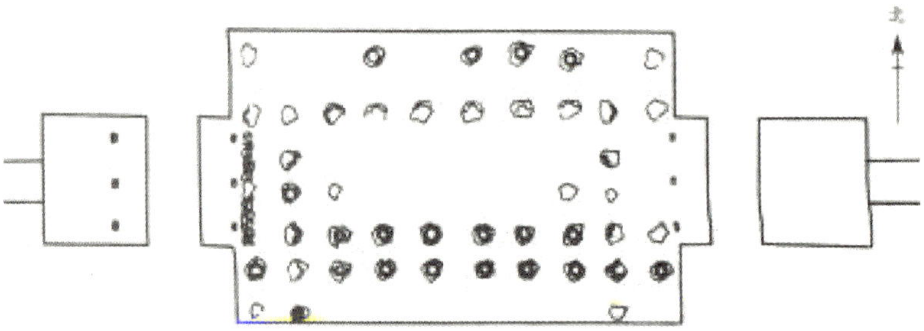

图 4.55 上京城宫城正南门

表 4.15 东北亚主要都城城墙情况分析

都城	城墙基本情况	其他设施
唐长安城	宫城城墙（皇城城墙）：夯土版筑，城基厚 14 ~ 18 米，城墙厚 10 米左右，高度 10 米以上，城墙分基础和墙体两部分，墙体位于基础中间，比基础窄 1.5 米	雉堞、角楼
	外城城墙：夯土版筑，墙基厚 9 ~ 12 米，高度在 5 米左右	
唐洛阳城	宫城城墙：夯土砌筑，墙壁内外砌砖，墙基厚 15 ~ 16 米，顶厚 8.64 米，高度 14.4 米左右，坡度 3.2 收 1	雉堞（推测）
	郭城城墙：夯土砌筑，城墙高 5.4 米，底厚 5.4 米，顶厚 3.6 米左右	
渤海上京城	宫城城墙：底宽 4.7 米，残高 2.5 米，两侧城墙向中央倾斜 8°42′，玄武岩石砌筑，黄土填充，两侧有黄沙土护坡，基础宽 6 米，深 1 米，分两层砌筑，最下层为河卵石层，其上为玄武岩石层，高出基槽 0.4 米	角楼遗址
	皇城城墙：基部宽 1.6 ~ 1.7 米，残高 0.2 ~ 0.6 米，玄武岩石砌筑，中部填充小石块和黄黏土，两侧有护坡	角楼遗址
	郭城城墙：土石砌筑而成，分内外两层，中间多由碎石和黄土填充，外砌玄武岩石块，部分墙体有夯土基础	
高句丽安鹤宫	土石混筑，墙基宽 9 米，城墙中间夯土砌筑，两侧石垒筑，逐层内收形成阶梯状，高 4 米左右	角楼
辽中京城	外城城墙：墙基宽 11 ~ 15 米，残高 4 ~ 6 米 皇城城墙：墙基宽 13 米，残高 5 米，土筑	瓮城、角楼
日本平城京	宫城四周有覆瓦土墙，高约 5 米	—

（2）城墙的结构形式。其可以分为两种：一种是可以上人的、防御性较高的城墙，既有利于攻，也有利于守，这是中国古代城墙的通用模式，唐代都城采用的都是这种城墙形式。另一种是围合式，限定性、防御性较差的城墙，在城墙的顶部立木构件并覆瓦。这种城墙形制的文献记载最早见于《洛阳伽蓝记》中“（永宁寺）寺院墙皆施短椽……若今宫墙也”。具体形式见于高句丽古坟壁画中（图 4.56），实物见于朝鲜半岛李朝时期的景福宫（图 4.57）、昌德宫的宫城城墙，这种城墙只能防不能攻，这就降低了城墙的防御性。

（3）城墙的砌筑方式。其分为两种：一种是夯土砌筑，这是中国古代城墙常用的一种砌筑形式，唐代两座都城、辽代中京城以及日本两座都城城墙采用的都是这种砌筑方式，这说明了夯土城墙的普遍性。另一种是土石结合的砌筑方式，这种砌筑方式在中国早期边城中常见，这种城墙的砌筑方式与当地盛产石材有关，这种墙体较之素土版筑墙更加坚固、防御性更强，高句丽都城和渤海上京城采用的都是这种方式，具有明显的地域性色彩。

城墙的护墙形式主要包括三种：第一种是砖包壁，这种形式出现于东晋时期，最初只用于城门和城角等要害部位，后逐渐演变为城墙整体包砖，并在隋唐时期逐渐推广。砖包城墙提高了墙体整体稳定性，有效防止了土墙被雨水冲刷后的滑坡可能性，唐代洛阳宫城和皇城城墙内外全部采用砖包壁形式。第二种是保持墙体砌筑原状，高句丽都城城墙几乎采用的都是这种方式，上京城郭城城墙和皇城城墙采用的也是这种形式。第三种是采用白色墙皮形式，即在墙体外侧涂一层白灰抹面，上京城宫城采用的就是这种形式。

（4）城墙收分。除日本两座都城城墙收分状况不明外，其余几座都城的城墙都有一定的收分，只是收分的坡度不同，唐都城城墙采用 4:1 收分，渤海上京城采用 10:1 左右收分，这与使用的建筑材料有一定的关系。

（5）城墙角楼。为了提高城墙的防御性和攻击性，几座都城的城墙上设置了角楼（日本两座都城资料不全面，不能判断），即将城隅部分的城墙加厚、突出城面，砌筑成墩台的形式，其上建角楼，这正是为了满足保护城角安全的需求。同时文献记载唐代都城和上京城的城墙上有雉堞，而高句丽城墙上也有类似雉堞的防御性设施，这为有效打击攻城敌人提供了庇护场所。

通过上述的分析可以看出，上京城的城防体系主要参考唐代两座都城，但在具体构造处理和细节问题上，在体现东北亚地区城防体系的同时，也形成了具有自身特征的特性。都城的整体防御性在当时的区域范围内相对较为完备，等级也比较高，仅次于唐代两座都城，可见当时渤海国的繁荣程度以及当时的城市建设技术水平是相当高的。

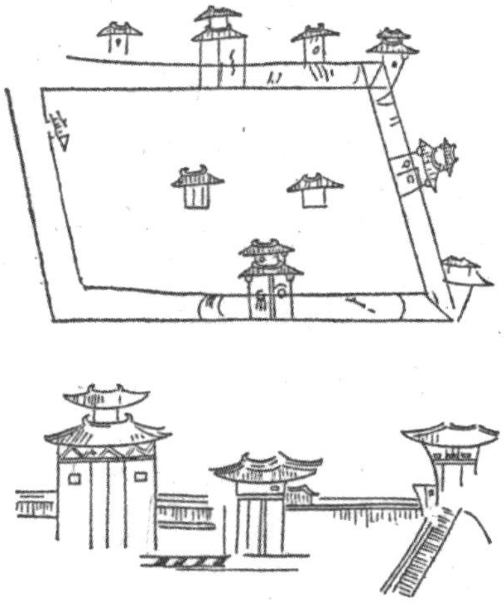

图 4.56 高句丽古坟壁画城墙形象

图 4.57 韩国景福宫城门

4.4.3 遗址所反映的城门类型

渤海上京城经过几个阶段的考古发掘，共发掘了八座城门，其中四座是郭城城门，一座是皇城城门，三座是宫城城门（图 4.58）。

对于上京城城门类型的研究，陈涛，李相海在《渤海上京龙泉府城门建筑初探》一文中，将其分为两大类：“I 型城门建筑其做法特点，为门址中央设台基，台基上为木结构的建筑物，根据城门位置的不同，其台基的长宽、高度以及台基上建筑的开间、进深各不相同；在台基的两侧，又各设有门道，门道两侧为门墩。II 型城门建筑特点为单门道城门，门道两侧设门墩，门道宽度一般在 5 米左右。”

为了更加详细地解读上京城城门形制特点，对已知的上京城八座城门进行编号，现将这八座城门的基本状况进行整理分析（表 4.16）。

通过表 4.16 的整理可以看出几点信息，其一，上京城的城门类型可以分为三种形式：门道式城门、楼阁式城门和门道与楼阁结合式城门（图 4.59）。宫城中轴线上的城门除郭城正南门外，宫城正南门、皇城正南门、郭城正北门都是楼阁式城门的形式，这一点与唐代都城门道式的城门制有很大不同。其二，中轴线上主要的城

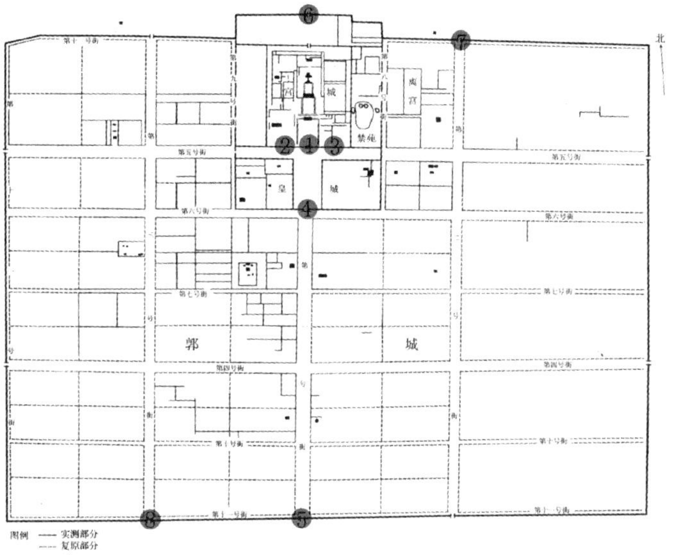

图 4.58 上京城城门编号示意图

表 4.16 上京城八座城门基本情况分析

名称	城门性质	基本情况	门道数	门墩	城门类型
1 号门	宫城正南门	由中央墩台和东西两侧门组成	双门道，砖铺路面	中央门墩和两侧门墩呈长方形，由含沙黄黏土和碎石夯筑	门道与楼阁结合式
2 号门	宫城城门	由一个门道和两侧门墩组成	单门道，玄武岩铺路，用小石块填缝，门道以碎石为基础	门墩南北长方形，玄武岩砌筑，内填黄土与碎石	门道式城门
3 号门	宫城城门	假门	—	—	—
4 号门	皇城正南门	一单栋建筑，础石上面阔 7 间，进深 2 间	台基上建筑形成三门道	—	楼阁式
5 号门	郭城正南门	由中央正门、东西两侧门以及连接墙组成	共三门道，中间门道铺石	中间门墩呈长方形，由大理石砌筑而成，两侧门墩由自然石砌筑	门道式
6 号门	郭城正北门	由中间正门、东西两侧门以及连接墙体组成，中间面阔 5 间，进深 4 间	三门道，两侧门道铺石，以大石为主，中间夹有小石	中央门墩、两侧门门墩由自然石堆砌	门道与楼阁结合式
7 号门	郭城北墙城门	由中间门道和两侧墩台组成	单门道，黄沙土铺路	门墩呈长方形，玄武岩石块砌筑	门道式
8 号门	郭城南垣东门	由一个门道和两侧门墩组成	单门道，地基是用黄土夯筑，埋深 1.2 米左右，表面未见铺石	门墩有台基，且呈长方形，石块砌筑	门道式

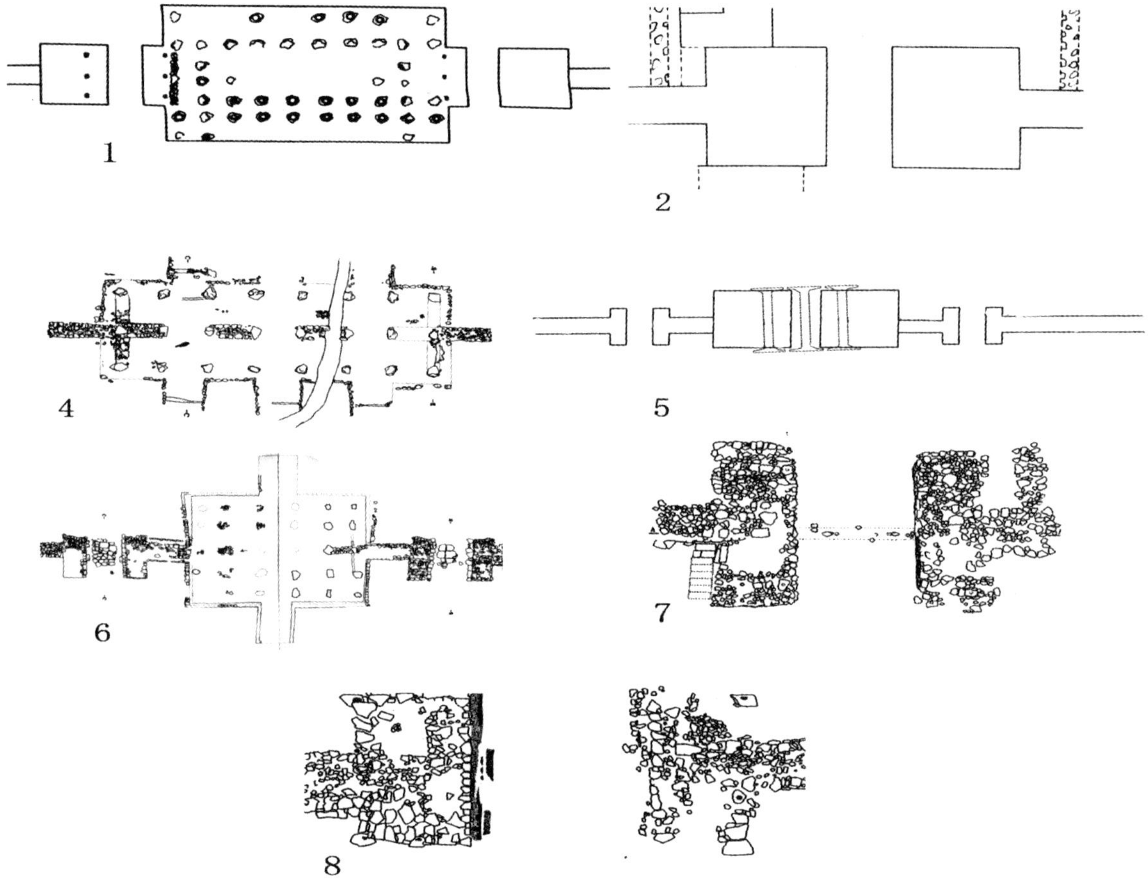

图 4.59 上京城城门遗址平面

注：图中序号 1~8 对应图 4.58

门采用的都是三门道形制，只有宫城正南门采用双门道形制，其他位置的城门采用的都是单门道城门。但上京城采用的三门道形制与唐都城长安城和洛阳城采用的三门道形制有明显的不同。唐代都城的三门道城门，中央门道为御道，两侧门道为一般百姓所用通道，左出右进。而上京城郭城正北门采用的是楼阁和门道结合的形式，这么做的原因可能是由于上京城在当时相当于州府的地位，唐代规定州府的正门最高级别为双门道。这样从门道式城门来看，采用的还是双门道式，但其实是三门道形式的一种变形，也就是说，既保证了不越规定，又保证了自身的地位象征。

4.4.3.1 门道式城门

门道式城门，是以门道为中心，门道的左右两侧设置门墩，门墩之上建木构架城门建筑。门道式城门是唐代城市采用的主要城门制，也见于唐代敦煌壁画中。依据门道的数量可以分为单门道、双门道、三门道、四门道和五门道几种形式（图 4.60），其中前三者较为常见，而后两者在敦煌壁画中仅见一例。已知的唐代都城城门遗址主要包括三门道城门、单门道城门、五门道城门三种形式（图 4.61）。

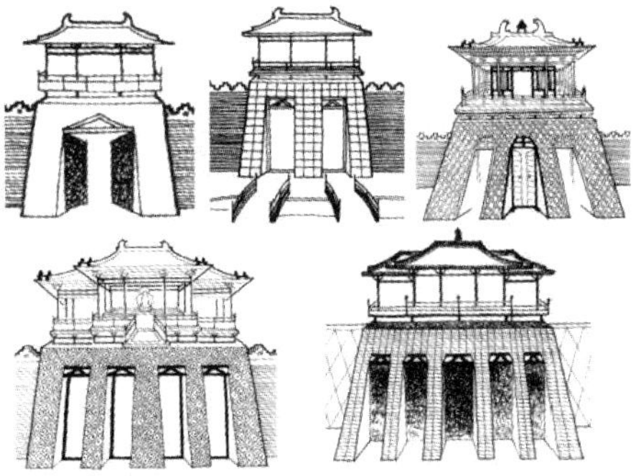

图 4.60 唐敦煌壁画中门道式城门

城门形制有一定的等级制度要求。三门道城门是汉唐都城和宫城通行的城门制，中间一门道是御道，也称为驰道或中道，是皇帝专用的通道，旁边两门道供其他人所用，且左出右进。隋唐都城长安城和洛阳城主要城门采用的都是三门道形制，最高等级五门道城门只见于唐明德门和大明宫丹凤门遗址。双门道城门限定用于州府城的子城正门处，也是左出右进。如唐郑吉《楚州修城南门记》记载：“划为双门，出者由左，入者由右。”单门道城门主要用于郡县城门以及都城的次要城门，如唐大明宫的玄武门、左右银台门等。

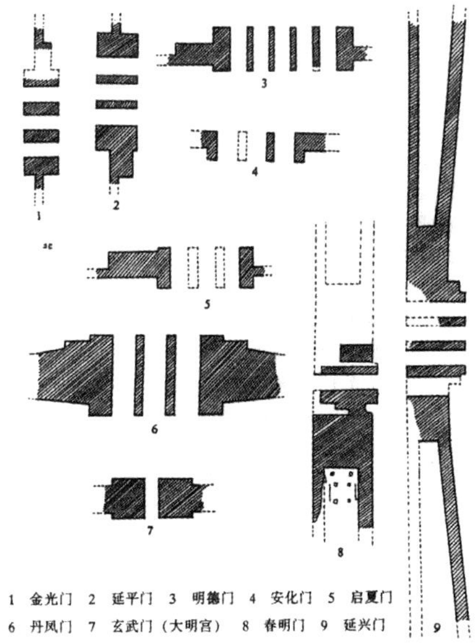

图 4.61 唐代都城城门遗址

根据表 4.16 可知，上京城门道式城门分为单门道城门、双门道城门和三门道城门。其中单门道城门采用的是唐宋时期典型的城门形制，即由中央门道和两侧门墩组成。从墩台的承重结构来看又可以分为门墩承重式城门，如宫城南墙西门，门墩和永定柱共同承重式城门，如郭城北墙东门（图 4.62）。双门道城门只有宫

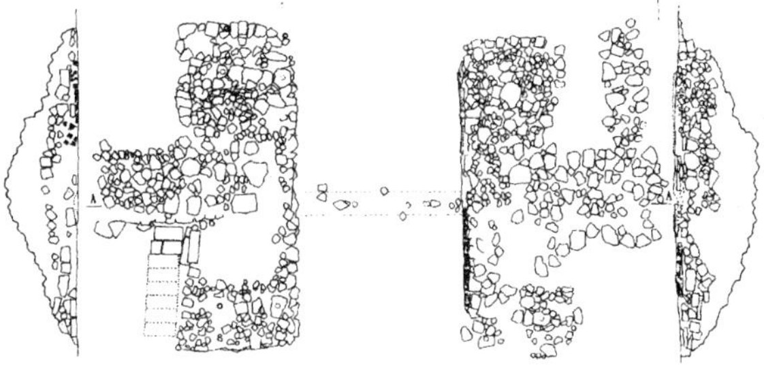

图 4.62 郭城北墙东门遗址

城正南门一侧，这将在下一节进行分析。

郭城正南门为三门道城门。但郭城正南门与唐宋壁画和唐代都城遗址中发现的三门道式城门有明显的不同。将唐长安城三门道城门金光门、延平门（图 4.61）和上京城郭城正南门遗址进行对比，发现有几点不同：一是长安城的三门道城门遗址由四座门墩和中间三个门道组成，且三个门道是连续的，没有主次关系，门道之上为一座建筑；上京城郭城正南门由三个独立的门道和三者之间的联系墙体组合成，中间门道是主要城门，而左右两侧是次要城门，三个门道之上应该各有一座建筑，且三者之间没有联系。二是登城楼的慢道处理方式。在已知的唐长安城遗址中，发现很多城门门基内侧的城墙加宽一段，如延平门、金光门等，学者推断其为“慢道”。而从上京城已知的几座城门遗址来看，仅在外郭城的东侧门门墩的一侧发现有上门楼的石制台阶（图 4.62），推测应该是 L 形的“慢道”，这与长安城一体式直线的“慢道”有所不同。

从城门楼的承重结构来看，上京城城门分为两种形式：一种是门墩承重，一种是门墩和永定柱相结合承重。其中门墩承重是门道式城门普遍采用的一种结构，从现有的唐代城门遗址来看，采用的都是这种承重结构。第二种承重结构可能与当时的建筑技术水平有关，门墩之上建造一座规模较大、有气势的建筑，采用单一的门墩承重，上京城当时的结构技术还达不到要求，故采用了永定柱来提高承载力，这是非常可行的一种方法。这种是类似于古代高台的一种做法，即低层采用永定柱来承载上层建筑的荷载，但这种处理方式的缺点在于承载力较小且有火灾隐患，而上京城采用的这种门墩和永定柱结合的方式则恰恰弥补了这一缺点，这可能是从永定柱承重向土石承重的一种过渡形式。总之，从目前的考古信息来看，用永定柱来提高门墩的承载力的方法是当时渤海国普遍采用的一种承重结构，也可能是一种特有的结构形式。

4.4.3.2 楼阁式城门

楼阁式城门，是从城门的平面布局和城门的外观形态两方面定义的。这种门楼往往作为宫殿建筑群的殿门或是寺庙的山门，如辽代独乐寺山门（图 4.63）和日本奈良法隆寺中门（图 4.64）。而作为都城或是宫城的城门形制，在唐代遗址或是壁画中未见体现，仅见于朝鲜半岛高句丽时期安鹤宫宫城城门、李朝时期昌德宫敦化门（图 4.65）以及日本平城京的朱雀门（图 4.66）等。这种楼阁式城门与门道式城门的显著不同点在于，城门建立在低矮的台基之上，台基上布置了础石，且础石之间有作为承重或是分割用的墙体或木板。楼阁式城门与城门遗址信息分析见表 4.17。

表 4.17 反映了几点信息：其一，这种城门的平面布局以分心槽式殿堂型平面为主，即在中间一排柱网上安置城门和分割的墙体，两尽间柱网之间设置承重或是分割用的墙体或木板。其二，外观形态有单层和楼阁两种形式，以楼阁形式为主。其三，从城门的性质来看，以宫城城门和皇城城门为多，不见单独用于郭城城门。

图 4.63 独乐寺山门

图 4.64 法隆寺中门

图 4.65 昌德宫敦化门

图 4.66 平城京复原朱雀门

表 4.17 东北亚地区楼阁式城门比较分析

名称	时间 / 地点	城门性质	平面形态	外观形态
安鹤宫宫城城门	朝鲜半岛高句丽时期	宫城城门	分心槽式，南侧三门面阔 7 间，进深 2 间；其他三面城门为面阔 5 间，进深 2 间	（复原）楼阁式
平城京朱雀门	日本平城京	宫城城门	分心槽式，面阔 5 间，进深 2 间，中间一排柱网上安置城门和墙体，两端柱列之间设置木制隔墙	（复原）楼阁式
勤政务本楼	唐代兴庆宫	宫殿城门	面阔 5 间，进深 3 间，中间两排础石上设置厚实的承重墙和城门，两端础石之间设置墙体	（复原）楼阁式
昌德宫敦化门	朝鲜半岛李朝时期	宫城城门	分心槽式，面阔 5 间，进深 2 间，中间一排柱网之间设置板门和分割墙，两端柱列之间设置木制隔墙	楼阁式
独乐寺山门	中国辽代	寺庙山门	分心槽式，面阔 3 间，进深 2 间，中间一排柱网之间设置墙体，两端纵向柱网之间设置墙体	单层建筑
法隆寺中门	日本奈良时期	寺庙山门	面阔 4 间，进深 4 间，第二排柱网之间设置板门	楼阁式
上京城皇城城门	渤海国时期	皇城城门	分心槽式，面阔 7 间，进深 2 间，中间一排础石之间安置承重墙和板门，两端纵向柱网之间设置墙体	（复原）楼阁式

与唐代城门采用的门道式形制相比，楼阁式城门直接建在低矮的台基上，且其上为木构架建筑，较之前者城门建在高大的门墩上，防御性较差。但这种形式的城门往往附加其他的象征意义，皇帝可以亲临门楼，直接俯瞰外郭市井生活的繁荣景象，同时还可以与楼前的市民交谈，是皇帝体察民情的一种方式。同时还兼具一定的礼仪功能，皇帝可以在此观看节日庆典，宴请外国使节，等等。

上京城只有皇城正南门采用的是楼阁式城门形式。虽然不是典型的门道式城门，但也体现了门道式的制度，从遗址来看南北有三个踏道与台基相连，故而也可以看作是“三门道”的一种形式。

4.4.3.3 门道和楼阁结合式城门

门道和楼阁结合式城门的构成形态为：中间门楼是楼阁式建筑，两侧配以门道式城门，这是渤海国独创的一种城门形制，是渤海建筑文化地域性的一种体现。

一方面，这种独创的城门形制体现了核心文化区建筑文化的主导性影响，即对唐代中原地区门道式城门形制的传承，也体现了同一地区建筑文化的兼容性，即对高句丽楼阁式城门制的吸收，这恰好体现了两种不同的建筑文化在同一地区温和碰撞后的整合结果。另一方面，又体现了对等级制度的遵从与巧妙突破。渤海国作为唐代附属国，在城市规划和建筑建造上必然要遵从当时的等级制度，即采用州郡制的双门道城门。但其为了突出独立自主的国家地位，故在双门道城楼的中间加入了一座更加气势磅礴的城楼，既打破了双门道城门的固有形制，又不完全逾越礼制，这正是渤海人的智慧所在。

上京城宫城正南门（图 4.59）和郭城正北门（图 4.59）采用的正是这种形式，但具体处理方式上又有明显的不同。宫城正南门是中央高门墩配左右两侧双门道，但中央门墩之下并不开设城门，是实体的形式，其上建城楼，故也可以看作是双门道城门的一种特殊形式。外郭城正北门则在中间低矮台基上布置楼阁式平面建筑，有可以通行的慢道，左右两侧有高门墩形成的双门道。二者的不同之处在于中央门楼的处理方式，宫城正南门的中央门楼建在高门墩上，且不可通行，郭城正北门中央门楼建在低矮的台基上，是可通行的。前者中央门楼是面阔 11 间，进深 6 间的重檐大殿，后者是面阔 5 间，进深 4 间的楼阁建筑，可见前者较后者更具皇家气势，地位更为突出，形制级别更高，并且作为宫城正南门防御性要高于外郭城正北门，这突出了宫城在都城布局中的军事防御地位。除此之外，门道与楼阁结合式城门和楼阁式城门一样，都具有一定的礼制功能和象征意义，可以作为举行大型朝会、颁布法令、举办庆典的场所。

4.5 本章小结

本章主要对上京城的宫城部分进行分析研究，主要包括宫殿建筑群、园林建筑形制以及城防体系三方面内容。为了更加清晰地了解上京城宫城的自身特点，将其分别与同时期的东北亚同类型的建筑进行比较分析，主要包括日本平城京、平安京，高句丽安鹤宫，统一新罗时期的雁鸭池，唐代太极宫、大明宫以及洛阳宫，发现这一时期的宫城建设在几座都城之间存在明显的相似之处，这说明在隋唐时期唐代核心建筑文化确实对周边地区产生了强烈的辐射效应。但由于具体的气候条件、地理位置条件以及政治因素等多方面因素的影响，这几座城市在具体的形制上又存在一定的差异性。这些不同的形制特征也体现了建筑文化的整合性。

5 渤海上京城主要建筑遗址形制研究

A Study on the Forms of the Main Buildings' Relics in Shangjing, Balhae's Capital City

5.1 上京城宫殿单体建筑复原考证

本节主要对渤海上京城宫城中轴线上的5座主要宫殿建筑群进行复原考证，包括第一宫殿建筑群、第二宫殿建筑群、第三、四宫殿建筑群和第五宫殿建筑（图5.1）。有关这5座宫殿的复原研究，学者们根据当时掌握的考古资料，进行了复原推测。张铁宁先生分别复原了五座宫殿的平面、立面和剖面；杨鸿勋先生也对第四宫殿的平面、立面进行了复原推想。这些都为本文的复原提供了思路。

本节将分别从建筑平面布局、外观形态、内部空间划分和细部构造做法等几个方面内容进行分析研究。

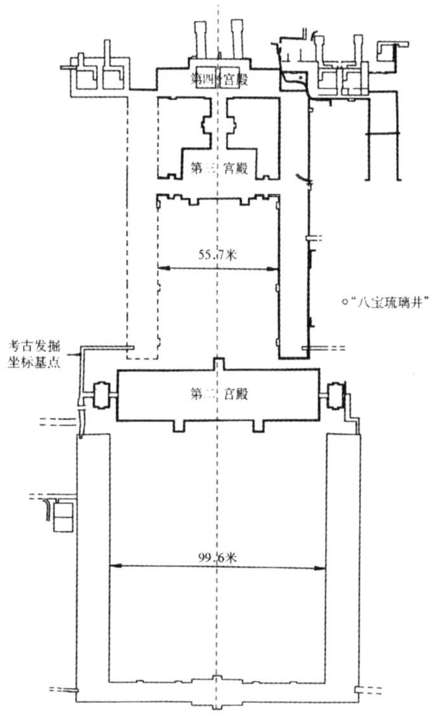

图5.1 宫城中轴线上主要建筑群平面

5.1.1 第一宫殿建筑群形制研究

第一宫殿建筑群作为宫城的外朝部分，是上京城非常重要的宫殿群之一，其主要由主殿、廊庑、北廊和东西掖门组成（图5.2），南北长约200米，东西长约150米，长矩形，面积约3万平方米，是整个宫城中轴线上最大的宫殿建筑群。根据现有的文献资料和考古发掘资料进行分析研究，分别探讨第一宫殿建筑群体的单体建筑形式。

5.1.1.1 主殿相关形制讨论

第一宫殿遗址础石情况较为清晰，南北5排础石，东西12列础石，中间减6块础石，为减柱构造，是中国古代木构架体系中殿堂型构架——金厢斗底槽的地盘结构（图5.3）。同时整理其他主要宫殿遗址发现，这种金厢斗底槽的地盘结构布局是上京城宫殿主要采用的木构架结构形式，如五凤楼，第二宫殿、第三宫殿、第四宫殿也都采用了减柱处理。

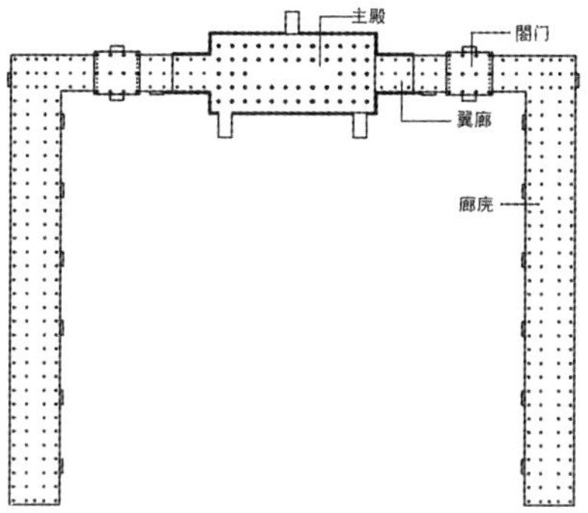

图 5.2 第一宫殿建筑群总平面示意图

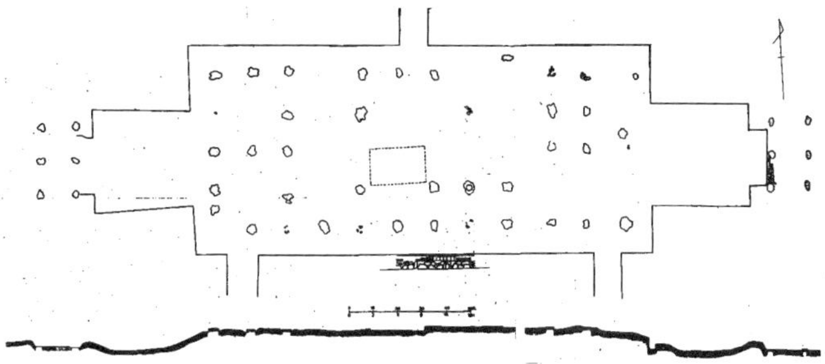

图 5.3 第一宫殿遗址平面图

从第一宫殿现有的遗址平面状况以及往的考古发掘资料来看，主殿没有任何墙体痕迹，因此这里需要对第一宫殿的平面形式进行探讨。中国古代宫殿平面布局形态主要有前出廊、前后廊、三面廊、周围廊以及无廊五种形式。就第一宫殿而言，从础石的排列情况来看，平面面阔 11 间，进深 4 间。从内部空间的开阔性角度来看，如果采用周围廊或前后廊的平面形式，在进深方向上，主殿可以利用的空间只有中间两间，这样纵向的内部空间就显得过于局促，因此排除这两种形式（图 5.4a、b）。其次，从主殿与慢道的连接顺畅性来看，似乎采用三面廊的形式比较合理。但慢道与主殿最近一列柱网的距离有 2 米左右，这样的距离完全能够满足通行使用，主殿没有必要特意留出一间作为通行空间；同时，第一宫殿作为上京城宫城的外朝部分，从其使用性质而言，似乎采用三面廊的形式显得不够庄重，因此排除主殿采用三面廊的形式（图 5.4c）。最后，就第一宫殿建筑组群的整体布局而言，主殿的前方有 3 万平方米的殿庭，是举办皇家大型活动的广场，这就需要第一宫殿的台基上有足够的空间和视线距离进行观赏，但是主殿最外缘的础石距离墩台边沿约 4 米，略显局促。因此，第一宫殿采用前出廊的形式比较合理（图 5.4d），这和张铁宁先生复原的平面形式一致（图 5.5）。

接着来推断第一宫殿可能的外观形态。第一宫殿采用金厢斗底槽的平面形式，可以有单层和楼

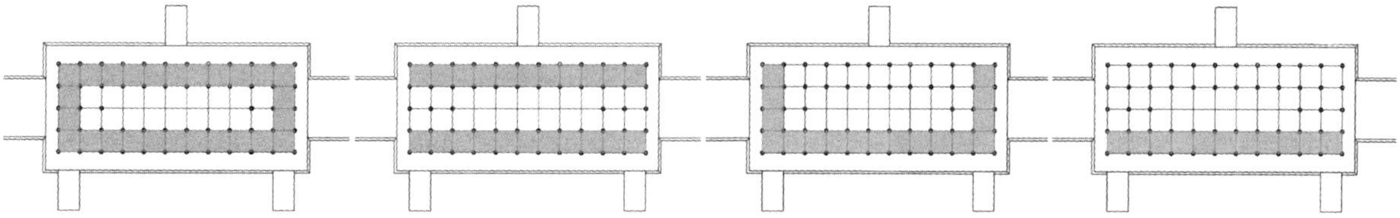

a 周围廊　　b 前后廊　　c 三面廊　　d 前出廊

图 5.4 第一宫殿出廊形式分析

阁两种外观形态。前者见于唐代佛光寺大殿（图 5.6）和日本唐招提寺，后者见于辽代独乐寺观音阁(图 5.7）和日本法隆寺金堂（图 5.8），但二者的建筑开间和进深都不是很大。而第一宫殿是面阔 11 间，进深 4 间、减柱造的大型宫殿建筑，对于这种体量较大的建筑，从整个木构架体系的稳定性角度来看，采用单层建筑形式更为合理。

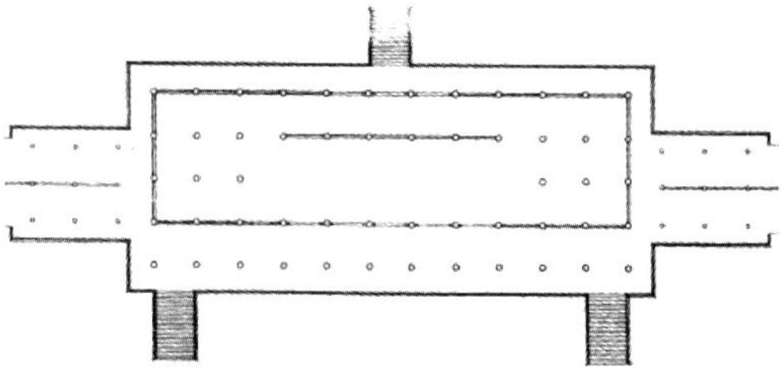

图 5.5 第一宫殿复原图（张铁宁）

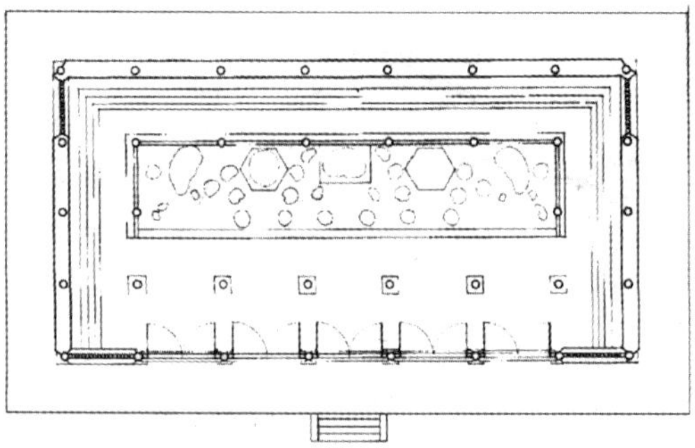

图 5.6 唐佛光寺平、立面图

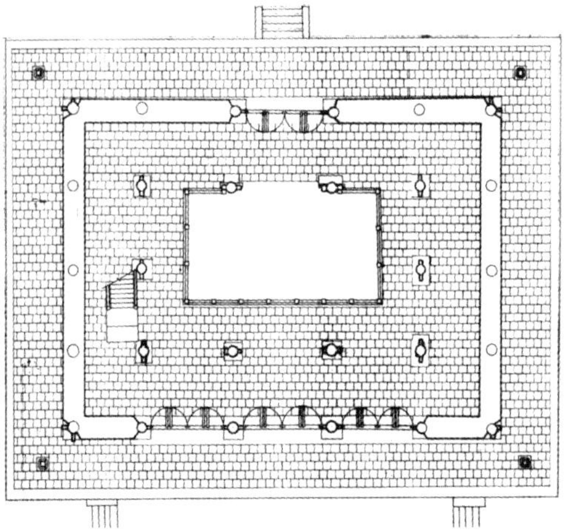

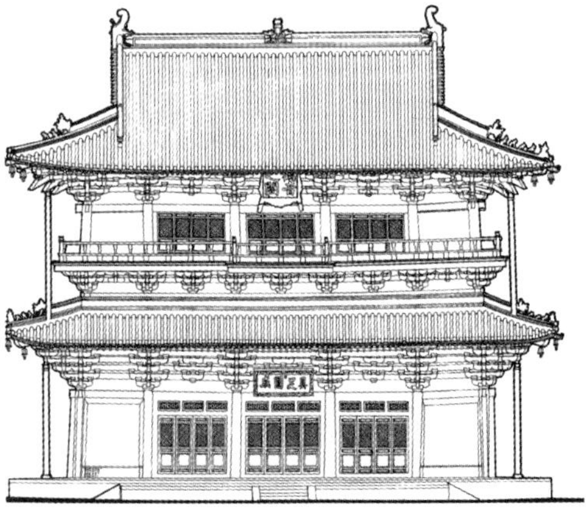

图 5.7 辽代独乐寺观音阁平、立面图

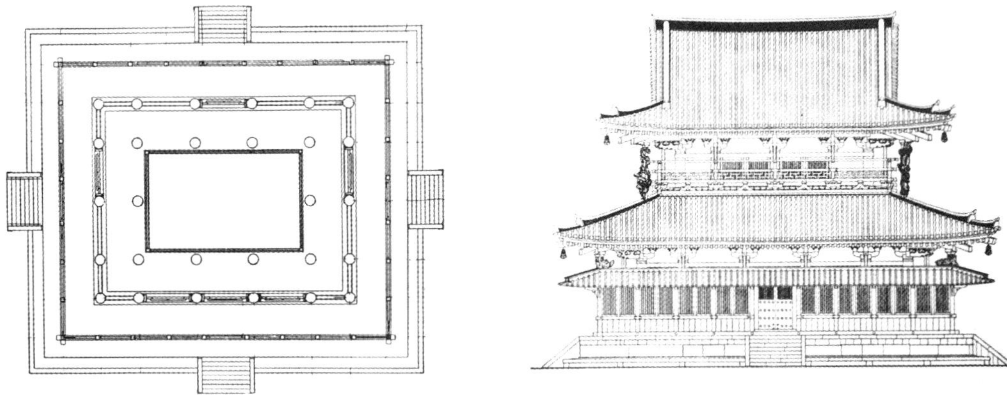

图 5.8 日本法隆寺金堂平、立面图

那么，第一宫殿采用的是重檐还是单檐？这要根据是否有副阶进行判断。唐宋时期带有副阶部分的建筑形态，见于日本法隆寺金堂、宋隆兴寺摩尼殿和唐大明宫含元殿遗址。分析其平面布局可以发现，一般副阶部分的柱子或是础石的尺寸明显小于主殿部分，也就是说副阶的柱径要小于主殿的柱径。而从第一宫殿遗址所反映的情况来看，第一宫殿础石的直径几乎相同。同时，考虑内部空间使用要求，如果第一宫殿采用副阶形式，则主殿只有进深 2 间，这样内部空间显得过于局促，故排除第一宫殿采用重檐的形式。由此推断第一宫殿采用的是单层单檐的外观形态，这与张铁宁先生复原的第一宫殿外观形态一致（图 5.9）。

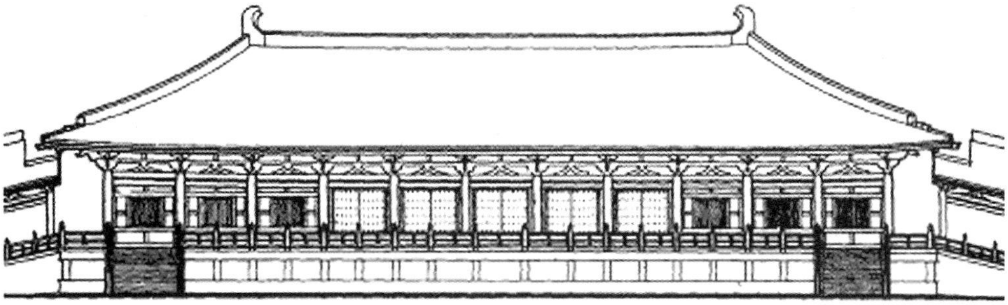

图 5.9 第一宫殿复原立面图

最后，探讨一下第一宫殿的内部空间划分。遗址显示，第一宫殿采用的是古代典型的两阶制，因此相对应而言，殿内空间也可能采用了商、周以来的“堂”“夹”“旁”的格局，即宫殿的东、西和北三面沿墙布置房间，堂位于三者的中间位置，是一种开放性的空间形式，且一般前廊开敞，不设槅扇，而在檐柱间悬挂帷幕作为装饰。但上京城地处寒冷地区，从建筑防寒保暖的角度来说，采用前檐用槅扇的形式可能性比较大。殿的东西两端各隔出一间为东、西序，且二者有门与中间“堂”相连。北部隔出一间，且设一北门与殿北正中北阶的位置相对。除此之外，还考虑在第一宫殿后内朝的位置设有“木框架纸糊或是织物装修的轻质隔断，日本目前还保留有这种唐式的轻隔断或是推拉门的做法”。

5.1.1.2 东、西翼廊

在第一宫殿东西两侧台基的正中间处各延伸一条慢道（图 5.10），其南北两侧界限清晰。这种组合形态也见于第三宫殿建筑遗址。现存慢道与第一宫殿遗址相接的部分，最高高度约 1 米，向东西两侧逐渐降低，与东西回廊相接。并且发现慢道和主殿之间有 0.3 米的空隙，空隙以黄黏土填充，据此可以判断台基和慢道并不是同时建造的。由于慢道遗址破坏严重，未见有础石遗迹，难以判断其上的建筑形制，只能根据其与主殿和周围建筑的关系进行推断。

根据现有的遗址状况来看，慢道的一侧与主殿侧面台基直接相连，另一侧与回廊相连。至于慢道遗址上的建筑形态存在 3 种可能性，试做推断。第一种假设：慢道址上实为楼或亭的建筑形式。唐代主体建筑和其附属建筑之间多相互聚合，形成固定的搭配关系，这种组合关系唐以前就有。三国以来，宫中主殿左右建有东西堂，呈三殿并列的形式，一直沿用到南北朝末期的北齐。这种在主体左右近距离内独立的较小建筑称为“朵殿”。朵殿在宋时称为“挟屋”。隋唐朵殿的相关形象可以从敦煌壁画和文献资料中得到，单说主体建筑和左右并列的朵殿（朵楼）的组合，有独立或以短廊与主体相连 2 种方式（图 5.11）。敦煌 423 窟隋绘弥勒经变佛寺中即画主殿两侧建两楼的形象（图 5.12）。也有主体、两翼都是楼的，可自朵楼上层以飞桥与主体上层连通。唐麟德殿在主殿两

图 5.10 第一宫殿东翼廊慢道

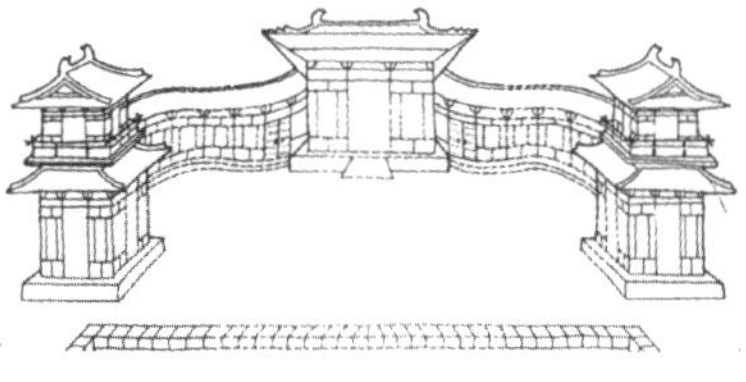

图 5.11 盛唐敦煌第 225 窟壁画

图 5.12 敦煌 423 窟隋绘弥勒经变佛寺

侧对称建东亭、西亭和郁仪楼、结邻楼，也属于这种布置。

第二种假设：慢道址上为斜廊。由于主殿台基远远高于回廊基，一般行廊台基会逐渐升高以接殿基，廊遂成为自两侧向中间升高的斜廊，进而形成飞廊，接于主殿两山檐下，这是主殿与两侧附属建筑组合的另一种形式，斜廊的向上升高趋势大大增强了主殿的宏伟高大感，也恰好限定了封闭的院落空间。这种组合方式在唐宋的绘画作品中记载很多（图 5.13），从发掘平面看，第三宫殿就是采用了斜廊与主体殿堂组合的方式。

第三种假设：慢道为登殿道路，其上没有廊庑，而以连接墙来封闭殿庭。这是渤海上京城第二宫殿建筑群反映出来的（图 5.14），在后来明清故宫三大殿中的太和殿两侧也有类似的组合方式（图 5.15）。

遗址台基两侧土台遗存不高，破坏较严重，现存斜坡状形态及表面没有柱础、墙基遗址等现象，

a 唐李寿墓壁画　　b 初唐敦煌 321 窟壁画　　c 北宋铜镜上的汴梁宣德门图（摹本）

图 5.13 敦煌壁画中飞廊形式

图 5.14 第二宫殿侧面连接墙

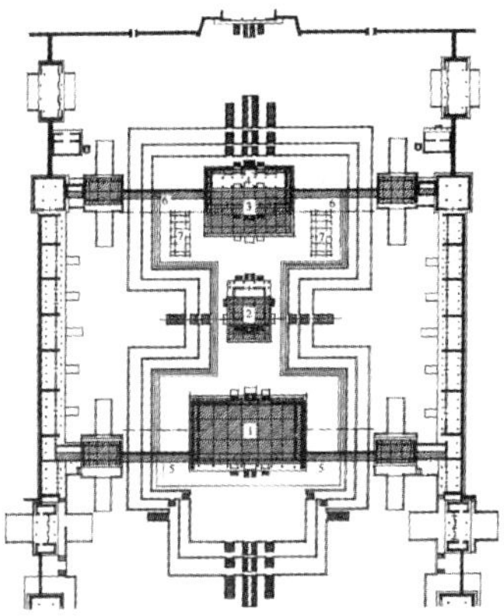

图 5.15 明清故宫三大殿平面图

可能是原有的形态，也可能是后世搬土造成，这都不足以作为判断该建筑址为朵殿或者斜廊的依据。第一宫殿两侧残存土台，应当有相应的建筑遗址，而不仅仅是用墙作为阻隔。另外第一宫殿与两侧门址距离较远，西门东侧（东门西侧）的回廊只有 2 开间，不可能是孤立的存在，所以基本可以排除主殿和墙组合的可能性。综上，将第一宫殿进行复原（图 5.16）。另外绘制第一宫殿建筑群复原图时，按照东西回廊的柱网结构复原慢道上的建筑，发现其开间进深均为 2 间，无法成为一个独立的建筑单元，故此也排除第一种假设。所以最终东西翼廊复原为飞廊的形式（图 5.17）。

关于东西向飞廊屋顶和第一宫殿的衔接关系，从敦煌壁画等绘画作品看，斜廊一般直抵主体建筑屋檐之下，在平面投影上相互重叠，但并不搭接，在空间上具有连贯性。

5.1.1.3 东、西阁门

第一宫殿的东西两侧各有廊道遗址，其中西侧廊道遗址较为清晰，以此为例进行分析说明。廊道遗址右侧第 3 排到第 6 排的础石间距和数量有了明显的变化：第 3 排础石除了和廊道础石对应外，其南北两侧 2 米处各多出一排础石，且础石之间由小石块连接，疑有墙体存在；第 6 排南北两侧础石丢失，疑其布置与第 3 排础石相同；而第 4 排和第 5 排则是纵向 3 排础石，础石与第 3 排和第 6 排的中间、南和北础石对位。这 4 列础石尺寸明显大于廊道址上的其他础石尺寸，且础石所在平面也明显高于两侧廊道地面。推测这里应该是一座有特殊作用的建筑。清代流人张贲在《白云集》就曾记载“殿向南，正中无驰道，东西二阙门”，从遗址的状况和建筑群体功能来看，这两座特殊的遗址平面就应该是“阙门”。

这种主殿东西两侧廊上设置门的形式，称为“阁门”，其意为大门旁的小门，或是宫中的小门，一般布置在主要殿堂或门殿的两侧，是朝臣专用的通道。有关隋唐历史的文字记载中曾提到“乾阳

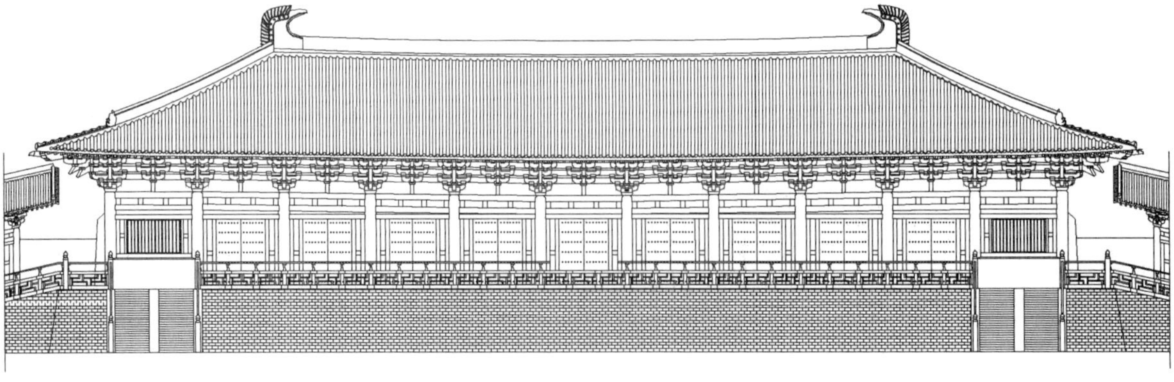

图 5.16 第一宫殿复原立面图

殿东有东上阁……乾阳殿西有西上阁”，这种形式在敦煌壁画中多有体现。

以西阁门为例，面阔 3 间，进深 2 间，是宋《营造法式》中典型的单槽殿堂式平面结构形式。且东西两排边侧础石之间有小石块，这说明东西两边侧础石之间可能有墙体。此种平面形式与辽独乐寺山门相同，山门东西两侧设置墙体，门扇安插在门址中轴线之间（图 5.18）。外观形态采用单层和楼阁两种建筑形式，前者见于独乐寺山门，后者见于日本法隆寺山门。但如果采用楼阁的形式，则阁门总高度与主殿的高度十分接近，故为了更好地突出第一宫殿的主体地位，将其复原为单层建筑形式更为合理（图 5.19）。

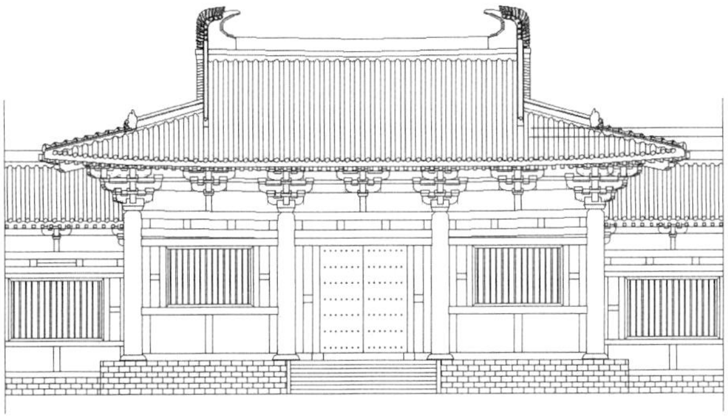

图 5.17 翼廊复原立面图

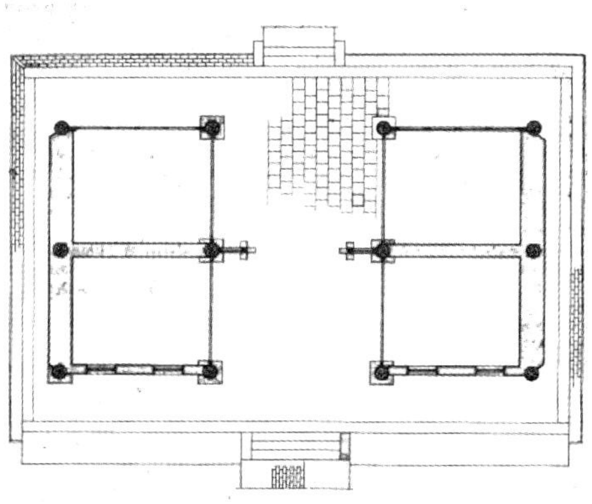

图 5.18 独乐寺山门平面图

5.1.1.4 东、西廊庑

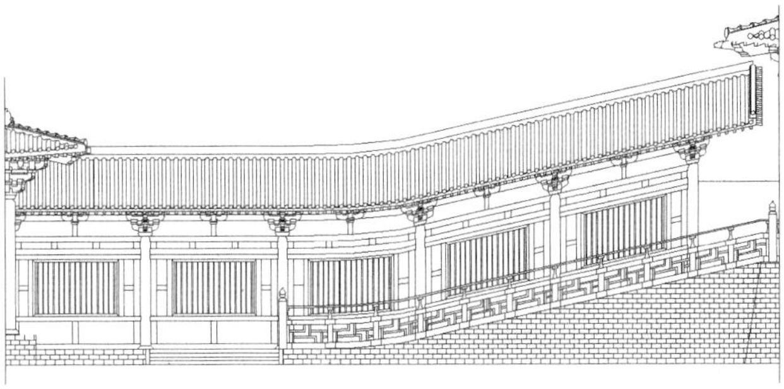

图 5.19 阁门复原立面图

第一宫殿左右两侧对称布置了南北向的廊庑，并与北侧回廊连接，与第一宫殿、东西阁门共同形成封闭的方形院落，这是唐代建筑群的一种平面组合做法。（唐）杜宝《大业杂记》记隋东都洛阳宫殿主殿乾阳殿“四面周以轩廊，坐宿卫兵”，当是防卫作用。（唐）李善注左思《魏都赋》说：“轩，长廊之有窗也。” 中国唐代这样的实例现已无存，最早的实例当推日本奈良法隆寺西院的飞鸟建筑回廊，是外侧装有直棂窗的“轩廊”。廊庑是唐宫殿、园林建筑不可缺少的重要内容。在已发现的唐代建筑遗址中，西安唐青龙寺主院及西院、唐西明寺东院都是由回廊围成的。到目前为止，渤海上京城宫城中轴线上的几进院落已经查明，第一、二、三宫殿建筑群均由周围廊围合成三个大小不同的殿庭，前后串联组成，是现存唐代宫殿遗址中唯一一例柱网关系明确、院落布局清晰的实例，其构筑基本形式和技术当取法唐朝。另外，敦煌壁画中表现的唐代建筑也大多由回廊围合院落，应用广泛。唐长安大明宫含元殿有东西对称的廊庑，约 150 米，和第一宫殿的廊庑有惊人的相似之处。从现有的唐代历史文字记载和遗址发掘状况来看，廊庑有半壁廊、复廊、阁道等形式，形式比较丰富灵活。东西廊庑进深 3 间，中间 1 间较宽，两侧间较窄（图 5.20），总进深达 14 米。

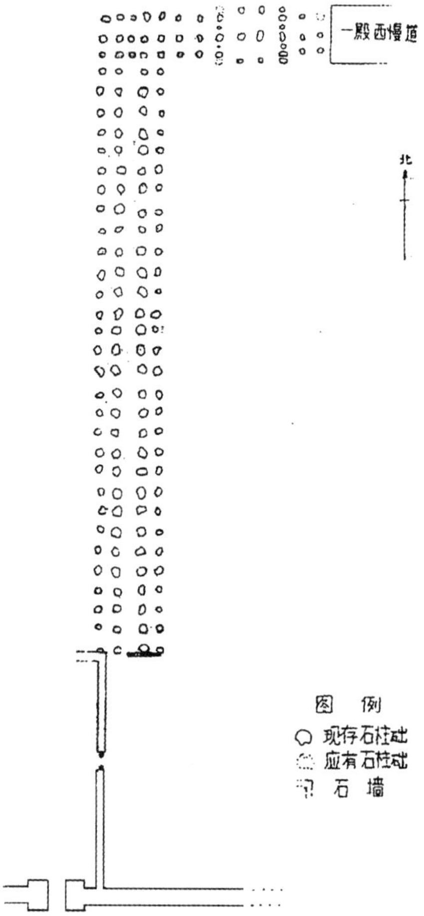

图 5.20 第一宫殿西廊庑遗址平面

就廊庑考古发掘情况来看："以东廊南北向段为例，墙砌在东排础石中间，中间有小立柱……廊内侧没有发现墙的明显迹象。" 据此可知，东西廊庑的最外侧南北向的础石之间布置了墙体，但是廊庑内侧墙体的具体位置不能确定，需要进一步推测。首先，就使用功能而言，东西廊庑作为百官朝前的等待、商议等用途的朝房，采用封闭的空间比较合适；其次，作为大型朝会和其他活动的场所，需要有一定的开敞空间，用作群臣伫立的空间；其三，上京城地区冬季漫长寒冷，从建筑的防寒保暖角度来看，采用封闭的空间形式更为合理。综上所述，推测第一宫殿东西廊庑为前檐廊的形式。

还有一个现象需要说明：廊庑的四排础石，有两种尺寸大小，第 1 排、第 4 排础石的尺寸小于第 2 排、第 3 排础石的尺寸，这样做的原因是什么呢？就外观而言，会是一种特殊的形式吗？即中间部分是较高的单体建筑或是楼阁建筑，而两侧间为副阶或是下檐？经过分析，笔者认为这是由于当时木构件技术不成熟造成的，由于中间一间为 6 米宽，而两侧间为 4 米宽，这种不等开间的形式在上京城宫殿遗址中很少出现，考虑到跨度的因素，推断间广较大采用柱径也大，故认为东西廊庑还是单层单檐建筑外观（图 5.21）。

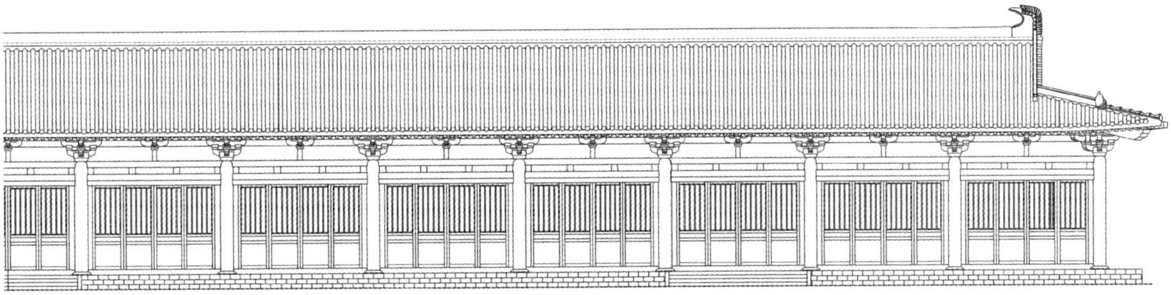

图 5.21 东西廊庑复原立面图

第一宫殿殿庭北部的回廊也应当是封闭的，在其最北一列础石之间有几段白灰痕迹，有可能是墙皮脱落的遗迹，故此推测在北列础石之间曾有墙体存在。

图 5.22 第二宫殿建筑群鸟瞰图

5.1.2 第二宫殿建筑群形制研究

第二宫殿建筑群位于上京城宫城中心，是宫城内最大的宫殿建筑群，由宫殿、阁门、廊庑、宫殿门等组成（图 5.22），其中主殿遗址保存状况较差，很难分辨其具体平面形制（图 5.23），其他建筑部分遗址保存状况较好。现对第二宫殿建筑群体的单体建筑分别进行分析研究。

5.1.2.1 主殿形制分析

第二宫殿台基上的地面破坏严重，础石布置少而凌乱，且大部分已经丢失，很难看出宫殿的平面布局形态（图 5.23）。现参考早期《东京城》和近期的《渤海上京城》相关的考古发掘资料，并进行实地勘测后，对其可能的建筑形式进行大胆的推测。

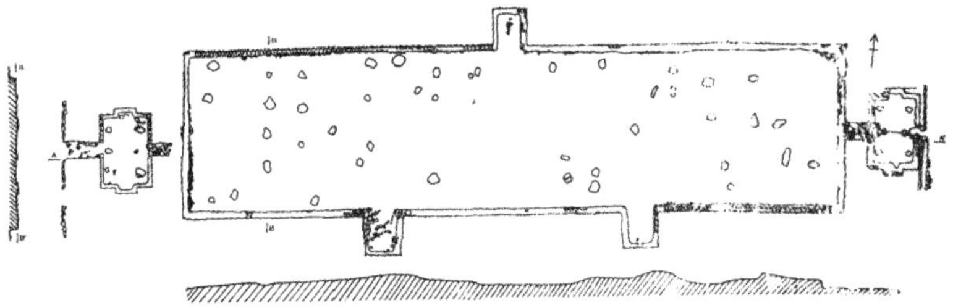

图 5.23 第二宫殿遗址平面图

根据仅有的残留础石情况可以看出，宫殿的础石间距多为 4.5 米，并且台基南北两侧踏道不计散水宽度也为4.5米左右。一般踏道的宽度与础石间距接近，因此将第二宫殿的柱距暂定为4.5米，且纵向和横向柱距相同。其次，结合第二宫殿的台基尺度，台基东西长约92米，东西长约22.5米，以4.5米为柱距，则推测第二宫殿为进深4间，面阔19间的平面布局。这里需要说明的是张铁宁先生在复原第二宫殿主殿的时候，将其复原为进深4间，面阔11间，四周副阶的平面结构形态，也就是说面阔一共13间，进深一共6间（图5.24），这与唐大明宫含元殿遗址相似。这里不讨论哪种平面布局更为合理，只是提出一种可能的平面结构形态。这么大的平面结构，未见于唐代的其他实物或是遗址中，即使等级最高的含元殿遗址也只是面阔13间，进深4间的地盘结构。那么，第二宫殿的平面布局是单体建筑还是建筑群体组合形式呢?

根据现有的遗址情况，笔者推断第二宫殿为单体建筑，具体依据有：首先，参考敦煌壁画，建筑群体组合形式多为中间一主殿、东西两侧配殿，主殿和配殿的台基有一定的凹凸和高差变化（图5.25），而第二宫殿台基在同一水平面上并没有明显的变化；其次，一般主殿和配殿的柱径会有一定的尺度大小差异，但已探明的第二个宫殿遗址的础石尺寸并没有明显的区别；最后，参考宫城中轴线上主要宫殿，可知几乎采用的都是减柱造的金厢斗底槽的平面地盘结构（如第一宫殿、第三宫殿），考虑到宫城建筑布局的序列性以及第二宫殿建筑群作为内朝的使用功能，笔者认为将其复原为金厢斗底槽的地盘结构比较合理。

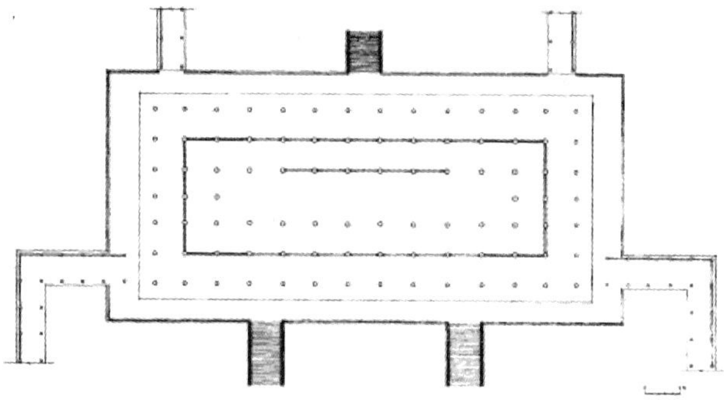
图5.24 第二宫殿复原平面图（张铁宁）

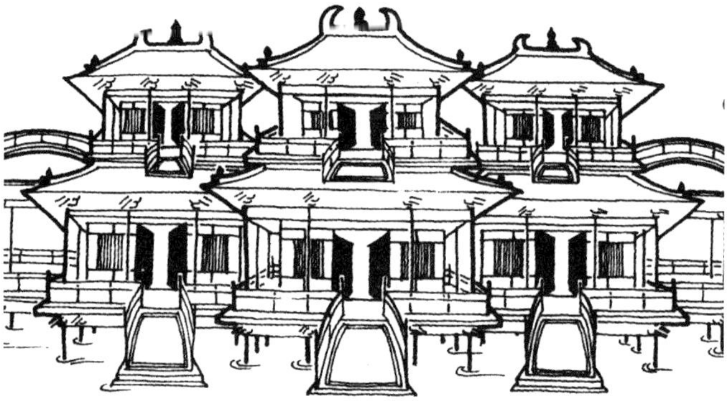
图5.25 敦煌壁画中主配殿的台基形式

第二宫殿遗址上没有任何墙体的痕迹，很难推测具体的平面布局形式，这里仅做简要的分析说明。如前所述，第二宫殿进深4间，考虑到内部空间使用的开敞性，排除较为局促的周围廊和双面廊的形式；同时，第二宫殿东西两侧与墙体直接相连，故排除三面廊；最后，考虑到第二宫殿作为宫城的中朝部分，会定期在殿前广场举行一些大型活动，需要第二宫殿前檐与台基之间有足够的空间，而据实地勘测，发现最南侧础石距离台基边缘只有 3 米左右的间距，略显局促，故以此判断第二宫殿最有可能采用前出廊的平面形式。

需要特殊说明的是，唐代前期建筑技术水平具有一定的局限性，建筑多采用立柱，借助厚重的墙体来保持建筑整体的稳定性（如麟德殿）。第二宫殿建筑体量庞大，且采用减柱造，为了建筑自身的稳定性，笔者将宫殿东西两尽间复原为版筑实墙，所以殿内空间实际使用面积为 17 间。

复原第二宫殿的外观形式需要考虑两点。首先，第二宫殿无副阶周匝，排除重檐的形式；其次，从建筑整体稳定性考虑，采用单层的建筑形式比较合理。故以此推断第二宫殿为前出廊的单檐单层结构形式（图 5.26）。

这里需要说明的是，由于第二宫殿遗址破坏严重，已经很难分辨宫殿的平面布局形态，本书也只是提出了一种可能的宫殿形态。所以这和早些年张铁宁先生复原的第二宫殿有很大的差别。张铁宁先生复原的第二宫殿平面布局面阔 13 间，进深 6 间，外观形态是带副阶周匝的单檐单层宫殿形式（图 5.27）。这里不讨论哪种复原形式更为接近历史时期的建筑形体，都是就现有的考古资料分析得出的一种可能形态。

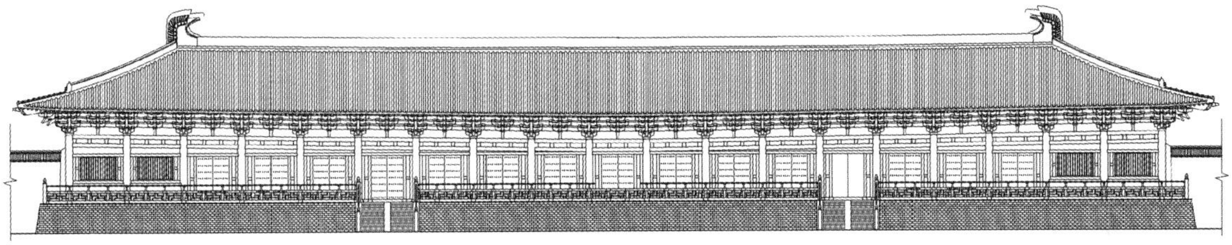

图 5.26 第二宫殿复原图

5.1.2.2 东西阁门

在第二宫殿台基的两侧分别有东西两座小型阁门遗址，中间有宽约 2 米的墙体与第二宫殿相连。台基高 0.45 米，东西长约 7.4 米，南北长约 12.4 米，台基的南北凸出部分各有一踏道痕迹。台基由长约 70 厘米、宽约 30 厘米、高约 20 厘米的规整玄武岩砌筑而成，向外的一侧修琢得十分规整，向内的一侧则保留了原来的自然形状，包壁石上压了一圈 15 厘米厚的石板。台基四周均有散水，散水压在包壁石下，外露部分长 30 厘米，宽 50 厘米，其外用宽 10 米的散水牙子，散水牙子外侧用石钉固定。

台基上现存 6 块础石，排列清晰，南北 3 排，东西 2 列，础石中心点东西相距约 4.4 米，南北相距约 3.3 米，是面阔 1 间、进深 2 间的小型门址（图 5.28），仅起到联系第二宫殿和第三宫殿的作用。遗址显示二者的南北两列础石之间有墙体痕迹，且中间一排有门址，应该是当时大臣进入第三殿的

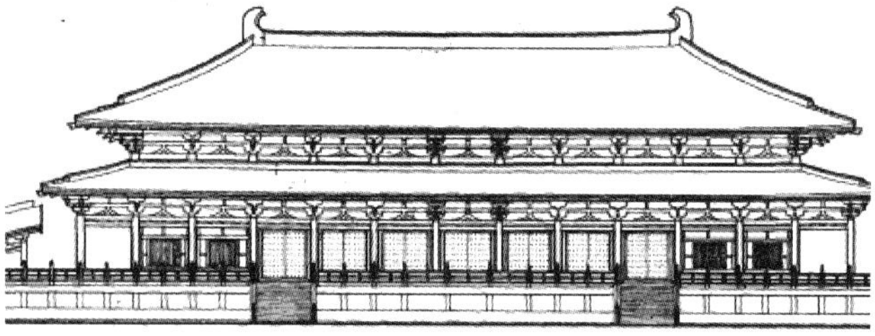

图 5.27 第二宫殿复原立面图

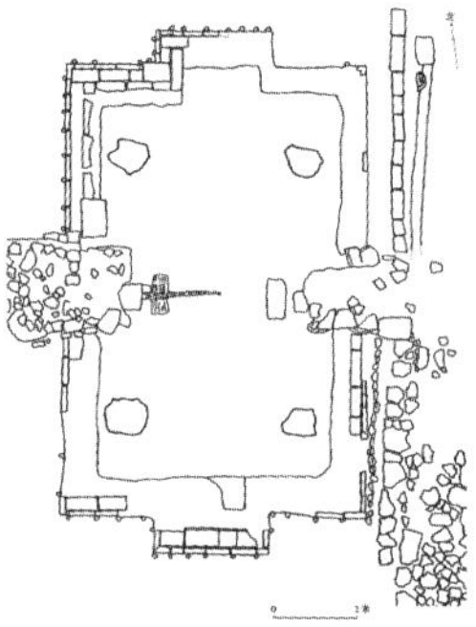

图 5.28 东阁门遗址平面

专用通道，这在隋洛阳宫乾阳殿有所体现。故将阁门复原为单层单檐建筑（图 5.29）。

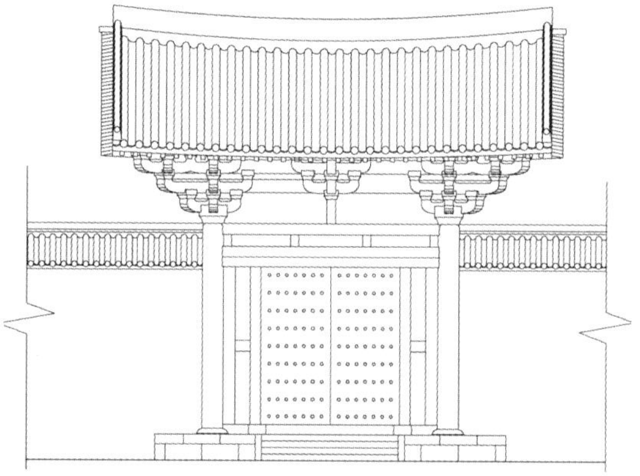

图 5.29 阁门复原立面图

5.1.2.3 廊庑

在第二宫殿的东西两侧有两座廊庑遗址，遗址与第二宫殿有一段距离，中间有墙体连接。从现有的遗址状况来看，东西廊庑是进深 3 间、面阔 26 间的平面柱网结构形式（图 5.30）。

东廊庑的东侧一排础石和西廊庑的西侧一排础石之间有白色墙皮的遗迹（图 5.31），且部分础石之间有小垫石（小垫石上面立柱，起到支撑墙体的作用）（图 5.32），这都说明东西廊庑的外侧设置了墙体。除此之外，东西廊庑的第 2 列础石和第 27 列础石之间都有墙体的痕迹，这都说明东西廊庑三面有墙体围合。但遗址没有显示东西廊庑面向庭院广场的一侧是否有墙体，那么廊庑是完全封闭式的，还是一面封闭、一面开敞的单面廊呢？由于其功能性质与第一宫殿廊庑相同，故也将其复原为前檐廊的布局形式。

除此之外，需要特殊说明两点。首先，在西廊庑的北端第 1、2 列础石之间有门的遗址（图 5.31），这说明此处是通向西侧院落的通道，虽然在东侧廊庑遗址上未见，但是考虑到廊庑的对称性以及东廊庑与其东侧院落的联系性，笔者认为在东廊庑的相同位置上也应该有一个尺度大小相同的门址。

其次，在东西廊庑与南廊的交接处设置了紧邻的并列两排础石，这是一种特殊的建筑形式还是交接处的结构处理形式呢？从现有的情况来看，特殊的结构处理可能性比较大。这种平面布置形式在东内苑主殿的遗址以及第一宫殿回廊和廊庑的遗址中都有体现，故推测可能是当时建筑之间结构交接处普遍采用的一种处理手法。

5.1.2.4 南廊

在第二宫殿殿前广场的正南方有一段东西向的南廊与两侧廊庑连接，包括中间门址和两侧回廊三部分（图 5.33）。下面分别对回廊和门址进行分析研究。

（1）南廊址。

南廊址台基边缘距离南向第一宫殿台基的北侧散水为 4 米左右，包括中央门址在内，总面阔 32 间、进深 2 间。这种进深 2 间的回廊，见于唐代敦煌壁画中，主要包括完全开敞式回廊；完全封闭；半封闭，即面向庭院的一间开敞，而另一间可以作为使用的空间；以及内外檐柱处开敞，而中柱一线用墙封闭，墙上开窗，且每隔一定间数设置门或是柱间开敞以便联系内外。根据现有遗址的状况来看，中间一排础石上有墙体的痕迹，且在第 9、10 列，第 14、15 列，第 19、20 列，第 26、27 列有踏步或门址的痕迹，故此在相应位置上应该设置了门以起到联系内外的作用。值得注意的是，南廊址的第 17、18 列础石分别紧邻南门址的第 1 列础石和第 6 列础石，并且中间一排础石二者共用，这说明南廊与南门为统一整体，并且南廊的屋顶直抵南门的檐下。

（2）南门址。

南门址在南廊的正中间位置，是进入第二号宫殿的殿门，起到联系第一宫殿和第二宫殿的作用。从现有础石的遗迹来看，南门址应该是面阔 5 间、进深 2 间（图 5.33），是宋《营造法式》典型的分心槽式殿堂地盘结构。

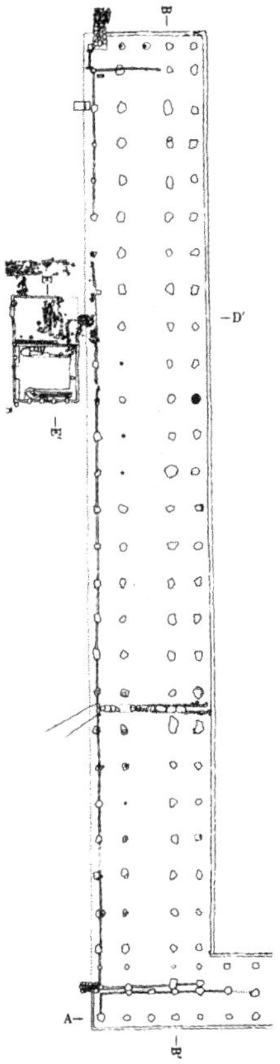

图 5.30 东西廊庑平面

图 5.31 东西廊庑之间的白墙皮遗迹

图 5.32 东廊庑墙间小垫石遗址

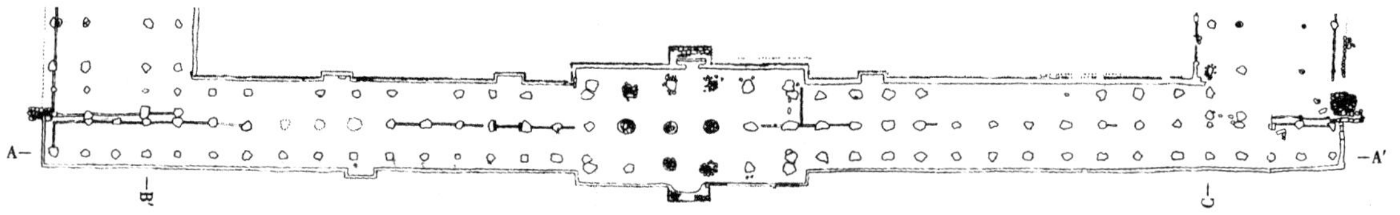

图 5.33 南廊遗址平面

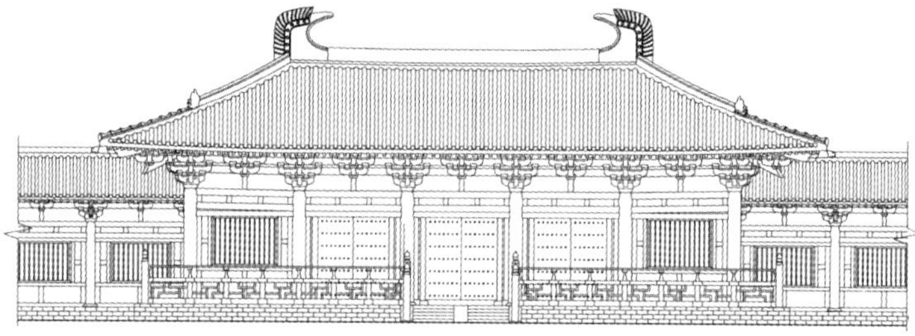

图 5.34 南门复原立面图

这种进深 2 间的门址平面形式，见于第一宫殿东西阙门、第二宫殿东西阂门、皇城正南门和第五宫殿门址，应该是上京城门址的一种通用形式。

同时，这种进深 2 间的门址形式，见于日本奈良时期的平城宫朱雀门、高句丽安鹤宫宫城城门以及辽独立寺山门等，都是在两侧纵向柱网上布置墙体，在横向中间一排柱网设置墙体，且在明间以及稍间的位置布置木质槅门。这种形式应该是当时东亚地区门址的一种通用形制，故此南门平面形态按其进行复原。就外观形式而言，南门有单层和楼阁两种可能，但考虑到南门仅是第二宫殿的殿门，且与第一宫殿散水的距离只有 4 米左右，较为局促，似乎采用单层更为合理，故这里暂且按单层建筑形式进行复原（图 5.34）。

5.1.3 第三宫殿建筑群形制研究

第三宫殿建筑群由主殿、东西廊庑和回廊组成，并且与第四殿之间由十字形廊庑相连，共同形成工字形殿（图 5.35）。作为宫城后寝区的主殿建筑群，无论从殿庭的尺度、建筑类型的多样性，还是从建筑的尺度来看，第三宫殿建筑群的建筑等级明显小于第一、二宫殿建筑群。下面分别对其进行详细的分析研究。

5.1.3.1 主殿形制分析

从现有的遗址状况分析，第三宫殿台基上应该共有础

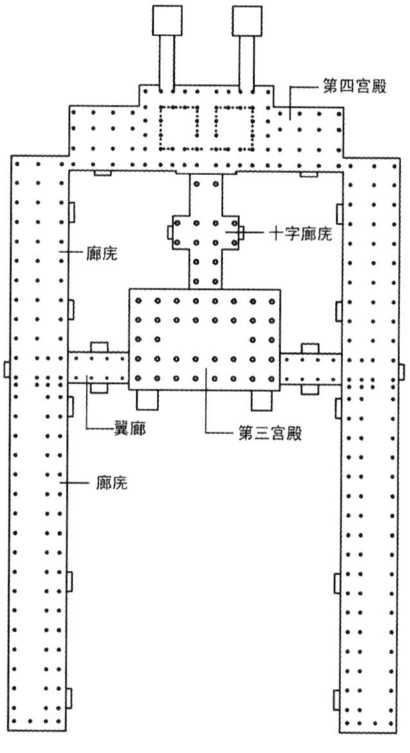

图 5.35 第三、四宫殿建筑群总平面示意图

石 36 块，南北 8 列，东西 5 排，且中间一排减 4 柱，形成了面阔 7 间、进深 4 间的金厢斗底槽的殿堂型构架体系（图 5.36），这与第一、二宫殿平面布局十分相似。由此可以看出，金厢斗底槽的殿堂型构架体系是上京城主要宫殿建筑采用的一种通用形制。考古学者对第三宫殿主殿台基进行剖析，发现其特殊之处：除台基表面的黄土层外，台基内部由两层玄武岩石块垒砌而成，且二者中间有黄土层进行分割，台基有增砌的可能（图 5.37），故推断第三宫殿不是一次性砌筑而成，应该是经过两次或多次砌筑，从而形成现在的规模尺度。

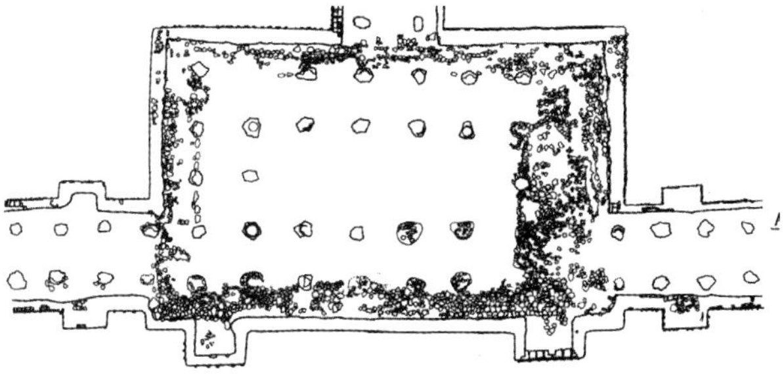

图 5.36 第三宫殿遗址平面图

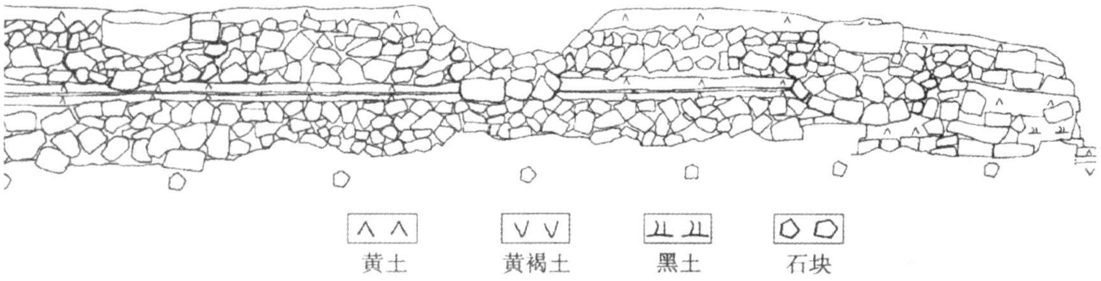

图 5.37 第三宫殿台基断面剖析

根据《东京城》的考古资料可知，第三宫殿的最外侧础石均雕琢出向外凸起的半圆，且在弧顶处连有石条（图 5.38），同时在最北侧一排础石和最西侧部分础石之间有等距排列的小石块，这两点说明第三宫殿采用的是无廊封闭的平面布局形式，且外墙靠近柱子的内侧。

就第三宫殿的外观形式而言，由于其平面形式为无副阶周匝的金厢斗底槽殿堂型结构形式，故首先排除重檐的可能性。其次，这种平面布局形式既可以是单层建筑外观，也可以是楼阁形式的建筑外观。

但需要特殊说明的是，由于当时建筑技术的局限性，早期的建筑常采用立柱借助厚实墙体或采用加大柱径的方式来增强木构架体系的整体稳定性。从第三宫殿的遗址状况来看，础石之间的墙体较薄，且柱径在 0.4 ~ 0.8 米之间，相对于 4 米的开间而言，柱径并不是很大，从这两点来看，第三宫殿并没有采用特殊的构造做法，故排除楼阁的可能性。同时，从上京城宫城的总体布局来看，第三宫殿作为宫城的内庭部分，坐落在1.6米高台基上，相对于第一宫殿3.2米高的台基和第二宫殿2.4米高的台基而言，台基的高度并没有相差很多。如果采用楼阁的外观形式，其体量和气势势必会超过前朝部分的第一宫殿和第二宫殿，故从古代建筑的等级制度来讲，第三宫殿采用单檐单层的建筑外观形式比较合理（图5.39），这与张铁宁先生复原的第三宫殿外观形态一致（图5.40）。

图5.38 第三宫殿础石

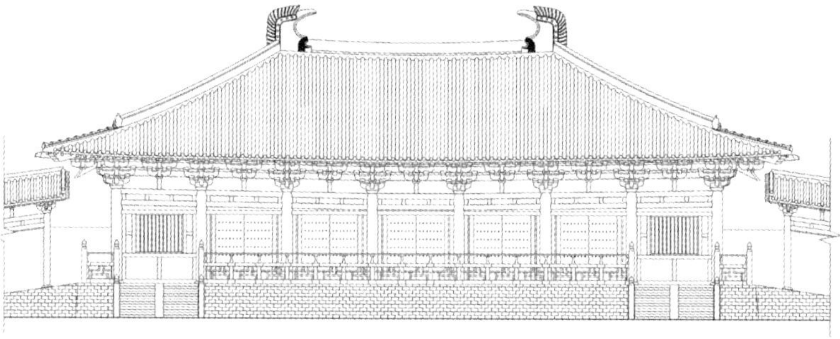

图5.39 第三宫殿复原立面图

5.1.3.2 南北翼廊形制分析

主殿的东西两侧分别有呈坡状的台基与主殿相连，推测为东西两侧登临主殿的慢道。台基上有8块础石，南北进深1间，东西面阔3间，且正对面阔中间明间处台基的南北两个方向各设一踏道，此处台基地面为平地，两侧进间为坡状，一侧与主殿台基相连，另一侧与廊庑相连（图5.35）。

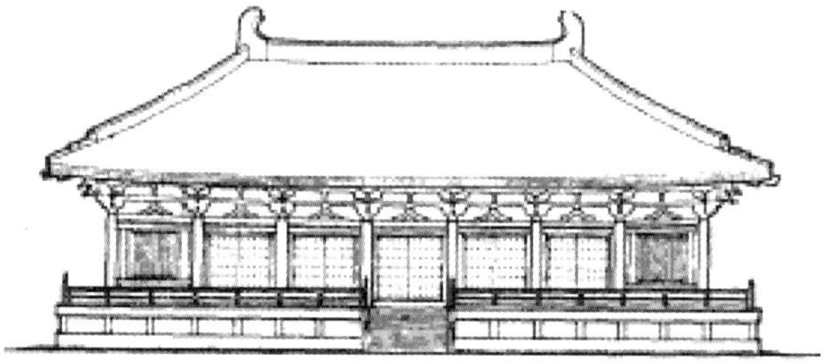

图5.40 第三宫殿复原立面图（张铁宁）

从台基上础石的平面布局来看，其上建筑采用的是单廊的形式。这种进深1间的单廊，唐代敦煌壁画中显示了两种建筑形式，一种是完全开敞的敞廊，另一种是面向院落的一侧开敞，另一侧布置实墙，为打破全封闭的感觉，会每隔一定的开间设置直棂窗。从现有的遗址不能判断单廊的外观形态。这里只做初步的推断：从第三、四宫殿建筑群的功能布局来看，第三宫殿是皇帝日常处理政务的地方；而第四宫殿属于寝殿部分，二者有着明显的内外分区的功能，故需要在空间上进行明确分割和视线上的遮挡。从这个角度来看，采用一面实墙一面封闭的形式更为合理（图5.41）。

5.1.3.3 东西廊庑形制分析

在主殿的东西两侧分别布置了南北向的廊庑，其中东侧廊庑遗址状况比较清晰，故以东廊庑遗址为研究对象进行分析。从东廊庑遗址上的础石分布来看，其上为面阔 19 间、进深 2 间的厅堂木构架建筑，并且面阔开间相等，均为 4 米，进深 2 间间距不同，第 1 间进深 2.6 米，第 2 间进深 6.5 米，这可能与二者不同的使用功能有关（图 5.42）。

从遗址的状况来看，东廊庑东侧础石之间有墙体的痕迹，这说明东廊庑的东侧完全封闭。并且在东廊庑南起第 2 列础石和中间础石之间也有

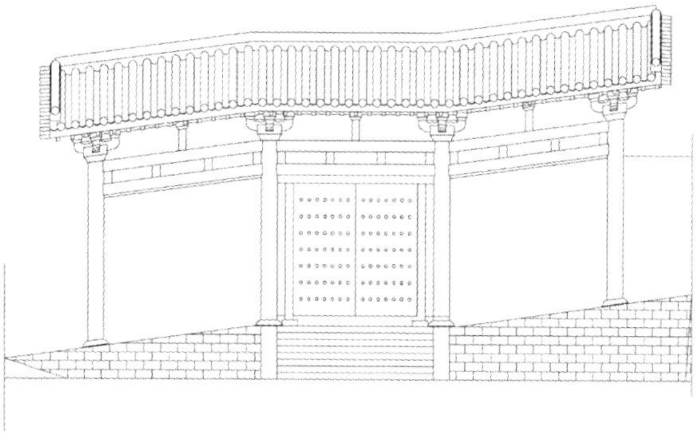

图 5.41 翼廊复原立面图

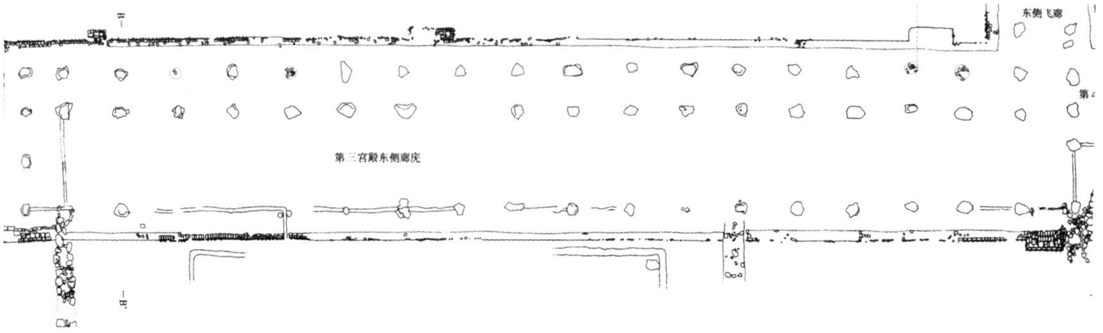

图 5.42 第三宫殿东廊庑遗址平面图

墙体的痕迹，但靠近广场一侧的前后础石间没有墙体痕迹，这既可能是原本两础石之间就没有墙体，也可能是后期破坏所致。如果是原有的状况，则东廊庑采用前檐廊形式的可能性比较大。但是第三宫殿是皇帝处理日常政务的地方，并不是举行大型朝会的地方，故采用完全封闭的形式也不是不可能，故暂且按前檐廊的形式复原（图 5.43）。

5.1.4 第四宫殿建筑群形制研究

第四宫殿建筑群是上京城宫城中区的后寝部分，具有鲜明的地域特色，是上京城地域性建筑的典型代表。第四宫殿建筑群由主殿、配殿、东西廊庑以及第三、四宫殿之间连接体构成（图 5.35）。其中主殿与配殿的组合形态、主殿遗址平面烟道的布置、北部伸出的长长的烟囱遗址等都是渤海居住建筑的典型特色。

5.1.4.1 主殿形制分析

第四宫殿采用的是主殿和东西配殿的建筑组合体（图 5.44），从现有的遗址状况来看，主殿由

内外两圈础石构成。外圈础石南北各设有 10 块，东西各设有 6 块，因而从外观来看，主殿面阔 9 间，进深 5 间。内圈础石呈连续状排列，且础石之间基本无间隙，和外圈础石不是一一对位的关系，但东西向两排础石分别与外圈础石的南数第 2、5 块，南北向两列础石则分别与外圈础石西数第 2、9 块础石对位。其中内圈础石之间有墙体连接的痕迹，且础石之上有木制烧毁的痕迹，故推断内圈础石之间设置了木骨泥墙（图 5.45）。

由此可见，第四宫殿主殿采用的是内外双重空间形态：其中内圈础石围合成主体空间作为寝殿

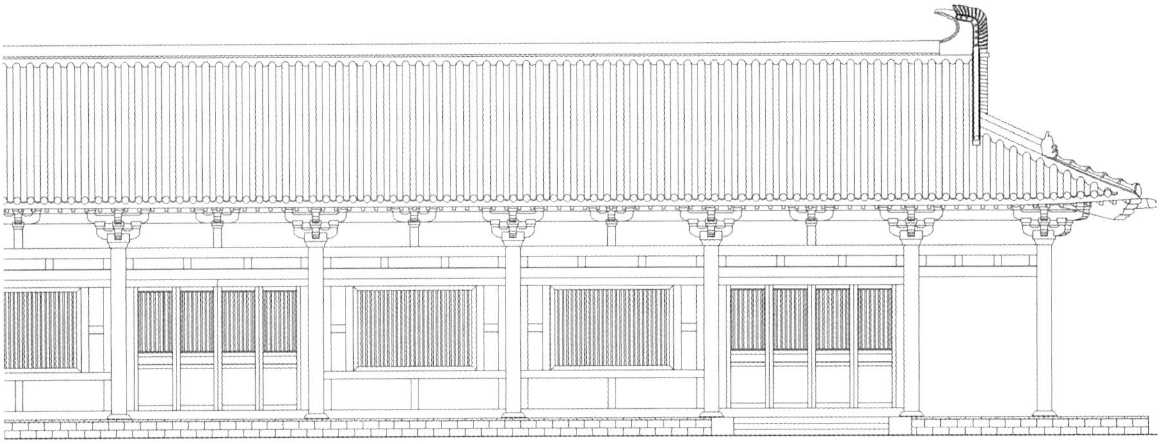

图 5.43 廊庑复原立面

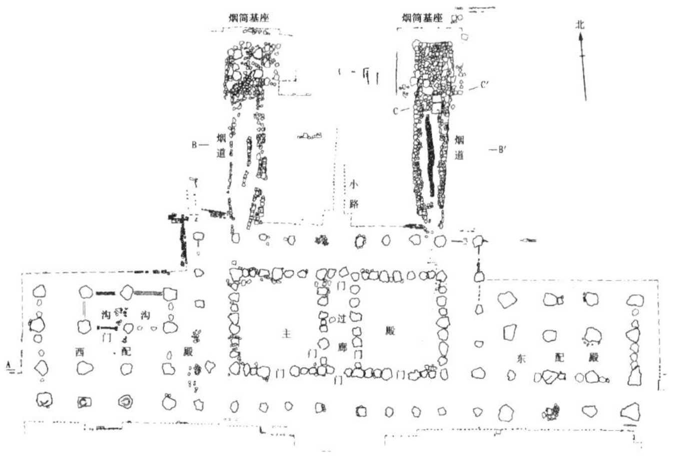

图 5.44 第四宫殿遗址平面图

图 5.45 主殿木骨泥墙遗迹

的主要居住空间，并且又被南北两道实墙分割为东西两室和中间的过渡空间，推测东西两空间是皇帝和皇后的居住空间。外圈础石围合成廊道空间作为辅助性空间。并且在最外圈础石之间，东西向和北向的础石之间有明显的墙体痕迹，而最南向的一排础石之间没有墙体痕迹，故推断第四宫殿采用的是前出檐的平面形制，这与张铁宁先生复原的第四宫殿一致（图 5.46）。

下面就第四宫殿的内部空间形态和一些特殊的细部处理进行大胆的推测。内圈础石围合的空间形成了东西两室和中间过廊。东西两室南墙正中的位置分别有门址，与前廊连接，且东西两室内侧墙体的南侧各有一门址与中间过廊相连接。中间过廊分为前后两个小空间，且两空间之间有门址。中间过廊北侧有门址，与北廊相连，南侧为封闭墙体，与南廊并没有门址相连（图 5.47）。也就是说，从南廊空间不能直接进入中间过廊，需要从北廊进入，这说明中间过廊是辅助性空间。这样的处理方式，和寝殿的整个布局有关，由于主殿的东西两侧廊已经被分割为辅助性空间，并且有单独的出入口，如果中间过廊也设置对外的门址，则整个寝殿可穿越性太强，且从整体南立面的效果来看，也显得完整性不强。而且中间连廊已经在北侧设置门址，可以与北部回廊和东西两侧回廊的辅助性空间直接相连，形成一个完整的辅助空间体系，故此南向可以省去一个门址。

第四宫殿的外圈础石形成的应该是辅助性空间，主要作为宫人的休息场所。虽然遗址状况不清楚，但幸运的是，在宫城的其他区域发现了形制形似且较为完整的寝殿遗址。一座在宫城西区，另一座就是紧邻第四宫殿配殿东侧的寝殿遗址。从遗址所反映的信息来看，这两座寝殿与第四宫殿遗址具体的平面布局形制同出一辙，故以二者的考古发掘信息为参考。这两座寝殿都是将外圈的辅助空间分割成 4 个小空间，即南北 2 个空间和东西 2 个空间，并且分别都有门址与北侧回廊联系。就外观形态而言，根据遗址的状况和宫殿建筑的等级制度，将第四宫殿复原为单层单檐的外观形态（图 5.48）。

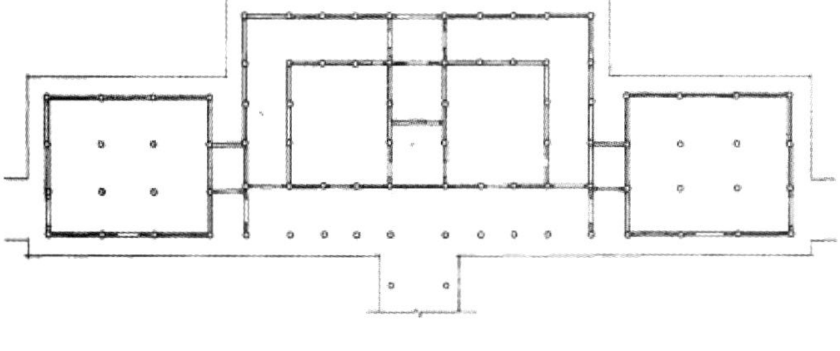

图 5.46 第四宫殿复原平面图（张铁宁）

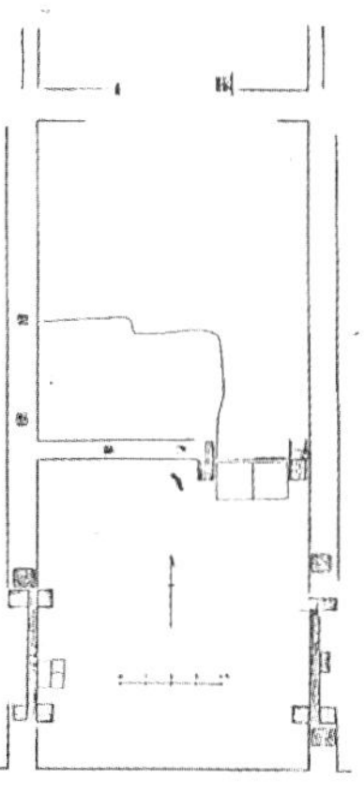

图 5.47 中室门道设置

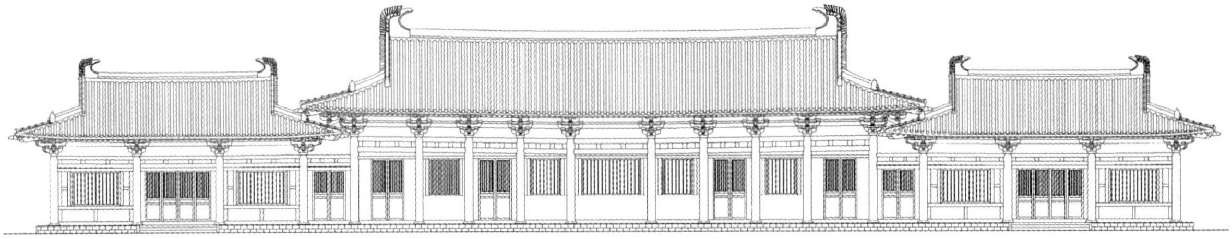

图 5.48 第四宫殿复原立面图

对于第四宫殿的外观复原，杨鸿勋先生有不同的见解。他认为，采用的是架空地板的居住面，地板下有烟道设备。地板距离室外地面需要一定的高度，在室外东、西、北面应有门进入地板下的操作空间，且地板下设有门（图 5.49）。且上层空间分为左、中、右 3 个主要空间，四周由周围廊环绕（图 5.50），这与朝鲜、日本同类建筑相似，这为第四宫殿的复原提供了另一种可能。

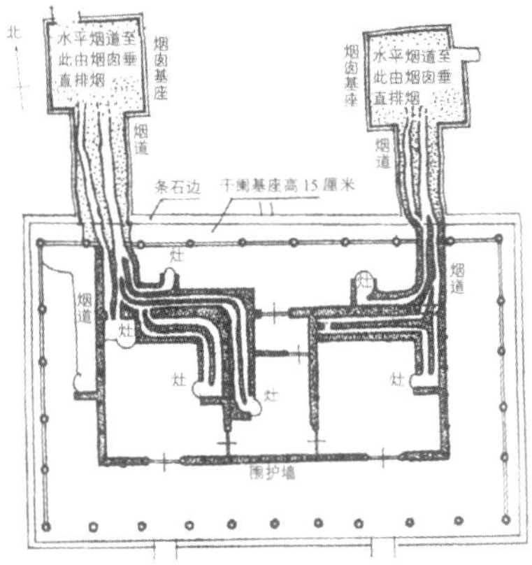

图 5.49 第四宫殿地板层复原平面图

接着继续讨论第四宫殿内部的取暖设施。第四宫殿作为上京城宫城的主要寝殿，为了抵御北方寒冷的气候环境，在室内布置了一些采暖设施。但由于遗址破坏严重，具体形制已经很难辨清。从目前的考古信息来看，可以得到的信息为：靠近西室西墙的北半部分有 2 条烟道遗存（图 5.51）；并且与之一墙相隔的北廊对应位置也设置了烟道；东室东墙北部的位置也有烟道遗存；在主殿的北侧，分别对应西室的最西开间和东室的最东开间位置各有一条长烟道向北延伸至烟囱基座。同时参考第四宫殿旁的寝殿遗址和上京城西区寝殿遗址，推测第四宫殿的采暖设施布置情况为：东西两室分别设置了曲尺形炕，其中，西室的炕紧邻西墙和北墙，且在靠近西墙炕的端部设置了圆形灶；东室的曲尺形炕紧邻东墙和北墙，且在靠近东墙炕的端部设置了圆形灶。与此同时，在中间连廊和周围廊

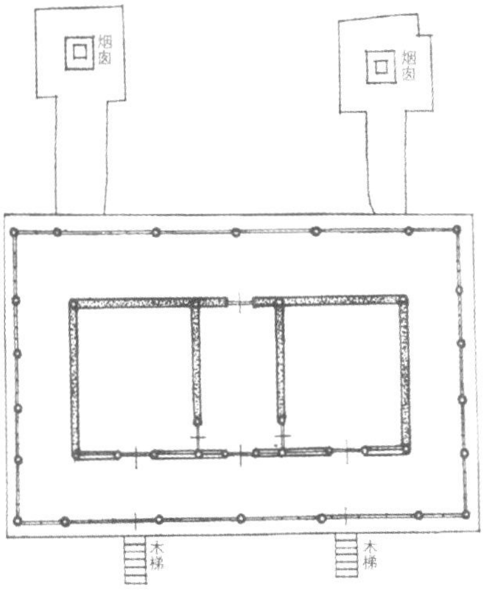

图 5.50 第四宫殿地上层复原平面图（杨鸿勋）

部分等辅助性空间也设置了曲尺形炕。中间连廊的曲尺形炕布置在北室内，且靠近连廊的西墙和南墙；北廊的东西2个空间各布置了矩形炕，它们分别靠近东西墙和南墙的位置，且在炕的端部也布置了圆形灶；除此之外，在东西回廊的位置应该也布置了炕，其形制基本相同。所有的炕底部采用的都是双烟道，由此看见，当时上京城的寝殿建筑已经形成了较为完善的采暖体系。

图 5.51 第四宫殿西室烟道痕迹

5.1.4.2 配殿形制分析

第四宫殿的东西两侧各有一座配殿，配殿台基与主殿台基相连且同高。东西配殿均是面阔3间、进深3间的平面布局。由于东西配殿遗址破坏较为严重，所反映的信息有限，很难确定内部平面布局的具体形态，这里仅做初步的分析说明。在西配殿的南、北、东、西础石之间都有小块石（图 5.52），应该是起到固定墙体的作用，即采用的是木骨泥墙的形式，故推断东西配殿是无廊的形态，且在西配殿西侧南数第1个础石之上有“俯视呈半圆形的覆盆，弧边向南，侧面呈弧形，北侧刻出较直的立面向东西延伸”，这说明西配殿与西侧廊庑有墙体连接。

图 5.52 第四宫殿西室墙体痕迹

就东西配殿的内部空间而言，考古发掘报告指出，在西配殿西侧北部第2行中间两础石之间有门址的遗迹，可以判断东西配殿内部应该划分了不同功能的小空间，但鉴于遗址考古的不确定性，这里暂不做推断。

需要特殊说明的是：在主殿与东西配殿之间有础石间距约2.5米的开间，这个开间的尺度明显小于东西配殿4米的开间尺度，不应该是东西配殿的一部分，而应该是独立的空间。并且这个小空间被墙体分为南北向3个空间，并且中间小室与南侧小室由门址相连，而南侧小室靠近主殿的一侧各有一座门址（图 5.53），从其所处的位置和空间形式来看，这个小空间应该是辅助性空间。

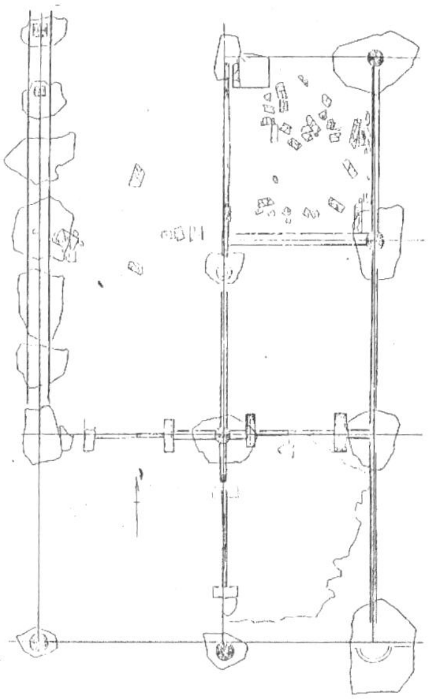

图 5.53 主殿与东配殿连接处

主殿、配殿、连接体，这样复杂的建筑群体组合，其外观形态如何呢？唐代敦煌壁画、宋代宫殿建筑遗址（包括北宋东京大庆殿、南宋临安大内宫殿）以及时间相近的古代朝鲜半岛建筑遗址（安鹤宫内殿址、统一新罗东宫址以及高丽时期满月台遗址），多体现的是主殿和东西配殿直接相接的组合形式，未见中间插入连接体的形式。

但朝鲜时代景福宫交泰殿（图 5.54）和昌德宫大造殿（图 5.55）却有类似的平面布局，即中间是主殿，东西两侧是廊庑，二者之间由耳房连接。这种特殊的组合形式，所有建筑采用的都是单层单檐的外观形态。其中耳房屋顶的处理方式略有不同，前者是在耳房上另设高度低于主殿和廊庑的两坡顶，后者是利用主殿的歇山顶覆盖耳房，耳房不再另设屋顶。可见，这种组合形式的屋顶处理方法并不统一。

但第四宫殿配殿采用的是满堂柱形式，其外观形态又如何呢？是否是楼阁？通过分析比较，初步判断采用单檐形式的可能性比较大。如果配殿采用楼阁的形式，其建筑的总高度将高出中间主殿，配殿的建筑气势明显高于主殿，从建筑的等级制度来讲，不符合要求。故此，推断配殿也为单层建筑外观形态，而中间耳房采用大造殿的处理形式。张铁宁先生复原的第四宫殿外观形态也基本体现了这一特点（图 5.56）。

5.1.4.3 十字廊庑

在第三宫殿和第四宫殿之间设置十字廊庑，起到联系交通的作用（图 5.57）。由于第三宫殿台基高约 1.6 米，第四宫殿台基高约 0.3 米，故十字廊庑台基整体呈南高北低的缓坡状，且台基南北侧分别与第三宫殿和第四宫殿台基相连。十字形廊庑中间平面部分进深 1 间，面阔 3 间；南北两侧进深 2 间，面阔 1 间。并且从现有的遗址状况可以看出，十字廊庑是四周封闭的空间，且有内部墙体将中间东西向的廊庑分割为东、中、西 3 个空间，且东、西 2 个空间分别有门址和中间廊庑与东

图 5.54 交泰殿配殿

图 5.55 大造殿配殿

图 5.56 第四宫殿复原立面组合图（张铁宁）

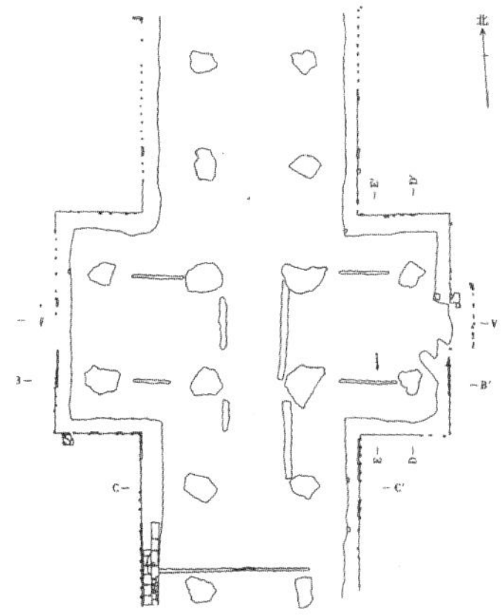

图 5.57 十字形廊庑平面布局与遗址情况

西踏道连接。

5.1.4.4 东西廊庑形制分析

在第四宫殿配殿的东西两侧有廊庑的遗迹。其中，东廊庑保存和发掘状况好于西廊庑，南北 11 列础石，东西 3 列础石，形成了面阔 10 间、进深 2 间的廊庑。北部第 1 排础石与第四殿配殿的础石在同一条水平直线上。南侧第 1 排础石与第三宫殿的东廊庑北侧第 1 排础石在同一水平直线上，同时，考古学家发现中间一列础石有墙体遗迹，故形成了东西 2 个内部空间（图 5.58）。西侧辅助空间是第四宫殿的服务空间，东侧辅助空间是其东侧寝殿的服务空间。

从现有的遗址状况可以看出，东西向的隔墙将南北 11 列础石分割成了小空间。这些小空间的外侧没有墙体的痕迹，但作为服务用房也应该是封闭的空间，故推断应该是用隔板围合成封闭空间。

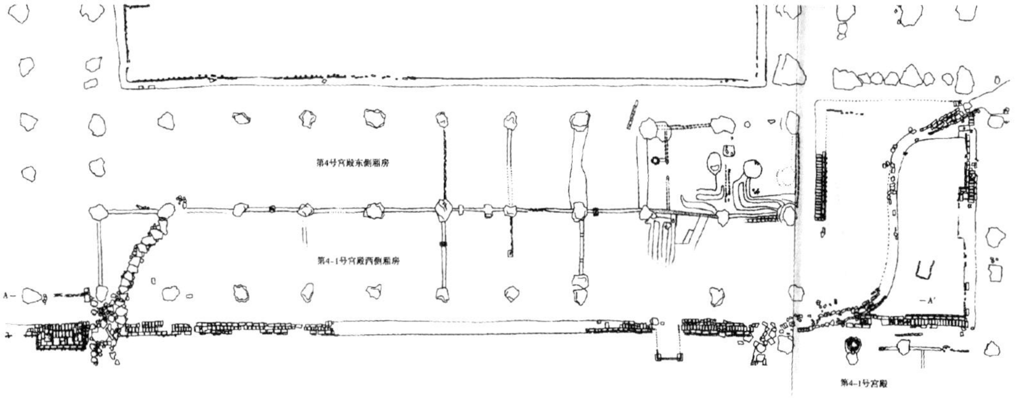

图 5.58 第四宫殿东廊庑遗址平面图

中间一列础石之间，有部分础石有门址遗迹，联系东西两侧服务用房。同时，需要注意的是，在靠近第四宫殿东侧配殿的廊庑的北数第 1、2 空间内，有炕、灶和烟道的遗迹，说明这里应该是供宫人居住的采暖空间。

需要特殊说明的是，第四宫殿西廊庑已发掘的部分显示，其内部空间形态与东侧廊庑有所不同，但鉴于考古信息的局限性，这里暂将东西廊庑复原成一种平面布局形态。

5.1.5 第五宫殿建筑形制研究

5.1.5.1 平面布局

第五宫殿遗址现有础石南北 12 列、东西 7 列，是面阔 11 间、进深 6 间的满堂柱平面形式。础石排布较为密集，间距约为 3.4 米，是上京城宫城区中轴线上唯一的一座满堂柱建筑（图 5.59）；内外两圈础石之间有小垫石遗迹（图 5.60），说明在内外两圈柱网之间砌筑了墙体，既起到维护作用，又起到加强木构架稳定性的作用。基于以上两点，推测一层柱网之上应该有较大的荷载，故此种础石平面布局可能是楼阁的底层。此种类型的平面见于唐大明宫麟德殿的后两殿遗址（图 5.61）、韩国新罗时期雁鸭池的临海殿遗址和朝鲜时期景福宫的会庆楼（图 5.62）。后者是名副其实的楼阁形式，一层是开敞的空间，仅仅起到承重荷载的作用；相关的学者也将前两者复原为楼阁形式。根据以上两点将第五宫殿复原为楼阁形式。由于外圈础石之间有墙体的痕迹，第五宫殿一层平面采用的是无外廊的形式（图 5.63）。

还有一个需要考虑的问题是一层平面功能如何，内部空间如何布置？第五宫殿兼有游赏和宴请宾客的功能，故一层平面可能主要为宴会开始前皇帝和大臣休息的场所以及一些辅助性用房，如御

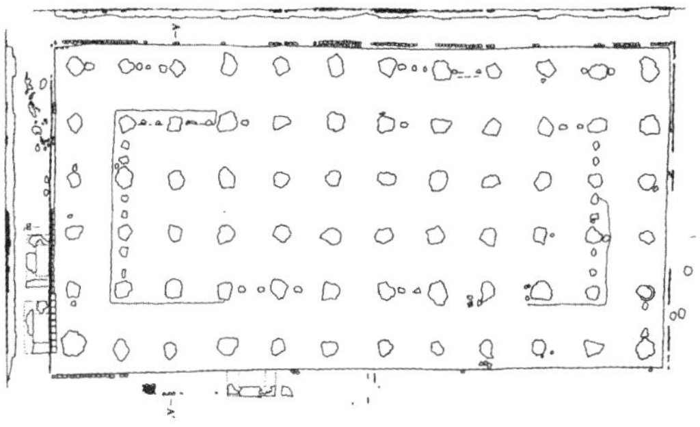

图 5.59 第五宫殿遗址平面

图 5.60 第五宫殿础石间小垫石

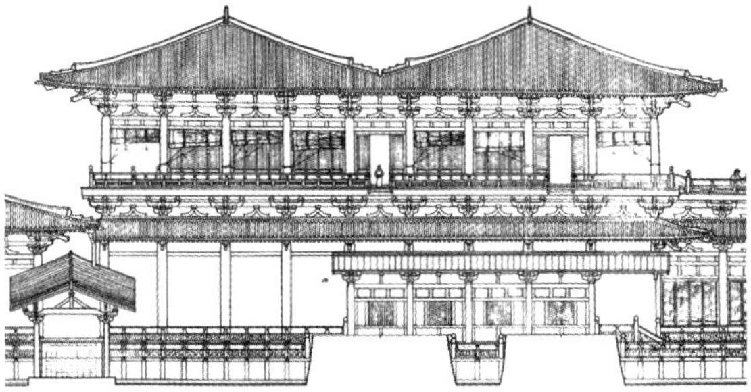

图 5.61 唐大明宫麟德殿后两殿复原立面图

图 5.62 朝鲜时期景福宫会庆楼

厨、卫生间、沐浴等，这仅仅是一种推测。

既然第五宫殿采用的是楼阁形式，那么二层平面的柱网布置又如何呢？笔者认为需要重点考虑两点：其一，就内部空间的使用性质而言，二层作为主要的宴会场所，应该有较为宽敞的空间进行表演，故采用减柱的平面布局形式更为合理；其二，就观赏性而言，作为可以观赏整个宫城区景观的建筑，周围应该有可以瞭望驻足和疏散人流的空间，即周围廊的形式。鉴于以上两点，二层柱网平面南向第3排减6柱，形成殿堂型的单槽形式，进而形成周围廊单槽柱网平面布局（图 5.64）。

5.1.5.2 外观形态

本小节初步讨论了第五宫殿的平面布局，那么楼阁具体形式如何？会对平面柱网有什么影响？这需要进一步探讨。

首先需要讨论的问题是，第五宫殿一层外观形式如何？采用的是重檐、单檐还是没有屋檐？从现有资料可知，楼阁最下层采用重檐时有2种结构形式，副阶重檐和缠腰重檐。二者的不同之处在于，前者“既增加了屋檐又增加了建筑面积，后者只增加了屋檐并没有增加建筑面积”，如宋隆兴寺慈氏阁（图 5.65）。

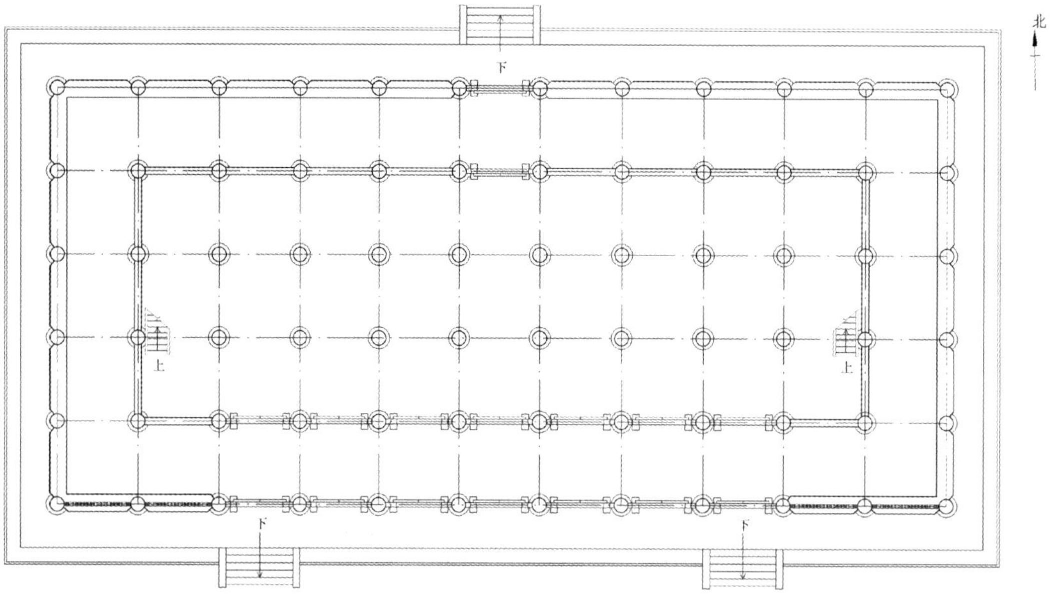

图 5.63 第五宫殿一层复原平面图

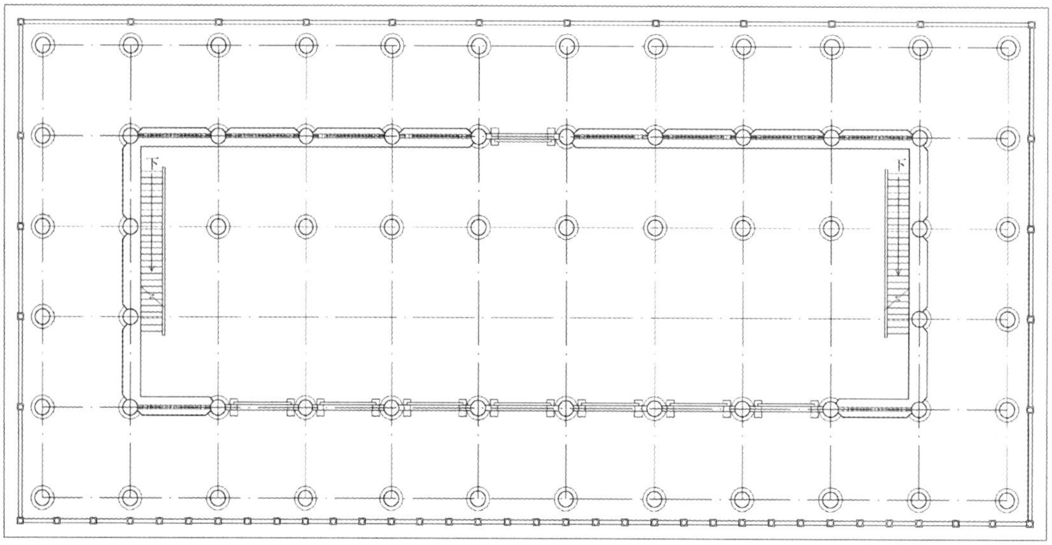

图 5.64 第五宫殿二层复原平面图

副阶重檐是唐宋时期重檐最为常见的一种做法，一般副阶的柱径比主殿的柱径小一些，但也有二者柱径相同的情况。就上下屋檐的悬挑尺度来看，可以分为两种形式：第一种为上下屋檐悬挑距离相同；第二种下层屋檐悬挑距离大于上层屋檐，这是最为常见的重檐形式，如辽应县木塔（图 5.66）；第三种是上层屋檐悬挑距离大于下层屋檐距离，这种形式只见于日本奈良时期建筑，如法隆寺金堂、五重塔（图 5.67）和药师寺东塔。可以看出这时的楼阁正处于一个过渡时期，屋檐结构处理形式并不统一。由于第五宫殿础石尺寸相差无几，且如果采用副阶形式，则二层空间只有进深 3 间，空间显得比较局促，故首先排除重檐的可能性。

那么一层外观采用的是单檐形式吗？陈明达先生根据现有的实例认为，一般下屋采用殿堂分槽形式，采用屋上建屋的可能性比较大，而自地立永定柱的平座一般没有屋顶。第五宫殿采用的是满堂柱的布局形式，似乎一层没有屋顶更为合理，这需要进一步分析。

其次，需要探讨的问题是，第五宫殿的整体外观形式如何？这需要从两个方面进行说明。其一，唐宋时期的楼阁外观形式，在敦煌壁画中主要体现了两种形式：“一种是直上直下式，即主体结构上下对齐，或略有收分”（图 5.68a），实例见于宋代河北正定隆兴寺转轮藏殿（图 5.68b）、辽应县木塔；“另一种是递进式，二层的檐柱与下层的金柱对齐，或是立于下层的补间铺作之上”（图 5.69），这种实例见于辽独乐寺观音阁和日本奈良时期法隆寺五重塔和法隆寺金堂。其二，第五宫殿采用的是屋上建屋还是平座上建屋？前者是在下层的屋顶上直接建上层的屋身，未采用平座形式，这是日本奈良时期木塔通用的一种形式，也见于第 340 窟初唐壁画、第 323 窟盛唐壁画（图 5.70）。平座上建屋则是在下屋之上建平座，平座上又建上屋，平座作为各层的基座，在其上立柱以承担上

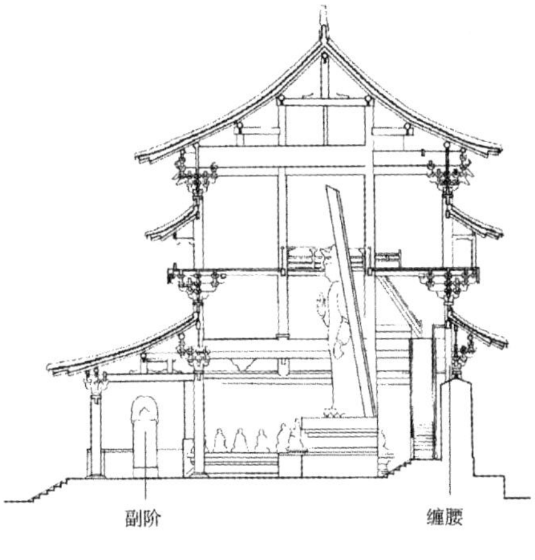

图 5.65 宋隆兴寺慈氏阁横断面

图 5.66 辽代应县木塔断面

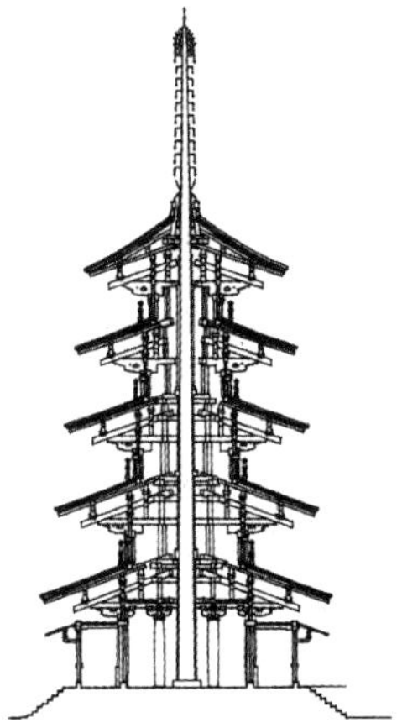

图 5.67 法隆寺五重塔断面

a 唐代外观直上直下式楼阁

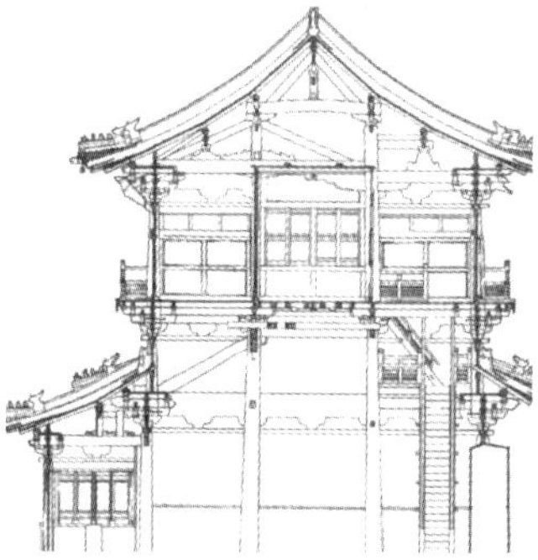

b 隆兴寺转轮藏殿

图 5.68 唐宋时期的楼阁外观形式

图 5.69 唐代外观递进式楼阁

层屋身，这是唐代壁画中常见的一种形式，这种形式见于保留有较多唐代建筑遗风的辽独乐寺观音阁和应县佛宫寺木塔，二者的平座层作为一个单独的结构层，起到了上层木构架基座的作用，且上下两层之间形成了暗层。但也有平座层并不作为明确的平座基层进行划分的情况，如宋代河北正定隆兴寺转轮藏殿等。就第五宫殿而言，为了保证内部充足的使用空间，采用直上直下的形式更为合理（图5.71）。同时，从使用功能的角度来看，第五宫殿采用有平座的形式，永定柱直接承平座无腰檐（图 5.72），这与张铁宁先生复原的第五宫殿立面形态相似（图 5.73 ）。

图 5.70 唐敦煌壁画塔

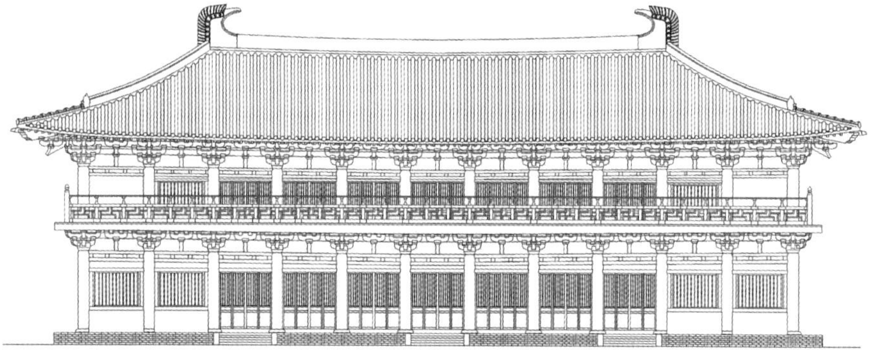

图 5.71 第五宫殿复原立面图

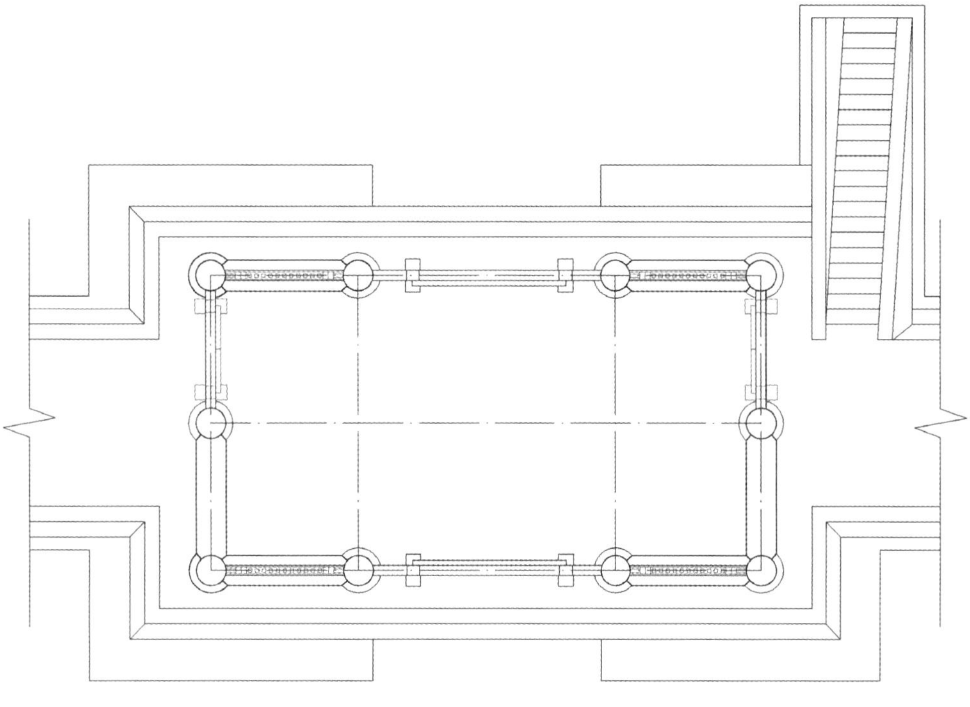

图 5.72 东门复原平面图

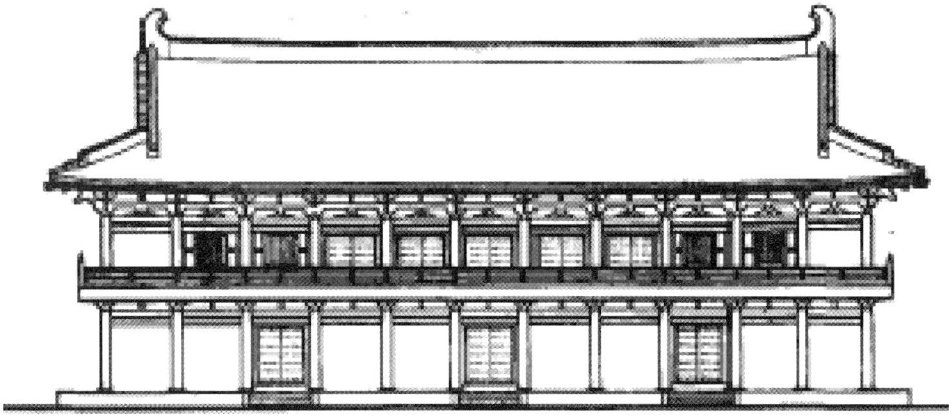

图 5.73 第五宫殿复原立面图（张铁宁）

5.1.5.3 结构构造

第五宫殿采用的是楼阁形式，上层与下层之间的联系结构构造也是讨论的重点。宋《营造法式》给出了带平座层楼阁上层柱与下部的平座结合的三种结构形式，即叉柱造、缠柱造和永定柱造。叉柱造，即上层柱的柱根落于平座栌斗之上，栌斗用 1 枚。缠柱造，即上层柱的柱根落于平座栌斗内侧，转角铺作栌斗用 3 枚，每面均见 2 枚。永定柱造，“凡是平坐先自地立柱，谓之永定柱，柱上安搭头木，木上安普拍方，方上坐斗栱”。为了便于说明，现将已知的唐宋楼阁建筑楼层之间的连接方式进行总结（表 5.1）。

表 5.1 唐宋时期楼阁实例分析

<table>
<tr><th>名称</th><th>平面布局</th><th>外观形态</th><th>楼层连接方式</th></tr>
<tr><td>独乐寺观音阁（984 年）</td><td>面阔 5 间，进深 4 间，金厢斗底槽殿堂型</td><td>外观两层，结构三层，两层之间的平座、腰檐为暗层</td><td rowspan="2">层叠式构架，叉柱造，平座柱立于草栿、枋子之上，再置于铺作上</td></tr>
<tr><td>应县佛宫寺木塔（1056 年）</td><td>正八边形，最外层有副阶，内外两圈柱网，每面 3 间，类似于金厢斗底槽殿堂型</td><td>外观五层，内部有暗层，共九层</td></tr>
<tr><td>大同善化寺普贤阁（1154 年）</td><td>方形平面，无内柱，每面 3 开间，属于厅堂式木构架体系</td><td rowspan="3">二层楼阁，实际结构三层，在一、二层之间有结构暗层</td><td>层叠式构架，叉柱造</td></tr>
<tr><td>河北正定隆兴寺慈氏阁（北宋中期）</td><td>面阔 3 间，进深 3 间，减柱造，厅堂构架</td><td>层叠式构架，永定柱造和叉柱造，上层矗立于柱头枋即楼面铺板枋上，下层平座采用永定柱造</td></tr>
<tr><td>宋代河北正定隆兴寺转轮藏殿（北宋中期）</td><td>面阔 3 间，进深 3 间</td><td>叉柱造，平座做法是在下层大角梁及檐椽后尾上安置柱脚方，柱脚方承托上层檐柱</td></tr>
<tr><td>日本奈良时期法隆寺五重塔</td><td>面阔 3 间，进深 3 间</td><td>五层楼阁，无暗层，不可登临</td><td>叉柱造，平座做法是在下层大角梁及檐椽后尾上安置柱脚方，柱脚方承托上层檐柱</td></tr>
<tr><td>日本奈良时期药师寺东塔（730 年）</td><td>面阔 3 间，进深 3 间</td><td>三层，逐层设副阶</td><td>缠柱造，平座做法是在下层大角梁及檐椽后尾上安置与面阔方向平行的柱脚方，柱脚方上立上层檐柱，柱脚方外置一枋木</td></tr>
</table>

从表 5.1 可以看出，唐宋楼阁实例采用层叠构架体系和混合整体构架体系，且平座做法以叉柱造为主，也有永定柱造和缠柱造，一般都设有结构暗层，起到加强木构架体系的作用。根据以上分析，将第五宫殿复原为两层楼阁且无暗层，采用层叠构架体系，具体形式参见第六章中有关第五宫殿复原的部分。

5.2 上京城城门复原研究探讨

第四章已经介绍了上京城的城门类型，包括门道式城门、殿阁式城门以及门道和殿阁结合式城门。本节重点讨论上京城城门形制，包括宫城正南门、皇城正南门以及宫城南墙东门。

5.2.1 门道式城门

门道式城门的形式见于宫城南墙西门。宫城南墙西门是由中央门道和东西两侧门墩组成的单门道式城门。城门平面布局形式的一个独特之处在于城门靠近宫城的一侧，与东、西、北三面隔墙围合成一个长方形院落，形成类似城厢的结构形式。院落内部三面隔墙开门：东隔墙门址直接与第一宫殿群相连，西侧隔墙门址应该可以直接进入宫城的西宫区，而北门也可进入西宫区且紧邻第一宫殿区西廊庑。并且在靠近西墙、接近城门的位置有建筑遗迹，推测应该是门卫性质的建筑。可见，宫城南墙西门应该是当时经常使用的一个城门，各种性质的人流汇集在这里，经过门卫的检查进出宫城。这样，东门附近形成的长方形空间，就起到了集结人流和分散人流的作用，同时也加强了城门的防御性。

（1）城楼平面形式。

从唐代壁画中可知，城门楼的面阔开间多为 3 间或 5 间，进深开间多为 2 间或 3 间。并且根据唐长安城和洛阳城遗址的情况，专家多推测唐代城门楼的开间间距在 5 米左右。根据西门遗址报告，两侧门墩东西长 4.2 米，南北长 7.55 米，门道宽 4.55 米。故推测门楼有两种平面形式：一种是面阔 3 间，进深 2 间；另一种是面阔 3 间，进深 3 间，二者都是“口”字形平面。如果采用进深 3 间的平面，除去柱网与门墩边缘之间供人通行的距离，则南北向进深总尺度在 6 米左右，这样则每间在 2 米左右，屋檐挑出在 1 米左右，出檐显得过短。同时，考虑到面阔方向和进深方向的两尽间屋架形成 45° 转角，这样二者间距最好相等或接近。故相比较而言，面阔 3 间、进深 2 间的平面布局比较合理。同时，作为防御性的城门，应该采用封闭式平面布局（图 5.74）。

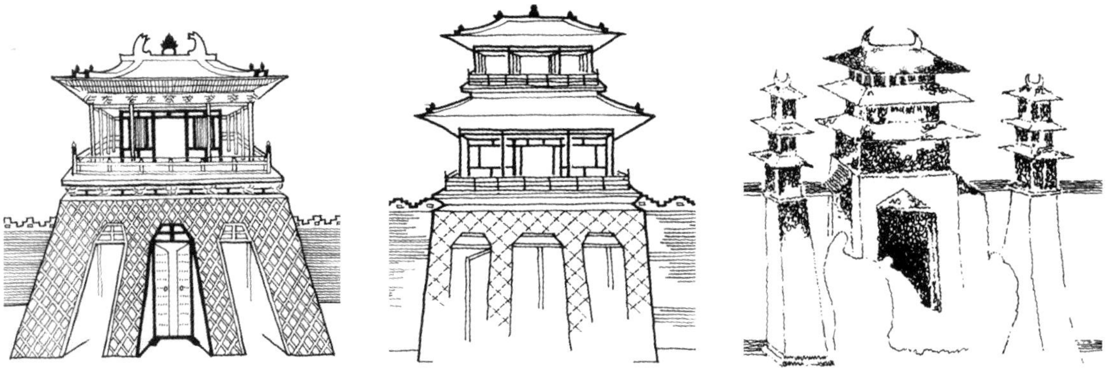

图 5.74 敦煌壁画中的城楼

（2）城楼外观形态。

从现有的资料可知，城楼的层数包括一层、二层、三层三种形式，其中一层城楼是唐宋时期的主要形式。从宫城南墙西门的平面布局来看，城楼的外观形态既可以是单层单檐，也可以是楼阁式。但考虑到如果宫城正南门的两侧门楼复原为单层单檐建筑外观（这将在下节介绍），宫城南墙西门采用楼阁式城门外观，则城楼的高度高于宫城正南门两侧城楼的建筑高度。从建筑等级制度来讲，宫城南墙西门采用单层单檐建筑外观形式更为合理（图 5.75）。

（3）城楼基座的做法。

唐宋壁画中反映城门楼基座的做法有两种形式。一种是门墩之上建木平座，平座之上建城楼（图 5.76 a），这是壁画中最多的一种形式；还有一种是门墩顶上建砖基，砖基上建城楼，这种形式壁画中较少（图 5.76 b），是小型城门采用的一种形式。其中，平座层的主要用途是增加门墩的使用空间，同时也扩大了屋檐的覆盖面积，使得门墩不受雨水的侵蚀。

由于宫城南墙东门的门墩最高处只有 3.1 米，所以从遗址上不能直接判断城楼基座的具体做法。根据宫城正南门的研究，推断两侧门楼采用门墩上直接建城楼的基座形式比较合理，作为同是宫城南墙的城门，采用比较一致的外观形态。故此，将宫城南墙东门复原为墩顶之上建砖基，砖基之上建屋的形式。

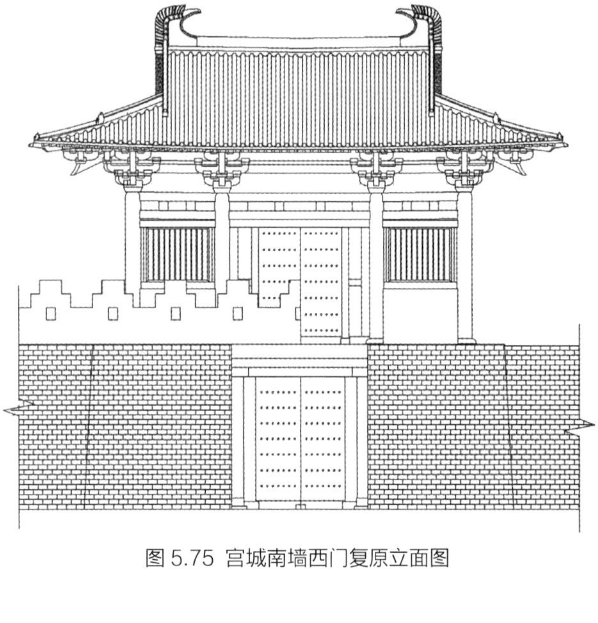

图 5.75 宫城南墙西门复原立面图

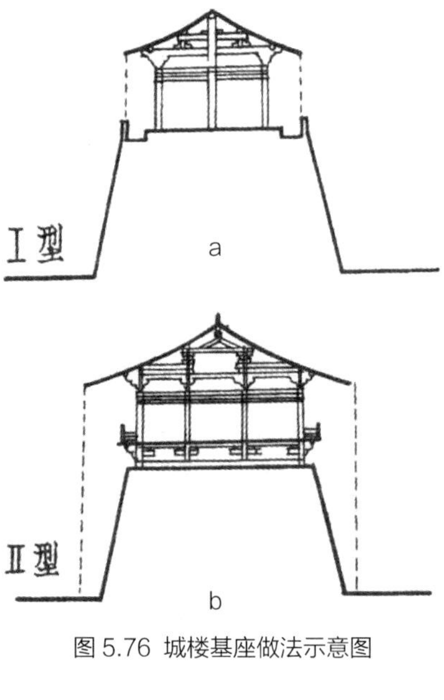

图 5.76 城楼基座做法示意图

5.2.2 殿阁式城门

殿阁式城门见于皇城正南门。皇城正南门是一座独立式的城门，两端直接与皇城城墙相连，不同于上京城已发掘的城门形式，这是一座没有门墩的城门（图 5.77）。

（1）平面布局。

台基遗址东西长约 30 米，南北长约 11.35 米，高约 0.65 米。台基上有南北向础石 3 排，东西向础石 8 列，这样形成面阔 7 间、进深 2 间的分心槽式殿堂型平面布局（图 5.78）。台基中心一排础石，在第 3、4 块，第 5、6 块和第 7、8 块之间有连接的石墙，且墙体的底部残留宽度为 1.6 ~ 1.7 米，与皇城城墙的宽度一致，说明这一排础石之间设置了承重的墙体。在第 1 列础石、第 8 列础石之间也设置了残宽 1 米，残长分别为 3.2 米和 1.5 米的承重墙体，这样，皇城正南门的木构架体系由柱子和墙体共同承担，说明础石之上是荷载较大的建筑物。

同时，正南门前后两排东西向础石之间，未发现有墙体的痕迹，这样就形成了前后廊的外观形态，这种平面布局见于唐兴庆宫勤政务本楼遗址（图 5.79）、日本平城宫朱雀门遗址以及日本奈良法隆寺中门（图 5.80）。前两者专家将其复原为前后廊，后者虽然为进深 3 间的平面布局，但采用的也是前后廊的形式，故推断皇城正南门采用的也是前后廊的平面形式。

（2）城门楼外观形态。

皇城正南门采用的是分心槽殿堂型平面布局，这种平面布局可以采用单层建筑外观，如辽代独乐寺观音阁山门；也可以采用二层楼阁建筑外观，如朝鲜半岛李朝时期昌德宫敦化门。如果将城门楼复原为单层建筑，其高度在 9 米左右，皇城城墙高度在 1.7 米左右，这样的整体效果，从外观形态来讲是合理的。但是，从都城的总体布局来看，皇城城门前有宽度为 100 米左右的朱雀大街，皇

图 5.77 皇城正南门遗址

图 5.78 皇城正南门的分心槽形式

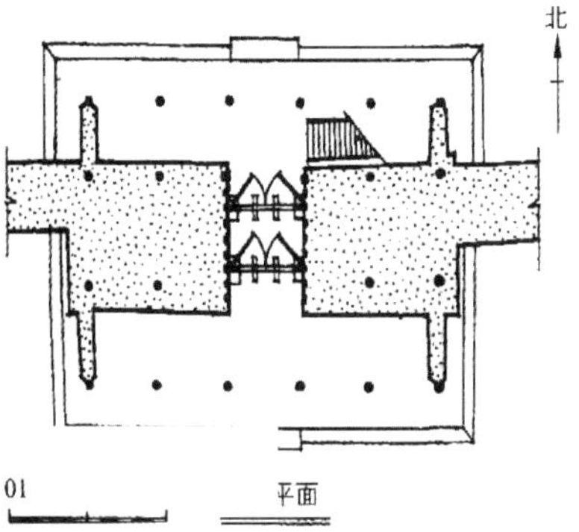

a 平面图

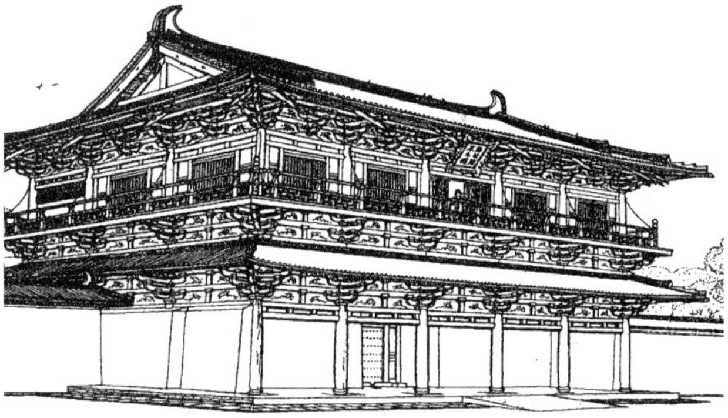

b 立面图

图 5.79 唐勤政务本楼复原平、立面图

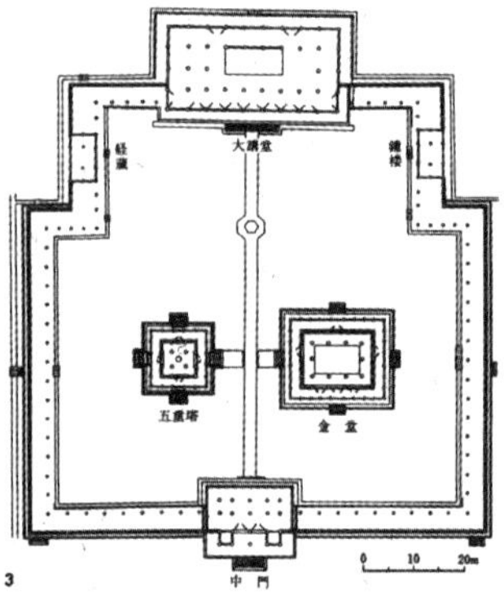

a 平面图

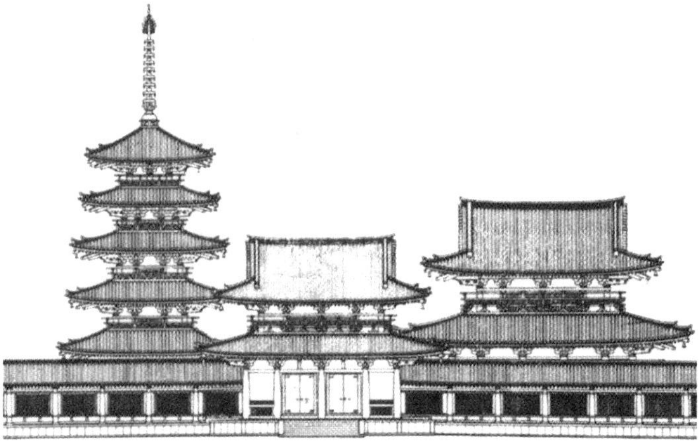

b 立面图

图 5.80 法隆寺平、立面图

城城门可能兼有皇帝颁布诏书、观赏城市繁荣景象以及与百姓的亲民互动作用，采用楼阁的外观形态更能满足以上要求，故城门楼外观形态排除单层单檐建筑的可能性。

楼阁的外观形态，在对第五宫殿建筑形制的研究过程中已经进行过详细的分析研究，这里不再赘述。皇城正南门应该有两种可能的外观形态，一种是带平座层、无腰檐、直上直下式（图 5.81）；另一种是带平座、带腰檐、递进式（图 5.82）。就城门的性质而言，这两种形式都有可能。

除以上的分析外，还有几点需要说明。首先，皇城正南门中心一排柱网之间有 3 个门道痕迹，说明其采用的是等级较高的三门道式城门形制，中间门道为皇帝专用的御道，两侧门道供平常人出入之用。虽然从门道的等级上有越级的嫌疑，但是由于其城门的形制较为特殊，故这种门道设置的方式也无可厚非，可见当时渤海人的聪明之处。其次，台基上发现有白灰面的痕迹，说明当时的城门墙面是白灰抹面的。同时也说明，上京城城墙的墙面与城门墙面的处理方式并不同，颜色可能也存在很大不同，这有待以后随着考古发掘的不断深入，再进行深入的研究。

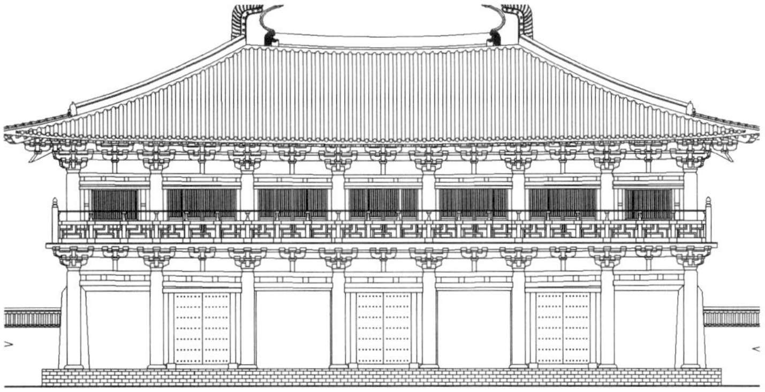

图 5.81 皇城正南门复原立面图（方案一）

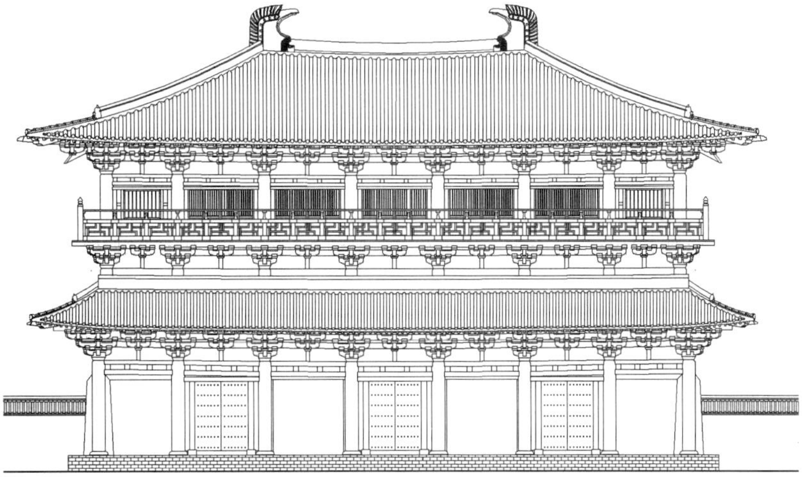

图 5.82 皇城正南门复原立面图（方案二）

5.2.3 门道与殿阁结合式城门

5.2.3.1 宫城正南门

宫城正南门是由中央台基和两侧门址组成的（图 5.83），是双门道式城门的一种特殊形式，也是上京城等级最高的城门。这里有几点需要研究讨论。

（1）门墩的形式。

正南门的中央门墩和两侧门址的门墩是连筑在一起的，中央门墩的两侧中间突出部分作为两侧门址一侧的门墩，也就是说三者是连为一体的。这既可以弥补中央门墩下不设门道的不足，又使得三者联系更为紧密，形成气势恢宏的城门，突出了宫城正南门的等级地位。

在中央门墩两侧靠近门道部分和两侧门墩靠近门道部分有柱洞痕迹，每处 3 个，皆南北向排列，南北向的距离为 3.2 米，且距离两侧门道壁面为 3 米左右，柱洞的尺寸为 60 厘米 ×40 厘米，深度约为 4 米。柱洞四壁用石块砌成，其底部垫块做柱的基石，且洞内有木炭的痕迹，说明柱洞内部曾经立有木柱。其构造做法可能是在砌筑门墩时，先在门墩内立木柱，然后砌筑木柱的四壁，最后砌筑周围部分的门墩，这样能保证木柱的坚固耐久性，这与郭城正门北中央门墩的处理方式相似，初步推断木柱为永定柱。

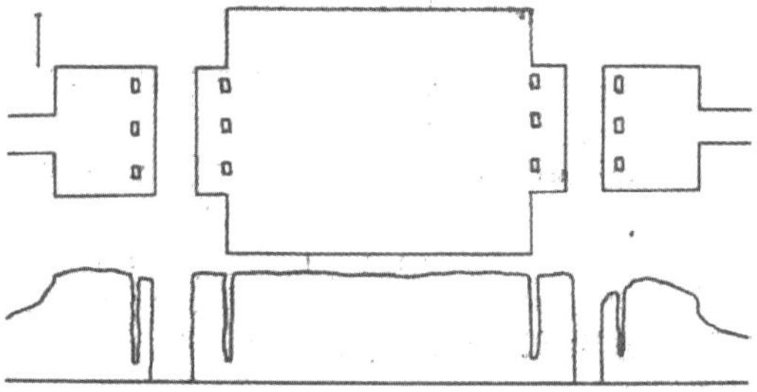

图 5.83 宫城正南门永定柱洞平、剖面示意图

（2）门楼的平面布局。

中央台基上有础石 45 块，南北排布成 7 列，东西排布成 10 列，中间减 4 柱（图 5.84）。这样就形成了面阔 9 间、进深 6 间的金厢斗底槽殿堂型平面布局。经过实地勘察，发现最外檐础石的直径尺度（0.6 米）小于内檐础石的直径尺度（0.72 ~ 0.76 米），这说明最外圈采用的是副阶周匝的形式。需要说明的是，史料记载民国时期城门遗址上曾建有祠庙，故平面遗址是否有所改动不得而知，这里暂且将其按现有的遗址进行复原研究。

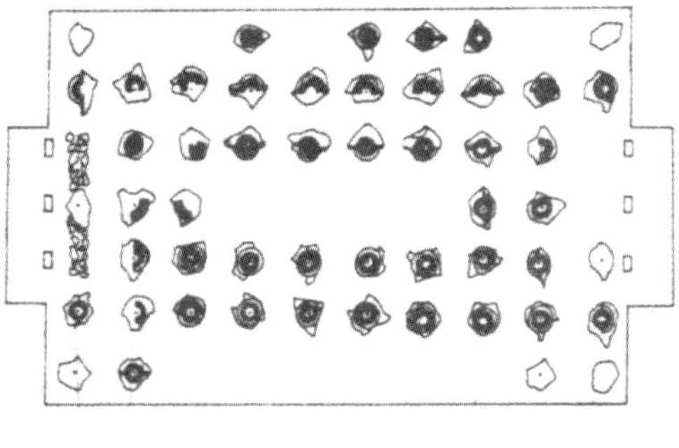

图 5.84 宫城正南门中央门址遗址平面

同时，从遗址上还可以看出，础石上直接雕刻有圆形、半圆形或四分之一圆形的覆盆，这说明础石之间立有墙体或是短垣、栏杆之类的联系构件。根据北侧第 2 排础石上是半圆形的覆盆，且半圆形朝向外侧（图 5.85），故推断，第二圈础石之间有墙体连接，且墙体靠近础石内侧。而在最外一圈础石上，发现部分有连接的痕迹，且由于最外一圈础石靠近台基边缘，故推测最外一圈础石之间有栏杆。这样，中央台基建筑就形成了周围廊式的平面布局。至于门墩两侧的门楼平面，从永定柱的布置推测，其上应该是面阔 3 间、进深 2 间、中间减 2 柱的封闭式“口”字形平面形式。

（3）城楼整体外观形态。

从遗址平面分析来看，正南门可能采用两种外观形态，一种是左右夹庑、中央主殿的组合体式城楼外观形式。这种外观形态见于唐代敦煌第 85 窟晚唐壁画城门、第 196 窟盛唐壁画宫城门（图 5.86）。另一种是中央主殿、两侧小殿的形式（图 5.87），但这种外观形式，主殿和两侧小殿的屋

图 5.85 中央门址北侧第二排础石

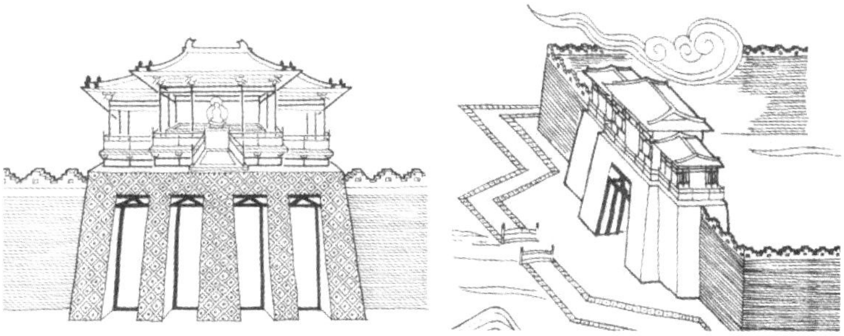

图 5.86 敦煌壁画中的门楼形态

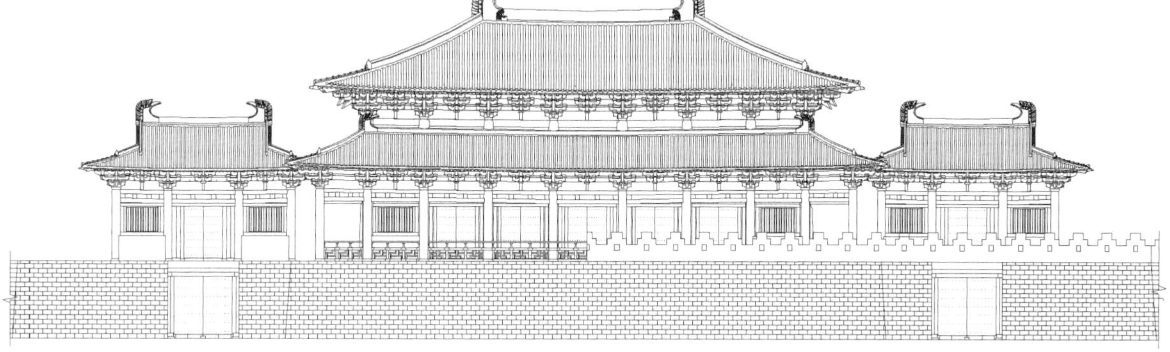

图 5.87 宫城正南面复原立面图（方案一）

顶有搭接重叠的情况，使得小殿靠近主殿一侧的屋顶不够完整，故从外观形态的整体角度来看，采用第一种形式更为合理。确定了城门的整体外观形态，再来分析一下中央门楼的外观形态。从以上的分析可以看出，正南门可能的一种外观形式是单层重檐建筑。那么可能是多层城楼的形式吗？笔者认为这种可能性不大。其一，虽然多层城楼也见于壁画和史料记载中，但是唐代壁画中的城楼多是单层建筑。其二，城楼的柱网布置靠近墩台边缘，如果中央门楼是多层建筑，则墩台边缘需要承受很大的荷载，为了防止墩台滑坡，应该在中央门墩内设置永定柱来提高整个台基的承载力。但遗址显示，中央墩台的周围并没有永定柱的柱洞痕迹。其三，从壁画中可知这种夹屋的组合体形式，中央建筑一般为单层。如果采用多层，则使得中间门楼建筑体量过大，而两侧建筑体量过小，城门整体的视觉效果不是很和谐。综上所述，中央门楼采用单层重檐建筑更为合理（图 5.88）。需要说明的是张铁宁先生在复原宫城正南门时，提出了另一种可能的外观形态，中央门楼采用的是单层单檐的外观形式，中央门楼两侧采用的也是夹庇形态（图 5.89 ）。

（4）城楼建筑基座。

宫城正南门遗址，中央门墩上的础石有圆形覆盆痕迹，说明其上应该是直接立柱的，如果是平座层的话，没有必要将暗础处理得这么精细。再者，平座层的主要用途是扩大屋檐的覆盖面积，使得门墩不受雨水的侵蚀。而台基上础石的排布接近台基的边缘，屋檐的挑出能够保护门墩免受雨水的侵蚀。这样推测中央城楼底座采用的是门墩上直接建城楼的形式。两侧门墩上的城楼作为夹屋部分，应该与主体建筑形式保持一致。

5.2.3.2 郭城的正北门

郭城正北门是由中央台基式门址、左右两侧门址和中间连接墙组合而成的（图 5.90）。中央台

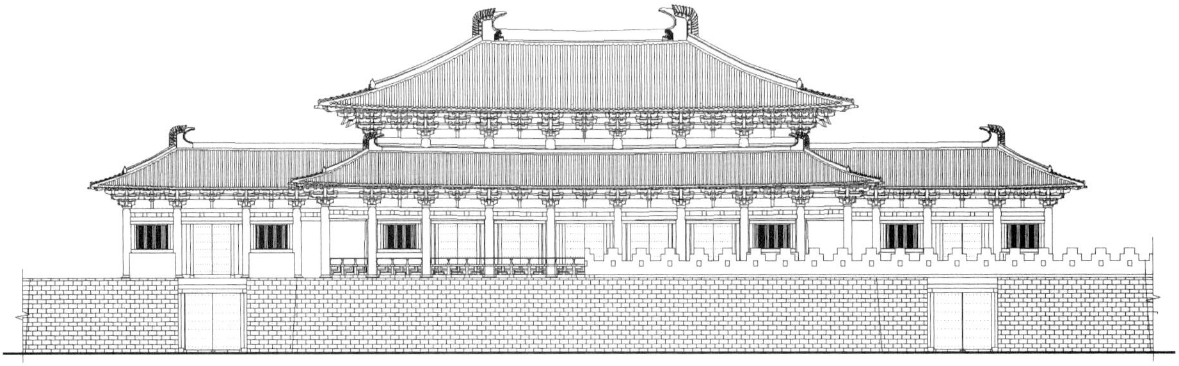

图 5.88 宫城正南门复原立面图（方案二）

基高 0.75 米，其上只残留有部分础石和础石基础。从础石的排列来看，中央台基应该是南北 6 列、东西 5 列的面阔 5 间、进深 4 间的殿阁式建筑平面布局，由于中间一排的中间两个础石丢失，故不能判断其采用的是满堂柱平面形式还是金厢斗底槽平面形式。

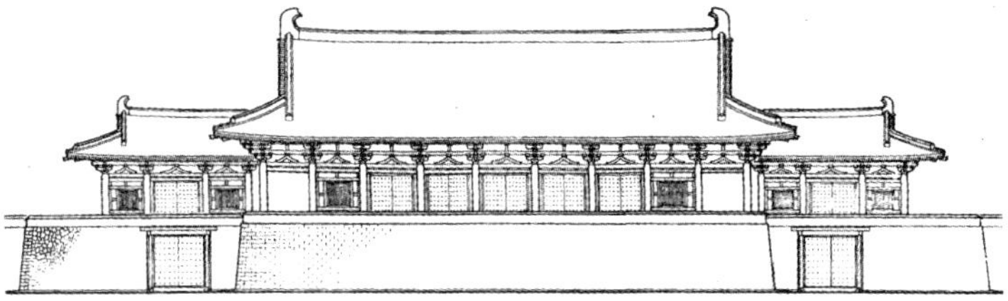

图 5.89 上京城宫城正南门复原立面图（张铁宁）

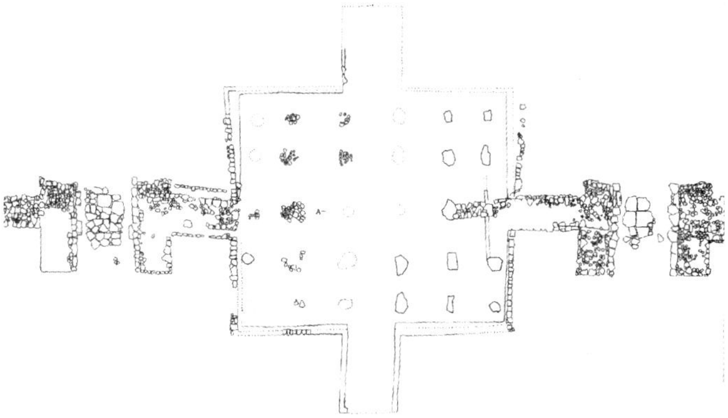

图 5.90 郭城正北门平面图

由于中央台基式城门南北向正对当心间有慢道遗迹，说明当心间是可以通行的。根据礼制的要求，中间正门应该是专供皇帝通行的御道。同时，两侧门墩采用的是隋唐时期典型的单门道式城门，应该是供平常人通行所用，这样三者共同形成了特殊的三门道式城门。

值得注意的是，中央门城楼采用的是直接落地的木构架结构，较之门道式城门削弱了城门的防御性。如果说皇城正南门作为内城的城门，防御性要求不高，采用殿阁式城门还可以理解。那么，郭城正北门作为都城防御的第一道屏障，采用这种形式似乎就非常不合理了。这就需要从上京城郭城北部的地理条件和整个郭城的城防进行分析说明。首先，郭城北墙之外“地势缓低，出现较大陡坡（约 35° 左右），约北行数百米即至平缓的熔岩台地边缘，而宫城筑地比熔岩台地高出数十米，坡大而陡”。故郭城的北部地理条件优越，易守难攻。文献上记载契丹攻城时从东、西、南三面进攻，间接表明北部不易进攻。其次，郭城北墙与宫城之间设置内苑，这与唐大明宫、太极宫的规划相似。这一区域除了作为皇帝游玩的内苑外，一般还驻兵防卫宫城，起到了双重防御的作用。以上两点从不同程度地弥补了郭城正北门防御性低的缺点。

中央城门的建筑平面布局。中央台基上础石部分缺失，故需要对平面布局做初步的推测。把柱网补齐后发现，中央城门有两种可能的平面形态——满堂柱式和金厢斗底槽式殿堂型平面。但从遗址上反映的信息来看，中间一排础石之间有墙体痕迹，且正对台基当心间有慢道遗迹，这说明中间一排柱网之间设置了分割墙体和门道，故从实际功能和结构承重的要求来看，采用满堂柱的可能性比较大。

在此基础上，需要进一步讨论中央城门具体的平面布局，包括墙体的布置和出廊形式。就一层平面而言，从遗址上看，中间一排柱网的第 5 列和第 6 列础石之间有墙体连接的痕迹；此外，在第 6 列础石的第 2、3 排础石之间也有墙体的痕迹，厚度为 20 厘米左右。这说明第 6 列础石之间应该设置了墙体，至于墙体是否贯通两列础石之间不得而知。但根据现有的资料，包括辽独乐寺山门、日本法隆寺山门和日本平城京朱雀门等，在两侧尽端的柱网之间都设置了前后贯通的墙体，只是所用材料有所不同。前者采用的是厚重的墙体，后两者采用的是木制门板。由此推测，中央门楼两侧墙体采用贯通形制的可能性比较大。除此之外，从现有的考古调查资料来看，其他础石之间未见有墙体痕迹，中央城门采用的是前后 2 进深廊的可能性比较大（图 5.91）。

以上对一层平面的分析是从遗址现有的信息进行推断的，但存在一定的不合理性：中央城楼采用落地式的木构架形式，本身防御性已经降低了很多，如果再只有中间一排础石上设置墙体，两侧墙体又是薄墙，且前后两间采用廊的形制，城门的防御性无疑就更低了。从整个都城的防御性来看，郭城的防御性极为重要，如果采用这样的平面布局就显得十分不合理。这种现象的产生，既可能是由于遗址信息反映得不全面造成的，也可能是后期契丹作为天福国进行了改动。具体形式不得而知，有待以后随着考古资料的不断深入，再对其进行修正补充。

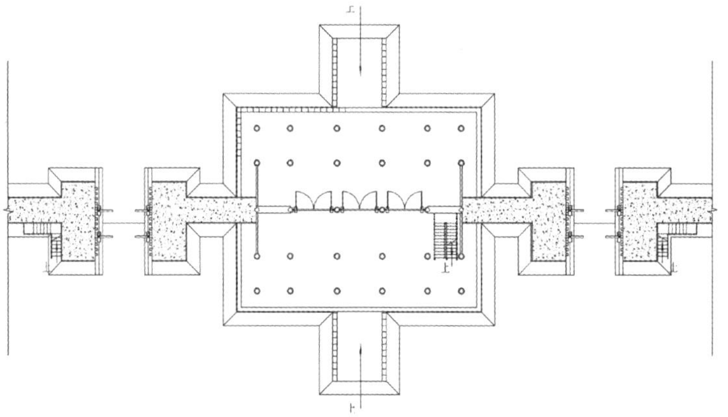

图 5.91 郭城正北门复原平面图

中央殿阁的外观形态。遗址上的础石尺度大小差别不大，其外观形态首先排除重檐的可能性。其次，中央殿阁两侧的城门形制是门墩上建城楼的单门道式城门。根据两侧门道宽度在 5.2 米左右，门砧石的间距约为 4.2 米，可知版门的高度在 4.2 米左右，这样门墩的高度在 5 米左右。从城门的整体构图和建筑连接的结构处理来看，中央殿阁采用两层的楼阁式外观更为合理（图 5.92）。

在对第五宫殿建筑形制的研究中已经知道，唐宋时期的楼阁有屋上建屋和平座上建屋两种形式。笔者认为中央殿阁为平座上建屋的可能性比较大，主要有两个原因，其一，唐宋时期屋上建屋的形式以中间带暗层的为主，就城门的实际功能而言，带暗层没有必要；其二，如果带暗层，中央殿阁二层地面的高度势必会高于两侧门楼地面高度，同时也高于中间连接城墙地面的高度，这样就需要在连接城墙上设立楼梯，增加了登临城楼的繁琐性，且郭城的城墙宽度在 3 米左右，如果设置楼梯，

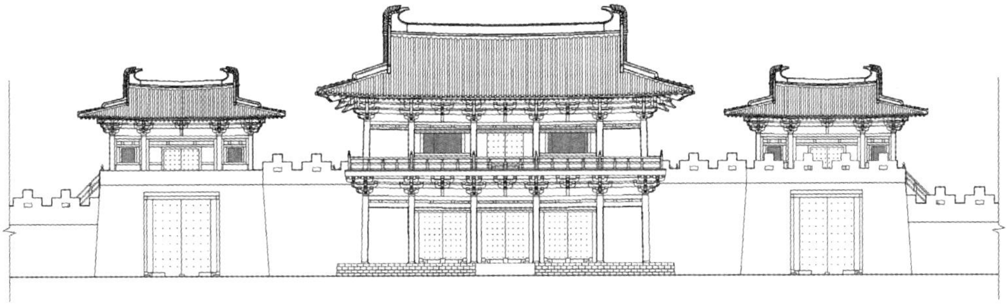

图 5.92 郭城正北门复原立面图

会使联系墙部分供人通行的宽度缩小，十分不利。鉴于以上两点排除屋上建屋的可能性。故此，推断中央殿阁为平座上建屋，即永定柱上建屋的形式，具体结构构造与第五宫殿相同。

这就涉及二层平面形式。作为城楼的二层平面，可能有一定的使用功能，从这个角度来看，二层平面采用中间减 2 柱的金厢斗底槽平面更为合理。同时，从安全性的角度来看，二层平面采用四周用墙体围合的封闭形式更为合理（图 5.93）。

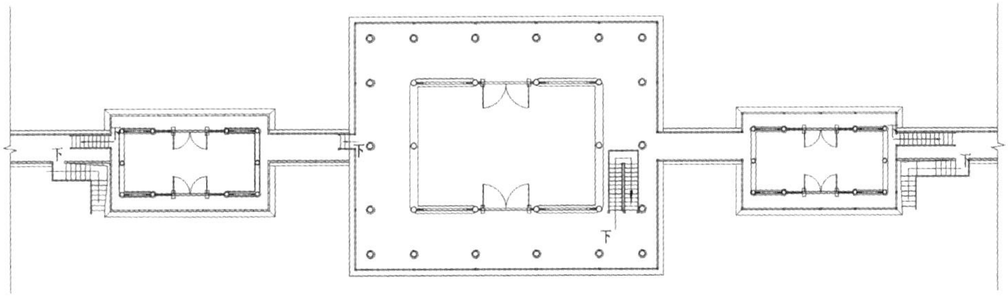

图 5.93 郭城正北门二层复原平面图

两侧城门有两点需要说明。其一，城楼的平面布局形式。城楼两侧门墩破坏较为严重，现在长约 7 米，宽约 2.4 米，门道宽 5.2 米。但门墩的宽度显得过于狭窄，如果将其复原为面阔 3 间，两尽间开间间距只有 1.8 米左右，显得过于狭小；如果采用面阔 1 间，开间间距在 8 米左右，又显得太大，故笔者认为遗址未必反映当时城门的真实情况，可能门墩的宽度不是实际的宽度。故这里暂且将其复原为面阔 3 开间、进深 2 间的“口”字形平面。其二，宫城正南门和郭城正南门采用的都是无平座，直接在门墩上建楼的形式。参考二者，将两侧城门也复原为不带平座的形式。

5.2.4 城垣复原形制研究

城垣与城门一起形成了城市的防御体系，城垣的形式、高度、砌筑方式直接影响门墩的高度、宽度以及城门楼的形态，故有必要先对其进行复原形制考证。

5.2.4.1 *考古数据整理*

有关上京城城垣的考古数据较多但不统一，为了方便研究，有必要将这些数据进行整理分析，并且进行初步的复原推测（表 5.2）。

表 5.2 上京城城垣考古资料分析

名称	位置	城墙尺度	城墙砌筑方式	墙基砌筑方式	出处
郭城城墙	郭城南墙东门	坍堆基部宽 14 ～ 18 米，上宽 1 ～ 3 米，平均残高 2.5 米，部分残高 3 米以上	—	—	—
		城墙实宽 2 ～ 2.4 米，残高 0.6 ～ 1.2 米	土石砌筑，分内外 2 层，外侧用较大石块砌叠，内侧用较小乱石填充	夯土墙基，深入地下 1 ～ 1.3 米，夯土由一层灰黑色土、一层黄褐色土交替夯筑，每层厚约 5 ～ 8 厘米	—
		墙基上墙体宽 1.7 米	内外两壁较规整，玄武岩砌筑，中间填充玄武岩碎块，缝隙处用黄杂土填实	墙基呈梯形，内侧缓平，外侧低斜，由大量的黑褐和少量黄沙、灰褐土堆筑而成	—
	郭城正北门连接墙	宽 2.2 ～ 2.3 米，残高 0.8 米	土石砌筑，外壁用自然石块垒砌，内填黄黏土和自然石	—	《渤海上京城》
	郭城正南门连接墙	长 6.5 米，宽 3.3 米	—	先在地面铺一层自然石块，再交替铺垫黄褐土和夹有颗粒的黑色土	《渤海上京城》
	郭城正南门附近城墙	宽 3.2 米	石块砌筑，墙体两侧有黄褐土护坡	土堆筑而成	—
	郭城北墙东门旁城墙	呈梯形，底宽 9 ～ 10 米，顶宽 2.5 ～ 3 米，高约 1.2 ～ 1.5 米	较规整的玄武岩石砌筑，中间填毛石，宽 2.5 ～ 3 米，残高 0.5 米	土堆筑而成，分为黄、灰和黑色层次，未见夯层	《渤海国上京城龙泉府遗址 1997 年考古发掘收获》
皇城	皇城正南门附近墙体	基部宽约 1.6 ～ 1.7 米，残高 0.2 ～ 0.6 米	玄武岩石砌筑，中部填充小石块和黄黏土，两侧护坡	—	《渤海上京城》
		墙体残高 0.7 米，宽 2.3 米	玄武岩石块砌筑	未有筑基，将地面平整后直接垒筑	《六顶山与渤海镇》
皇城	皇城东墙南段	墙体宽 1.5 米，残高 0.3 ～ 0.5 米	未经修整的玄武岩石块垒砌而成	厚 0.25 ～ 0.5 米，宽 3.5 米，浅黄褐土夯筑	《渤海国上京城龙泉府遗址 1997 年考古发掘收获》
宫城城墙	宫城南墙	底宽 4.7 米，残高 2.5 米，两侧城墙向中央倾斜，8°42′ 的收分	玄武岩石砌筑，黄土填充，黄沙土护坡，护坡厚度 0.6 ～ 0.9 米，墙体南侧抹白灰	基础宽 6 米，深 1 米，分两层砌筑，最下层为河卵石，其上为玄武岩石，高出基槽 0.4 米	《渤海上京城》

5.2.4.2 城墙构造做法分析

在考古数据的整理分析基础上可以看出，上京城城墙几乎都经过不同时期的修补或是重新砌筑。这里暂且不讨论这一问题，本小节主要讨论的是由考古信息反映的城墙的具体构造做法，包括城墙的砌筑方式、墙面的处理和墙基础的构造方式。

城墙包括宫城城墙、皇城城墙和郭城城墙，不同的城墙，具体的构造做法也有所不同，下面分别进行讨论。

城墙一般由基础和墙体两部分组成。隋唐时期城墙的基础和墙体采用的都是素土分层夯筑的方法，且基础的深度一般在冰冻线以下。上京城宫城城墙和郭城城墙也分为基础和墙体两部分，而皇城城墙没有基础，是在地面找平后，直接砌筑墙体。

就城墙基础的构造方式而言，宫城城墙和郭城城墙又各有不同：宫城城墙呈台阶状，分上下两层，下层宽度在 5 ~ 6 米左右，深度在 2 米左右，超过上京城地区的冰冻线 1.8 米，下层由河卵石砌筑而成，上层由大小不同的玄武岩石和黄黏土砌筑而成，且上层较下层收进 0.5 米左右。郭城城墙基础的构造做法是：基础截面呈梯形，由一层灰色土和一层黄色土交替砌筑而成，每层厚度在 5.8 厘米左右，且墙体内侧平缓，外侧倾斜，墙基深入地下 1.3 米（图 5.94）。

从现有的遗址来看，城墙的墙体经过前后几个时期修复而成，具体的砌筑方式又分为两种：第一种是直接由玄武岩石块砌筑，以黄黏土填缝，如宫城城墙（图 5.95）；另一种是土石结合砌筑方式，这是郭城城墙和皇城城墙主要采用的砌筑方式。这种方式根据具体的构造做法，又具体分为两种形式：第一种砌筑方式是，城墙分内外两部分，内侧由玄武岩碎石和黄黏土砌筑，外侧由大块玄武岩石砌筑；第二种砌筑方式是，城墙的内外两壁为较规整的玄武岩石砌筑，内填小碎石，并由黄黏土填缝，郭城城墙采用的是这种砌筑方式（图 5.96）。第一种砌筑方式较之第二种砌筑方式更具牢固性。这两种方式均不同于中国唐代和辽代筑墙的方法，但与高句丽都城的城墙砌筑方式有一

图 5.94 郭城城墙基础遗址

图 5.95 宫城城墙墙体遗址

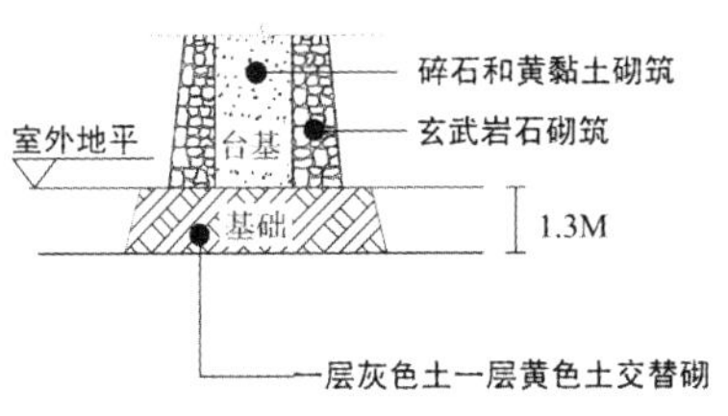

图 5.96 郭城城墙砌筑方式示意图

定的相似性。高句丽都城的城墙主要分为土筑、石筑和土石结合 3 种方式，其中以土石结合和石筑最为常见。其中有两种砌筑方式与上京城城墙十分相似：一种是石材砌筑，墙基由下而上层层缩进，呈阶梯状，墙体采用错缝直砌，石块之间的空隙用小碎石填充，如集安国内城城墙（图 5.97）；另一种采用的是土石结合砌筑，内外两侧用石块砌筑，中间用黏土夯筑，且也采用逐层内收的形式，如安鹤宫城墙砌筑方式。可见，上京城城墙的砌筑方式借鉴了高句丽都城的城墙砌筑方式。

图 5.97 集安国内城城墙

基于以上分析，推测上京城墙体具体的砌筑顺序为：先在地面上挖宽于墙体底部的基槽，在基槽内填碎石基础或素土基础，且基础高于基槽的高度，在基础之上砌筑墙体，然后在墙体一定高度范围内砌筑护坡，最后对墙体表面进行抹平处理。

城墙的墙面处理具体可以分为两种形式：一种是用沙泥抹面或白灰抹面，如宫城城墙；另一种是保持墙体的原始状态，未经任何处理，郭城城墙和皇城城墙采用的就是这种方式。

遗址报告中提到，城墙有一定的收分，郭城城墙收分在 4° 左右，宫城城墙收分在 8° 左右，这都远远小于唐代宫城城墙 16:5 的收分。

5.2.4.3 宫城垣复原形制

城墙的高度与城墙的宽度和城门门墩的高度有一定的关系。首先，城墙高度与门墩高度之间的关系。从北魏至唐宋时期的壁画可知，二者存在两种关系：一种是门墩高于城墙，且高差大于或等于雉堞的高度，这是唐宋壁画中常见的一种形制；另一种是门墩与城墙同高，这是比较少见的一种形式（图 5.98）

如果采用第一种形制，则又涉及雉堞高度的问题，这里有必要对其进行说明。雉堞，又称为俾倪、女墙、女垣。汉末至唐宋初期雉堞的基本形态为连续的矩形齿状“凸”字形矮墙，由底部连续的矮墙、不连续的垛墙以及垛墙之间的垛口三部分组成。关于唐宋以前雉堞的尺度见于古书记载，为了便于分析，先将其整理如下（表 5.3）。

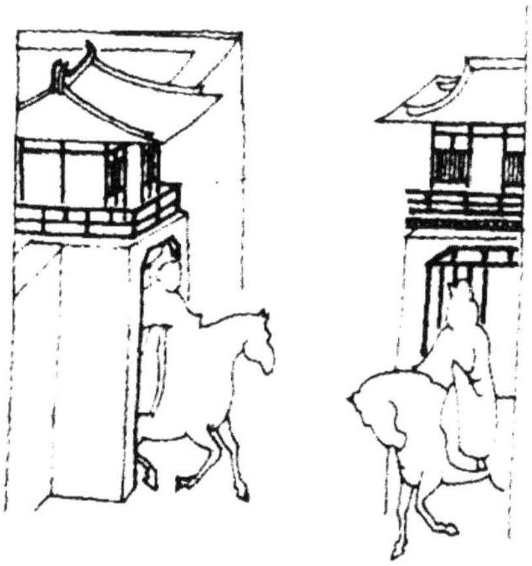
图 5.98 敦煌出土唐绢画

表 5.3 唐宋以前古籍中有关雉堞的记载

出处	内容	时间
《墨子・备城门》	俾倪广三尺，高二尺五寸。陛高二尺五寸，广长各三尺，远广各六尺（1 周尺 = 0.231 米）	公元前 385 ~ 320 年
《守城录·卷二·守城机要》(陈规)	女头墙，旧制于城外边约地六尺一个，高不过五尺，作山字样，两女头间留女口一个……	宋
《武经总要》	凡城上皆有女墙……女墙高可五尺	北宋仁宗（1023 ~ 1063 年）
《宋会要辑稿・方域一》	俾倪（土）七尺	宋

从表 5.3 的分析可知，雉堞的高度有 5 尺（1 尺 ≈ 33.33 厘米）和 7 尺两个尺度，其雉堞的高度和城墙的高度有关，如果城墙的高度较高，则雉堞的高度相对较低；如果城墙的高度较低，则雉堞的高度相对较高。

如果门墩高于城门的高度，根据上京城宫城正南门门墩高度为 5.2 米，则推断宫城城墙高分别为：[(5.2–0.295）×5] 米 = 3.725 米（雉堞五尺）；[(5.2–0.295）×7] 米 = 3.125 米（雉堞六尺）；如果城墙高度与门墩高度相同，则城墙高度为 5.2 米。这样就得出了 3.725 米、3.125 米和 5.2 米 3 个数据。

为了进一步确定宫城城墙高度，需要再对城墙的高、宽比进行分析。根据东南大学刘妍整理文献记载的城墙尺度以及相关文献对城墙尺度的规定发现，城墙高宽比有如下规律（本书只选取对上京城城墙复原有用的部分）。

（1）唐代城市，宽小于 20 尺的城墙，存在一定量的高宽比大于 1 的竖长型做法。

（2）大部分唐宋城市的城墙高宽比在 3:2 和 4:3 之间。其中 3:2 是宋《营造法式》中规定的城墙比例，4:3 是宋《中书门下筑城看详》规定的城墙比例。

（3）唐宋时期州府城市城墙底宽与城高的比值均在 1.2 以上。

遗址报告中给出的城墙底宽为 4.7 米和 3.5 米两个数值，根据第一种雉堞与门墩的关系，则城墙的高宽比≤ 1，这不符合以上规律；其次，如果宫城的城墙高度在 3 米左右，从防御性的角度来讲，高度显得过低，故排除门墩高于城墙的情况。如果门墩与城墙高度一致，则城墙的高宽比分别为：5.2/4.7 = 1.106，5.2/3.5 = 1.49，两组数据都比较合理。考虑到宫城城墙的底宽（3.5 米）过小，故暂且按宫城城墙高 5.2 米、底宽 4.7 米复原。城墙顶部宽度涉及城墙高、底宽、顶宽的比例关系，同时也与城墙的收分有关。唐宋之前有关三者之间的关系比例见于文献记载中（表 5.4）。

从表 5.4 的分析可以看出，三者的比例关系没有统一的标准。从上文对上京城宫城城墙的高与底宽比的分析可知，上京城城墙的形制并不符合表 5.4 的规定，这和宫城城墙采用玄武岩石材有一定的关系，应该是地方性的一种做法，故不能从文献上直接判断。根据宫城城墙 8°42′ 的收分坡度，

表 5.4 唐宋之前城墙高、底宽和顶宽的比例关系

名称	《墨子》	《太白阴经》《通典》《武经总要》	《中书门下筑城看详》	《营造法式》	《嘉泰会稽志》
时间	战国	唐（726 ~ 779 年）、唐（801 年）宋（1023 ~ 1063 年）	宋（1077 年）	宋（1103 年）	宋（1201 ~ 1204 年）
比例概说	凡守围城之法，城厚以高；城上广三步到四步，乃可以为使斗	下阔高倍，上阔与下倍	即以二丈为城，底阔一丈五尺，上收五尺	其上斜收减收高之半	城身高四丈，城阔五丈，上敛一丈七尺
城高：城底宽：城顶宽	—	4:2:1	4:3:2	3:2:1	4:5:3
收分比	—	1:8	1:8	1:4	1:8

推断宫城城墙的顶宽为 3.26 ~ 4.7 米，故宫城城墙的复原值为：高 5.2 米，底宽 4.7 米，顶宽 3.26 米，雉堞高度为 2.06 米（图 5.70）。

5.2.4.4 皇城城垣复原形制

皇城城门中只有正南门进行了发掘，但正南门采用的是楼阁式城门形制，无门墩，故不能从门墩的高度判断城墙的高度。根据表 5.2 可知，皇城城墙的宽在 1.5 ~ 2.3 米之间，且多在 1.7 米左右，根据宫城城墙高宽比 1.106:1，推断皇城城墙的高在 1.66 ~ 2.54 米之间。

本章第二节城门复原研究中，已经推断皇城正南门为楼阁式城门形制。这样就可以尝试从一层楼阁柱网的高度来判断城墙的高度。参考韩国昌德宫敦化门与城墙之间的关系，可知楼阁式城门的一层柱网顶的高度要高于或等于城墙的高度，这应该是从城门的木构架与墙体的连接角度考虑的，如果城墙的高度高于一层柱网顶的高度，则墙体会直接与其上方的联系构件阑额或是斗栱层相连，这样不但结构处理上有问题，而且还不能很好地体现木构架的特色。

一层柱网顶的高度为：台基 + 柱高，即（0.65+4.3）米 = 4.95 米左右。如果有雉堞的话，4.95 米应该是城墙高与雉堞高之和，根据雉堞高 2.06 米，则城墙高 2.89 米，这与以上的推测相符。

但唐宋时期都城或是州郡城墙没有这么低矮，这并不符合防御性的要求。这种低矮的城墙形式见于高句丽时期的古坟壁画中（图 4.50），并被朝鲜半岛所继承，朝鲜李朝时期的宫城多采用这种形式，如景福宫（图 4.51）、昌德宫（图 4.60）等。这种城墙防御性降低，更多的是起到围合和遮挡视线的作用。后有日本学者把平城京朱雀门周围的城墙复原为这种形式（图 4.59），朝鲜半岛高句丽时期的安鹤宫城墙也是如此，这反映了这种形式的城墙是当时东亚的一种城墙类型。从这个角度来看，皇城城墙高度有其合理之处。

本文暂且将皇城城墙尺度复原为底宽 3.3 米，顶宽 3.1 米，高度 2.54 米，无雉堞，城墙之上有屋顶覆盖。

5.2.4.5 郭城城垣复原形制

郭城城墙的高度，从以下三个方面进行推测。

首先，根据郭城正北门版门的高度进行推测。根据考古资料可知，郭城正北门两侧门的门砧石间距约 4.2 米，可知版门的高度在 4.2 米左右，根据《营造法式》中提到的“版门大于或等于版门的宽度”，可知版门的高度≥ 5.2 米，这样郭城城门的门墩高度≥ 5.2 米。故郭城的城墙高度就存在两种可能：一种是城墙的高度和门墩同高，即≥ 5.2 米；另一种是城墙的高度 + 雉堞的高度 = 门墩的高度，根据雉堞高度 2.06 米，可知郭城城墙的高度≥（5.2 – 2.06）米 = 3.14 米。

其次，结合郭城城墙底的宽度进行复原，郭城城墙的底宽在 1.7 ~ 3.3 米之间，且多集中在 3 米左右。根据宫城城墙的高宽比 1.106:1，推测郭城的城高为 3.318 米左右。这样，根据现有的考古数据首先排除了 5.2 米的可能性。

最后，根据郭城正北门中央城楼的高度进行推断。郭城正北门采用的是门道与楼阁结合的城门形制，郭城正北门中央城楼一层柱网顶的高度要高于或等于连接城墙的高度。根据考古数据可知，中央门楼中间一间面阔 5 米左右，则推断柱高在 5 米左右，并且结合台基的高度，推断郭城城墙的高度为（0.75+5）米 =5.75 米。从郭城的防御性来看，郭城的城墙之上也应该有雉堞，故 5.75 米应该是城墙与雉堞的高度之和，根据雉堞的高度为 2.06 米，则郭城的城墙高度复原为 3.7 米，根据坡度收分 14:1，可知城墙顶宽 3 米。故此，郭城城墙的复原值为：高 3.7 米，底宽 3.3 米，顶宽 3 米，雉堞高 2.06 米。

5.3 上京城东内苑形制研究

东内苑位于上京城宫城的东侧，约占整个东区的 2/3，与其北部区域以墙相隔形成单独的一个院落。从现有的遗址来看，东内苑是上京城保存最为完整、最为典型的一处内苑遗址，可以代表渤海国最高的园林技术水平。并且园林遗址反映的一些形制特制，体现了唐代皇家园林的一些设计理念和设计手法。本节将对东内苑的总体布局、园林构成要素以及园林内建筑遗址形制进行分析研究。在现有考古资料的基础上，力求揭示东内苑的形制特征。

5.3.1 东内苑布局

5.3.1.1 总体布局

东内苑遗址南北长约 520 米，东西长约 210 米。苑内较为清晰的遗址包括苑池、池内假山、池外假山、主要的建筑遗址，其中苑池约占东内苑的 1/7。这些建筑遗址虽不是东内苑的全部景观，但却是主要的景观要素。根据现有的考古资料，笔者尝试分析东内苑总体布局的几点特征。

东内苑采用“一池三山”的布局模式。东内苑的苑池是内苑的主体，苑池内有遗址明确的假山

2 座，均位于苑池的北部。有考古学者认为，苑池的南部也应该有1 座假山，这从构图的角度来看是成立的。如果假设苑池南部也有1 座假山，那么东内苑就形成了典型的“一池三山”的布局模式。同时，在苑池外的东西两侧也有两座不同形状的假山，一座是圆形的，另一座是椭圆形的。这种在苑池外设置假山的布局形式见于唐长安城兴庆宫。东内苑采用这种形式，可能是为了打破苑池布局的单一性，使得园林构成要素更为丰富，增加了园林的可看性、可赏性、可玩性。

东内苑采用“苑”中有“宫”、前“苑”后“宫”的形制。即在东内苑的布局规划中，苑池和假山作为景观主体，建筑作为次要景观要素零散地布置在其周围，以衬托山水景观要素。并且东内苑的主要建筑群位于苑池的北部，故将其视为前“苑”后“宫”形式的一种简单表达方式。

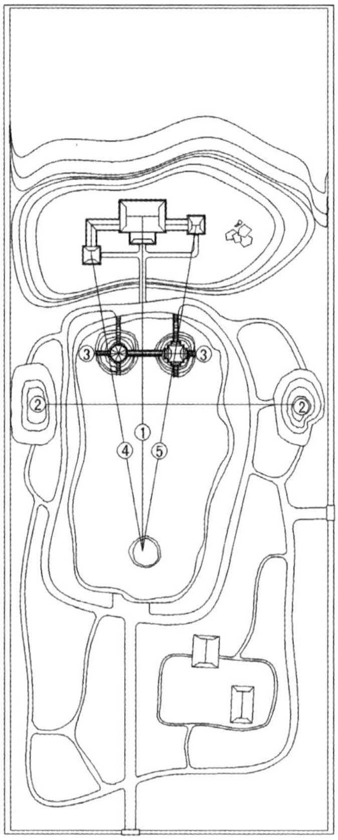

图 5.99 东内苑轴线分析图

景观轴线是中国古典园林设计的部分之一，包括景物之间的轴线、建筑之间的轴线以及建筑与景物之间的轴线。结合考古发掘报告和实地勘察，笔者推测东内苑一共存在 5 条景观轴线（图 5.99）：轴线 1：苑池北侧主殿至苑池中南部假山；轴线 2：苑池外东假山至西假山；轴线 3：苑池内东假山至西假山；轴线 4：主殿西侧小殿—苑池内西假山上西亭—池中南假山；轴线 5：苑池北侧主殿东侧小殿—苑池内东侧假山上东亭—池中南假山。这 5 条景观轴线涵盖了景物之间、景物与建筑之间、建筑之间三种轴线类型。其中，轴线 1 和轴线 2 可以看作是主要景观轴线，轴线 3、4、5 可以看作是次要景观轴线，景观轴线之间相互平行、交叉，有一定的夹角，主次分明，层次丰富，为观赏者提供了多个景观视点。

同时，东内苑采用了向心式布局。所谓向心式布置，即以一个特定的景观要素为整个园林的构图中心，形成园林的主体景观，其他景观要素都是以突出主体景观设置的，或环绕、或零散地布置其间。这种向心式布局是离散式布局的一种。东内苑的苑池占据中心位置，并且面积较大，可以看作是内苑的中心。其他构成要素，如苑池外东西两侧的假山、苑池北侧的建筑群，虽然零散地布置在苑池的周围，之间没有特定的关系，但以苑池为中心的布局十分明确。这种向心式的布局模式更能突出东内苑设计的主体。

5.3.1.2 视线分析

视线设计是园林设计的要点之一，主要包括三个要素：视距、水平视角和垂直视角。根据人的视觉习惯，三个要素都存在一个观赏园林景观的最佳距离或是角度，而这往往是园林设计的重要参考指标。

视距是视点与观赏对象之间的距离，也就是观赏者与被观赏景观之间的水平距离。不同的视距，观赏的效果也不同。视距一般分为四个层次，第一个层次是视距在 200 米以内，这个范围内观赏者大体可以看清楚单体建筑物；第二个层次是视距在 200 ~ 600 米之间，观赏者可以看清楚单体建筑的轮廓线；第三个层次是视距在 600 ~ 1 200 米之间，观赏者可以看清楚建筑群，单体建筑轮廓已经模糊不清；第四个层次是视距在 1 200 米以上，观赏者只能约略辨识建筑群的轮廓。”对于大内御苑而言，一般面积较小，景观形式相对单一，故多以第一个层次为主要设计标准。东内苑中苑池北侧宫殿和苑池南部假山的距离最远，应该是最远的视距，从现有的遗址情况来看，二者之间的视距在 200 米以内，这说明观赏者站在内苑范围内的任何一个位置，都能清晰地看到整个内苑的景观要素。

另一个需要考虑的视线设计要素是水平视角。人的正常水平视角在 60° 夹角之内，并且最佳视角为 58°。从东内苑现有的遗址来看，可供观赏景观的地点有 3 个，包括苑池北侧主殿和苑池内两座假山上的亭榭，故以三者为观赏中心，对周围的苑池、假山和建筑进行水平视角分析。其中，以北殿建筑群中间主体建筑为观赏点，观赏苑池内北向的两座假山水平视角在 42° 左右，观赏苑池的水平视角在 60° 左右，观赏苑池外的 2 座假山水平视角在 88° 左右，可以看出水平视角不是很大，基本可以看清楚景观的形态。以主殿旁两小殿为观赏点，观赏最远的 2 座池外假山的角度都在 75° 左右，这样在北殿建筑群中观赏整座苑池，都可以得到理想的效果（图 5.100）。

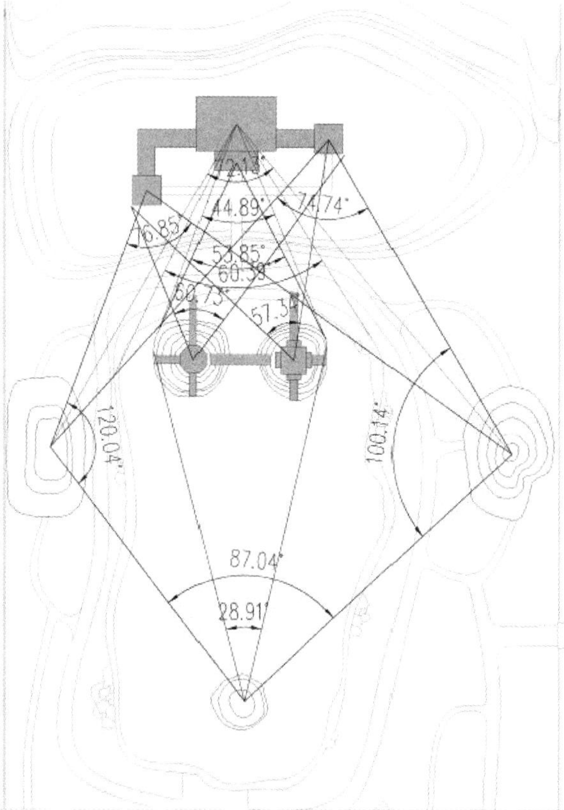

图 5.100 东内苑水平视线分析

至于东西两座亭址的观赏点，由于假山的高度在 3 米左右，且人在其上可以 360° 环顾周围的景观，故全苑的景观尽收眼底，视线十分开阔，也就不存在水平视角的问题了。

垂直视角设计是园林设计的另一个重要因素，体现的是观赏对象的高度与视距的比例关系。正常的垂直视角的范围在 10° ~ 40° 之间，二者的比例在 1:6.3 ~ 1:1.2 之间；“最佳垂直视角在 18° ~ 27° 之间，即建筑物感度与视距之比在 1:2 ~ 1:3 之间。”通过对东内苑主要建筑群的垂直视线分析发现，观赏园林亭榭和假山的最佳视点并不是站在主体建筑上，而是在主体建筑前的阔地上，但是在苑池外的东西假山上观赏到的苑池内两座亭的垂直视角在 18° 左右，是最佳视角（图 5.101）。

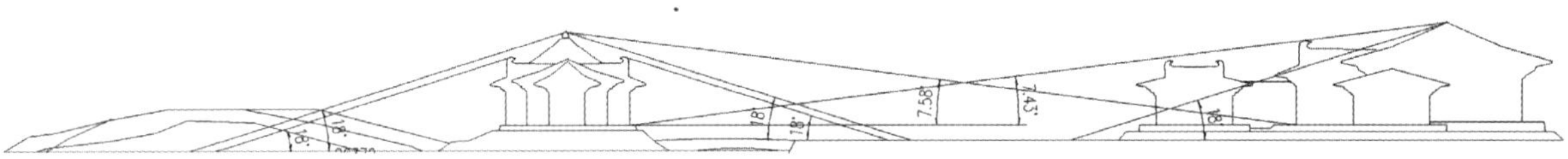

图 5.101 东内苑主体建筑垂直视线分析

对整个东内苑的纵向剖面进行分析，发现无论是从北侧宫殿建筑群观看东西两亭，还是从东西两亭观赏北侧宫殿建筑群，看到的都是正立面效果，这说明园林设计时考虑更多的是水平观赏效果，而对于垂直观赏效果考虑不够。

5.3.1.3 造景艺术语言

造景艺术语言是园林设计的另一个要点，具体设计手法包括点景、借景和对景。东内苑的总体布局规划中，也运用这些造型艺术语言。

东内苑最为突出的是对景的设计。东内苑的设计形成了 5 条景观轴线，而轴线两侧的建筑与建筑之间、建筑与山水景观要素之间以及山水景观要素之间形成了很好的对景效果。其中，景观轴线 1 是苑池北侧主殿与苑池内南侧假山形成的对景，这组对景起到了收住主要建筑群视线的作用，同时又起到了延伸景深、扩大视距的效果。而景观轴线 2 和景观轴线 3 有的也采用对景的效果，这样不但丰富了园林的空间层次，同时也丰富了园林整体的构图效果。

东内苑规划中还体现了点景的设计手法。简单来讲，点景就是对园林景观的点缀和修饰，这是一个相对的概念，被点缀的对象可以是水体、山体、建筑群，也可以是整个园林区域，点景的目的是丰富园林的构图效果，同时活跃园林的气氛。

从东内苑的总体规划来讲，苑池外的 2 座假山起到了点景的效果，丰富了园林构成要素的同时，增加了内苑的立体空间层次。同时，就苑池而言，面积比例较大，水面广阔。由于是人工挖掘的苑池，没有活水的流动，水始终处于静止的状态，并且苑池为椭圆形，形式显得过于单一，故苑池整体感觉过于单调。在苑池内布置了 3 座大小不同的假山，并在其上布置了亭榭，这样不但丰富了苑池内的景观要素，同时凸显了苑池的立体景观层次，起到了点景的作用。

最后，探讨一下东内苑借景手法。借景，顾名思义就是借助其他的景观来丰富园林内的景观层次，增加园林的可观赏性。根据借助景观的性质不同，又分为内借和外借或是二者共同使用。内借即园林内部各个景观要素之间相互借用，丰富园林的视觉效果；外借则是借用园林外的景观，使其成为可以观赏的景观之一。前者适用于园林外无景可借的情况，而后者适用于园林外存在可借之景的情况。就皇家园林而言，大内御苑往往位于宫城之内，周围有封闭的城墙，且自然景观距离较远，故采用内借的方式较多；但当内苑所在的地势较高，就可以外借自然之景。唐长安城大明宫同时采用了内外借景，利用宫城东北角龙首源高地，南望则有："南望终南山如指掌，京城坊市街陌，俯视如在槛内。"而行宫御苑和离宫御苑由于地处自然环境之中，多借用周围的自然景观要素，故采用外借的方式较多。

东内苑所在地势不是很高，加之周围城墙环绕，很难借用都城外的景观，故只能采用内苑中的园林要素之间互借的方法，即内借。例如，为了避免站在苑池内东西 2 座建筑上视线的单调，在苑池外的东西两侧和苑池的北部布置了 3 座假山，并且采用了不同的造型，使东西两亭有景可借，这样既丰富了园林空间层次，又增加了景观的多样性。

"无论是借景、对景，还是隔景、分景，都是通过布置空间、组织空间、创造空间种种手法，丰富美的感受，创造艺术意境。"东内苑园林造型艺术语言的多样性，从一个侧面揭示了唐代皇家园林设计手法的丰富性。

5.3.2 东内苑景观构成要素分析

园林景观要素包括山、水、石、建筑等多个要素。从现有的考古发掘报告来看，东内苑景观构成要素主要包括假山、苑池和建筑。内苑建筑将在下节进行详细分析，本节主要分析筑山和理水两个景观要素。

5.3.2.1 筑山

筑山是造园的重要内容之一，早期的假山主要为池中堆土形成岛形假山，苑池外很少有假山，后期演变为叠石为主的假山，且布置在池的内外。唐宋时期园林出现了土石结合的假山形式，多位于苑池内，并且可以细分为以土载石和以石载土两种形式，前者是早期筑山的特征，后者是晚期筑山的风格。

东内苑的假山包括苑池内假山 2 座（图 5.102）和苑池外假山 2 座（图 5.103，5.104），这 4 座假山形态各异，砌筑方式不同，既丰富了内苑的景观构成要素，又增加了内苑的空间层次和序列性。为了便于分析说明，现将 4 座假山的基本情况进行整理（表 5.5）。

结合表 5.5 分析，可以得出几点结论：其一，假山的形式与规模。东内苑的假山多为圆形，底部直径尺度在 20 ~ 50 米之间，差别较大，但高度比较一致，在 4 ~ 5 米之间。从总体构图来看，假山的尺度较为适宜。其二，假山的砌筑方式。假山采用的是土石结合的砌筑方式，山体的主体部分由土筑而成，其外再覆盖一层石块，这是唐代城市宅园普遍采用的砌筑方式，到宋代开始出现土石结合的山体，并成为后世的通用模式。土石结合的方式有几点好处：从功能角度来看，山脚下的石块有固定山体的作用，虽经雨水冲刷，山土却不易流失；从园林的美观性来看，土山覆盖岩石，增加了山的真实感、质感和稳定感；与此同时，假山的表面都有石块覆盖，其目的是在提高假山质感的同时，增强山体的稳定性，并且能防止山体土壤的滑落。其三，假山的形状有一定的象征意义。苑池外的两座假山，一座为长圆形，象征着“长山”，借用长长久久之意，寓意渤海王室的生生不息；另一座为圆

图 5.102 苑池内假山现状图

图 5.103 苑池外西假山现状图

图 5.104 苑池外东假山现状图

表 5.5 东内苑假山遗址基本情况分析

名称		位置	尺度	砌筑方式	有无建筑
苑池内假山	东西假山	苑池内的北侧	圆锥形，上大下小，底部直径 30 米，上部直径 12 米，现高 4 米	土石结合砌筑而成，岩石覆盖	有
	南假山	苑池内的南侧	直径约 20 米，今残高 0.5 米左右	土石结合砌筑而成	不详
苑池外假山	东假山	苑池的东侧	圆形，底部直径为 40 米，现高 5 米	土筑而成，外侧有石块覆盖	无

形，象征着“团山”，借用团圆美满之意，寓意渤海国蓬勃兴旺。

根据现有的考古信息，暂且将苑池内部 3 座假山高度复原为 4 米，且南侧假山之上无建筑。考虑到东内苑的总体视觉平衡效果，苑池外的 2 座假山高度复原为 5 米，其上无建筑。

5.3.2.2 理水

水体在早期园林设计中占主要地位，并且水体的面积占园林面积的比例较大，形式丰富多样。一般苑池作为园林的景观中心，其他园林要素围绕其进行布置，并且苑池和主要建筑之间存在一定的位置关系，最为典型的布局模式是南侧苑池北侧建筑的形式。

东内苑的苑池位于东内苑的南部，与主体建筑之间形成前苑后宫的形式，其中苑池面积约占内苑的 1/7，池面宽广，中筑岛屿，可以游赏，是内苑的景观中心，其他园林要素围绕其进行布置。苑池整体呈椭圆形，虽形态比较单一，但有自然曲折之式。长向直径约 190 米，短向直径约 110 米，苑池比较平缓，深度约 2 米，由于假山采用的是土筑，故不易过高，水面虽广，不易过深（图 5.105）。

池岸结构。池岸是构成水体形象及其意境的重要因素之一。池岸的构造做法因实际情况或是表达意境的不同，处理方式也不同，既有缓坡土岸，也有太湖石护岸。中国唐宋以来，以太湖石为护岸是一种普遍的现象，如唐东都洛阳上阳宫园林的池岸采用的就是太湖石，形成了高低错落有致的岸线；更有河卵石堆岸，如同时期日本和朝鲜半岛的苑池护岸多采用河卵石砌筑而成；还有其他形式的护岸，如唐大明宫太液池采用了木挡板护岸，这是一种比较独特的形式。东内苑苑池的池岸发现了石砌的遗迹，故可以初步推断其采用的是石材护岸，但由于资料有限，暂不做池岸细部处理的推想。

图 5.105 苑池遗址

池的底部处理。有关唐宋时期苑池的资料不多，遗址发掘报告也少之又少，目前可知的是唐大明宫太液池和洛阳上阳宫园林的苑池，前者池底有大面积经过处理的淤泥，岸边坡度比较平缓；后者是河卵石铺池底，做法较为考究；而朝鲜半岛高句丽时期的安鹤宫池底采用的也是石材铺制，石材之上再铺一层细沙防止漏水，这说明池的底部处理方法多样。从现有的资料推测，东内苑的池底做法是：先对池底的天然土层进行修理，然后在其上铺一层细沙，细沙之上铺泥以防漏水，从中可以看出，苑池的构造已经非常考究了。

以上的分析研究是在早期考古报告的基础上进行的，近期未见有相关的考古报告发表，故有一些细节问题很难确定，这里只做一种推测，详细的处理有待后来研究进行补充。

5.3.3 单体建筑形制研究

东内苑的单体建筑遗址主要包括苑池北部的主体建筑群遗址和东西两座假山上的亭址，下面将分别对其形制进行复原分析。

5.3.3.1 北殿建筑形制研究

东内苑主体建筑是由中央主殿、东西两小殿和中间连廊组成的“凹”字形建筑平面布局（图5.106）。从第4章的分析中可知，这种平面组合形式多见于唐代敦煌壁画中，未见于唐宋建筑遗址中。下面将对这三部分建筑形制分别进行研究。

（1）主殿。

主殿呈“凸”字形平面布局，由两部分组成：主体部分是面阔7间、进深4间的金厢斗底槽殿堂型平面布局模式，这种平面结构形式见于第一、三宫殿遗址，是上京城宫殿建筑采用的一种通用平面布局模式。在主殿的正前方、正对中间3开间的位置，有一个面阔3间、进深2间的附属平面结构，现有遗址地面低于主殿地面0.3米左右。这种组合式的平面布局会形成怎样的外观？前面伸出的部分功能又是什么？

图 5.106 东内苑主殿遗址鸟瞰图

经过分析研究，推测这种平面布局有三种可能的外观形式：第一种外观形式的突出部分是主殿的廊轩，形成古代“君子临轩”的建筑形式，是礼制建筑的一种体现。这种布局平面见于唐大明宫麟德殿遗址中（图5.107），即在主殿建筑前伸出1间作为轩，且二者之间有一定的高差。与麟德殿不同的是，东内苑主殿前部伸出2

间，且只在中间位置伸出，这样会造成前檐挑出过大，使得北殿的整体外观形态不好，故排除这种形式。

第二种外观形式的突出部分是“龟头屋”的形式，即在主殿的一侧或是多侧伸出垂直于主殿的附属建筑，其多数山面向外。这种形式在迟中唐已经出现，见于四川大足北山第245龛的晚唐壁画中（图5.108），建筑实例见于宋代河北正定隆兴寺摩尼殿，中间为重檐主殿，主殿的四周出抱厦，且每面各出1间（图5.109）。

需要说明的是，这种“龟头屋”的形式，具体构造做法多样，较为常见的形式是：抱厦的开间与主殿的开间间距相同，主殿的高度高于抱厦的高度，抱厦的屋檐插入主殿的屋檐内，这样可以简化二者结构交接处的复杂性。如果主殿采用的是重檐或楼阁形态，则抱厦屋檐与主殿的重檐或缠檐同高，这种形式结构处理较为复杂，宋代河北正定隆兴寺摩尼殿采用的正是这种形式。最后一种外观形式是抱厦屋檐的高度与主殿的屋檐高度相同，这样就形成了“十字脊”屋顶（图5.110），这

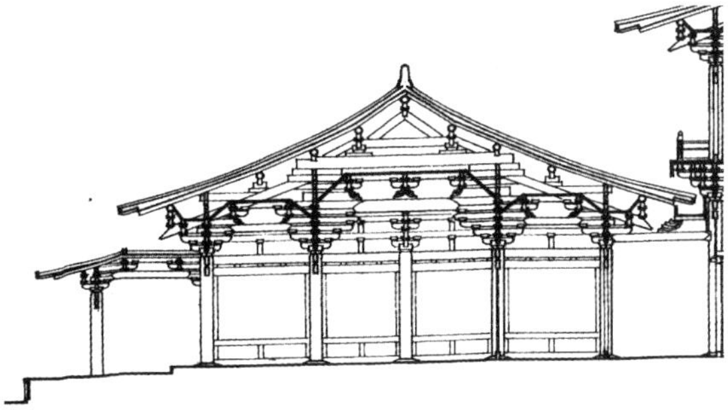

图5.107 唐大明宫麟德殿复原图

图5.108 晚唐壁画中的龟头屋形式

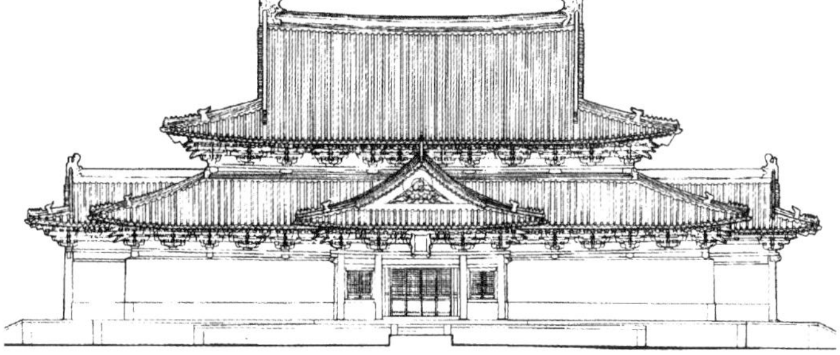

图5.109 河北正定隆兴寺摩尼殿

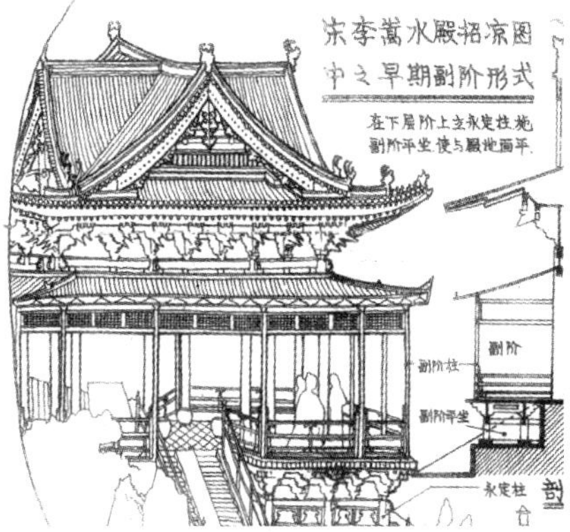

图5.110 十字脊示意图

种形式常见于园林建筑或建筑等级不是很高的建筑中。通过以上分析，笔者更倾向于主殿前出“龟头屋”的形式，故按此形式进行复原。

（2）平面布局。

从遗址的信息可知，主殿南向第 1 排西数第 1、2 块础石、东数第 1、2 块础上刻有半圆形的凸起，且凸起的两侧有平直的凸棱；西数和东数第 3 块础石上刻有内凹的半弧形。以上说明主殿南北向、东西向尽间和稍间的位置有墙体痕迹，且墙体可能与前出抱厦部分相连。这样初步推断主殿采用的是封闭式平面布局。同时，根据抱厦部分南向一排西数第 1、2 块础石，北向一排西数第 1 块础石上刻有半圆形凸起、东西向的凸棱，说明抱厦的外侧也设置了墙体。这样抱厦与主殿平面共同形成了封闭式的空间布局。

虽然，主殿作为东内苑的中心建筑，无论是从园林建筑的角度，还是从园林景观的观赏角度，采用开敞式建筑形态似乎更为合理。但是作为东内苑可能是唯一一座皇帝可以长时间驻足停留的空间，在寒冷的北方，主殿需兼有取暖的功能，故采用封闭式的空间更为合理。

（3）外观形态。

首先，主殿无副阶周匝的形式，先排除重檐形式。其次，排除楼阁形式，其原因主要有三点：其一，主殿面阔 7 间，进深 4 间，这种等级的平面结构，如果采用楼阁形式，取满堂柱的平面布局更为合理，如唐大明宫麟德殿章日阁和上京城第五宫殿遗址，而主殿采用的是中间减 4 柱的金厢斗底槽平面布局。其二，如果采用如此之大的减柱造平面，最好加粗直径或填加厚重墙体共同承重。根据础石尺度在 1.2 ~ 1.5 米之间，推测柱径在 0.6 ~ 0.75 米之间，并没有加大柱径的迹象，同时从遗址上判断，没有厚重墙体的遗迹。其三，如果主殿采用二层楼阁，其体量过于庞大，作为园林建筑显得过于笨重，有失轻巧之感。同时，从建筑的等级制度来看，楼阁形式的外观，从气势上和体量上将超过宫城中轴线上的主要宫殿建筑。鉴于以上三点理由，排除主殿采用楼阁的可能性，故推断其采用的是单层单檐前出抱厦的外观形态。

（4）东西小殿。

东西小殿是在主殿的东西两侧有连廊连接的两座建筑遗址，台基之上础石共 12 块，形成面阔 3 间、进深 3 间的“口”字形平面（图 5.111）。其中东侧小殿的遗址显示，南面一排础石上刻有半圆形的凸起，且两侧有较为平直的凸棱，这说明东小殿是封闭的平面布局形式。西小殿也按此复原。

东西小殿的外观形态存在两种形式，即单层单檐和楼阁外观形态。前者见于唐南禅寺大殿（图 5.112），后者见于辽代善化寺普贤阁（图 5.113），二者从结构的角度都是可以实现的。其次，从北殿建筑群的组合形式来看，主殿是单檐单层的建筑，估算其高度为 9 米左右，如果小殿采用楼阁式外观，其高度也是9米左右，虽然体量小于主殿，但高度相同，这样不够突出主殿。最后，小殿当心间面阔2米左右，两尽间间距更小，在这样狭小的空间范围内，如果再设置上楼的楼梯，会使得空间更为拥挤，影响了空间使用效果。因此，排除两小殿采用楼阁的形式。

（5）连廊。

主殿与东西两小殿之间由曲尺形廊连接，东侧廊为直廊，面阔5间，进深1间；西侧廊为“L”形廊，面阔7间，进深1间，采用的是不对称的布局形式。这种不对称的连廊组合形式较为特殊，已知的唐宋壁画中采用的多是对称式的廊庑，这种连廊形式的出现表明当时的园林建筑形式已经十分丰富了。

连廊现有的遗址形式：东廊南面一排础石上刻有半圆形的凸起，其凸起的两侧有直线的凸棱；而东南角和西南角础石上有转角的痕迹，说明两排柱网之间有墙体连接，故东西廊采用的是封闭式廊庑。这不同于唐代敦煌壁画中显示的廊庑形态，一般进深1间的连廊通常采用完全开敞式和半开敞式的形式，而上京城采用全封闭廊庑，应该与当地寒冷的气候有关。如果采用开敞式，则不易于冬天进行观赏游玩。

从遗址平面可以看出，北殿的北侧有一道东西向的石墙，应该是前后院的分隔墙，故连廊的北侧不宜开窗。而南侧虽然有墙体维护，但是由于其面向苑池，且作为主要的观景建筑，应该适当地设置开窗以及通行用的门。综上分析，北殿建筑群复原为：主殿、东西两小殿、连廊均为封闭式建筑，且主殿采用的是单层单檐前出抱厦的外观形式，小殿采用单层单檐的建筑形态（图5.114）。

5.3.3.2 东亭

亭作为园林的景观要素之一，最早见于隋唐时期，

图5.111 主殿东侧小殿遗址

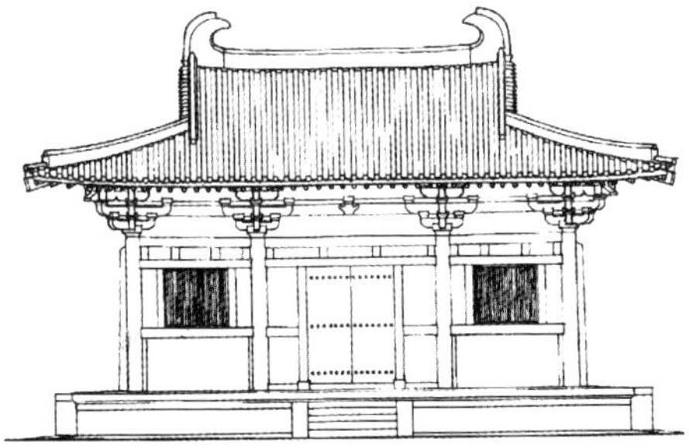

图5.112 南禅寺大殿立面

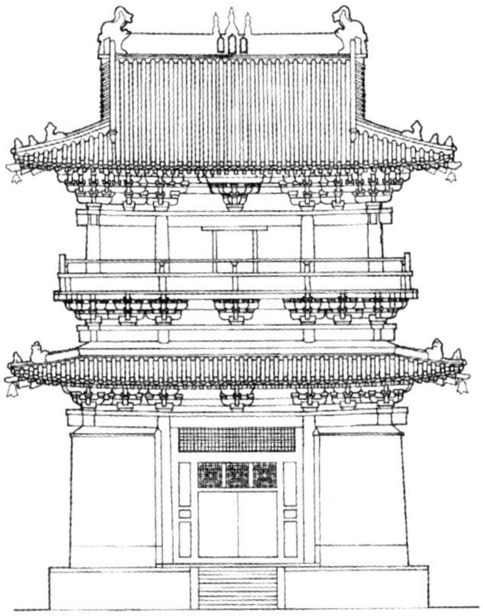

图5.113 普贤阁

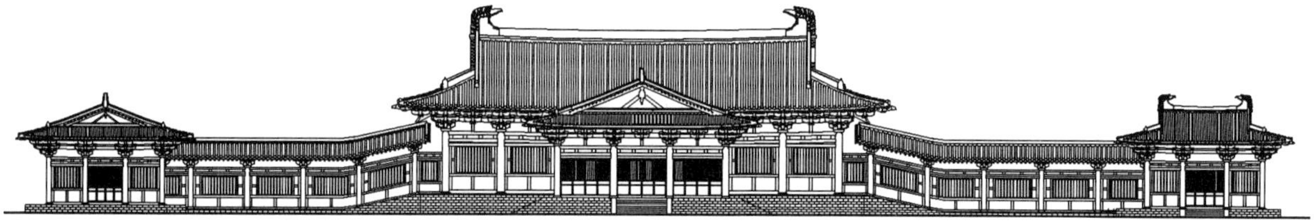

图 5.114 主殿复原立面图

据《永阳王斋后山亭铭》记载："隋炀帝广僻周二百里为西苑，……其中有逍遥亭，八面合成，结构之丽，冠绝古今。……又有甘泉宫……周十余里，亭观桥殿甚多。"并且唐代敦煌壁画中也体现了亭的多种形态，如四方亭、六角亭、八角亭、园亭等。

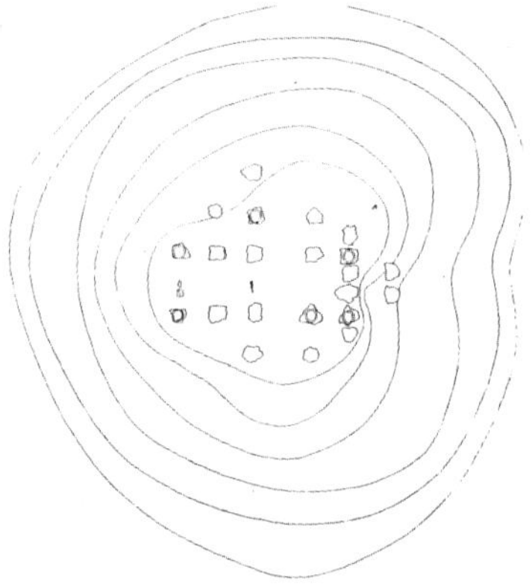

图 5.115 东亭遗址平面

从已经发掘的遗址来看，东内苑有 2 座亭址，分别位于苑池内的东西假山之上，且形制各不相同。东假山上现有的东亭遗址比较复杂，础石位置比较凌乱，很难确定其平面形制（图 5.115）。只能确认有 22 块础石，其中 6 块经过精细加工，有圆形覆盆的痕迹，且有的有牙线，部分础石已经不在同一平面上了。考虑到历经千年，遗址有破坏或是错动的可能，故现有的平面布局并不一定是当时的平面形式，这里只能做一些形制上的推断，存在一定的假想性，并不完全反映当时建筑的真实状况。

将部分础石进行移动后，推断西亭最有可能的平面形式是：中间是面阔 3 间、进深 3 间的满堂柱平面，且在四面当心间位置各出 1 间抱厦，这样就形成了中央主体建筑四出抱厦的形式。这种平面布局类似于河北正定隆兴寺摩尼殿。

东亭的外观形式存在两种可能：一种是单层单檐的形式；另一种是楼阁式外观形式（图 5.116）。前者四面抱厦屋顶的高度要小于主殿的高度，这样建筑更有层次感，且更能突出中心建筑。后者有两种可能：一种是带暗层的楼阁，如辽代独乐寺观音阁；另一种是不带暗层，直接在平地起永定柱，永定柱上立平座层，平座之上立二层构架的形式。作为观赏用的园林建筑，没有设置暗层的必要，故排除第一种可能。这样将东亭复原为中央建筑为单层单檐，且四出抱厦和中央建筑为无暗层有平座层，且四出抱厦的楼阁两种外观形式（图 5.116）。

5.3.3.3 西亭

西亭是位于苑池内西假山上的建筑遗址。现有的西亭遗址已经面目全非，很难确定其具体形制。

故需参考 1924 年日本人出版的《东京城》一书，进行复原研究。

当时的遗址报告显示，西亭遗址上共有 12 块础石，中心 4 块础石，且每面又各有 2 块础石（图 5.117）。础石均是未经加工的玄武岩石，表面较为平整。这种平面布局见于唐洛阳宫九州池发现的八角亭遗址（图 5.118），建筑实物只见于日本奈良时期的荣山寺八角堂（图 5.119）。这种中心四柱的布局模式是唐初八角亭特有的做法，也是最为简单的做法。西亭可以参考八角堂的外观和构架形式进行复原。

这种平面布局还可以采用十字亭的外观形式。十字亭，一般是中间为主亭，四面出抱厦，这种

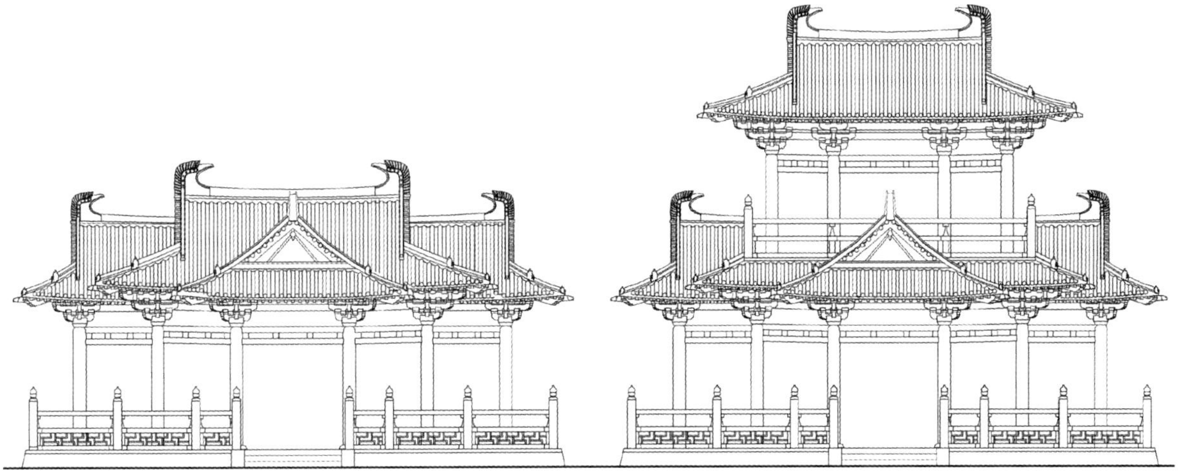

图 5.116 东亭复原立面图

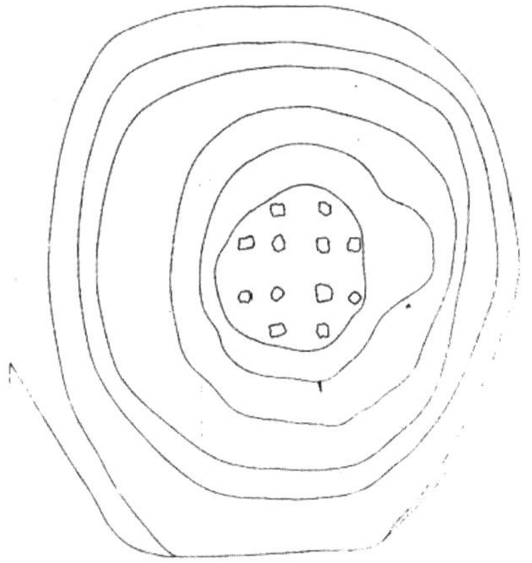

图 5.117 西亭遗址平面

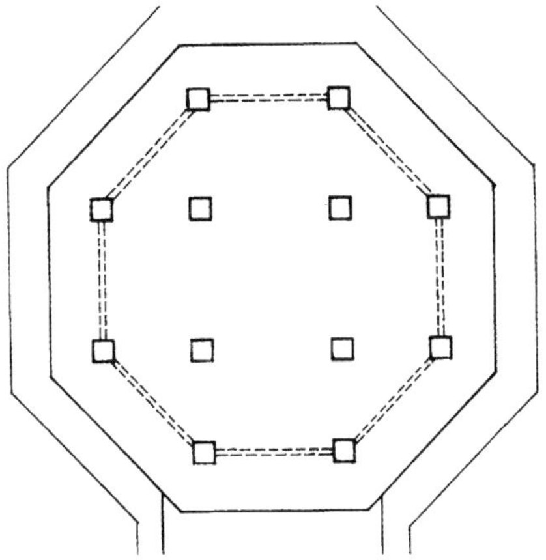

图 5.118 唐洛阳九州池亭址

图 5.119 荣山寺八角堂

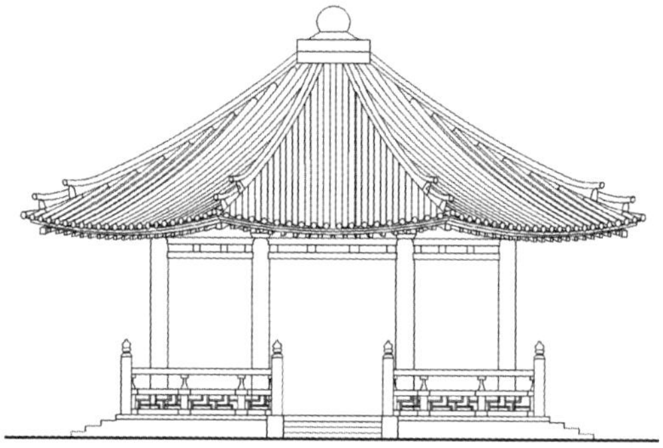

图 5.120 西亭复原立面图

亭子的结构形制比较复杂。但杨鸿勋先生在复原隋仁寿宫仁寿殿时，就复原了两个歇山顶组合成的十字脊屋顶，这是十字亭屋顶的一种构造方式。这种形式的亭并不见于唐代敦煌壁画中，但在宋代《滕王阁画》中有所体现，这说明这种形式的亭子在唐代可能就已经出现了。如果西亭也采用抱厦的外观形式，则和东亭的外观有些重复，作为内苑的两个景观建筑，应该形态各异。故将西亭复原为单檐的正八角亭（图 5.120）。

5.4 本章小结

本章重点以渤海上京城宫城区的主要宫殿建筑群遗址、主要城门遗址以及东内苑园林遗址为研究对象，在对考古发掘资料整理分析的基础上，结合实地考察，对基本数据和信息进行了分析研究。并且对主要宫殿建筑群的单体建筑形制、城门单体形制、城墙形制以及东内苑景观构成要素进行了详细的分析研究。除此之外，笔者还结合东北亚同时期唐代遗留的建筑单体、建筑遗址以及壁画，日本奈良时期遗留的建筑单体，朝鲜半岛发掘的建筑遗址，以及前后有一定关联的辽代和宋代遗留的建筑单体，朝鲜半岛李朝时期遗留的建筑单体，进行了横向和纵向的比较分析，并探讨了可能的几种复原模式，为下一步复原研究提供充分的依据。

6 渤海上京城宫城主体建筑复原研究

A Study on the Restoration of the Main Buildings of the Imperial Palaces in Shangjing, Balhae's Capital City

6.1 复原宫殿的木构建筑各部分形制探讨

6.1.1 铺作的形制

铺作形制的探讨是复原的一个难点。首先，需要明确几个问题：其一，主要复原建筑大致建造的时间范围；其二，主要参考对象的铺作形式。

经过第 4 章的分析，可知现有的上京城遗址中，第三、四、五宫殿可能是最早建造的，建于公元 756 年以前，基本相当于盛唐之前。第三宫殿经过后期重建，其时间大约在公元 830 ~ 857 年之间，相当于中唐时期。第一宫殿的平面布局与唐初麟德殿平面布局具有相似性，这可能与麟德殿重要的地位有关，当时麟德殿曾是多次召见渤海国使臣的场所，故此渤海人可能认为最高等级的建筑应该采用这样的平面布局形式；从另一方面来说，麟德殿是唐代初期建造的宫殿，鉴于当时的技术因素，采用了不同于后来的金厢斗底槽的平面形式，故此可以推断第一宫殿的建造时间较早。而东内苑以及宫城和皇城的城门都是渤海国后期建造的。

同时，从文化传播学的角度来讲，文化传播具有一定的滞后性，即核心区文化在周边区域扩散的过程中，会有一定的延迟，这样周边地域的建筑形制会落后于核心区的建筑形制。同时，在一个区域范围内，其主要文化又有一定的趋同性和相似性，即多种文化有相互碰撞和融合的过程；当然文化在传播的过程中，结合当地的自然环境和风俗习惯会有一定的文化整合性。通过第 2 章的分析可知，唐代建筑文化对渤海国建筑文化起主导性作用，初唐和盛唐的建筑文化影响最大；而东亚建筑圈的建筑文化又具有一定的相似性，即朝鲜半岛、日本、高句丽、辽代建筑文化相互之间多少都有一定的影响。

综上所述，上京城宫殿建筑群铺作形制的复原主要参考盛唐以及前期的铺作形制，同时参考日本奈良的宫殿建筑以及辽代建筑，铺作的具体形制将会在具体建筑复原时进行详细说明。

笔者对现存的建筑实例和壁画所显示的建筑铺作形制进行整理分析（表 6.1），希望能从中得到一些重要信息。

表 6.1 唐代建筑的铺作形制分析

名称	建造时间	平面模式	柱头铺作	补间铺作
日本法隆寺金堂	680 年	面阔 5 间，进深 4 间，带副阶周匝的金厢斗底槽形式	—	—
药师寺东塔	730 年	面阔、进深均为 3 间，重檐带副阶周匝的满堂柱形式	六铺作，双杪单下昂偷心造，扶壁栱交替重叠单栱素枋	补间用斗子蜀柱
日本元兴寺极乐坊五重小塔	751 年	面阔、进深均为 3 开间，满堂柱	六铺作，双杪单下昂，单栱偷心造	一至三层补间用斗子蜀柱，四、五两层无补间铺作
唐招提寺金堂	770 ~ 780 年	面阔 7 间，进深 4 间，金厢斗底槽形式，单檐无副阶周匝	六铺作，双杪单下昂，偷心造	补间用斗子蜀柱
唐佛光寺大殿	857 年	面阔 7 间，进深 4 间，金厢斗底槽形式，单檐无副阶周匝	七铺作，双杪双下昂，计心造	补间用五铺作斗栱
懿德太子墓壁画城楼	初唐	—	六铺作，三杪，计心造	补间铺作下为人字栱，上用两层斗子蜀柱
第 172 窟北壁净土变佛寺大殿	盛唐	—	七铺作出双杪双下昂，第一、二跳跳头皆施重栱，第三跳跳头为单栱	补间铺作在阑额上置驼峰，其上以斗呈第一层柱头枋及此枋相交的华栱
第 85 窟	晚唐	—	五铺作，单杪单下昂，单栱，计心造	—
独乐寺山门	辽代公元 984 年	面阔 5 间，进深 4 间	七铺作出四杪，隔跳偷心重栱造	I 型：柱头方阴刻而成，木方间以散斗垫托，无华栱出挑 II 型：最下层的方之下有一小斗，即蜀柱立于阑额之上
独乐寺观音阁	辽代公元 984 年	面阔 3 间，进深 2 间，分心槽	五铺作出双杪偷心造	补间铺作为蜀柱承托斗栱，外挑出双杪华栱

通过表 6.1 的对比分析，并结合梁思成、刘敦祯、傅熙年和萧默等的有关唐代铺作形制的观点，笔者初步推断上京城宫殿建筑的铺作形制具有以下几点特征。

柱头铺作：（1）不相列；（2）正心一线以一栱一枋为一组，出挑多时叠用两组；（3）四铺作到七铺作，栌斗上水平置栱，仅限于出两跳以内的，出两跳外的，第三、四跳则出下昂承令栱与檐榑；（4）柱上栱、昂出挑在两跳内的，栱身上除令栱外，无外挑瓜子栱、慢栱，出挑大于两跳的，则隔跳偷心造，第一跳偷心造；（5）采用的铺作为单栱造；（6）昂，昂尾一直延伸至下金桁之下，与椽子平行，是结构之需，半间一椽，采用批竹昂；（7）栌斗和柱径相等。

补间铺作：补间铺作一朵，采用阑额之上立蜀柱，其上立铺作层，出跳。

转角铺作：正、侧、斜出斗栱都有。

以上对上京城宫殿建筑的铺作形制进行了初步的推断，并不准确，只作为一种猜想。

6.1.2　勾栏的形制

上京城宫殿建筑多建在高台基上，从安全方面考虑，台基的周围应该有围护的栏杆。由于遗址没有出土完整的栏杆形态，只有一些与栏杆相关的细部构件，故需要对栏杆的具体形制进行推断。

将敦煌壁画中和现有的隋唐、辽以及日本、朝鲜半岛同时期的主要建筑栏杆形态进行整理分析（表 6.2）。

表 6.2 唐代勾栏形制分析

名称	栏杆类型	基本形态	盆唇和地栿之间纹	望柱	寻杖	构件装饰	参考实例
隋唐时期建筑勾栏	木勾栏	横安寻杖、盆唇、地栿，竖立望柱、瘿项、间柱	Ⅰ型：以 L 及 I 形相交做华版	望柱只施于转角和台阶起步处，断面圆形，柱头高于寻杖，顶部刻花蕾或宝珠	较细圆棍，交插在望柱内	构件接头处，包裹金属片，多为白铜片裁制	敦煌壁画
			Ⅱ型：用一整板制成华版，绘杂彩团纹	Ⅱ型：转角处不用望柱，而是寻杖绞井口接头			
			Ⅲ型：卧棱				
	石勾栏	每块栏板的两端设立望柱，望柱的下脚插到石螭首后尾的预留卯口中，具体形态不详					大明宫、兴庆宫遗址
日本奈良时期建筑勾栏	木勾栏	横安寻杖、盆唇、地栿，竖立蜀柱、瘿项、斗子、无望柱	Ⅰ型：以 L 及 I 形相交做华版	无望柱	较细圆棍、寻杖绞井口接头、地栿绞井口接头	构件接头处，包裹白铜片	法隆寺中门、金堂、五重塔
			Ⅱ型：卧棱			—	药师寺东塔
韩国统一新罗时期建筑勾栏	木勾栏	横安寻杖、盆唇、地栿，竖立蜀柱瘿项、斗子	Ⅰ型：以 L 及 I 形相交做华版	有望柱和无望柱两种	圆棍、寻杖、地栿绞井口接头	构件接头处包裹金属片	雁鸭池遗址
	石勾栏	横安寻杖、盆唇、地栿，竖立蜀柱、瘿项、斗子、望柱	Ⅰ型：卧棱		寻杖直接搭接在望柱上，盆唇与望柱插接	无	
辽代建筑勾栏	木勾栏	同上	Ⅰ型：以 L 及 I 形相交做华版	有望柱	较细圆棍，交插在望柱内	—	独乐寺观音阁

从表 6.2 可知，木勾栏是隋唐时期建筑普遍采用的一种形式，且以“钩片勾栏”为主，具体形态以地栿、盆唇、寻杖及斗子蜀柱为构架，盆唇、地栿及两蜀柱间以 L 及 I 形相交做华版（图 6.1），并且已经出现了石栏杆。

结合以上的研究，将上京城建筑的勾栏复原为木石结合的钩片勾栏形态更为合理。依据有四：其一，自北魏以至唐宋 600 年间，钩片勾栏是通用的一种方式。其二，第一宫殿遗址附近发现了 7 个石螭首（图 6.2），螭首既起到台基排水的作用，又起到固定石望柱的作用，故此推断木勾栏的转角处设置了石望柱。望柱端部常做成莲花形，寻杖与盆唇间支撑，则施斗子瘿项。其三，在第二宫殿南门址的南踏道西侧发现了“有规律的成条木炭，且木炭有横向和纵向之分”，这说明当时采用的确实是木勾栏。其四，由唐大明宫和兴庆宫等宫殿遗址出土的石螭首和石栏板可知，唐代已经出现了石栏杆，并有木石结合的栏杆形式；同时，在朝鲜半岛新罗时期的庆州雁鸭池遗址附近出土了钩片勾栏炭化的木构件（图 6.3）；日本奈良时期法隆寺金堂采用的也是钩片勾栏的木勾栏形式，且转角处采用的是“寻杖绞角造”（图 6.4）；后来的辽代独乐寺观音阁室内也采用了这种勾栏形式（图 6.5）。综上所述，上京城宫殿采用的是木石结合的栏杆形式，是木勾栏向石勾栏过渡的一种形式。

6.1.3 踏道形制讨论

上京城遗址中保留了部分台基的踏道遗迹，根据现有的考古资料来看，上京城台基的踏道形式

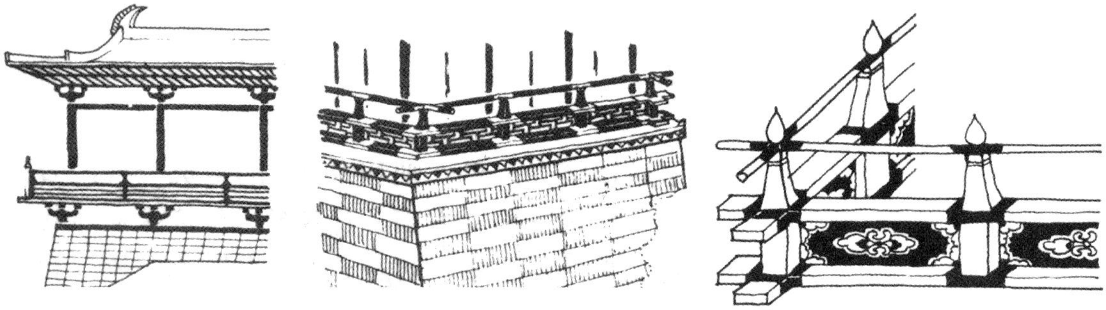

图 6.1 唐代敦煌壁画中勾栏的三种形式

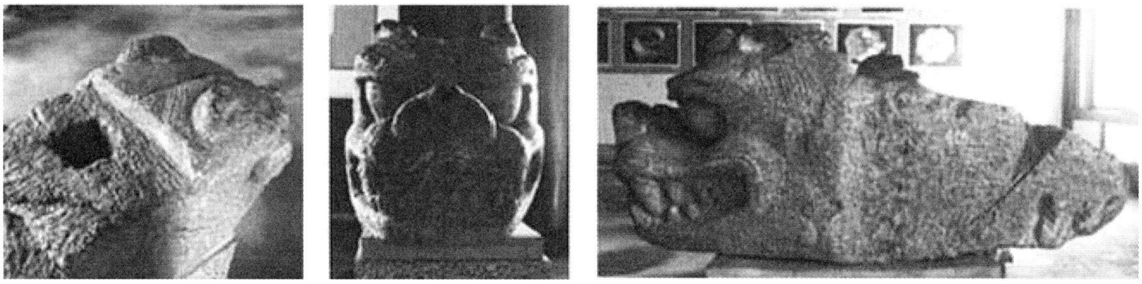

图 6.2 第一宫殿殿阶螭首

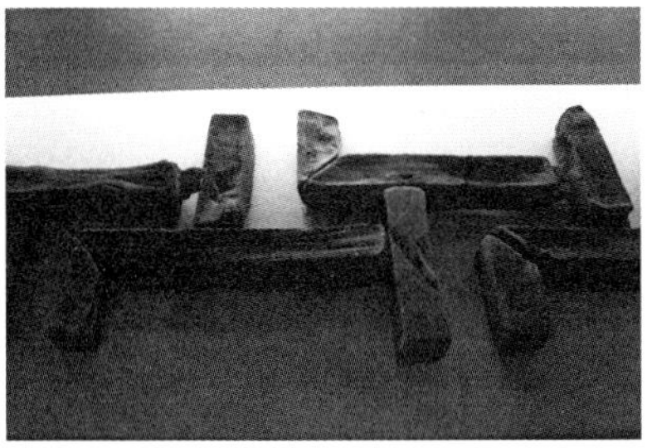

图 6.3 雁鸭池出土的勾栏

图 6.4 法隆寺金堂勾栏

图 6.5 独乐寺观音阁室内勾栏

采用的都是垂带踏道，即由中间的踏道石、两侧的副子以及侧面的象眼组成。现将遗址中有关的踏道情况进行整理分析（表 6.3）。

表 6.3 上京城台基踏道遗址分析

踏道位置		踏道基本情况	踏道性质	踏道类型
第二宫殿建筑群	东掖门	北踏道：垂带用大块玄武岩石制成，宽 0.12 米	次要建筑	不带御路的垂带踏道
	南廊中央门址	北踏道：被中央御路分为东西踏道，踏道宽 1 米左右，垂带和踏道顶用宝相花雕砖铺设	主要建筑	带御路的垂带踏道
第三宫殿建筑群	主殿	南侧东踏道：由中间御路和两侧踏道组成，御路为斜坡状	主要宫殿建筑	带御路的垂带踏道
	东廊庑	东侧踏道：中间踏道宽 1.1 米，由青砖纵向铺制，副子由立砌青砖和方形青砖组成	次要宫殿建筑	不带御路的垂带踏道
东半城 1 号佛寺址		由左、中、右 3 条副子将踏道分成两部分，副子和象眼与土衬石直接相连，象眼石尖角 30°，说明踏道坡度为 30°	主要建筑	带御路的垂带踏道

从表 6.3 的分析研究可以得出踏道的几个特点。

其一，上京城遗址的踏道具体分为两种类型：一种类型是带御路的垂带踏道，主要用于等级较高的宫殿建筑，这种类型的踏道形式见于唐代敦煌壁画。并且根据中间御路和副子的不同构造做法，又可以细分为两种类型：一种类型是副子和御路采用青砖立铺而成，如第三宫殿踏道遗址（图 6.6）；另一种类型是副子由带莲花雕刻纹的方砖斜铺和青砖立铺而成，其中御路由左右副子和中间带莲花雕刻纹的方砖斜铺制而成，如第二宫殿殿门踏道遗址（图 6.7），这种形式更接近于敦煌壁画中的形象。显然，后者较之前者更为美观。第二种类型是不带御路的垂带踏道，这是上京城次要建筑遗址主要采用的踏道形式，由左右副子和踏道石组成。其中副子的处理方式有两种：一种是用青砖立铺而成，如第二宫殿东掖门踏道遗址（图 6.8）；另一种是用带莲花纹的方砖斜铺和青砖立铺而成，且青砖的顶部雕刻忍冬缠枝纹，如第三宫殿东廊庑踏道遗址（图 6.9）。

其二，从现有的上京城遗址来看，副子和象眼的构造做法共有两种处理方式：一种是副子采用青砖立砌而成，青砖侧面即为象眼，也就是说二者是一体的（图 6.6）；另一种是副子和象眼石是分开的两部分。其中象眼分为直接由踏道的包壁石充当或是由三角石板组成的两种形式，并且象眼石侧面并没有采用《营造法式》中层层收进的形式，而是平直无“象眼”的形式。由此可见，上京城采用的踏道形式还是较为简单的。

其三，踏道的具体构造做法。推断为：踏道的周围先铺一层土衬石找平，土衬石与散水平齐，也可以看成是散水的一部分，作为踏道的第一级台阶，并且在与副子的交接处雕刻成“凹槽”形成砚窝石，在副子和土衬石之间铺制象眼石，在象眼石与台基包壁石的交接处可能设置了陡版石。副子之间的踏道石由青砖纵向或是横向铺制而成。如果宫殿的台基较高，则需在最下一踏前的土衬石上安置望柱的石座。

图 6.6 第三宫殿踏道遗址

图 6.7 第二宫殿殿门踏道遗址

图 6.8 第二宫殿东掖门踏道遗址

图 6.9 第三宫殿东廊庑踏道遗址

6.2 宫城中轴线上主要建筑群复原研究

喻皓《木经》中记载："凡屋有三分，自梁以上为上分，地以上为中分，阶为下分。"上分指的是屋顶形式，中分指的是木构架体系，下分指的是台基部分。三个部分具体的功能性质在《墨子》中有提到，"宫高足以辟润湿（下分），旁足以圉风寒（中分），上足以待霜雪雨露（上分）"。本节对于宫殿建筑的复原部分，正是按照这三部分进行讨论研究的。

6.2.1 第一宫殿建筑群复原研究

第一宫殿建筑群是由第一宫殿、东西两侧慢道、东西阁门以及东西两侧南北向廊庑围合而成的回廊式院落（图 6.10）。下面将分别对第一宫殿单体建筑进行复原研究。

6.2.1.1 主殿

（1）台基。

台基的主要作用是稳定木构架体系，阻止地下水的毛细蒸发，并且通过阶的提升排除地面雨水对木构架和版筑墙基部的侵蚀，对建筑的防潮十分有利；同时，台基像巨大的承托垫子，能够有效地避免柱基的沉降和地震的不良影响。台基一般包括两部分：一是埋在地下的基础，即埋深部分；二是露出地面的台明部分。

从现有的遗址情况来看，第一宫殿台基分为基础和台明两部分。基础采用的是满堂式基础和土石结合的夯筑方式，这种砌筑方式不同于唐代宫殿建筑通用的素土夯筑基础的方法，但十分接近《营造法式》的瓦渣基础的做法。这种土石结合砌筑方式是上京城宫殿建筑基础常用的一种构造方式，具有明显的地域特征。其具体构造做法是：先在地面上开挖面积大于台明、埋深为 2 米左右的地槽，在地槽中填充碎石块和黄黏土，并将二者分层进行夯实，一直铺到地面以上和台基整体连筑。其中 2 米的埋深超过上京城地区 1.8 米的冰冻线 10 ~ 20 厘米左右，能够起到防寒保暖的作用（图 6.11）。

第一宫殿台基东西长约 56 米，南北长约 27 米，台明高 3.15 米，也是采用土石结合的砌筑做法，即"一层厚约 30 厘米的砾石或碎石块，一层 20 ~ 30 厘米厚的含沙的黄黏土，层层交替夯实筑之，表层铺细沙"（图 6.11）。这种台基的夯筑方法，较之密实的素土夯筑做法更坚实耐用。并且，上京城其他宫殿的台基多采用土石结合的砌筑做法，这和上京城地区盛产石材有很大的关系，体现了材料的地域性特征。

建筑坐落在高台基上，是唐代宫殿建筑常用的手法，也是中国古代建筑的传统意匠。早在原始社会晚期，我国就有了填土分层夯筑台基的方法，到商代更为流行，如二里头、盘龙城、安阳殷墟等都有这样的实例。春秋到秦汉之际是我国高台建筑的盛行时期，列国"高台榭，美宫室，以鸣得

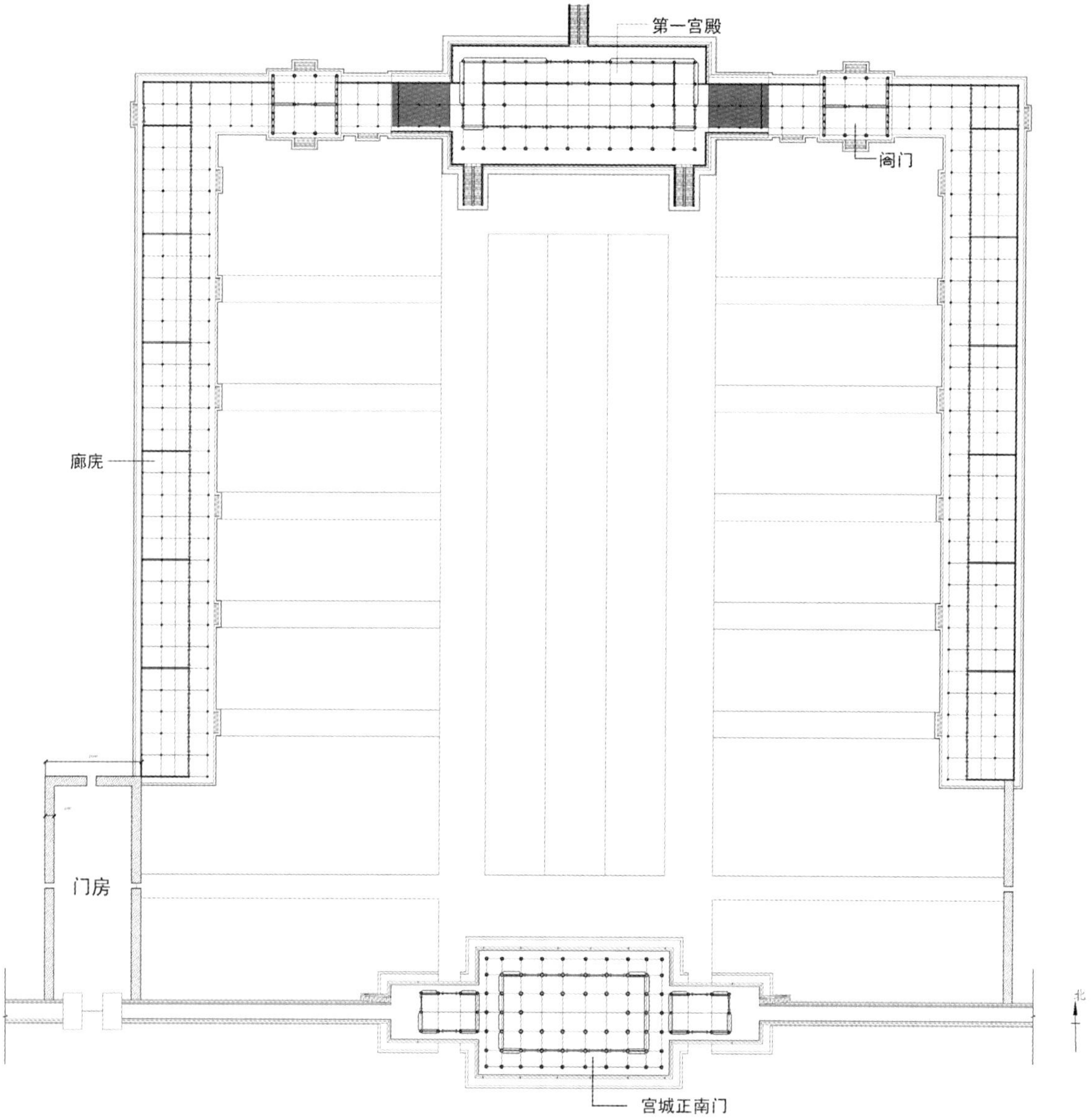

图 6.10 第一宫殿群复原平面图

意”。汉唐时筑台数量有所减少，但宫殿还多建在高台上。唐代宫殿建筑用夯土台的例子很多，例如唐三清殿就采用夯土台基（图 6.12），翔鸾阁与栖凤阁亦存在长方形的夯土台，高出地面 1.5 米多。

壁画资料中则更多的是城门楼建在高台上。渤海上京地区的重要建筑遗址都存在高度不等的夯土台，故推测这是渤海国建筑的普遍特点。渤海上京龙泉府宫城中轴线上诸宫殿夯土台高度由南到北依次递减，这大概是渤海国等级观念在建筑上的特殊表达。

从现有的遗址状况来看，第一宫殿的台基由玄武岩石包壁，分为内外两层，靠近台基的一侧由未经过细加工、较为规整的玄武岩石砌筑而成，石块的厚度为 0.4 ~ 0.5 米。石块的外侧采用长 0.32 米、宽 0.16 米的青砖砌筑，青砖之间磨砖对缝，砖缝之间用白灰做浆填缝，内外两层之间以细沙填实（图 6.13）。最外侧包砖采用一定的收分形式，即每块砖略收分 0.5 ~ 0.7厘米,形成了台基14:1的收分效果,即4°收分,这种收分坡度也见于宫城正南门和第三宫殿台基遗址，推断这可能是上京城高台基普遍采用的收分坡度。

台基的底部周围设置了散水结构，从台基向外，依次是散水砖、散水牙子、散水钉。这种结构形式几乎见于上京城所有的建筑遗址中，只是具体的构造做法和散水材料有所不同。第一宫殿台基的散水结构为：先在散水砖下面铺一层 2 ~ 3 块由较薄板石制成的土衬石，土衬石的宽度在 1.4 米左右，且土衬石靠近台基的一侧压在台基的包壁之下，而外露的土衬石之上平铺一层厚度为 10 厘米的细沙，其上再铺一层方形青砖作为散水砖，散水砖采用磨砖对缝的做法。青砖的外层是厚度为 10 厘米的散水牙子，散水牙子的接缝处用散水钉固定，散水钉由长方形青砖磨制而成，形式较规整，楔形，顶部呈椭圆球形，是由玄武岩石雕刻而成的（图 6.14）。

散水砖在规格选择上略有不同，例如第三宫殿采

图 6.11 第一宫殿高台遗址

图 6.12 唐三清殿高台基遗址

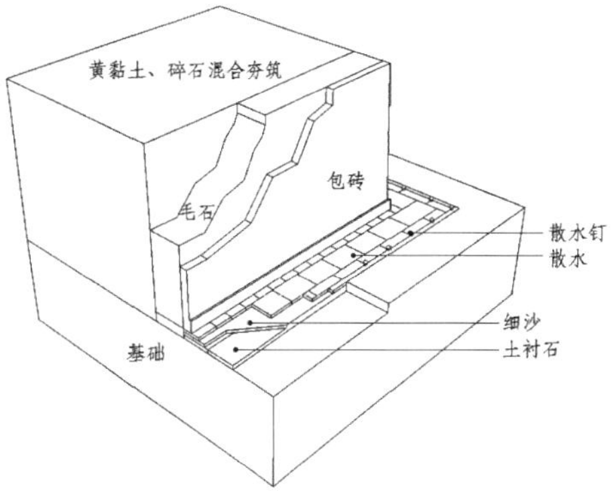

图 6.13 第一宫殿台基构造示意图

图 6.14 渤海出土的散水钉

用长矩形的青砖铺砌散水。在砌筑方法上也有所不同，例如第二宫殿在散水钉的外侧再置一条石板，且凿出豁口与散水钉拼嵌，手法十分考究。设置散水钉属于渤海的地方性发明，唐代的一般做法是暗置顶砖来固定散水。手法虽然不同，但各有优势，渤海的做法是把结构构件暴露在外，朴素地显示了构造的逻辑性，同时顶帽本身形成一种韵律感，具有细部的装饰作用，是当地宫殿建筑的特殊做法。

（2）踏道和栏杆。

第一宫殿台基南北两侧都有踏道遗址，清初张贲在《白云集》的《东京记》中记录："殿南向，正中无驰道。"其中北部踏道正对当心间位置，宽约 4 米，长约 5 米，与台基连筑。南部有两处踏道遗迹，分别正对第一宫殿东西两尽间，采用的是东西两阶的古制。这种东西两阶制是唐宋宫殿台基普遍采用的一种踏道形式，具体形象见于唐大雁塔门楣石刻佛（图 6.15），并且已知的唐代大明宫麟德殿遗址和含元殿遗址反映的也都是东西两阶制。

第一宫殿踏道为土石结合砌筑的基址，两壁有部分砌石遗迹，无踏道石（图 6.16），构造形式不详。参考第二宫殿出土的踏道石尺度大小：长 0.48 米，厚 0.12 米，并根据第一宫殿台基高 3.15 米，

图 6.15 唐大雁塔门楣石刻佛

图 6.16 第一宫殿东阶遗址

从而推断第一宫殿台基共有 27 级踏道。具体构造做法为：底层用土衬石与室外地面找平，土衬石之上是条石错缝砌筑的踏道包壁石，且包壁石为直壁，采用的是带垂带和御路的踏道形式。

第一宫殿台基高度约3.15米，从安全性角度考虑，台基周围应设置勾栏，前一节讨论已做出推断，上京城宫殿采用的是木石结合的钩片勾栏形式。

根据宋《营造法式》规定：“殿宇高大，木栏杆高度为 4 ~ 4.5 尺时，则用重台勾栏；堂宇低小则用 3 ~ 3.6 尺高的两重花板”，同时参考唐代敦煌壁画中的勾栏形象，将第一宫殿勾栏复原为：木制单勾栏高度为 3.6 尺（1.06 米），望柱高为 4.68 尺（1.38 米），柱头为含苞初放的造型，且高为 1.5 尺（0.44 米）（图 6.17）。并且，根据出土的螭首可知，安插望柱的榫眼接近螭首头部，故推断勾栏靠近台基的边缘位置。

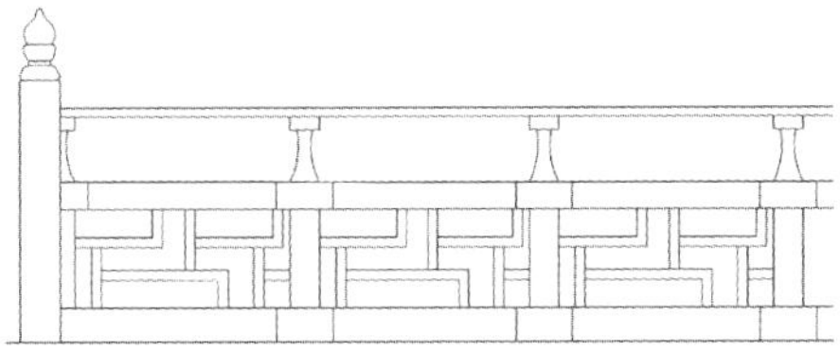

图 6.17 勾栏复原图

需要特殊说明的是，两阶制殿堂前一般有一种特殊的勾栏形式，即“折槛”，即在中心线位置上有意断缺一段寻杖，降低正对当心间一段栏杆的高度（图 6.18）。实际上应该是皇帝“临轩”站立的地方，故也有突出宫殿中心的意思。杨鸿勋先生认为：“折槛石去掉中间二云栱上的寻杖，同时去掉此二云栱及蜀柱的顶部，即此中间二蜀柱改为华托柱，并加宽这一段的盆唇木以作为这段低矮栏杆的顶部结束。”第一宫殿勾栏按此复原。

图 6.18 折槛形象

（3）平面柱网。

第一宫殿础石暴露在台基表层，形状不规则但表面较为规整。础石方1米左右，厚度为0.4 ~ 0.6米，未经过特殊加工。第一宫殿平面形式是进深 4 间、面阔 11 间的金厢斗底槽式的地盘结构。由于发掘报告未给出各础石尺寸和相互间距，根据实地测量，对其进行编号绘制成图（图 6.19）。并且参

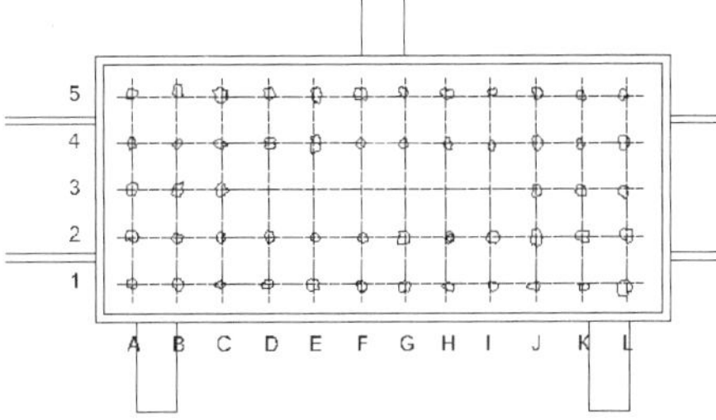

图 6.19 第一宫殿遗址础石排列实测图

考早期发表的《东京城》实景照片和平面测绘图对部分基石加以测量。另外实测发现有的础石间距有明显的不同，最北一排础石比其他础石间距大，疑为后世移动的原因，故表 6.4 对部分数据进行了整理。

表 6.4 础石间距（中对中）实测记录（公制） 单位 /mm（唐尺）

面阔	A5.B5	B5.C5	A3.B3	B3.C3	C1.D1	D1.E1	F1.G1	G1.H1	H1.I1
	4 600 （15.6）	4 700 （15.9）	4 650 （15.8）	4 450 （15.1）	4 600 （15.6）	4 500 （15.3）	4 500 （15.3）	4 500 （15.3）	4 500 （15.3）
进深	A2.A3	C3.C4	E1.E2	G1.G2	H1.H2	I1.I2	J3.J4	K3.K4	—
	4500 （15.3）	4 450 （15.1）	4 550 （15.4）	4 650 （15.8）	4 700 （15.9）	4 700 （15.9）	4 650 （15.8）	4 500 （15.3）	—

表中数据显示，殿身面阔各间基本相同，进深方向 4 间距离也大致相等。根据第 3 章有关上京城建筑营造尺复原的探讨可知，复原营造尺 1 尺 = 0.295 米，依表 6.4 求得每间面阔平均为 15.46 尺，进深平均为 15.56 尺。按照上文关于整数尺寸的原则推算，面阔、进深均为 15.5 尺，由此得出第一宫殿通面阔（11 × 15.5）尺 = 170.5 尺；通进深（4 × 15.5）尺 = 62 尺。其中，值得注意的是，主殿虽采用的是金厢斗底槽的形式，但与后期的结构形态不同，即在内槽的东西两侧又各加了一个础石（图 6.20），这种形式与唐麟德殿遗址平面形式相同，也见于日本奈良法隆寺大讲堂（图 6.21）。傅熙年先生认为自柱网的四角画 45° 线，则正交于此柱上，且四阿顶角脊交于此点，用以承托鸱尾。此后相同类型的建筑不见这种平面布局，说明这种特殊结构形式是唐代早期建筑承托鸱尾的做法。

第一宫殿的础石为形状不规则的玄武岩石，表面较为平整，直径在 1 米左右，厚度为 40 ~ 60 厘米，其中有 3 块础石经过雕琢，其他未见有精细加工的痕迹。遗址还出土了绿釉素覆盆，故推断主殿柱子应有此类的覆盆装饰。第一宫殿采用的是柱础和覆盆相分离的形式，即在素平础石上立柱，然后围绕柱脚固定预制好的覆盆。这样，覆盆就可以根据要求或是破损程度随时更换，而不至于影响整个木构架体系的稳定性，同时也能起到柱础加固木构架稳定性和防水防潮的作用，这正是上京城建筑地域性的一种表现。

遗址上现有一础石上有覆盆痕迹，其覆盆直径为 0.8 米，由此可知柱径应该小于 0.8 米，又知础石直径在 1 米左右，根据宋《营造法式》“造柱础之制其方倍柱之径”的规定，即础石平面两倍柱径。可知柱径不小于 0.5 米，同时结合第二宫殿遗址中柱径的尺寸为 0.6 米，推测第一宫殿的柱径为 0.6 米比较合理。

第一宫殿的柱高。唐佛光寺大殿和日本唐招提寺金堂平柱高与明间开间相等，即柱高 15.5 尺。并且唐宋实例一般柱径都大于柱高的 1/10，例如南禅寺大殿柱径与柱高之比为 1/9.2，佛光寺大殿

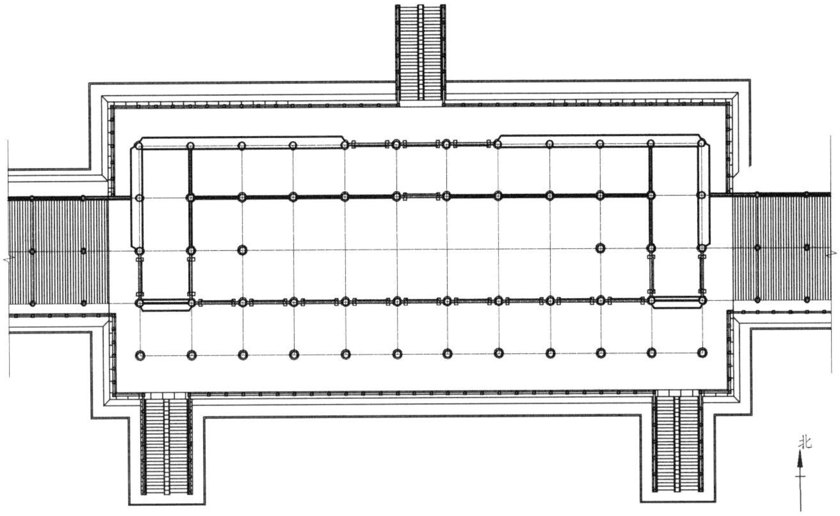

图 6.20 第一宫殿复原平面图

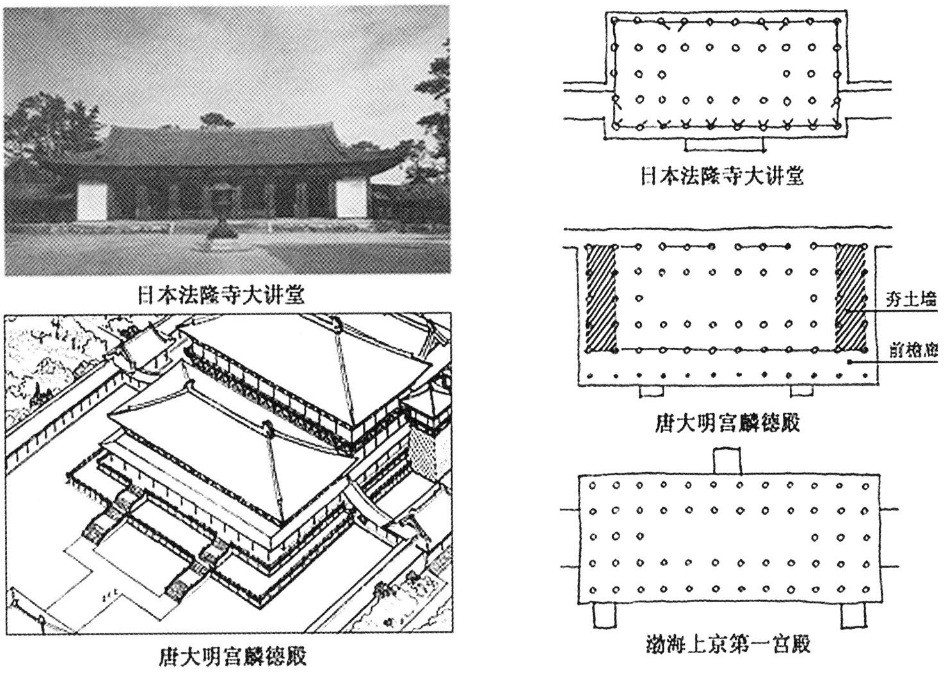

6.21 同时期与第一宫殿平面相似的实例

为 1/8.8，按照上文的复原数值计算，第一宫殿柱径与柱高之比为 1/7.6，和唐朝的惯例相吻合。

同时，唐宋实例柱子都有升起和侧脚现象，目的是为了防止因柱子等高发生柱列向一侧倾倒或扭转的情况，结合外观艺术处理采取了两种措施。其一，使各柱列自平柱（明间二柱）起两侧各柱逐渐升高，至角柱为最高点，参考宋《营造法式》中的规定，“每间升二寸”，则第一宫殿最高角柱高度为 16.73 尺。

同时《营造法式》规定，檐柱有侧角，“每屋正面，随柱之长，每一尺即侧八厘。至角柱，其柱首相向各依本法”。可依此复原（图 6.22）。唐代重要建筑多采用梭柱，最大柱径在柱身的 1/3 处，可参见日本法隆寺金堂柱子。

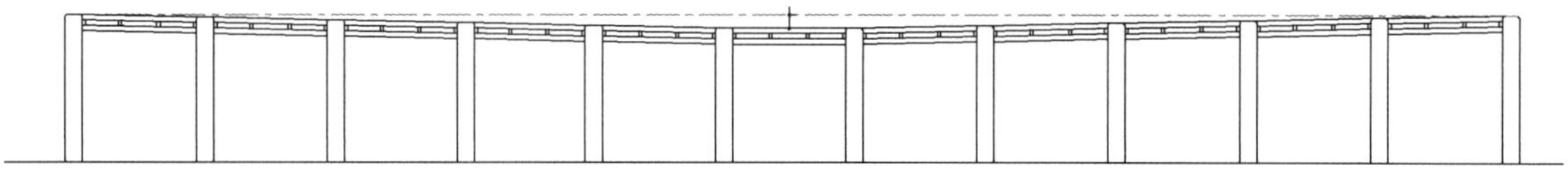

图 6.22 第一宫殿角柱升起示意图

（4）梁架、斗栱。

第一宫殿作为宫城的外朝部分，是等级最高的建筑之一，故其铺作的形制也采用最高的等级形制，将外檐柱头铺作复原为七铺作出四杪，双杪双下昂，隔跳偷心单栱造，第一跳偷心，第二跳承单栱，第三跳偷心，第四跳以令栱替木承槫。正心一线以一栱一枋为一组，共 2 组，且不相列。昂采用“批竹昂”形式，昂尾一直延伸至下金桁之下，与椽子平行，长为一间二椽。转角铺作也采用双杪双下昂，且正、侧、斜出斗栱都有。而外檐柱头铺作里转为华栱一跳，以交互斗承托乳栿，且乳栿伸出外檐为第二跳华栱。补间铺作为重楣之上立斗子蜀柱。其上铺作为出两跳，第一跳偷心，第二跳承单栱，其上承撩檐枋和平闇枋（图 6.23）。

材份制度。第一宫殿面阔 11 间，进深 4 间，且面阔与进深尺度相同，相当于《营造法式》规定的一等材，即 9.0 寸 ×6.0 寸。根据唐代建筑实例所反映的特点，建筑实际采用的材份制高于《营造法式》规定的材份制，也就是说唐代建筑用材偏大，故第一宫殿主殿的材份应该高于这个值。同时，参考《营造法式》的规定，单补间间广 250 份，推算第一殿材份为：（15.5 ÷ 250）寸 =0.062 寸，即 9.3 寸 ×6.2 寸。折算成厘米：27.4 厘米 ×18.6 厘米。虽然这个数值小于佛光寺大殿的 30 厘米 × 20.5 厘米，但是考虑到佛光寺大殿当心间间广为 504 厘米，而第一宫殿只有 457 厘米，说明这个材份是合理的，

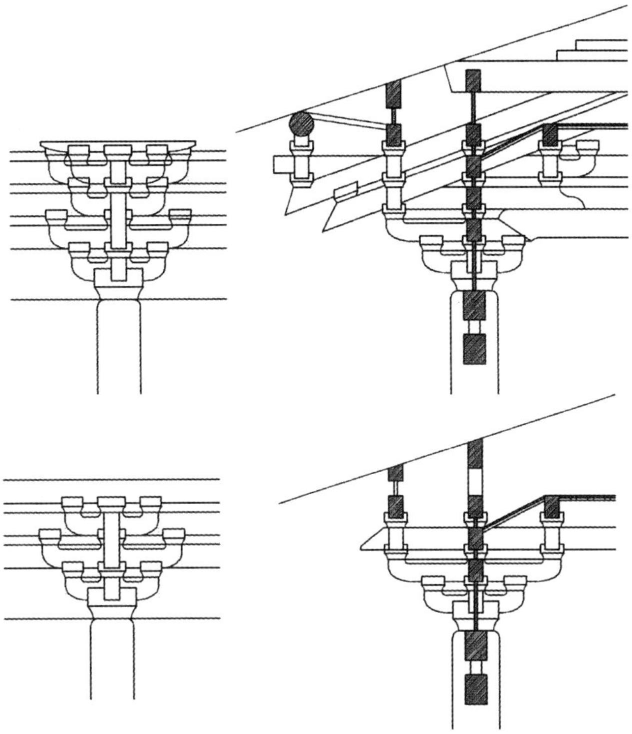

图 6.23 第一宫殿柱头铺作、补间铺作复原图

暂且按此进行复原。

需要说明的是，张铁宁先生复原的 5 座宫殿的铺作形制与本文不同，其中第二宫殿复原为双杪双下昂，是 5 座宫殿建筑中最高等级的铺作形制，第一宫殿和第三宫殿复原为双杪单下昂，宫城正南门复原为是三杪。本文将第一宫殿、第二宫殿和宫城正南门复原为双杪双下昂，第三宫殿、第四宫殿和第五宫殿复原为双杪单下昂。二者的不同是由于宫殿等级的定位不同造成的。张铁宁先生认为第二宫殿是宫殿建筑中等级最高的建筑，其次是第一宫殿和第三宫殿以及宫城正南门。本文认为第一宫殿、第二宫殿都是宫殿建筑中等级最高的，宫城正南门的等级虽然没有前两者高，但是因为采用的是副阶周匝的平面布局形制，所以也采用了等级最高的铺作形制。其次是第三宫殿、第四宫殿和第五宫殿，其余附属建筑按着宋《营造法式》中有关铺作形制的等级规定，依次减出跳次数，具体形制详见后文。

梁架。参考唐佛光寺大殿、唐招提寺金堂、法隆寺金堂的梁架形式，第一宫殿梁架的具体形式为：外槽乳栿置于第一跳华栱之上，乳栿两头各向外檐及内槽伸出作为第二跳的华栱。乳栿上叠置足材枋，自二道华栱跳头伸出以承托下昂，向内槽伸出作三跳华栱以承四椽栿，明栿均为月梁，两端均为偷心斗栱承托。大殿内设置吊顶，且外槽采用平棊天花，内槽平棊周围施峻脚椽并加中间平闇。明乳栿和四椽栿之上中央位置立驼峰，交互斗作为平棊枋的中间支点。平闇以上的梁架采用斜撑和大叉手（图 6.24）。举折参考佛光寺大殿。

（5）屋顶。

首先根据第一宫殿的等级，采用等级最高的庑殿顶和歇山顶比较合理。其次，从平面布局来看，第一宫殿面阔 11 间，进深 4 间，如果采用歇山顶，正脊会显得过长，从比例合理性来讲，采用庑殿顶比较合理。最后，从结构上来看，第一宫殿平面上较之典型的金厢斗底槽平面多出 2 个柱子，这应该是早期用于支撑庑殿顶，故此第一宫殿的屋顶复原为庑殿顶最为合理。

庑殿顶正脊的两端有鸱尾装饰，具体形态采用渤海鸱尾的第一种类型，很难确定鸱尾的复原高度的准确数值。宋《营造法式》中给出了鸱尾高度与房屋性质、大小的关系。以殿屋为例，开间在九间八椽以上，有副阶者鸱尾高 9 ~ 10 尺（若无副阶高八尺），开间五间至七间鸱尾高为 7 ~ 7.5 尺，开间三间鸱尾高为 5 ~ 5.5 尺。已知上京城佛寺址出土的两个鸱尾残体高分别为 147 厘米和 91.5 厘米。如果根据宋《营造法式》规定，佛寺面阔 5 间，则鸱尾高度为 207 ~ 221 厘米，明显大于实际出土的鸱尾残体的高度。同时，考虑出土的鸱尾高度并非实际高度，故推测上京城宫殿鸱尾高度接近或小于宋《营造法式》中的规定。其中，后者与杨鸿勋先生复原麟德殿鸱尾的比例关系一致（麟德殿主殿面阔 11 间，鸱尾复原高度为 1.5 米左右）。但朝鲜半岛安鹤宫出土的鸱尾高度约 2.1 米，

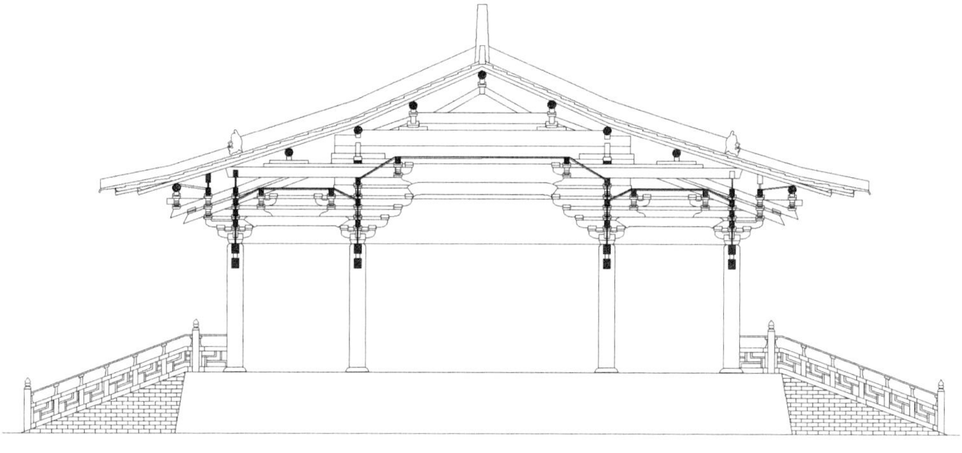

图 6.24 第一宫殿剖面复原图

并且根据安鹤宫第一宫殿遗址可知，其面阔 11 间，故其鸱尾大小可能接近或略小于宋《营造法式》规定。故本文复原鸱尾大小尺度遵循小于宋《营造法式》的规定，故此第一宫殿主殿鸱尾复原高度为 2.2 米，垂脊端部有垂兽装饰，仔角梁的端部有套兽，且屋顶采用素白瓦和琉璃瓦剪边的形式。

（6）承重外墙。

第一宫殿遗址中，未见有墙体的遗迹。但在第二宫殿、第三宫殿和第五宫殿遗址中有土坯墙遗迹，出土的土坯长度不等，厚度多为 4 ～ 10 厘米，这应该和建筑等级、体量有一定的关系。这些土坯采用横直相错砌叠，并用细泥砂土抹缝，且“墙面涂抹一层细泥砂土，再刷上一层厚 1 ～ 2 厘米的白灰，白灰皮上有彩绘”。考虑到上京城所处的地理位置和气候条件，将墙体厚度暂定为 1 米。

6.2.1.2 附属建筑

（1）东西阁门。

台基高出室外地面 50 厘米，东西长 15 米，南北长 12 米。东西两门是面阔 3 间、进深 2 间的厅堂式构架。面阔（4.5 × 3）米 =13.5 米，折合 45.5 唐尺；进深（6 × 2）米 =12 米，折合 40.5 唐尺。东西门的东西两列础石之间有小块垫石，且遗址中有白色墙体残片，说明东西两列础石间有墙体；同时，在南北向中间础石之间没有发现墙体遗迹，说明这里可能设置了木质门扇（图 6.25）。柱头铺作复原为五铺作，双杪偷心造，补间铺作采用斗子蜀柱，其上铺作出一跳，三等材 22.13 厘米 × 14.75 厘米（1 份 =1.48 厘米），屋架的具体形态参考辽独乐寺山门进行复原（图 6.26），采用歇山顶屋面。

（2）南北向廊庑。

南北向廊庑形制完全相同且对称布置。

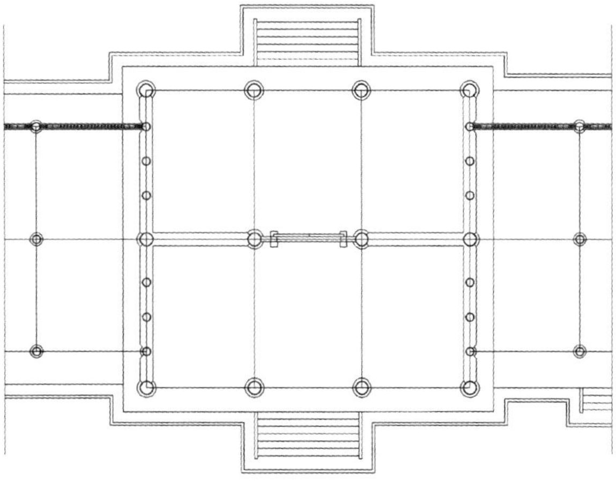

图 6.25 阁门复原平面图

图 6.26 辽独乐寺山门剖面图

南北向排列 4 排，东西向排列 30 列（图 6.10）。且东西向础石第 1 排与第 2 排的距离、第 3 排与第 4 排的距离均为 4 米左右；第 2 排和第 3 排础石之间的距离为 6 米左右。础石纵向之间的距离均为 4.5 米左右。东西廊庑通面阔为（15 × 29）尺 = 435 尺，桶进深为（13.5+20+13.5）尺 = 47 尺。

南北向廊庑的础石为形状不规则的玄武岩石块，表面平直，没有覆盆的痕迹，应该是柱子直接立于础石表面，而柱子周围由预制的覆盆环绕。础石的直径大小有两种形式：第 1、4 排础石直径为 1 米左右，且发现有木柱底部残段，推断柱直径为 35 厘米左右；而第 2、3 排础石直径多在 1.5 米左右，说明这两排柱径略大，暂定为 40 厘米。廊庑外侧设置有墙体，其厚度复原为 25 厘米，且础石间立有直径约为 20 厘米的小木柱，起到加固的作用。墙内侧白灰墙面绘有红色彩绘，墙外侧则抹有厚薄不匀的草拌泥。在靠近广场的一侧则采用前出廊的形式，第 2 排础石之间设置有木制门扇。廊内地面结构形式为黄黏土之上铺设细沙。建筑整体结构采用厅堂木构架体系，复原为三等材 22.13 厘米 ×14.75 厘米（24 厘米 ×16 厘米）（1 份 =1.48 厘米），柱头为四铺作，补间铺作采用斗子蜀柱，歇山顶。

（3）东西向廊庑、东西慢道。

东西向廊庑被中间的阁门分成两个部分，共面阔 9 间，进深 2 间（图 6.10），通进深为（4.5 × 2）米 =9 米，通面阔为（4.5 × 8+6）米 = 42 米，折合唐尺分别为 30 尺和 140 尺。遗址上所反映的础石尺寸大小与东西向最外侧础石大小相近，故将其柱径复原为 35 厘米，柱高约为 3.1 米。东西廊北侧一排础石之间设置墙体，墙体厚度参考南北向廊庑，复原为 25 厘米，并且墙体的内外两侧均绘有彩绘。东西向廊庑采用厅堂木构架形式，四等材 21.24 厘米 ×14.16 厘米，柱头采用四铺作，具体形式与南北向廊庑相同。由于廊进深 1 间，推测屋顶形式为悬山顶，其具体形式见于日本法隆寺回廊（图 6.27）以及敦煌壁画（盛唐 148 窟）（图 6.28）中面阔 1 间的院门，即“梁架为明栿上设大叉手以承脊榑，构成悬山顶屋架，两端延伸到山面外皮以外约八椽”。

至于东西慢道，由于其上没有础石痕迹，这里尝试对其进行推测。在分析上京城主体宫殿建筑群时发现，主要的宫殿建筑群体的组合方式有两种：一种是主殿与廊庑之间用单廊连接，如第三宫殿建筑群、东内苑主体建筑群；另一种是由墙体连接。那么第一宫殿建筑群采用的是哪种形式呢？笔者认为第一种形式更为合理（图 6.29），这是因为紧邻慢道是面阔 2 间、进深 1 间的廊，从视觉的延续性和空间处理的连续性来看，似乎慢道上采用相同形式的廊更具连贯性（图 5.2）。

6.2.2 第二宫殿建筑群复原研究

第二宫殿建筑群由第二宫殿、东西阁门、南北廊庑、南廊以及南门几部分组成（图 6.30），下面分别对各部分进行复原研究。

6.2.2.1 主殿

（1）台基。

台基底部东西长约 92 米，南北长约 22 米，系用纯净的黄土堆筑而成，未见有夯筑的痕迹。这种台基的砌筑方式既不同于上京城其他宫殿台基（宫城正南门、第一宫殿、第三宫殿）采用土石结合的夯筑形制，又不同于唐代宫殿建筑墩台惯用的纯净素土版筑夯实，其稳定性较前两者都差。那么第二宫殿为什么采用这种台基形式？将第二宫殿的其他附属建筑台基进行了整理分析，发现其多采用黄土堆筑的形式。暂且认为第二宫殿台基确实采用纯净黄土堆筑而成。

从第二宫殿包壁较为完整的部分可知：台基周围铺设土衬石，土衬石上垒砌台基包壁石。土衬石露明部分宽度约为 0.1 米，且外露部分有略凸起和刻阴线两种形式。台基的包壁材料为玄武岩石，分为内外两层，内层用大小不等的玄武岩垒砌，外层由经过加工的长方形条石砌筑，内外两层包壁石之间的空隙由黄土填实，条石之间无黏合物（图 6.31）。需要说明的是，为了形成台基 4° 向内倾斜收分的效果，台基最外层的长方形包壁条石采用了“顶面为梯形，均稍截左右两边，向内部分保持原始状态，侧面为楔形的形态”。这样就形成了逐层向内收分的覆斗状的台基，其优点在于扩大了台基底部的承载能力，从某种程度上说弥补了第二宫殿台基稳定性差的缺点，同时也体现了其实用价值和美观价值。

台基四壁下铺有散水。从现有的遗址状况来看，散水形式有两种，一种散水是位于宫殿台基的东、西、南三面，具体构造为：靠近土衬石的一侧铺宽度为 30 厘米的石板，其外再立铺 12 厘米的散水牙子，

图 6.27 日本法隆寺回廊

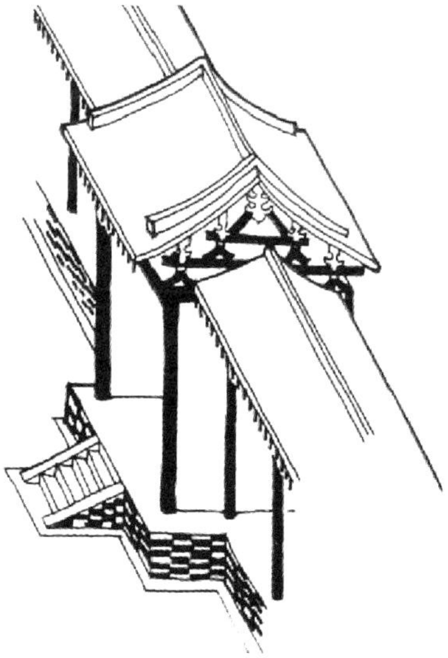

图 6.28 悬山屋

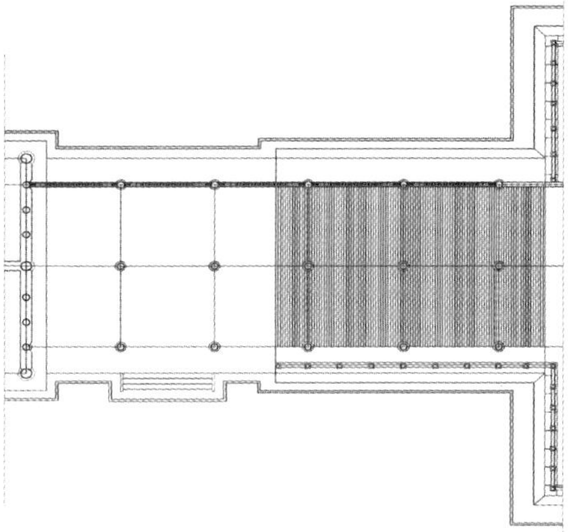

图 6.29 东西慢道复原平面图

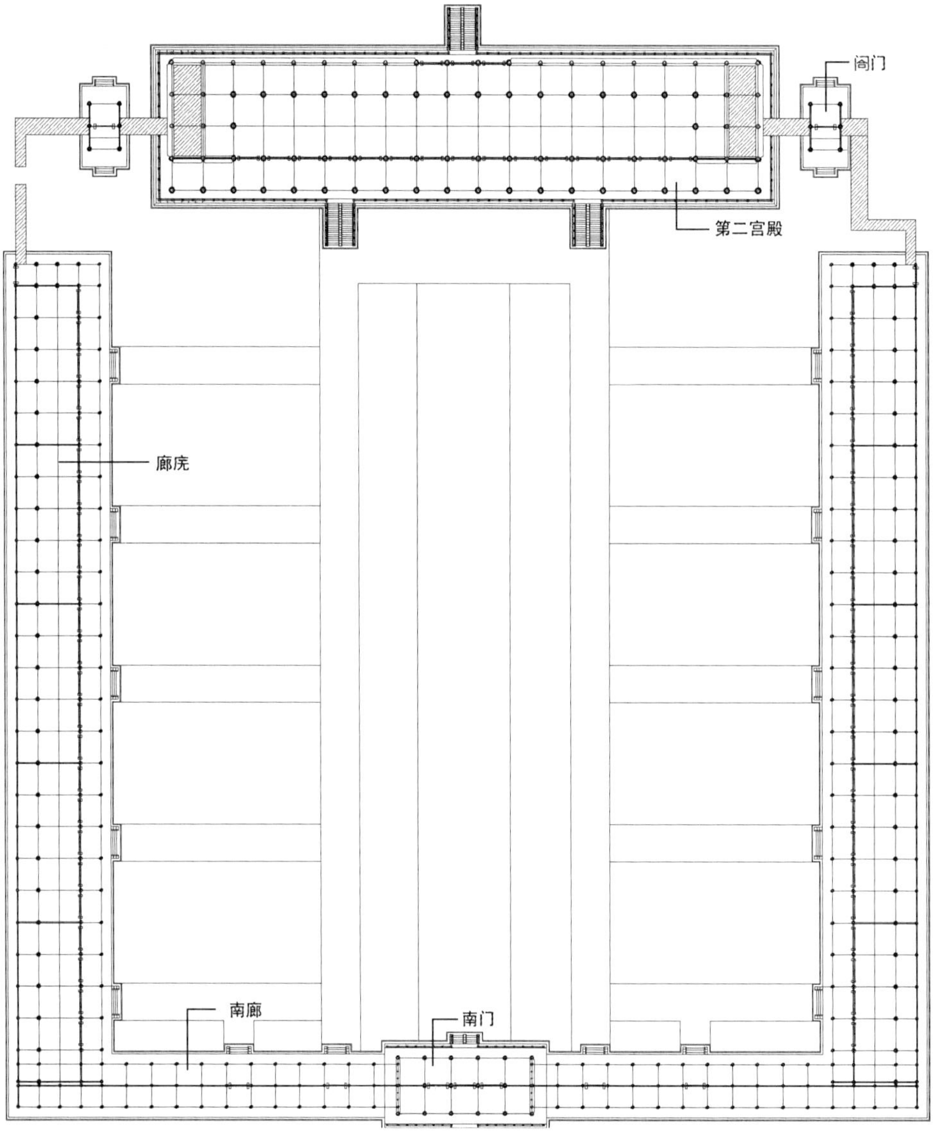

图 6.30 第二宫殿群复原平面图

散水牙子的接缝处用散水钉固定（图 6.31），散水的总宽度在 0.52 米左右。另一种是散水位于殿后正中踏道以西的位置，具体构造为：土衬石外铺 0.3 米的玄武岩石，其外侧竖埋宽 0.12 米的散水牙子，再由散水钉固定散水牙子的接缝处，且散水钉的外侧嵌入 20 厘米宽的长方形石板（图 6.32），散水的宽度在 0.62 米左右，再加上土衬石露明 0.1 米，故此种类型的散水外侧边缘距离台基包壁石为 0.72 米。这两种散水形式是不同时期建造的，还是面向广场的一面和背向广场的一面散水构造不同？经过分析，笔者认为第二宫殿采用第一种散水形式的可能性比较大，而第二种散水形式可能是后来修补或是为了和前面广场斜接而采用的形式。理由有二：其一，第一种散水形式和第二种散水形式的不同之处就在于第二种散水形式在散水钉的外侧又嵌入了 20 厘米宽的长方形石板，笔者认为这一排石板不属于第二宫殿散水的一部分，应该是第三宫殿殿前广场的铺装石。其二，上京城的其他主要宫殿未见有此种散水形式。

图 6.31 第二宫殿台基包壁及散水

图 6.32 第二宫殿台基散水构造

（2）踏道。

第二宫殿台基南面有 2 处踏道遗迹，北面正中也有 1 处踏道遗迹。南侧采用的是东西两阶制。东踏道距离台基东南角 26.5 米，西踏道距离台基西南角 25.6 米，取平均值东西踏道距台基边缘为 26 米，二者之间距离为 31.4 米。台基北侧正中踏道距离台基东北角 45.2 米，西北角 44.3 米，取平均值为 44.7 米。踏道的长度取平均值长 5.9 米，宽 5.8 米。基址土石结合，土衬石之上有包壁石，包壁石只有一层，是厚度为 15 厘米、宽度为 40 厘米、长度为 70 厘米的条石，错缝砌筑，且为直壁，无逐层内收的“象眼”（图 6.33）。同时，在东踏道遗址的中间位置上发现了两块间距为 46 厘米、南北向平行布

图 6.33 第二宫殿东踏道遗址

置的规整条石，推测两条石之间应该是斜坡道的“御路”，这就形成了左右双踏道的形式，按踏道的第一种形式进行复原。

由于台基损坏严重，台基的实际高度不知，根据踏道的长度对其进行推测：踏道平均长度为 5.9 米左右，散水宽度为 0.42 米，则除去散水宽度，踏道的实际长度为 5.48 米。踏道的级数为（$5.48 \div 0.3$）级 = 18.2 级，考虑到误差的原因，将踏道级数复原为 19 级，根据每踏道高 0.12 米，计算台基的总高度为（19×0.12）米 = 2.28 米。

（3）平面柱网。

第二宫殿采用的是进深 4 间、面阔 19 间的金厢斗底槽的地盘结构。纵向和横向柱距相等，均为 4.5 米左右，根据营造尺 1 唐尺 = 0.295 米，4.5 米折合唐尺为 15 尺，得出第二宫殿通面阔为（15.5×19）尺 = 294.5 尺，通进深为（15.5×4）尺 = 62 尺。需要特殊说明的是，第一宫殿平面内槽的东西两侧各加了一个础石，作为承托鸱尾的特殊结构做法，而第二宫殿和第一宫殿建造时间接近，故此第二宫殿也按此复原。

根据第五章有关第二宫殿的分析可知，第二宫殿没有副阶，且柱网间距相等，故殿身内外檐柱等高，根据宋《营造法式》规定平柱高等于明间面阔，柱高复原为 15.5 尺，最高柱在转角处，复原为 16.8 尺，并且柱有侧脚的做法。遗址础石上留有柱子燃烧后的痕迹，推断柱直径为 0.6 米，柱径与柱高比为 1:7.62，恰好在唐宋实例中显示的柱径与柱高的比大于 1:10 的范围内。

第二宫殿遗址出土了素面和莲瓣两种形式的覆盆。素面覆盆较为完整，其外径为 62.4 厘米，内径为 42 厘米，莲瓣覆盆也较为完整，其外径为 46 厘米，内径为 32 厘米。参考第二宫殿的柱径 60 厘米，可知二者都不是第二宫殿的覆盆，应该是周边附属建筑的覆盆。但参考其形式，第二宫殿采用的也是覆盆和柱分离的做法。

（4）铺作与梁架。

第二宫殿采用的材份等级与第一宫殿一样，即 1 份 =1.9 厘米，9.3 寸 $\times$ 6.2 寸，铺作形制应该采用等级最高的七铺作出四杪，双杪双下昂单栱偷心造，具体形式与第一宫殿相同（图 6.22），这里不再赘述。由于第二宫殿的面阔间数较多，采用歇山顶的屋顶形式，则正脊显得过长，比例不合理，所以屋顶采用庑殿顶形式。

需要说明的是，张铁宁先生认为第二宫殿是整个宫城建筑群等级最高的宫殿建筑，所以只有第二宫殿采用七铺作形式，而第一宫殿则采用六铺作形式。这和本文的见解略有不同，笔者认为第一宫殿和第二宫殿采用的都是七铺作形式。因为第一宫殿是外朝宫殿，而第二宫殿是内朝宫殿。虽然使用功能性质不同，但都是等级最高的宫殿建筑，所以铺作形制相同。

6.2.2.2 东西阁门

（1）台基。

东西阁门是黄土砌筑，包括散水在内的台基南北长 12.4 米，东西长 7.4 米，高约 0.45 米。台基四壁由长 0.70 米、高 0.30 米、厚 0.2 厘米的陡板石包砌，且靠近台基一层的陡板石保持自然状态，靠外部的一侧经过雕琢，陡板石上是长 0.9 米、宽 0.5 米、厚 0.15 米的压阑石（图 6.34）。

台基四周有散水遗迹，且由两部分组成：靠近陡板石的是宽度 0.3 米的石板，其外侧是宽为 0.1 米的散水牙子，散水钉固定接缝（图 6.34）。台基南北两侧的正中间位置各有一个踏道。踏道南北长 0.9 米，东西长 2.8 米。踏道的两边有整块玄武岩制成的垂带石，踏道两级，为石块铺制（图 6.35）。

（2）柱网平面。

东西阁门面阔 1 间，间广为 4.4 米，折合唐尺为 15 尺，进深 2 间，间广为 3.2 米，折合唐尺为 10.5 尺（图 6.36）。东阁门有一块础石凿有与之一体的覆盆，直径为 0.55 米，说明柱径小于 0.55 米，这里暂定柱径为 40 厘米。根据明间面阔 15 尺，推断柱高为 15 尺。第 1 列第 1、2 排础石间有土墙的遗迹，厚度为 0.15 米，可知东西阁门中间一排础石之间有土筑墙体，墙体厚度设定为 0.15 米。

（3）屋架形式。

屋架复原为厅堂木构架，三等材 22.13 厘米 × 14.75 厘米（1 份 =1.48 厘米），五铺作出双杪单栱偷心造，补间立斗子蜀柱，其上铺作出一跳，悬山顶，参见盛唐敦煌壁画 148 窟的建筑屋顶形式（图 6.28）。

在第二排两列础石内侧有木门枕遗迹（图 6.35），且两门枕坑内侧间距为 2.4 米，折合 8 尺，这里暂定门宽为 10 尺，则门高为 10 尺。由于东西阁门为第二宫殿通向第三宫殿的主要通道，故此门供通车马所用，采用宋《营造法式》中断砌门的形式，这种门“需启闭，必须做一种活动的地栿板，通车时将板抽去，关门时将板插上。板的两侧则靠带凹槽的立柣来夹持”。在东阁门第 2 排础石的外

图 6.34 东阁门台基包壁与散水

图 6.35 东阁门台基踏道

侧，各有1道东西向的墙（图6.35），用不规整的石块垒砌，厚度为2 ~ 2.4米，残高为0.2 ~ 0.4米，且墙体压在门址的台基之上，这说明墙体直接与东西阁门相连。墙体的南面墙基部分既有白灰墙面，又有红涂墙的遗迹，这说明墙体的南北两面都是白灰抹面，面向广场一侧的南墙有彩绘装饰。

6.2.2.3 廊庑

（1）台基。

廊庑台基有基础部分，具体构造形式：先在台基底部挖尺度略大的基槽，深度在0.6米左右，然后垫一层厚0.2米的灰褐土，其上再铺一层厚0.3米的黑土，最后在接近台基的位置铺一层厚为0.2米的黄沙土。但基础构造方式为堆垒，而排夯筑，加工方式不明。

廊庑台基是黄土砌筑，南北长116.5米，东西长约15.2米，最高处高出地面0.4米（图6.37），笔者将其高度复原为0.48米，和东西阁门同高。台基四周包壁石破坏严重，仅有部分不完整的包壁石遗迹。根据西廊庑东面和北面的包壁石遗留下的0.5米的沟痕以及台基边缘排列的玄武石块推测，廊庑台基包壁石有两层，靠近台基的内层平铺玄武岩石，外侧竖砌条石，暂且按这种构造方式进行复原。台基四面未见有散水痕迹，暂且按东西阁门的散水进行复原。在东廊庑面向广场的一侧，第4间和第24间包壁石的外侧各有1块长60厘米，宽30厘米的规则条石，可能与踏道有关，故此在相应的位置复原2个踏道（图6.38）。

（2）平面柱网。

东西廊庑是面阔26间、进深3间的厅堂式构架建筑。通面阔（3+4.5 × 25）米 = 115.5米，折合唐尺为（10.5+15 × 25）尺 = 385.5尺；通进深为（3+6+3）米 = 12米，折合唐尺为

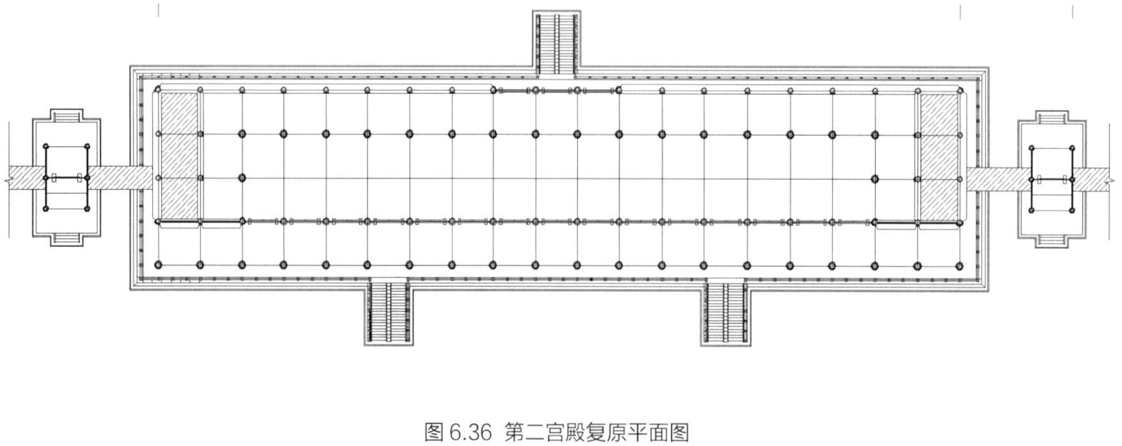

图6.36 第二宫殿复原平面图

图 6.37 第二宫殿西廊庑遗址

图 6.38 东廊庑柱洞遗址

（10.5+20.5+10.5）尺 = 41.5 尺（图 6.30）。柱础石表面平整，形状不规则，尺寸在 0.7 ~ 1.6 平方米，且中间两排础石尺寸大于侧面两排础石尺寸，其上有柱炭化痕迹（图 6.38），表明柱直径有 0.35 米和 0.4 米两种，并且在础石之间有 1 个或 2 个小柱垫石，小柱直径为 0.1 ~ 0.12 米，起到加固墙体的作用。墙厚度复原为 0.16 米，具体构造形式为：在础石上立柱，柱之间立小柱作为墙间柱，再在柱之间用灰土垒墙，用黄沙土抹平墙面。先在墙内侧抹白灰面，然后在廊内地面铺一层厚为 0.25 米的黄土沙，覆盖住础石、立柱和墙间柱的底部，再在墙的外侧抹一层白灰面，然后在墙的内外两侧涂上褐红墙面和装饰线。

东西廊庑采用厅堂式木构架体系，三等材 22.13 厘米 ×14.75 厘米，四铺作，歇山顶（图 6.39）。

6.2.2.4 南廊与南门址

（1）南门址台基。

台基是用黄土筑成，东西长 23.8 米，南北长 12.1 米。南门址四周有包壁石，但破坏较为严重，根据考古学的推断，其具体的构造做法为：靠近台基的一侧为条石包壁，条石的外侧为砖铺散水，散水外侧为竖埋散水牙子，散水牙子的接缝处固定散水钉（图 6.40）。其中已知的玄武岩条石的厚

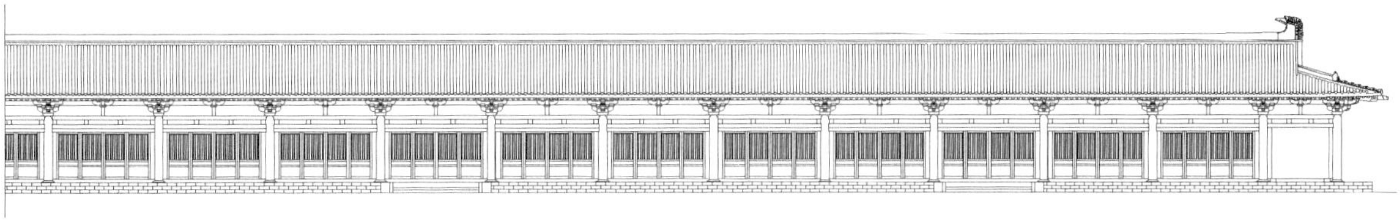

图 6.39 廊庑复原立面图

度为 0.15 米，宽度为 0.15 ~ 0.2 米，长度视石料的大小而定，散水牙子的厚度在 0.05 米左右。

需要特殊说明的是，在台基内东壁与东段廊交接的位置发现有铺砖 12 块，每块砖宽 0.16 ~ 0.17 米，长度不等，最大的 0.3 米，最小的 0.18 米。砖块之间没有任何黏合物。笔者认为这是南门址与东西两段廊的踏道部分（考古报告书上认为是台基的一部分）。南门址现有高度距台基下的土衬石高度为 0.44 米，而东西两段廊距殿前广场的高度为 0.44 米，说明二者之间有一定的高差，由于不能准确推断数值，故暂且按一级砖砌踏道考虑。遗址中发现有木质勾栏的遗迹，可推断台基之上设置了勾栏，具体形制参见第前述有关勾栏的讨论部分。

（2）踏道。

南门址的南北两侧、正对明间的位置各有一个踏道，东西长约为 4.25 米，南北长约为 1.62 米，夯土砌筑而成，周围有散水，具体构造为：细加工的散水方砖、散水牙子和散水钉。踏道中间加 2 条副子和 1 块斜铺的宝相纹方砖，宽度约为 0.4 米，两侧垂带部分宽度约为 1 米，且在垂带副子的两端斜铺了 1 块宝相纹方砖，踏道采用磨砖对缝砌筑，采用的是第一种踏道形式（图 6.41）。需要说明的是，中间 2 条副子的间距只有 0.4 米左右，如果是供御辇上殿之用，似乎距离太小。将踏道这样细分可能是因为南门址南北向只有一个踏道，这样分隔是东西阶的一种象征形式。

（3）柱网平面。

南门址是面阔 5 间、进深 2 间的单体建筑，是典型的分心槽式殿堂型木构架。面阔和进深方向的础石中心间距均为 4 米，通面阔折合唐尺为（13.5 × 5）尺 = 67.5 尺，通进深折合唐尺为（13.5+13.5）尺 = 27 尺（图 6.42）。

南门址的础石形状不规则，只进行了初步的切割而未进一步加工，且未见有覆盆的痕迹，由此

图 6.40 南门址台基遗址

图 6.41 南门址踏道遗址

推断南门采用的是覆盆与柱分离的做法。南门址间广为13.5尺，推测柱高为13.5尺，柱径为50厘米，且角柱高为4.06米。从遗址上看，在第2排第1、2列础石之间有墙体遗迹，第1列础石的第1、2排础石之间有小垫石，这说明其上立有墙间柱，故推断南门址的中间一排柱网之间和左右两列柱网之间有墙体连接。复原墙厚为0.16米，由浅灰褐色沙质土夯筑而成，墙内外两侧抹白灰面。

南门为等开间的厅堂型木构架体系，采用略大于二等材即25厘米 ×16.7厘米，柱头铺作为六铺作，补间铺作采用斗子蜀柱，其上出两跳铺作（图6.43）。南门的屋顶形式，歇山顶和庑殿顶都有可能，本文暂且按庑殿顶进行复原。

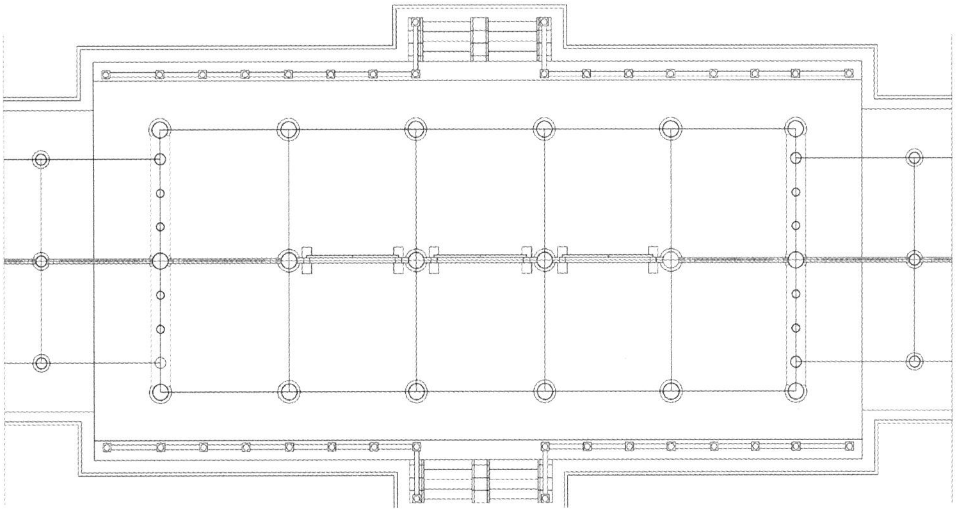

图6.42 南门复原平面图

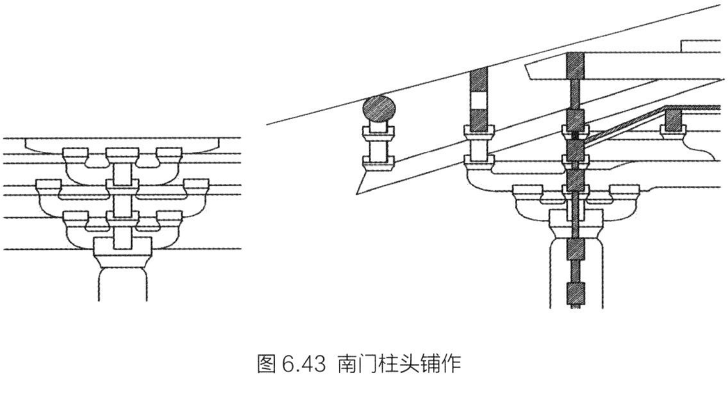

图6.43 南门柱头铺作

（4）南廊。

南廊台基由黄土砌筑而成，北中间门址分为东西两段，长度分别为53.6米和52.8米，取平均值53.2米，宽为9.2米，最高处高出殿前广场0.44米。台基包壁破坏严重，很难判断其具体形态。从现有的遗址情况只能确定，台基由玄武岩条石包壁，其外侧为砖制散水牙子和散水钉。

东西两段廊正对第二宫殿殿前广场的一侧，即北侧有两个踏道痕迹。西廊面向第一宫殿的一侧，即南侧有一个踏道遗迹。以西廊为例进行复原说明，北侧西起第9间和第14间分别有踏道，东西长3米左右，南北宽0.6米，前者为条石铺，后者为砖铺，且都为双分踏道，两侧有垂带。其他情况不详，暂不做推测。

东西两段廊分别是面阔16间、进深2间的廊庑，通面阔为（3.1×16）米=49.6米，折合唐尺为（10.5×16）尺=168尺；通进深为（3.7+3.7）米=7.4米，折合唐尺为（12.5+12.5）尺=25尺（图6.30）。柱子大小尺度相同，参考东西廊庑柱直径，将其复原为0.35米，采用础石和覆盆分离的形式。中间一排础石之间设置了墙体，墙上开直棱窗。墙的厚度复原为0.16米，由灰褐色土和细沙砌筑而成，两面抹有白灰面。根据东西廊庑墙面的形式，同时考虑南廊既面向第二宫殿的殿前广场，又与第一宫殿临近，故推断墙的两侧也应该会有装饰线。

南廊采用厅堂构架形式，三等材22.13厘米×14.75厘米（1份=1.48厘米），柱头铺作采用四铺作，歇山顶。

6.2.3 第三宫殿建筑群复原研究

第三宫殿建筑群是由第三宫殿、东西廊庑、南北翼廊组成的宫殿建筑群（图6.44），下面对各部分进行详细研究。

6.2.3.1 主殿

（1）台基。

第三宫殿台基包壁无存，仅剩下较为完整的台体（图6.45），测量其高度为1.6米，东西长32.75米，南北长21米。下面就台基的夯筑、包壁、散水形制等进行复原讨论。

从考古发掘的资料来看，第三宫殿的台基构造形式与上京城其他宫殿的台基构造形式不同。台基下半部分是黄褐土堆垒，上半部分以玄武岩垒砌，垒砌的方式为干摆，没有使用黏合剂的迹象，石缝之间有黄褐土作为填充物。台基的上面铺一层细密坚硬的黄土作为台基的表面。但值得注意的是，台基下半部分的黄褐土层下还有一层玄武岩垒砌的部分，这与第一宫殿和宫城正南门所反映的台基整体均为玄武岩垒砌的形式不同，说明第三宫殿经历过再次修缮和垒筑。同时，台基的南侧出土了雕花阶岩石碎块（图6.46），这说明台基边缘是以雕花阶沿石铺面的。

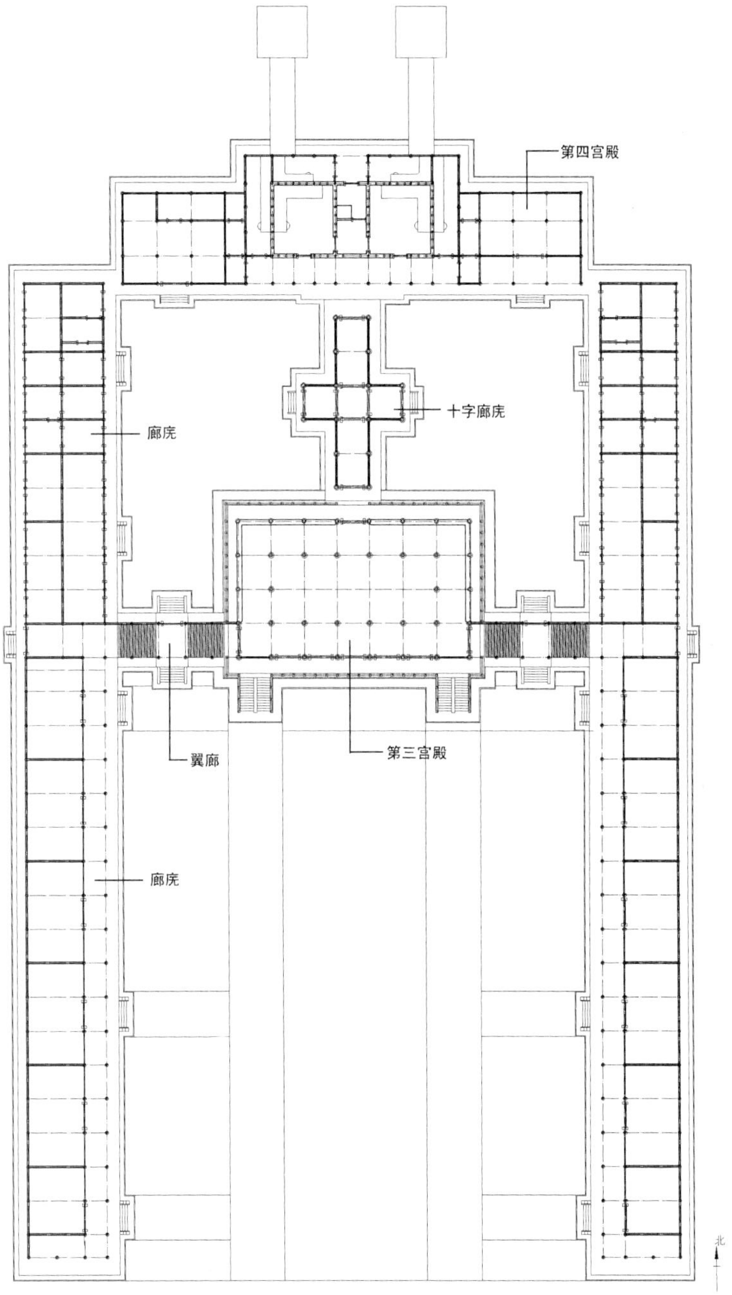

图 6.44 第三、四宫殿群复原平面图

图 6.45 第三宫殿台基遗址

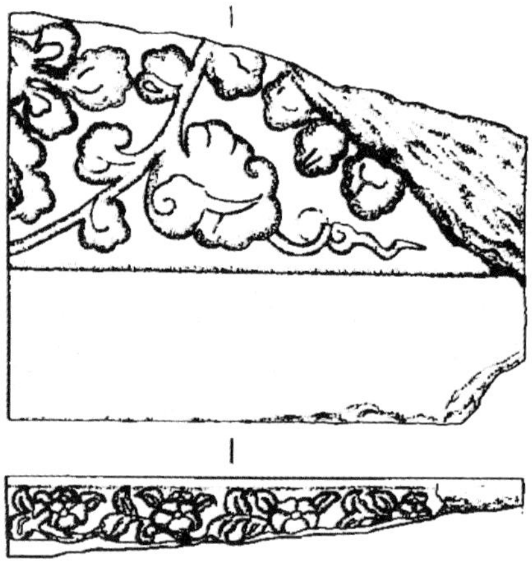

图 6.46 雕花阶岩石

由于台基四周的包壁石无存，故只能尝试进行推测。就已知的第一宫殿、第二宫殿、第四宫殿等宫殿遗址保存较好的台基包壁部分和散水部分进行分析比较，希望能找出一定的规律性（表 6.5）。

表 6.5 上京城主要宫殿台基构造

名称	台基包壁构造	台基散水构造	台基收分
第一宫殿	内层玄武岩毛石砌筑，外层青砖包壁，磨砖对缝，白灰填缝	青砖散水，外侧 0.1 米厚的散水牙子，散水牙子接缝处用散水砖固定	6:1 收分
第二宫殿	内层玄武岩垒砌，外层长方形条石砌筑，黄土填缝，无黏合物	玄武岩石板，外侧立砌 0.12 米散水牙子，散水钉固定	4° 收分
第四宫殿	由一层横向青砖磨砖对缝砌筑，不露泥浆	—	—
东内苑主殿	玄武岩条石包壁，错缝砌筑，无黏结剂	玄武岩散水砖砌筑，散水钉固定	—
宫城正南门	内层毛石砌筑，土泥沙浆填缝，外层条石砌筑，白灰沙浆填缝	青砖散水，其外为散水牙子，由散水钉固定	4° 收分
皇城正南门	玄武岩石块包砌，平面朝外，灰褐色黏土黏合	—	—

从表6.5可以推断，上京城宫殿台基多采用两层包壁，且外层包壁材料和散水材料基本保持一致，这样能增强台基的稳定性。

经过考古分析发现，台基的东、北两侧发现了砖制的散水牙子，故推断台基的东、北、西三侧采用的包壁构造为内层玄武岩，外层青砖包砌。台基南侧的包壁构造为内层玄武岩包壁，外层条石砌筑，其外为石制散水。散水的具体构造形式参照踏道遗址显示的散水形式，即自内向外分别为散水铺石、散水牙子、散水钉，台基收分为4°。以上仅是笔者的一种推测。

（2）踏道与勾栏。

台基南侧设置了东西2个踏道，分别对应主殿的东西两尽间，与第一宫殿、第二宫殿采用相同的东西两阶制，说明东西两阶制是上京城宫殿建筑普遍采用的一种形式。现有踏道成斜坡状，直接与台基相连，且为黄土堆砌，四周包壁石已无存（图6.47）。根据残余散水的边缘测量，东侧踏道南北3.3米，东西4.4米，西侧踏道南北3.5米，东西4.6米，且踏道两侧散水宽度为0.6 ~ 0.8米。东踏道的南侧留有散水的痕迹，其宽度为0.8米，自内向外为宽度不等的散水铺石、散水牙子、散水钉，其中散水牙子宽度分0.09米和0.1米2种。散水钉经过精细加工，其顶部向外一侧露出的部分雕刻成了1/2的半球状，而靠近内侧的部分则呈平面。需要特殊说明的是：踏道中部的两块散水石，中间的北部有“凹”槽，正对踏道中间的南北向浅沟（图6.6），说明这里应该铺设了特殊的砖石，类似于御道的结构形式，故推断第三宫殿采用的是带御路踏道形式。

（3）勾栏。

第三宫殿台基高1.6米，在第三宫殿遗址中发现了一个雕花。阶岩碎石块，应该是压栏石，说明第三宫殿应该设置了栏杆，具体形式参见勾栏形制一节。

（4）平面柱网。

第三宫殿是面阔7间、进深4间的金厢斗底槽的殿堂型构架，且间广均为4米。根据推断的营造尺1唐尺 = 0.295米，4米折合唐尺13.5尺，得出第三宫殿通面阔为（13.5 × 7）尺 = 94.5尺，通进深为（13.5 × 4）尺 = 54尺（图6.48）。

第三宫殿的础石分为两种形式：一种是经过精细加工的，另一种是自然石面的，前者是础石的主要形式，而后者是极个别的，应该是后来替换过的。第一种础石分为三种形式：一种是表面

图6.47 第三宫殿踏道遗址

雕琢出向外凸起的半圆，是位于外侧的一圈础石（图6.49），这说明第三宫殿的墙体是靠近柱内侧的，柱裸露于外墙面。另一种是表面雕琢出半圆又在弧顶处连石条的（图6.49），这说明柱的三面都有墙体与之连接。还有一种是表面雕琢圆台的，应该是宫殿内部的明础（图6.49）。并且在第三宫殿

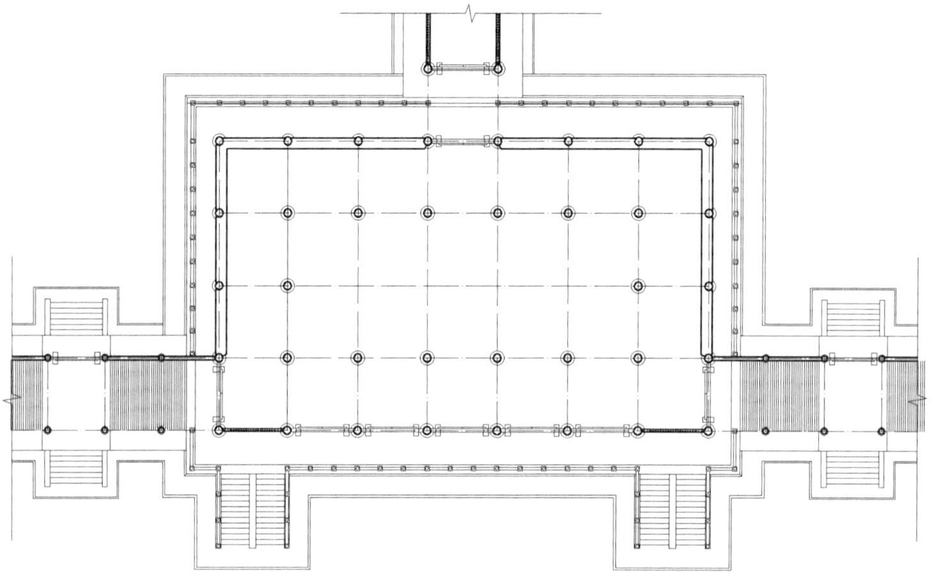

图6.48 第三宫殿复原平面图

图6.49 第三宫殿遗址的础石形式

遗址附近出土了不少呈碎裂状的红胎施绿釉的覆盆，这说明柱直接立在础石上，础石和柱之间由彩釉覆盆加强二者的稳定性。

第三宫殿遗址出土了一些覆盆，经复原考证，其覆盆内圈直径多为 0.3 ~ 0.5 米，同时参考础石上雕琢的圆台 0.8 米、0.6 米、0.4 米的直径尺度，推测主殿的柱径为 0.5 米。根据宋《营造法式》中“柱高不过间广”的规定，暂将柱高定为 4 米，角柱高 4.16 米。

第三宫殿面阔 7 间，应该采用宋《营造法式》中的二等材，即 8.25 寸 ×5.5 寸。同时根据唐代建筑用材偏大的原则，推测第三宫殿用材应该大于二等材，而接近宋式一等材，故暂且按一等材进行复原，即用材尺度为 9.0 寸 ×6.0 寸（26.5 厘米 ×17.7 厘米）。采用六铺作双杪单下昂偷心单栱造，即第一跳偷心，第二跳承单栱及素枋，第三条跳头上承令栱、替木及撩檐榑；里跳一杪，以交互斗承乳栿，乳栿伸出应为外转第二跳华栱。转角铺作也采用双杪单下昂六铺作，正、侧、斜出都有，且斜出只有角昂无由昂。补间铺作一朵，采用阑额之上立斗子蜀柱，其上铺作出两跳。梁架形式和举折（图 6.50），参考佛光寺大殿。

（5）屋顶形式。

第三宫殿面阔 7 间，进深 4 间，从结构形式来看，采用庑殿顶和歇山顶都可以，暂且按庑殿顶进行复原。遗址出土了“类似于鸱吻的构件残片”，说明为时可能出现了从鸱尾向鸱吻转化的过渡形态。这也间接证实了第三宫殿重新修建的年代要晚于第一、二宫殿建造年代。同时，遗址出土了大量的兽头和套兽，这说明当时的屋顶装饰构件已经趋于成熟，屋顶采用素白瓦和琉璃瓦剪边的形式。

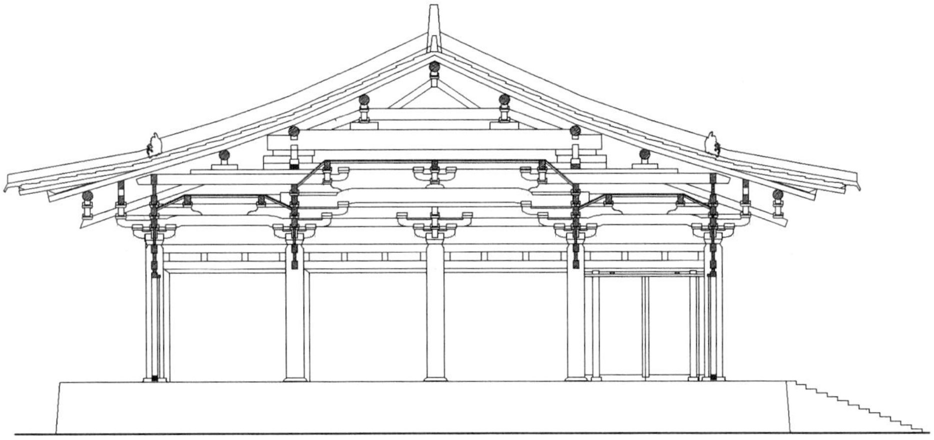

图 6.50 第三宫殿复原剖面图

（6）地面和墙体。

第三宫殿遗址显示，其地面经过精心处理，具体构造做法是，三层草拌泥分层抹于台基黄土之上，最上面为一层白灰面（图 6.51）。第一层草拌泥厚度为 1.6 ~ 2.1 厘米，上下面均不平整，第二层草拌泥厚度为 1 ~ 1.4 厘米，上面平整，下面不平整，第三层草拌泥厚度为 0.5 厘米，上下均平整。第三层草拌泥的表面抹有厚度为 1 厘米的白灰面，并且经过压光处理，这是素土地面的一种处理方式。在第三宫殿的最外圈柱网之间设置了墙体，且墙体是靠近柱网内侧布置的。墙体由长 0.2 ~ 0.3 厘米草段的草拌泥制成的土坯垒砌而成，土坯的厚度暂定为 0.6 米，遗址保存了部分土坯墙的遗迹（图 6.52）。

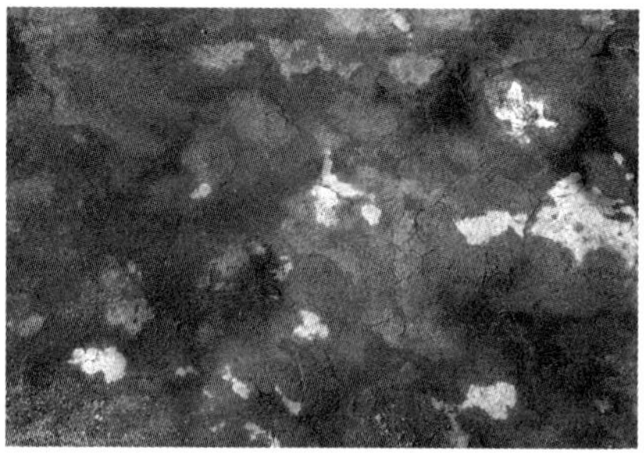

图 6.51 第三宫殿地面遗迹

图 6.52 第三宫殿土坯墙遗迹

6.2.3.2 南北翼廊

（1）台基。

第三宫殿的东西对称布置了 2 个慢道，东西长 11.5 米，南北长 6.4 米（台基现存两壁的距离），呈坡状，由较为纯净的黄褐土堆砌而成。台基的南北两侧由长方形青砖沿其边缘横向垒砌而成，包壁石的外侧是砖制的散水，其具体构造由内而外依次是散水砖、散水牙子、散水钉。砖制的散水发现于东西慢道台基，有两种类型：一种类型是主体为长方形青砖，用于东西慢道台基南面，最外侧为用半块长方形青砖磨制出顶部稍锐、呈椭圆球形的散水钉，其内以长方形青砖竖置厚 5 厘米散水牙子，散水牙子内侧用长方形青砖沿建筑方向平行铺设（图 6.53），宽 55 厘米。常见的青砖规格有两种，即长 33 厘米、宽 16.5 厘米、厚 5 厘米和长 37 厘米、宽 15 厘米、厚 6 厘米。另一种类型的主体为近方形青砖，长 48 厘米、宽 43 厘米、厚 5.6 厘米，仅见于西侧慢道台基北面（图 6.54）。

图 6.53 西慢道南面散水

（2）踏道。

台基的中间位置，南北各有 1 个砖制踏道，宽度为 3 ~ 3.4

图 6.54 西慢道北面散水

米（指的是东西向散水牙子间的距离），长度为 1.9 ~ 2.8 米（指的是踏道尽端散水牙子到台基现存南北两壁的距离），根据复原的散水宽度约 50 厘米，推测踏道的长度为 2.3 米，宽度为 2.4 米左右（图 6.48）。

这里需要特殊说明的是，踏道的台基虽然呈坡状，但是由于踏道中间一间的位置有踏道的痕迹，说明在相应的位置设置了联系前后两个庭院的门址。如果慢道是通体的坡道，那么会为门址的设置带来不便，且不符合人体工程学的基本要求，故考虑将其分为 3 段，即两端为坡状，中间正对踏道的位置为平坡状。

（3）木构架体系。

台基上为面阔3间，进深1间的厅堂构架。东西慢道的础石 0.5 ~ 0.6 米见方，推断其柱径为 0.35 米，柱高按 11 尺进行复原。用材采用四等材 21.24 厘米 ×14.16 厘米（1 份 =1.42 厘米）。采用四铺作出一杪，外跳直接承撩檐槫，内部不出跳，横梁直接架在栌斗上，补间用斗子蜀柱。人字形屋顶，在明栿上立大叉手承脊槫，屋顶两端出际（图 6.55）。

6.2.3.3 东西廊庑

第三宫殿的东西两侧有对称式的廊庑，这里仅以东廊庑为例进行复原说明。东廊庑的台基高 0.3 米，东西长 13.2 米，南北长 78.3 米，由夹杂着白灰颗粒的较为纯净的黄褐土堆垒而成（图 6.56）。

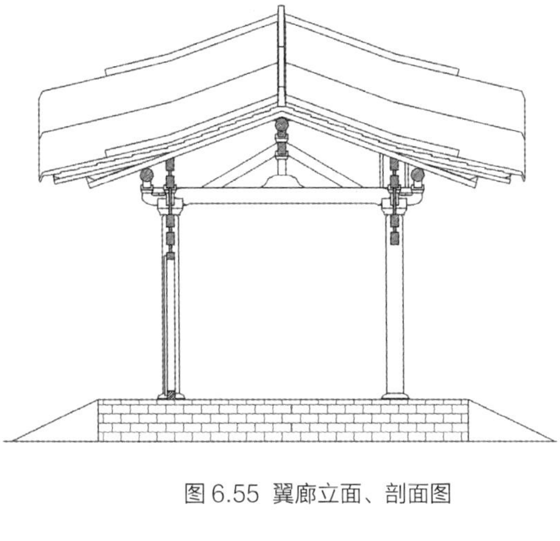

图 6.55 翼廊立面、剖面图

图 6.56 第三宫殿东廊庑遗址

台基的包壁和散水结构大部分破坏严重，从现存较好的部分来看，台基的包壁具体形式为：长方形青砖沿台基边缘的方向横向垒砌，且散水结构压在包壁台石之上（图 6.57）。散水结构自内而外为散水砖、散水牙子和散水钉。其具体形态有两种形式：一种是靠近台基的一侧为方形青砖，紧邻的是长方形青砖，其外横向立砌长方形青砖作为散水牙子和散水钉；第二种是紧邻台基的一侧纵向铺长方形青砖，外侧横向铺制长方形青砖，其外侧为散水牙子和散水钉（图 6.57）。

台基东西两侧共设置了 4 个踏道，西侧 3 个，分为对应着北起第 3 间、第 12 间，南起第 2 间。东侧 1 个踏道，对应着北起第 1 间（图 6.44）。4 个踏道的铺设方式有所不同，由于考古信息有限，暂且按保存较好的一种形式进行复原。台基东侧踏道保存得相对较好，其东西长 1.3 米，南北长 3.1 米，踏道的南北两侧有垂带，垂带由斜向铺制的方形青砖和斜向立砌的青砖构成，且最外的青砖上面有忍冬纹装饰（图 6.7）。踏道的散水结构和台基的散水结构相同。

台基之上是面阔 19 间、进深 2 间的厅堂构架形制，除最南侧尽间面阔 2.6 米外，其余各间面阔均为 4 米，通面阔折合唐尺为（8.5+13.5 × 18）尺 = 251.5 尺；进深方向一间为 6.5 米，另一间为 2.6 米（图 6.44）。

台基一块础石上保存有圆形红烧土遗址，直径约为 0.3 米，可能是立柱损坏的痕迹，推断东廊庑的柱径为 0.3 米，面阔宽度为 4 米，柱高亦为 3 米（图 6.58）。东廊庑采用前檐廊的形式，即在靠外侧的一排柱网之间设置了墙体，墙体厚度复原为 0.3 米，中间一排柱网设置木制门窗。东廊庑采用厅堂式木构架，具体铺作形式和梁架形式可参考唐南禅寺大殿。采用三等材 24 厘米 × 16 厘米。铺作形制为四铺作，具体形式与第二宫殿东西廊庑形制相同。

图 6.57 东廊庑包壁及散水形式

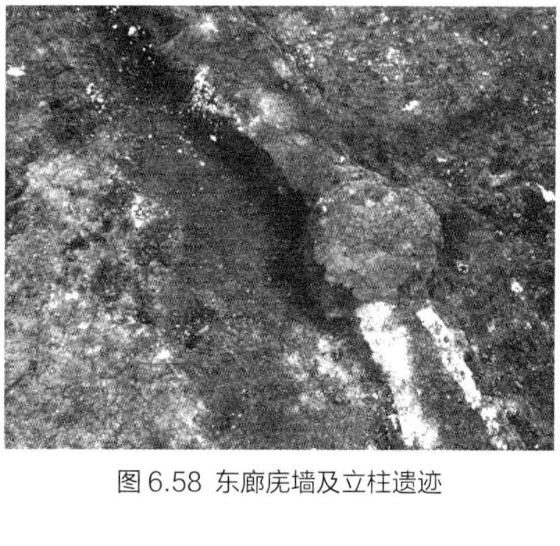

图 6.58 东廊庑墙及立柱遗迹

6.2.4　第四宫殿建筑群复原研究

第四宫殿采用的是“凸”字形平面形式，由中间主殿和东西配殿组成，三者在同一台基上（图 6.44），下面分别对其进行复原说明。

6.2.4.1 主殿

（1）台基。

第四宫殿主殿台基遗址东西长 28 米（台基西侧北段残存包壁的外壁到台基现存东壁的距离），南北长 17.4 米（台基北侧残存包壁外壁到台基现存南壁的距离），残高约为0.3米，其高度明显低于前三座宫殿（图6.59）。台基正中南侧有14米宽的部分向外突出0.5米，与通向第三宫殿的过廊相连接。北侧有2.7米宽的部分向外突出1.2米，与北侧一条宽约1米的小路相连（图6.60）。

台基由较纯净且夹杂少量白灰颗粒的黄褐土砌筑，包壁由一层横向青砖磨砖对缝砌筑而成，不露泥浆。散水形制参考东配殿（图6.61）和东侧廊庑散水遗迹，暂将其复原为散水铺砖、散水牙子、散水钉。其中散水铺砖为两层，靠近台基的一层铺方形青砖，其外为横铺的长条形青砖。散水牙子是横向立置的长方形青砖，一侧面向上。散水牙子的交接处铺置了表面呈半圆形凸起的砖制散水钉。

（2）踏道。

主殿南侧与第三宫殿由"十字形"廊庑连接，北部有一踏道遗迹，由于遗址破坏严重，具体形态不知，这里暂不做具体推论。

第四宫殿主殿遗址破坏比较严重，室内的很多关键信息都已缺失，包括地面的处理、围护结构的布置、采暖设施的布置等方面内容都很难准确判断。就现有的考古资料可知，上京城的其他区域还有相类似寝殿的平面布局模式，包括宫城西区的一座寝殿和第四宫殿紧邻的一座寝殿，这两座遗址保存得相对比较完整。但是由于建筑等级不同，具体的建筑细部构造处理还是会有一定的不同，故这里仅做粗略的推断。

（3）地面处理。

通过前面相关地面的研究内容可知，室内地面有木地板地面、地砖地面和白灰素土地面三种形式。第四宫殿地面铺设采用的是哪种形式呢？经过分析研究推断第四宫殿室内采用的是白灰素土铺地，具体依据有三：其一，唐宋时期，木地板的地面处理形式一般多用于干阑式建筑，而干阑式建筑的台基平面上一般只有用于支撑上层平座的立柱（图6.62），而第四宫殿遗址显示，础石之间有墙体和门的痕迹，故排除木地板的地面处理形式。其二，从考古发掘报告来看，日本《东京城》一书提到，主殿的前廊、主殿与配殿之间的连接体，地面有

图6.59 第四宫殿遗址平面

图6.60 第四宫殿北侧小路

图6.61 东配殿东侧散水遗迹

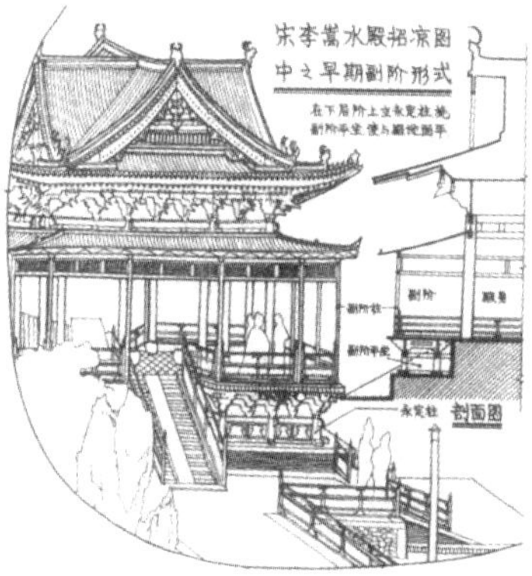

图 6.62 宋画中平座上架木地板

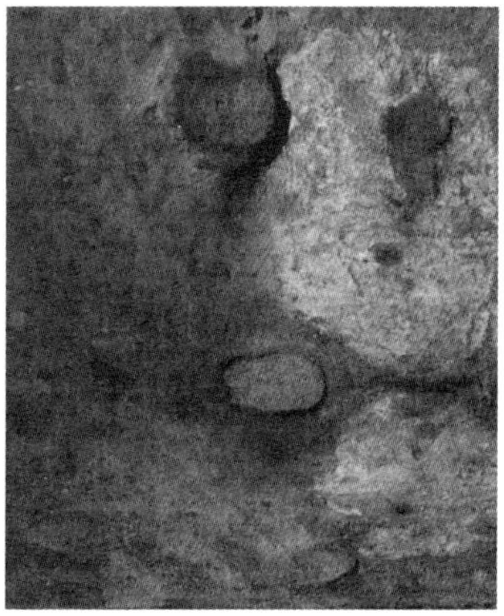
图 6.63 白灰地面遗迹

喷漆的痕迹，虽然这一说法并不准确，但至少说明了地面是经过特殊处理的。其后黑龙江考古研究所的考古发掘报告中提到，东配殿和主殿之间连接体的室内地面结构为：靠近台基的一层是经过烧烤的红色砂质地面，其上是一层质地较为坚硬的黄褐土面，再在其上抹三层以上的白灰抹面（图 6.63），这正好证实了《上京城》中的说法，如果采用木地板或是砖铺地面，没有必要把底层的地面做得如此复杂。其三，这种地面的处理方式也见于第二宫殿、第三宫殿建筑群，这可能是上京城宫殿建筑地面的一种通用做法。故推断第四宫殿采用的是白灰素土铺地，左右两配殿和连接体部分采用的也是这种做法。

（4）柱网。

第四宫殿采用的是内外两层空间的布局形式，内层空间为主要的居住空间，外层空间为辅助空间，且前廊开敞，其他三面回廊封闭（图 6.64）。由第 4 章的分析可知，这种空间布局形态主要受到高句丽居住建筑模式的影响，并与朝鲜半岛古代寝殿平面布局有一定的相似性。第四宫殿的主殿面阔 9 间，进深 5 间，且各间的尺度有所不同。正面心间最宽，宽约 4 米，正对“十”字形廊庑，6 间次间开间相同，约 2.5 米，相对较窄，至稍间间宽又加大至 3.2 米左右；侧面稍间最宽，与正面稍间间宽等同，心间较两次间稍宽，也即，正面：心间＞稍间 ＞次间，侧面 ：稍间＞心间＞次间，整个平面尺度构成较为特别，与常见的开间、进深尺度变化两种方式——各间间宽等同或心间最宽、次间次之、稍间最窄——完全不同，应是渤海寝殿建筑在平面尺度构成上的又一地域性特点。

根据实测数据可知，通面阔（$400+2.535\times6+3.24\times2$）米 = 25.69 米，折合唐尺为（$13.5+8.5\times6+11\times2$）尺 = 86.5 尺，通进深（$2.95+2.79\times2+3.24\times2$）米 = 15.01 米，折合唐尺为（$10+9.5\times2+11\times2$）尺 = 51 尺（图 6.64）。这可能是因为作为寝殿，并没有那么严格的要求，也可能是为了满足内部居住空间的使用要求。主殿础石破坏比较严重，很难确定础石尺寸。根据西配

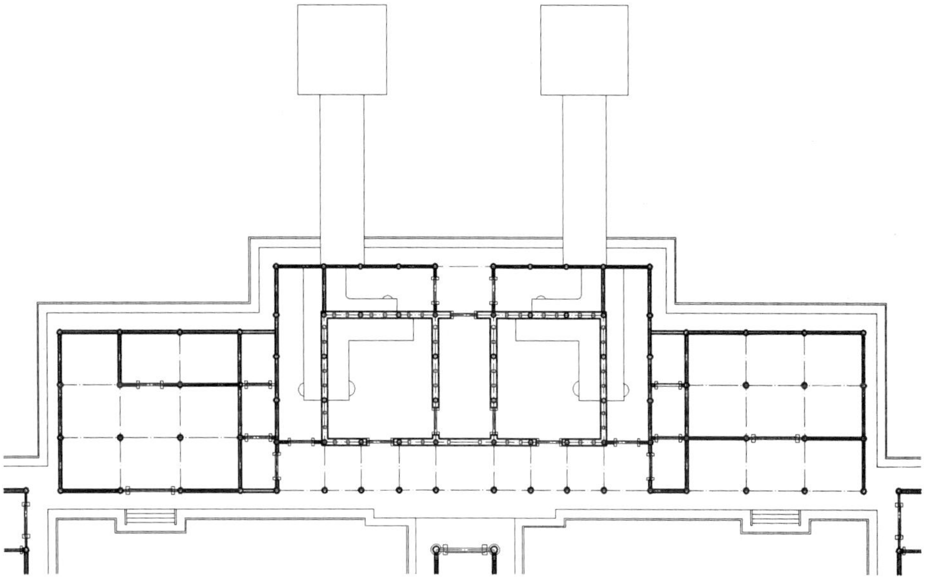

图 6.64 第四宫殿复原平面图

殿础石上覆盆的，上部直径为 0.45 米左右，推断柱径为 0.45 米左右，主殿柱经也为 0.45 米左右，柱高 4 米左右。

从遗址的状况来看，寝殿采用的是南面开敞，东、西、北三面封闭的前檐廊形制。寝殿的内层空间由东西两室和中间小室 3 部分组成，其中东西两室形制相同，础石排列较为密集，其部分础石之上有方形木柱的痕迹，木柱直径为 15 厘米，木柱间距为 1 米左右，排列紧密，并没有大小之分，这说明内层空间四周有木骨泥墙作为维护的墙体。其具体厚度可参考西区寝殿墙体的厚度，即“墙体宽度约 40 ~ 42 厘米”，推断内层空间的维护墙体和分隔墙体的厚度为 0.42 米。墙体的构造做法可参考西区寝殿，采用的是“由草拌泥制成的土坯横直相错砌筑而成，并用细砂泥土抹缝，再在墙面涂沫一层细泥沙土，再刷上一层厚约 1 ~ 2 厘米的白灰。白灰皮上有彩绘的痕迹”。

东西两室的南侧中央和北壁东端分别有 6 尺（1.8 米）和 3 尺（0.9 米）的门址作为联系南北廊的通道。中室被分隔成南北两间，其中靠近南廊的部分没有设置入口，而在北部和两室连接的墙体上设置出入口（图 6.5）。就主殿的外层空间而言，从遗址反映的信息来看，廊墙的厚度为 0.3 米，且东西廊的南侧各有一个出入口与南廊连接。由此可见，上京城寝殿的平面布局非常独特细致，且未见于其他地区，这正是上京城建筑地域性的一种体现。

（5）构架体系。

第四宫殿面阔 9 间，进深 5 间，有两圈柱网，与殿堂型金厢斗底槽有一定的相似性，但采用了减柱的形式，扩大了内部空间的尺度，这正是为了满足居住功能的需求。与其类似的平面布局，见于辽宁省义县奉国寺大殿（面阔 9 间，进深 5 间）（图 6.65）、辽上华严寺大雄宝殿（面阔 9 间，进深 5 间）（图 6.66）和辽善化寺大殿（面阔 7 间，进深 5 间），以上 3 个建筑实例平面布局与殿堂型金厢斗底槽具有一定的相似性，都是为了满足使用功能的需求，采用了局部减柱、移柱的形式，故木构架采用的是殿堂与厅堂混合的形式，前两者九间十椽，后者七间十椽。

由于这种构架形态比较复杂，在宋《营造法式》中并没有体现，很难总结共同的特点。为了更为清晰地了解这种木构架情况，这里做一个简要的木构架表格（表 6.6）。

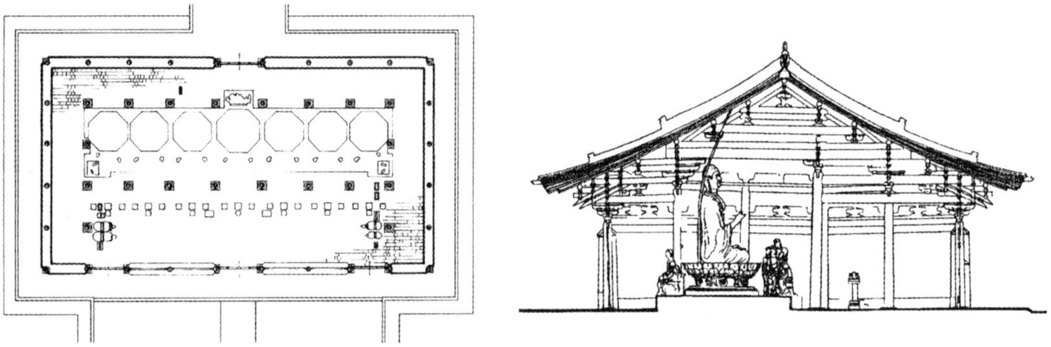

图 6.65 辽奉国寺大殿

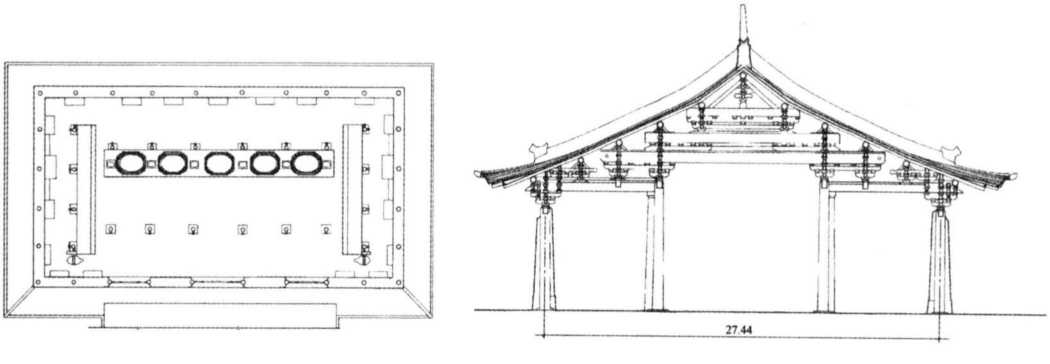

图 6.66 辽上华严寺大殿

表 6.6 辽代三座大殿木构架分析

名称	平面形式	木构架特点	屋顶形式
辽奉国寺大殿	基本形态：面阔9间，进深5间，正面开间逐渐递减，侧面各间尺度基本相同 特点：中间 7 间内槽和外槽各减去内柱 12 根	十架椽屋前四椽栿，中六椽栿与前四椽栿重叠两椽架，后乳栿，用四柱，内外柱不同高。有普拍枋、阑额、素枋等多种联系构件	单檐庑殿顶
辽上华严寺大雄宝殿	基本形态：面阔9间，进深5间，正面开间逐渐递减，侧面各间尺度相同 特点：中间 5 间设前后两内柱，与山面柱列错位，稍间和尽间之间列柱对齐	十架椽，前后三椽栿四柱形式，内柱升高，中间六椽栿，且与三椽栿重叠，使用了扒梁，彻上明造	单檐庑殿顶
辽善化寺大雄宝殿	基本形态：面阔 7 间，进深 5 间，逐间递减，侧面各间同 特点：内部减少两列柱网，即前槽次间、明间金柱、后部内槽次间、明间列柱	十架椽，当心间及次间采用前部四椽栿，中部六椽栿，后部乳栿用四柱形式，且六椽栿与四椽栿局部相互重叠。使用了阑额、普拍枋、扒梁多种联系构件，且内外柱不同高	单檐庑殿顶

从表 6.6 可以看出三点：其一，平面布局都体现了当心间＞次间＞稍间，且侧面各间尺度相同，中间开间柱网有减柱、移柱现象。其二，采用的都是十架椽，椽栿有一定的重叠现象，彻上明造，无平闇，内外柱不同高。其三，使用了阑额、普拍枋、扒梁等多种水平联系构件，且采用单檐庑殿顶。以上三点说明，这种特殊的平面布局会形成有自身结构特点的梁架体系。

第四宫殿的平面布局也有自身的特点，即除中间开间、两尽间外，其余内槽部分也采用了减柱造，共减 8 柱，并且当心间＞稍间＞次间，且侧面稍间也不等距，不具有普遍规律性，这些都会造成梁架的复杂性，因此很难确切地推断其木构架体系。这里仅能推断第四宫殿采用的是殿堂和厅堂木构架混合形式，内外柱不同高，进深 8 架椽，外槽与内槽之间采用乳栿，外端搭在柱头铺作上，后尾插入金柱内。中间两内柱间采用四椽栿，可能有重叠形式，彻上明造，无平闇（图 6.67）。主殿采用六铺作，双杪单下昂偷心造，补间不用铺作。采用材份制四等材 21.24 厘米 ×14.16 厘米（1 份 =1.42 厘米）。

（6）屋顶形式。

庑殿顶和歇山顶两种形式均可以考虑。但从第四宫殿的平面尺度来看，正面与侧面的尺度相差不大，且正面稍间、次间间广与侧面相应各间不尽相同，故复原为歇山顶。遗址中出土了大量的青灰色板瓦、筒瓦，未发现琉璃瓦，但遗址出土了三彩兽头，可见当时屋顶局部已经有彩色修饰，故屋顶采用剪边的做法比较合理。

张铁宁先生也对第四宫殿进行了复原，但对剖面没有进行详细文字的复原说明，斗栱、屋顶构架和屋顶形态也与本文的复原不同（图 6.68）。

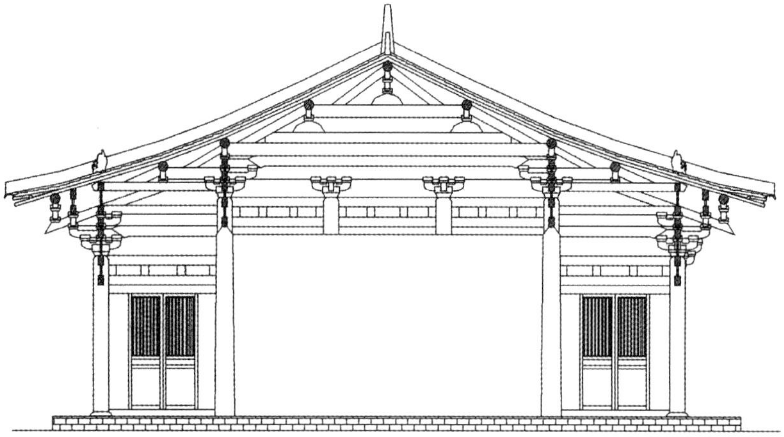

图 6.67 第四宫殿复原剖面图

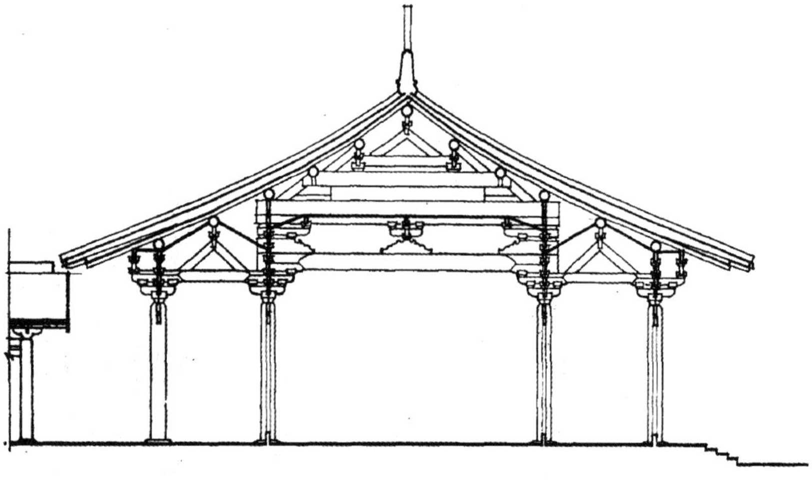

图 6.68 第四宫殿复原剖面图（张铁宁）

6.2.4.2 采暖设置

渤海居住建筑一般都采用火炕采暖，寝殿的采暖设施更是复杂。第四寝殿采用的是炕、灶和烟筒三者共同作用的采暖体系。但遗址反映的信息有限，很难直接确定具体的采暖设施的布置。故参考第四宫殿旁的寝殿和宫城内西区的寝殿遗址所反映的采暖设施构造，粗略地推测第四宫殿采暖设施的布置，这里仅提出一种可能性。

第四宫殿的东西两室、东西廊和北廊内都有采暖设施。具体形式解析如下：西室设置L形、双烟道的火炕，且靠近西壁的北半部分和北壁的西半部分。火炕宽1.5米，烟道的宽度为0.35 ~ 0.4米（图6.69）。二者的砌筑形式相同，都是黄褐土垒砌底座，其上砌筑玄武岩石块，炕的外壁抹有白灰，顶面由玄武岩石覆盖，并再铺一层细沙，细沙之上为白灰抹面。灶设置于火炕的两个尽端，呈圆形，亦由黄褐土垒砌而成。东室火炕的布置与西室形制相同。

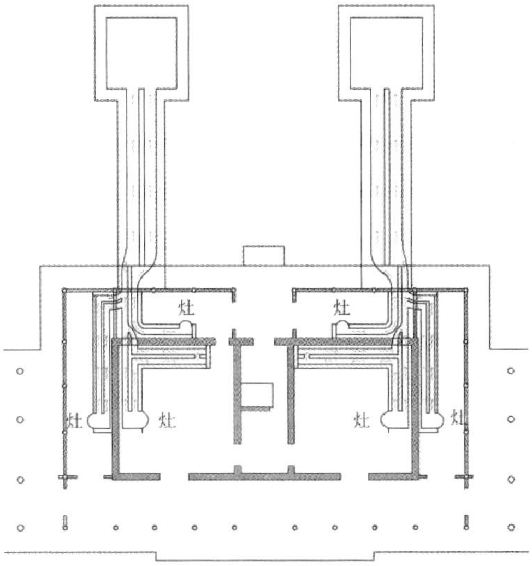

图6.69 第四宫殿烟道复原平面（徐冉）

北廊的东西两小室分别布置了直线形、单烟道的火炕，灶置于炕的一端。东廊靠近西壁的位置、西廊靠近东壁的位置也布置了直线形、双烟道的火炕，灶亦置于炕的一端，具体所用材料参考东西两室火炕。所有的烟道在沿山墙伸出的东西两烟道汇合，最后由烟筒排出（图6.69）。伸出山墙的东西两烟道南低北高，内间距为13.7米。以东侧烟道为例，烟道总长为11.4米，宽约3.1米，残高0.52米，采用的是双烟道形式。烟道的具体砌筑方式为：先以石砌两壁，然后在其内侧底部施以黄土，再在黄土之上、两壁之间，用青砖纵向砌筑一道隔墙，将其等分成两条烟道，单股烟道的宽度为0.8米（图6.70）。

图6.70 第四宫殿北部烟道遗迹

东西两烟筒基座呈方形布置，间距9.5米，每个烟筒的边长约为6米，由玄武岩砌筑而成。在烟筒台基的附近发现有瓦砾堆积，推测烟筒应该有屋顶覆盖。这种形式多见于朝鲜半岛古代寝殿建筑中（图6.71），未见于同时期中国古代建筑中，故以前者为参考对象进行复原（图6.72）。

图6.71 韩国景福宫某寝殿

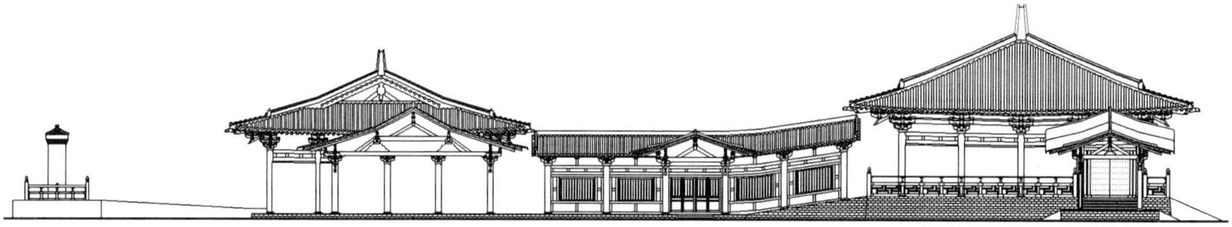

图 6.72 第三、四宫殿组合立面图

6.2.4.3 配殿

第四宫殿的东西两侧皆有 2 座平面布局形式相同的配殿。台基遗址东西长 14.6 ~ 14.8 米（指台基现存东壁或西壁到东侧或西层残存散水牙子的距离），南北长 12.3 ~ 12.6 米（指台基现存南壁到北侧残存的散水铺砖内缘的距离），残高 0.3 米。西配殿台基的南侧设有一踏道，南北长 1.2 米，东西长 3.3 米。

配殿是面阔 3 间、进深 3 间的小殿，通面阔为（4+4+4）米 = 12 米，折合唐尺为（14+14+14）尺 = 42 尺，通进深（3.2+4.1+3.2）米 = 10.5 米，折合唐尺为（11+14+11）尺 = 36 尺（图 6.64），且部分础石上有覆盆的痕迹，直径为 0.45 米，故推断柱径为 0.45 米。配殿内部空间和墙体的布置都不是很清晰，但从《东京城》和《上京城》的描述来看，东西配殿平面布局并不完全相同，这可能是由不同的使用功能决定的。从遗址的情况可以确定的是，西配殿是由四周墙体围合而成的封闭空间，而东配殿在南向第 2 排础石之间有小垫石的痕迹，说明其可能是带有前廊的封闭空间。限于资料的局限性，内部空间的形式很难确定，这里不做推断。

（1）地面处理。

在南廾间西侧与王殿南侧附廊之间的位置保存了一小部分白灰地面，具体构造为：最下层为烧烤而致的红色砂质地面，其上为一层砂质较坚硬的黄褐土地面，再上是白灰地面。这说明配殿采用的是白灰地面。

东西配殿采用的是厅堂式木构架体系，具体形式可以参考唐南禅寺大殿。采用四等材 21.24 厘米 × 14.16 厘米（1 份 = 1.42 厘米），柱头铺作采用五铺作双杪偷心造，补间不用铺作。

（2）屋顶形式。

配殿采用满堂柱布局，且平面趋于正方形，既可以采用歇山顶也可以采用悬山顶。但是由于主殿和配殿距离较小，且中间一间为实体空间，需要屋顶覆盖，故比较之后配殿采用歇山顶较为合理。中间空间则利用主殿和配殿的屋顶覆盖，不再另设屋顶（图 5.42）。

6.2.4.4 东西廊庑

在第四宫殿建筑群的东西两侧有南北向的廊庑。此处以东廊庑为例进行复原探讨。从《上京城》发掘报告可知，紧邻第四宫殿还有一座寝殿遗址，二者共用东廊庑，这样对于东廊庑的空间布置就比较容易理解了。东廊庑台基遗址东西长13.3米，南北长41.5米，残高0.4米。台基由长方形青砖横向叠砌包壁，散水共宽0.5米，由内而外依次是：方形青砖和长条形青砖铺制的散水砖，长方形青砖横向立置的散水牙子，顶部磨成半圆形的散水钉（图6.73）。

图6.73 廊庑散水遗迹

东廊庑面阔10间，总尺寸为40米，进深2间，总尺寸为10米。从遗址来看，中间一排柱网布置了间墙，部分进深方向的础石也有间墙的遗迹，且墙体的厚度为0.2米左右。这样廊庑被分隔成了多个小开间的辅助房间，且有的房间有火炕遗迹，说明这些房间有不同的使用功能，且都是全封闭的空间形式。

值得一提的是，东西廊庑靠近第四殿殿庭的部分没有踏道的遗迹，这可能与建筑等级有关，东西廊庑是服务用房。同时，在第三宫殿和第四宫殿之间的“十字形”连接体，已经有通向庭院的踏道，故此处可以省去。

第四宫殿东西廊庑台基与第三宫殿东西廊庑台基高度相同，且最外侧两排柱网排列在一条直线上，说明二者是同时建造的，故可以作为一个整体进行复原（图6.74）。柱径为0.3米，柱高为3米，中间一排柱网之间墙体厚度为0.2米，两端柱网设置木制门扇 。材份制度、柱头铺作形式和补间铺作形式均与第三宫殿东西廊庑复原形式相同。采用四等材21.24厘米 × 14.16厘米（1份 = 1.42厘米），四铺作，歇山顶。

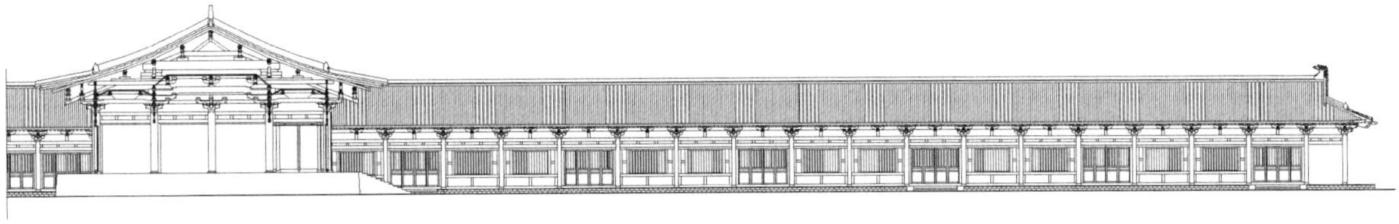

图6.74 部分廊庑复原立面图

6.2.4.5 十字廊庑

第三宫殿和第四宫殿由中间十字廊庑连接。十字廊庑的台基由夹杂白灰颗粒的较为纯净的黄褐土堆垒而成，南北长 23.4 米，东西长 13.6 米。靠近第三宫殿的台基呈缓坡状，与第三宫殿衔接处坡度相同，估计原来的台基和第三宫殿台基同高。靠近第四宫殿的部分呈水平状，且高度与第四宫殿相同，这就解决了两个宫殿高差带来的交通问题。需要说明的是，十字廊庑向东西方向伸出的台基东西两侧分别设置了踏道，这样加强了东西两庭院之间的联系，交通更为便利。

台基大部分的包壁被破坏，只留有靠近第三宫殿廊庑的包壁石。台基底部铺有 0.3 米的土衬石，其上为长方形青砖横向垒砌（宽度为 15 厘米）。土衬石之外是散水结构，具体构造形式为：紧邻土衬石外侧铺设方形青砖，其外再铺设横向立置的长方形青砖，最后在青砖的接缝处固定顶部磨成半圆形的砖制散水钉（图 6.75）。

图 6.75 十字廊庑台基包壁与散水

十字廊庑东西向廊面阔 3 间，进深 1 间，呈封闭式。南北面阔 5 间，进深 1 间，呈封闭式，础石之间有墙体痕迹，墙体之间没有墙间柱，说明采用的是薄墙围合和分隔的形式（图 6.76）。东西廊道被分割成东西两室和中间连廊，东西两室应该有一定的特殊用途。笔者认为有两种可能性：一种是皇帝会见大臣前的临时休息场所，但空间尺度比较狭小。另一种是作为辅助用房，为宫人准备餐点所用，恰好能解释中国古代“工字形”殿的中间连接体一般为“一”字形，而上京城采用的连接体是“十字形”，这是从实际功能角度出发的一种考虑。

十字廊庑正中开间和第三宫殿、第四宫殿正中开间相对，故推断宽度为 4 米，而其他开间的础石间距基本相同，暂定为 4 米，则柱高为 3.2 米。础石上无覆盆痕迹，故采用的也是覆盆与础石相分离的形式。考虑到第四宫殿材份制为四等材，故这里初步推断十字廊庑采用的也是四等材 21.24 厘米 ×14.16 厘米（1 份 = 1.42 厘米），厅堂构架，四铺作出一杪，外出一跳承撩檐槫，里跳转化为明栿，其上立大叉手承脊槫，补间用斗子蜀柱，采用“人”字形屋顶形式（图 6.76）。

6.2.5 第五宫殿复原研究

6.2.5.1 台基

台基平面呈长方形，东西长 40.4 米，南北长 20.4 米，系黄土砌筑而成，台基高度复原为 0.6 米，台基四壁用砖包壁，保存情况不好。从现有遗址情况来看，台基包壁分为两种形式：一种是台基边缘底部有土衬石，土衬石是长 43 厘米、宽 42 厘米的大型长方砖，其上是长方砖干摆包壁，砖的尺度为长 35 厘米、宽 16 厘米、厚 5 厘米，所用砖均稍截左右两边，摆砌时没有明显的“错缝”关系，这种包壁形式见于台基东西两壁（图 6.77）。另一种形式是台基包壁只有一层长方形砖，无土衬石的痕迹，这种形式见于台基的南北两壁。根据遗址报告，台基周围未见有散水痕迹，但台基的东西两侧包壁石外有一排立砌的长方形砖（图 6.78）。笔者推测这是散水铺砖形式，但不见于台基的东西两侧。

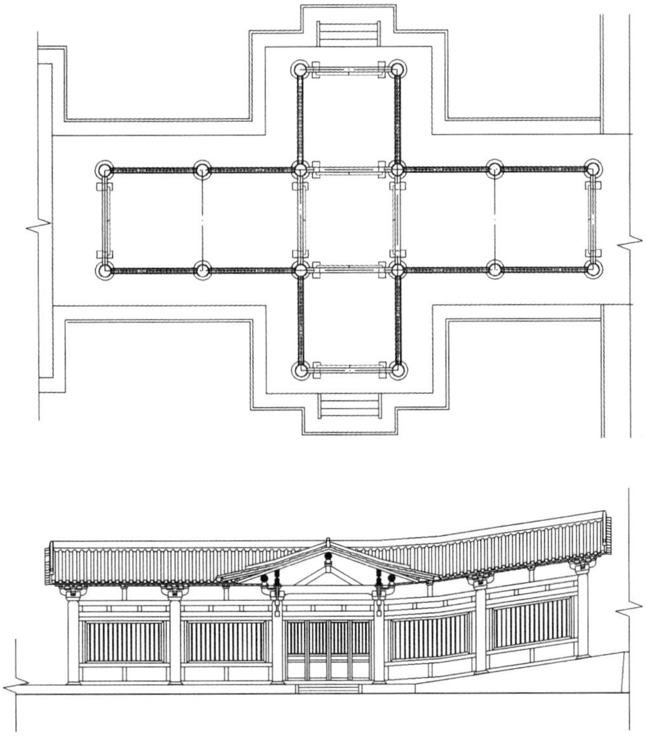

图 6.76 十字廊庑复原平、立面图

图 6.77 第五宫殿台基包壁遗迹

图 6.78 第五宫殿台基遗迹

造成台基包壁形式和散水铺制不同的原因可能有两点：其一，第五宫殿的南北两侧可能设置了砖铺广场，这样广场的铺砖直接与台基包壁相连接，故省略了土衬石。其二，可能是第五宫殿的台基经过翻修，在二层翻修的过程中简化了包壁构造。笔者根据台基东西两侧较为完整的包壁构造将其复原为：台基底部周围先铺一层土衬石，其上再干摆横向的包壁砖，土衬石的外层立砌长方形散水砖，散水砖的接缝处铺设砖制散水砖。

6.2.5.2 踏道和勾栏

《渤海上京城》一书中，只说明台基南侧正对第 6 开间东列础石有东西两列相距 40 厘米的立砌长方形砖，东列南北长 50 厘米，南端距台基边缘 80 厘米。西列南北长 180 厘米，南端距台基边缘 2 米，推测此为台基南端踏道遗址。如果此种说法成立的话，那么正对第五宫殿中间一开间有踏道，对于一座面阔 11 间、进深 5 间的楼阁建筑而言，在南端只设置一个踏道，会使得交通显得过于拥挤，故笔者将其复原为三阶制，即正对主殿第 3 开间、第 6 开间、第 9 开间各设置一个踏道，北侧正对当心间设置一踏道（图 5.67）。踏道遗迹几乎没有，很难确定其构造。只能推断其为砖砌踏道，每踏道的高度参考前几殿砖石的高度均为 0.12 米，根据台基高度 0.6 米，共 5 步踏步，露面的宽度为 0.3 米，推算踏道总长度为 1.5 米（不算散水的宽度）。由于台基比较低矮，且柱网距离台基的距离较近，故台基周围不设勾栏。

6.2.5.3 柱网层

第五宫殿是面阔 11 间、进深 5 间的满堂柱地盘结构，根据考古发掘报告可知，础石间距均为 3.4 米左右，通面阔（11.5 × 11）尺 = 126.5 尺，通进深（11.5 × 5）尺 = 57.5 尺。础石为表面平整、未经过加工的玄武岩，没有覆盆雕琢痕迹，说明其采用的也是础石和覆盆分离的做法。根据实测础石直径为 1.2 ~ 1.5 米，故推断柱径为 0.6 米左右。

宋《营造法式》并没有严格给出关于楼阁柱高的规定，但通过对日本奈良时期、中国辽代的楼阁建筑研究，学者发现没有副阶或是缠腰的楼阁，下层殿身或是永定柱造平座，其柱高接近当心间间广，或是比其略大，故推测一层柱高为 13 尺。知道了一层永定柱高，再确定第五宫殿的总高度。先后有陈明达、傅熙年、张十庆等前辈对现存的辽之前的楼阁（包括日本奈良时期的法隆寺金堂、药师寺塔、法隆寺五重塔，辽独乐寺观音阁、应县佛宫寺木塔等）进行分析研究，发现两条规律：第一条规律是一般一层檐柱高是整个楼阁的基本模数，即楼阁的总高是檐柱高的整数倍。这又有两点需要说明：一是檐柱高指的是一层平柱柱高。二是高度定位可以分为两种情况：一层地面至上层柱顶标高为下层内柱之高的整数倍，如辽独乐寺观音阁（图 6.79）；一层檐柱高自一层地面至顶

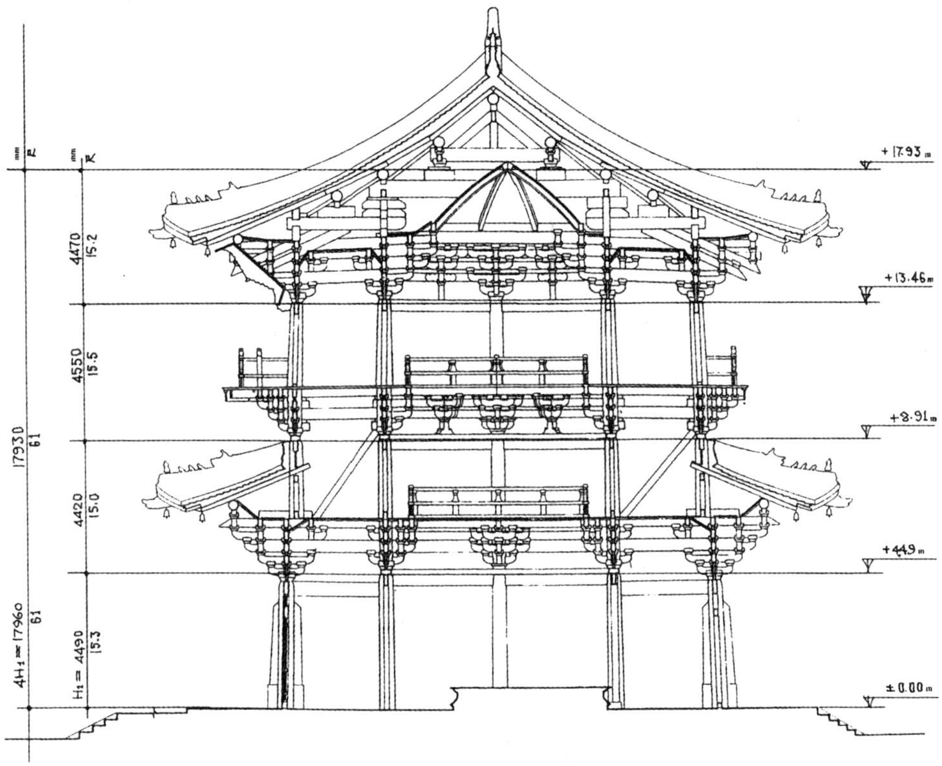

图 6.79 辽独乐寺观音阁剖面分析

层博脊为檐柱高的整数倍，如辽应县佛宫寺木塔、日本奈良时期的法隆寺金堂、五重塔、药师寺东塔（图 6.80）等。第二条规律是上屋及平座柱高，参考实例包括柱下铺作高度，即平座柱高包括下屋铺作高，殿身柱高包括柱下平座铺作高在内，以下层间广为准，仍为不越间之广。还有两点需要特殊说明的是，张十庆先生得出“上檐殿身柱与心间间广之比，似以接近 1.5 为目标”，而傅熹年先生研究观音阁时发现“外观上若以平座地面至上层柱顶之高计上层柱之高。观音阁下层檐柱柱高是上层檐柱高的 1.5 倍。上层檐柱之实长（包括做叉柱造的柱脚在内）与下层檐柱基本同高”。以上这些观点都是在分析实例的基础上得出的。

第五宫殿底层采用的是满堂柱，二层复原为单槽的形式，是殿堂层叠式楼阁形态的一种。一层自永定柱上立平座，无副阶或腰檐，二层采用叉柱造。同时，参考以上观点，推断第五宫殿以一层檐柱柱高为基本模数 H，则自此柱顶向上至上层柱顶、上层柱顶至屋架中平槫各高为 H，高度为

$3H$。

第五宫殿的角柱仍然有升起现象。宋《营造法式》中虽然没有明确规定楼阁建筑角柱升起的制度，但是从现存的楼阁实例来看，还是符合“角柱比平柱生高是三间生二寸，每增加两间又递增二寸”的规定。同时，柱子应该有侧脚，宋《营造法式》中规定侧脚 / 柱高在 0.8% ~ 1% 之间，但辽独乐寺观音阁正面柱的侧脚 / 柱高为 2% ~ 3.6%，而山面柱的侧脚 / 柱高为 2.6% ~ 3.2%，且檐柱的正侧面侧脚较当心间和次间等要大，这是为了增加楼阁整体木构架的稳定性。第五宫殿的具体侧脚复原参考独乐寺观音阁的侧脚数值。

第五宫殿一层柱网采用永定柱造，柱上安普拍方，方上立斗栱，平座之上立上屋柱，采用叉柱造，即柱脚叉与平座的铺作中心上，直至栌斗止，上层柱之间有重楣作为水平联系构件（图 6.81）。

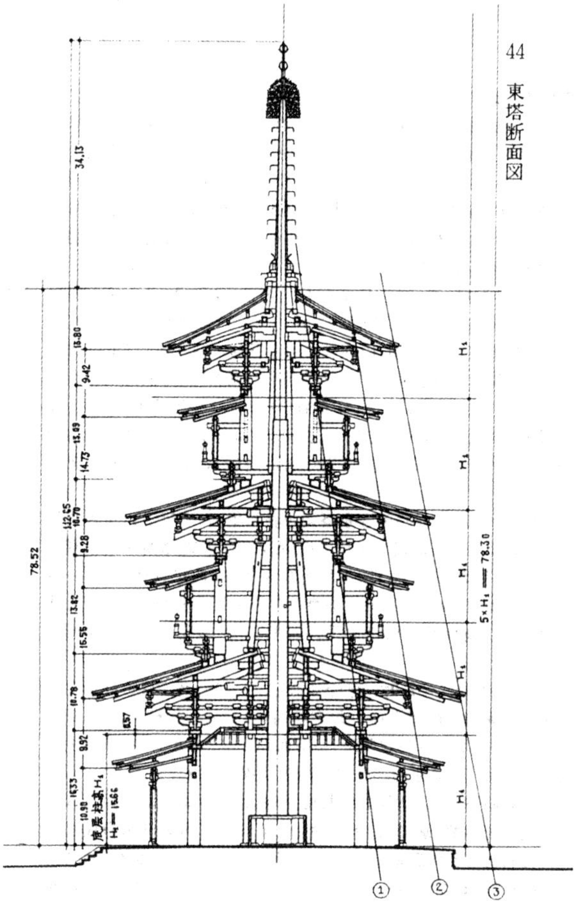

图 6.80 日本奈良药师东塔剖面分析

6.2.5.4 *屋架层*

第五宫殿铺作制度主要遵照楼阁铺作制度，参考宋《营造法式》中的相关规定，根据第五宫殿的规模，设定上层铺作为六铺作出双杪单下昂单栱偷心造。宋《营造法式》中有关平座铺作制度的规定：“造平坐之制，其铺作或减上屋一跳或两跳。”那么现存实例又是如何体现平座铺作制度的呢？现将唐、宋、辽时期的楼阁平座铺作列表进行说明（表 6.7）。

从表 6.7 可知，只有独乐寺观音阁平座和应县佛宫寺木塔二层平座，各减上层一铺。普贤阁、慈氏阁、应县佛宫寺木塔第三层平座，铺作数与上屋同。隆兴寺转轮藏殿和应县佛宫寺木塔第四、五层平座，铺作数较上层多一铺。可见楼阁平座铺作制度与宋《营造法式》的规定并不相同，这既有可能是因为宋《营造法式》的规定并不符合有暗层的楼阁，也有可能是对当时文字的一种理解错误，原因不得而知。

表 6.7 宋辽时期楼阁建筑铺作研究

名称		应县佛宫寺木塔（1056 年）	独乐寺 观音阁（984 年）	大同善化寺 普贤阁 （1154 年）	河北正定隆兴寺 慈氏阁 （北宋中期）	河北正定隆兴寺 转轮藏殿 （北宋中期）
外观形态		外观五层，五层平座层为暗层	两层楼阁，两层之间有一层平座层为暗层			
铺作形制	一层外檐柱头铺作	一、二层：七铺作双杪双下昂，隔跳偷心重栱造	七铺作四杪，隔跳偷心重栱造	五铺作双杪，单栱偷心造	五铺作双杪单栱计心造	五铺作双杪单栱计心造
	上层柱头铺作	三层：六铺作三杪隔跳单栱造 四层：五铺作重栱计心造 五层：四铺作单栱造	七铺作双杪双下昂，隔跳偷心重栱造	五铺作出双杪，重栱计心造	六铺作出三杪重栱计心造	五铺作单杪双下昂单栱计心造
	平座铺作	二、三、四层平座层：六铺作出三杪重栱杪计心造 五层平座层：五铺作出双杪计心造	六铺作出三杪，重栱计心造	五铺作出双杪，单栱计心造	五铺作出双杪单栱偷心造	六铺作出三杪单栱计心造

由于第五宫殿采用的是永定柱造，平座层可能会不同于有带暗层的平座，故初步将平座铺作设定为五铺作，采用彻上明造，外檐柱头外挑五铺作出双杪，里跳四铺作出一杪，逐跳用栱方，与外跳相同。身内槽铺作为四铺作出一杪，里外跳俱均，于跳上用明栿，上层补间铺作和平座补间铺作采用的都是斗子蜀柱形式（图 6.81）。

由于第五宫殿面阔 11 间，根据宋《营造法式》材份制规定，应该采用一等材。根据一层柱径 0.6 米，与第一、二宫殿的柱径相同，推断第五宫殿的用材与第一、二宫殿用材相等，即 9.3 寸 ×6.2 寸，屋顶复原为庑殿顶形式。

这里特别说明的是，张铁宁先生于 1995 年对宫城的 5 座主要宫殿进行了复原说明，包括外观形态、铺作层、屋顶形态等。由于当时的考古资料有限，所以一些建筑细部的复原研究没有体现。但是随着考古资料的完善，这 5 座宫殿建筑群现在基本可以完整地实现复原。但张铁宁先生复原的斗拱的设置、屋顶的形态、剖面构造做法为本书复原研究提供了重要理论依据。

6.3 上京城主要城门复原研究

第 5 章已经对城门形制进行了类型特制研究，本节将分别对遗址比较清晰的几座城门进行复原研究，主要包括城门的墩台、城门楼形制以及慢道等。

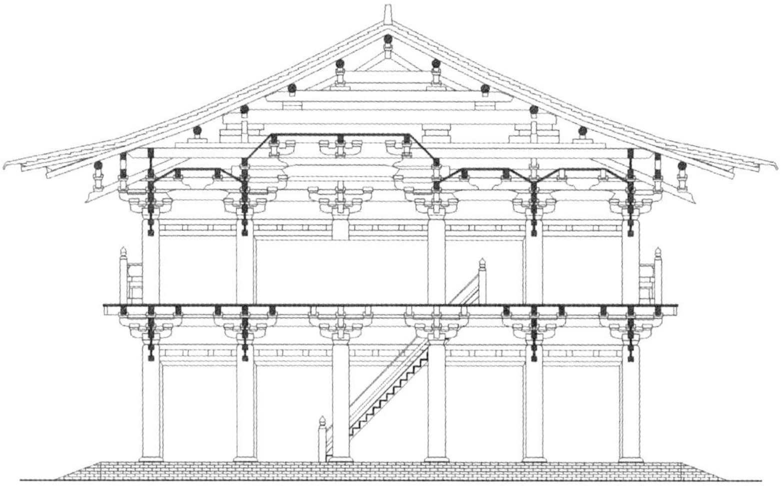

图 6.81 第五宫殿复原剖面图

6.3.1 城门构筑方式讨论

6.3.1.1 门墩砌筑方式

首先对上京城城门的门墩砌筑方式进行讨论，为了便于分析说明，现将遗址中反映的门墩砌筑方式进行整理分析（表 6.8）。

就城门尺度和规模而言，虽然上京城宫城的单门道城门规模远远小于唐代同等级的城门规格，但中轴线上的城门采用的都是“组合式”城门形制。这样，上京城城门的总体尺度与相同等级的唐代都城城门十分接近，并且整体气势更强，而且从礼制上也没有逾越，这可能也是上京城主要城门形制不同于唐代都城主要城门的原因所在。

郭城正北门和宫城正南门门墩采用的是 4° 收分，即门墩坡度 14:1，推测这应该是上京城门墩坡度的定制。这个数值远远小于唐宋时期城门墩台 4:1 的坡度。这可能与门墩采用石块砌筑有关，坡度太大，石块不易垒砌。也可能和城门的尺度较小有关，如果门墩坡度采用 4:1 收分坡度，则门墩顶部的尺度更小，会直接影响城门楼的外观形制。

上京城城门门墩遗址显示，只有宫城正南门中央台基门墩之下有基础，基槽宽于墩台底边 2 米，深约 2 米，恰好超过当地的防冻线 1.8 米。城门墩台一般由土石结合砌筑，墩台周围由玄武岩石包壁，墩台底部有石制散水。这种墩台较之素土夯筑的门墩更加坚固耐久，承载力更强，防御性更好。需要特殊说明的是上京城城门门墩包壁外应该是白灰抹平。

表 6.8 上京城门墩砌筑方式

<table>
<tr><th colspan="2">名称</th><th>门墩尺度</th><th>墩体砌筑方式</th><th>包壁方式</th><th>收分坡度</th><th>门墩壁面</th><th>城门尺度</th><th>散水</th></tr>
<tr><td colspan="2">郭城南墙东门</td><td>南北长约 6.2 米，东西长约 3.6 米，残高约 0.4 米</td><td>黄黏土和碎石砌筑</td><td>玄武岩石包壁</td><td>—</td><td>—</td><td>13.6 米</td><td>—</td></tr>
<tr><td colspan="2">郭城北墙东门</td><td>南北长 4.5 米，东西长 3.2 ~ 3.7 米，残高 1 米</td><td>黄黏土和碎石砌筑</td><td>玄武岩石包壁</td><td>—</td><td>白灰抹面</td><td>12.6 米</td><td>—</td></tr>
<tr><td rowspan="2">宫城正南门</td><td>中央墩台</td><td>东西长 42 米，南北长 26 米，高约 5.2 米</td><td>含沙黄黏土和碎石块交替分层夯筑</td><td>毛石包砌，条石饰面</td><td>4°</td><td>—</td><td rowspan="2">72 米</td><td>板石散水</td></tr>
<tr><td>两侧门墩台</td><td>东西长 10 米，南北长 12 米，高 5 米</td><td>玄武岩石块砌筑</td><td>条石包砌</td><td>4°</td><td>白灰抹面</td><td>—</td></tr>
<tr><td colspan="2">宫城南墙西门</td><td>东西长约 4 米，南北长约 7.5 米，残高 2.2 ~ 3.1 米</td><td>内夯黄土与碎石</td><td>玄武岩石块包壁</td><td>—</td><td>白灰抹面</td><td>12.55 米</td><td>—</td></tr>
<tr><td colspan="2">皇城正南门</td><td>东西长约 30 米，南北长约 11.35 米</td><td>台基黄黏土夯筑而成</td><td>玄武岩石块包壁</td><td>—</td><td>—</td><td>30 米</td><td>—</td></tr>
<tr><td rowspan="2">郭城正北门</td><td>中央门址</td><td>东西长 21.9 米，南北长 18.4 米，高约 0.75 米</td><td>台基由黄黏土堆筑</td><td>条石包壁</td><td>4°</td><td rowspan="4">—</td><td>—</td><td rowspan="4">—</td></tr>
<tr><td>左右两侧门址</td><td>南北长 7 米，东西长 2.4 米，高约 0.8 米</td><td>自然石垒砌</td><td>—</td><td>4°</td><td>–</td></tr>
<tr><td rowspan="2">郭城正南门</td><td>中央门址</td><td>南北长 11.6 米，东西长 11.1 米，高约 0.4 米</td><td>未经加工的玄武岩石砌筑</td><td>—</td><td>—</td><td rowspan="2">57.6 米</td></tr>
<tr><td>侧门基址</td><td>南北长 7.2 米，东西长 2 米</td><td>自然石砌筑</td><td>—</td><td>—</td></tr>
</table>

经过分析发现城门的门墩承重方式主要有两种：第一种是完全由墩台承重，如宫城南墙西门以及郭城正北门两侧门墩；第二种是永定柱和墩台共同承重，如宫城正南门、郭城正南门中央门址两侧门墩。两者相比较而言，后者的稳定性更好，能承担更大的重量。故而，前者用于次要城门，后者用于主要城门。

还有一点需要说明的是，城门墩台与城墙连接处的构造处理也有两种方式：一种是先砌城墙，再砌筑墩台，城墙止于门墩，并与之连筑，如宫城正南门；另一种是先砌城墙，在城墙的两侧附筑石台，二者共同作为城门的墩台，即城墙插入墩台内部或是完全作为墩台，如郭城正北门两侧门址。前者是主要城门的一种处理方式，后者是主要城门旁侧门的处理方式，应该是一种较为省时省力的处理形式，后者不见于中原地区的城门构造处理。

6.3.1.2 门道构造形式

门道的构造做法是城门结构的重点，门道的主要构造包括排叉柱、门壁做法、门道地面做法、门道基础做法等。首先，将上京城城门反映的基本信息进行整理（表 6.9）。

表 6.9 上京城城门基本信息

名称	门道数	门道尺度	门壁处理	门道构造	地面铺制方式	门制
宫城正南门	2	门道长约 12 米，宽约 5 米	门壁与地面垂直	先铺一层条石，其上为土衬石，再上为木地栿，地栿之上为排叉柱	以厚 30 厘米玄武岩石拼贴路面，接缝处似龟裂纹	重门制
郭城南墙东门	1	门道深 6.4 米，宽 5.4 米（门道下地基为素土夯筑）	—	先铺土衬石，其上木地栿，再上为排叉柱	土路	不详
郭城正北门	3	侧门门道宽 5.2 米，深 7 米	—		石路，以大石为主，期间夹一些小石	重门制
郭城正南门	3	门道宽 4.5 ~ 4.7 米，深 11 米	—		石路	不详
宫城南墙西门	1	门道宽 4.55 米，深 7.55 米	门壁与地面垂直，不规则大块石砌筑，白灰抹面		石路，以大石为主，期间夹一些小石	重门制
郭城北墙东门	1	门道宽 5.2 米，深 7.5 米	—		沙土路面	单门制

表 6.9 反映了几个重要信息：第一个是门道的宽度在 4 ~ 6 米，恰好在唐宋时期都城的旁门和地方城门的门道宽度为 4 ~ 7 米的范围内，但小于都城的主要城门宽，如唐长安城大明宫正南门丹凤门（9.4 米），这说明上京城城门的等级小于都城的等级，与地方城市相仿。

第二个重要信息是门道地面的处理方式主要有两种形式：一种是以玄武岩石铺门道地面，石块一般是对缝严密，形似冰裂纹。这种石或砖铺门道的做法始于唐代中期。“常见的形式是在门道上依据车轨的宽度铺设两条石轨迹，如洛阳宣仁门。”唐大明宫含光门的门道地面出土了路面砖，可知是砖铺地面，而太极宫宫城正门承天门则是石条和石板铺地。另一种形式就是采用满铺地面的做法，见于洛阳定鼎门早期路面。上京城主要门道形式采用的几乎都是石铺地面（图 6.82）。上京城门道地面处理的另一种形式是素土夯筑地面，城门地面一般经过火烘烤表面，形成一层坚硬的土路。

这种形式的地面构造方式简单，一般用于等级较低或次要城门的门道地面。

第三个重要信息是排叉柱的结构形式主要包括两个方面的内容：一是排叉柱的构造形式。上京城城门反映的排叉柱具体构造形式为：先在地面铺一层土衬石，其上铺木地栿，地栿之上安置排叉柱（图 6.83）。这种构造形式接近于唐代中晚期城门排叉柱的结构形式。唐宋时期城门排叉柱的结构形式可以分为两种：一种是地面之上立石柱础，柱础之上立木地栿，地栿之上立木柱；另一种是地面之上立石柱础，柱础之上立柱，这种类型是唐代城门常见的排叉柱的结构形式。但是随着时间的推进，柱础石之间的距离逐渐变小，向宋代的通地栿形式演变，这种演进大约出现在唐代中晚期。上京城城门反映的地栿处理方式应该是独立地栿向通长地栿、木地栿以及石地栿转化的过渡形式。

二是排叉柱的排列形式。从现有的唐宋遗址相关资料来看，排叉柱的数量以奇数主，如唐长安城含光门遗址。排叉柱的排列形式可以大体分为两种：一种是垂直式，即所有的排叉柱垂直地面布置（图 6.84）；另一种形式是中间排叉柱垂直地面，外侧倾斜，倾斜程度与门墩相同或小于门墩倾斜程度（图 6.84），这是唐代城门遗址常见的排列形式。其中，中间垂直和外侧倾斜的排叉柱的数目并不确定，如唐洛阳永通门仅中央 1 根垂直，其余都是倾斜的，唐长安含光门则是中间垂直和外侧倾斜的排叉柱各若干个，唐玄武门、明德门则是只有最外一排排叉柱向内倾斜，其他都是垂直的。上京城城门的排叉柱排列如何呢？现将上京城城门有排叉柱的遗迹信息进行整理（表 6.10）。

图 6.82 郭城正北门地面

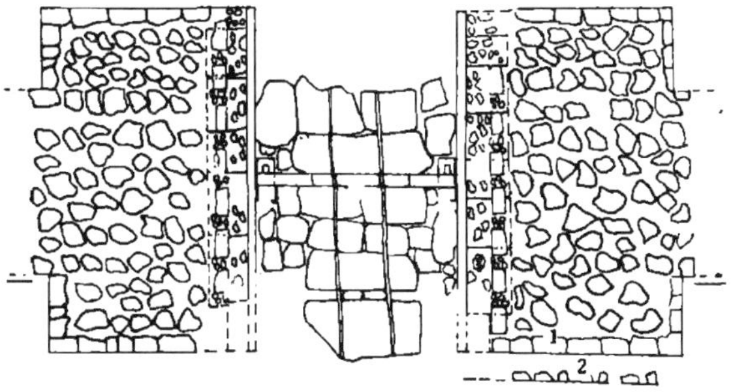

图 6.83 宫城正南门的西侧小门遗址

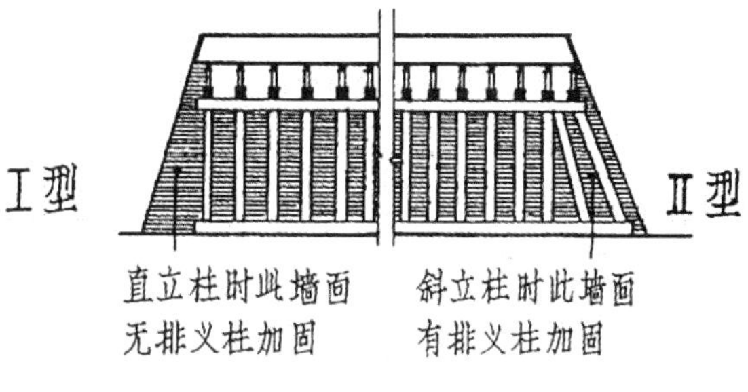

图 6.84 两种排叉柱排列方式示意图

表 6.10 上京城城门排叉柱的结构形式

城门位置	门道数	门道尺度	单侧排叉柱数	柱间距 / 米	排叉柱尺度 / 米	柱础形式	柱列方式
宫城正南门东门	1	长 12 米 宽 5 米	15	0.4	0.38 ~ 0.42	木地栿	推测：最外侧内倾，中间垂直
宫城正南门	1	—	15	0.45	0.35	木地栿	推测：最外侧内倾，中间垂直
宫城南墙西门	1	长 7.55 米 宽 4.55 米	9	0.4	0.4 ~ 0.5	木地栿	—
郭城南墙东门	1	长 6.4 米 宽 5.5 米	—	—	0.13	木地栿	—

从表 6.10 的信息可以看出，上京城城门排叉柱的结构形式基本符合唐宋时期排叉柱的结构规律，即奇数制、倾斜式排列。但是上京城城门排叉柱的间距在 0.4 米左右，远远小于隋唐时期 1 米以上的距离，这种密集式的排布较之后者承载力更大，结构更为稳固。

根据上京城已知的城门信息，推测门道的建造顺序为：①砌筑两侧门墩，并预留门道口；②在门道两侧置土衬石；③门道地面周围进行找平，确定排叉柱位置；④砌筑两侧门壁；⑤安置木地栿于土衬石之上，木地栿之上立排叉柱；⑥柱间壁抹灰。

第四个重要信息是上京城部分城门采用双重门制。唐代都城城门一般采用单门，且城门居于门道中央。但唐代边城的文献记载中提到了重门制，即在门道内侧加装悬门，其中悬门是辅助性的城门，目的在于提高防御性。上京城城门采用了重门制和单门制，重门制是主要的城门形式，两个门址构造形式相同，没有主次之分（图 6.85），都是地面之上立门砧石，门砧石之上立门限，门限之上立立颊和版门。并且门砧石靠近门道内侧有门枢，这说明城门向城内开启。

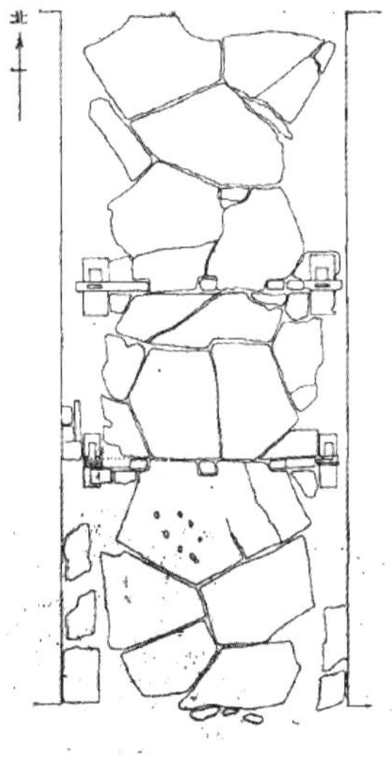

图 6.85 宫城正南门门道

6.3.1.3 其他

登城楼的慢道。唐宋壁画和唐代城门遗址中体现了几种慢道的形式，现将这些形式进行整理分析（表 6.11）。

表 6.11 反映了几方面内容：其一，是慢道一般设于城墙的内侧，多与城墙平行（图 6.86）。唐长安和洛阳城门遗址多表现为靠近城门的城墙内侧加宽一段，宽度与城墙同宽，或宽是城墙二倍。其二，慢道一般在门墩的左右对称布置，也有只在一侧布置的。其三，慢道从形式上分为直线形和折线形，其中直线形较为常见，一般与城墙顶同宽；折线形又分为两种，一种是“L”形折线，另一种是双折线形。其四，踏道

表 6.11 唐宋时期城楼慢道形制分析

名称	时间	慢道位置	慢道形式
敦煌壁画晚唐第 9 窟	唐	城楼右侧（左侧不明）	直线形踏道形式，边缘有勾栏
《清明上河图》	宋	门墩的侧面，城墙的内侧	直线形礓磋形式，边缘有勾栏
《中兴祯应图》	宋	门墩的侧面	直线形，边缘有勾栏
长安城明德门遗址	唐	城墙内侧，门墩一侧	折线形
长安城金光门遗址	唐	门墩北侧，与城墙同宽	直线形
长安城延平门遗址	唐	门墩南侧宽于城墙 2 倍	双折线形
长安城丹凤门遗址	唐	城墙内侧，东西对称分布	直线形
长安城玄武门遗址	唐	城墙内侧，东西对称分布	直线形

的形式分为踏步和礓磋两种，且临边的一侧设置勾栏。

上京城城门遗址中，只有郭城北墙东门发现踏道遗迹，紧邻城门墩且垂直于城墙的方向起始，在接近门墩的方向转折（图 6.87）。推测可能为“L”型的踏道，下部为夯土的台阶部分，表面部分由规整的玄武岩条石铺砌。这可能是上京城城门踏道的一种通用做法。

已发掘的城门遗址中发现了一些城门下部的构件，这些构件对于复原城门下部的构造具有重要的作用，故将其列表分析（表 6.12）。

从表 6.12 可以看出，只有宫城正南门的城门下部构造较为完整，具体构造形式为：门砧石上架门限，门限之上立立颊，门限石分为三段。而宫城南墙西门遗址报告中并没有说明门限之上是否有立夹的凹槽，如果没有，这可能又是一种构造方式。

从唐长安城和洛阳城遗址可以看出，城门下部构造存在多种形式，立颊既可以立在门限之上（如

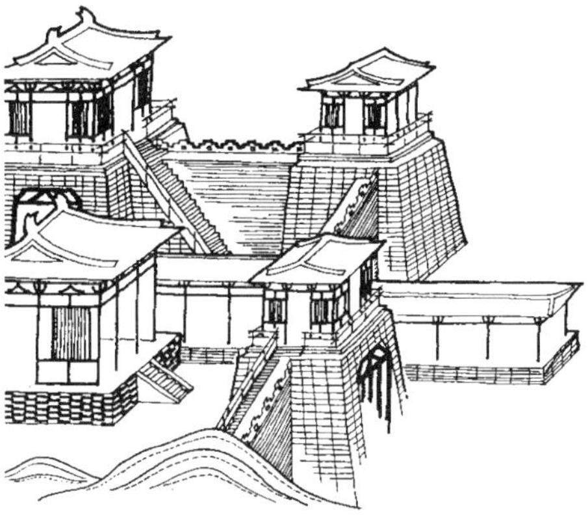

图 6.86 唐代壁画中慢道

图 6.87 郭城北墙东门遗址

表 6.12 上京城城门下部构造类型

名称		构件种类				构件关系		
		门砧石 / 米	门限 / 米	立颊	门枢	门限	门枢基础	立颊基础
宫城正南门	西门	第一道门砧石下长 0.9，宽 0.3，厚 0.25；第二道门砧石下长 1.05，宽 0.47，厚 0.22	三部分，两侧长 1.25，宽 0.15，高 0.27，中间长 2.2 米	长 0.25 宽 0.05 深 0.05	长 0.23，宽 0.14，深 0.05	两端架在门限石上，石材制造	门砧石上，铁制	门限石
	东门	—	宽 0.15 米 厚 0.2 米	—	长 0.17 ~ 0.22，宽 0.1 ~ 0.14，厚 0.03	—		
宫城南墙西门		—	三段，中间长 2.2，厚 0.18 米，两侧长 1.2	—	南北向，长 0.2，宽 0.15，深 0.12	—		
郭城正北门		长 1.05 ~ 1.2，宽 0.4，深 0.2（紧邻土衬石坑）	—	—	—	—		

唐长安城重玄门），也可以立在门砧石上（如唐长安城明德门），且以后者居多。那么上京城宫城南墙西门是否也采用了这种形式呢？从现有的资料还不能准确地判断。本文暂且将复城门下部构造按宫城正南门的构造形式进行复原。

6.3.2 宫城正南门复原研究

6.3.2.1 中央台礅

（1）台礅的砌筑方式。

中央台礅分为基础和墩体两部分。基础部分比台基底边宽出 2 米，深约 2 米。

基础的具体构造做法是：先在地面挖一个基槽，其内填碎石沙土，并将其层层夯筑，使整个基础筑成一体，十分坚固耐用。地面以上的墩台部分保存较好，东西长 42 米，南北长 26 米，高约 5.2 米，是由含沙黄黏土和碎石块交替分层夯筑而成。台礅四角采用了“企口”的砌筑方式，即角石的外缘凿出卡槽，可使上下角石卡合在一起，这样就保证了台礅的四角不在压力和侧推力的作用下移动或是坍塌，结构形式十分合理，类似的处理还见于宫城南墙西门遗址。

需要特殊说明的是，台礅南北壁上各有 6 条与墩体同高，宽 0.2 米，深 0.15 米的沟槽。在两侧门墩的南北壁上也有相同尺度的沟槽（图 6.88），这种沟槽的作用如何？在其他城门考古报告中未见有相同的凹槽说明，仅在郭城正南门有关中央城门墩台遗址上有方形或是长方形柱洞的痕迹。至于沟槽的作用，笔者认为有两种可能：一种可能性是加固台基用的壁柱。隋唐时期高台基都会在砌筑的过程中加入水平方向的木棍层，垂直于壁面排列，起到加固墩台的作用。上京城宫城正南门门墩的遗址中，没有木棍层的痕迹，故可能采用这种竖向的壁柱进行加固。但从墩台砌筑的材料来看，宫城正南门的台礅由玄武岩石砌筑，较之隋唐时期夯土砌筑的高台基牢固耐用，故也可不必用壁柱进行加固。二是《渤海上京城宫城正南门复原研究》中推测其为排水用的凹槽，认为虽然屋檐的出挑能够防止雨水侵蚀台基，但还会有雨水滴落在台基上，为了满足台基排水的要求，在台基的两壁设置了凹槽。笔者经过实地勘测，发现中央台基与四周台壁之间有一条较窄的沟痕（图 6.89），这条沟应该是台基排水所用，这就是说屋顶滑落的雨水和台基浸灌的雨水汇集到沟槽内，然后雨水顺着墩台南北壁的排水沟槽落下。这种沟槽形式的设置在解决台基排水问题的同时，避免了雨水对台基的侵蚀，但这种凹槽的处理方式并未应用于所有城门，这可能和城门的等级有关。

图 6.88 宫城正南门墙面的沟槽

图 6.89 正南门台基上的浅沟

（2）台礅的包壁和散水。

宫城正南门的台墩包壁分为两层：靠近台礅的内侧由尺寸大小不等的两层毛石砌筑而成，厚度为 0.6 ~ 0.8 米，以土泥做浆。毛石的外侧包砌了一层大小规整的条石，磨石对缝砌筑而成，条石之间以灰浆作为黏结剂。在台礅的周围有散水痕迹，具体的构造形式为：先在台礅的底部周围铺一层垫土进行找平，其上再铺设一层由内外两排石块组成的土衬石，靠近台礅内侧被压在台礅包壁石之下，总宽度为 1.4 ~ 1.6 米。石块尺寸较为规整，有 0.45 ~ 0.6 米和 0.3 ~ 0.4 米两种。土衬石之上是条石，其最下层也凿有卡槽，高度为 3 ~ 5 厘米，这种设计可以防止侧压力。

（3）台墩的坡度。

唐宋时期的壁画或是绘画显示，城门墩台的形状分为有收分和垂直两种形式，且以墩台内收为主，收分坡度在 4:1 左右。宫城正南门中央台礅也向内有一定的收分坡度，收分坡度复原为 14:1（图 6.90）。同时上京城的郭城正北门遗址、第一宫殿遗址等台基的收分坡度均为 14:1，这样可以认定 14:1 的坡度是上京城建筑台基收分坡度的定制。这种收分坡度远远小于唐宋时期城墩 4:1 的收分坡度，几乎相当于墩台垂直于地面。

6.3.2.2 两侧门墩

两侧门墩的一侧分别与中央台礅连筑，另一侧东西长约 10 米，南北长约 12 米，高度复原为 5.2

米，收分坡度为 4°，也是由玄武岩石块砌筑而成，门洞周围由条石壁砌，且四角交错砌条石，做法不如中央台礅考究。门壁的四面皆有白灰抹面，且多为 4 ～ 5 层，每层厚度在 2 厘米左右，应该是不同时期分别涂上去的。

（1）门壁做法。

门壁做法分为两种形式：一种形式是排叉柱之间的门壁，门壁由未经加工的玄武岩石块砌筑而成，石块之间由小型薄石片填缝，壁面由草泥抹平，再抹以白灰；另一种形式是排叉柱后的门壁，门壁由小块石砌筑而成，泥沙做浆，块石之外抹有一层草泥作为墙面（图 6.91）。

（2）门道的地面处理。

门道南北长 12 米，东西长约 5 米，由经过加工的厚度在 30 厘米左右的玄武岩石块采用对缝拼接的形式构成，形如龟裂纹（图 6.92）。这是上京城等级较高的城门采用的一种门道的地面处理形式。

6.3.2.3 城门道

（1）城门道做法。

根据遗址反映信息，推断门道具体构造做法为：土衬石上铺木地栿，木地栿上立排叉柱，最外一个排叉柱向内略倾斜，其坡度平行于门墩表面。这种做法类似于宋《营造法式》卷三“地栿”的城门石地栿形制“先于地面上安土衬石……其上施地栿……立排叉柱”。但具体构造有其自己的特点。

第一个特点是门壁两侧的土衬石由大小不等的玄武岩石块拼接而成，厚约 60 厘米，宽约 70 厘米，土衬石被压在门壁下 22 厘米，其长度与城门道的长度相同且均为 12 米，土衬石之间有空隙，不是紧密相连的。第二个特点是土衬石之上的地栿为通长的木地栿，高度为 0.24 ～ 0.26 厘米，宽度在 0.4 米左右，长度与土衬石相同。第三个特点是门壁每面立排叉柱 15 根，且垂直布置。柱宽约 35 厘米，两柱间距约 45 厘米（图 6.93）。

（2）城门道构架。

根据敦煌壁画中城门道构架描述可知，城门道构架包括两部分：一部分是版门，版门的宽度是

图 6.90 宫城正南门墩台

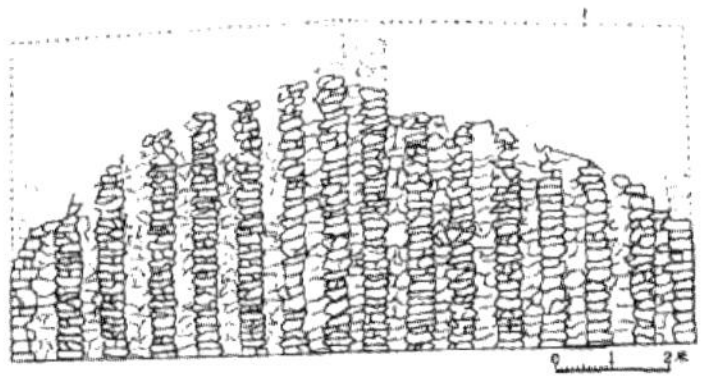

图 6.91 宫城正南门墩台门壁

图 6.92 宫城正南门门道地面

门砧石之间的距离，从遗址上看，大约为 4 米，则版门宽为 4 米。根据宋《营造法式》中有关版门的制度可知，版门的高度一般等于或大于版门的宽度，推测版门高 4 米左右。第二部分是门顶的木构架形式。从敦煌壁画的描述可知，门顶的木构架形式有三种。第一种形式是“上下木过梁中间连以叉手或人字栱形成的梯形门顶或三角形门顶”（图 6.94），这是唐宋时期城门门顶较为普遍的一种形制。另一种形式是单层简支梁过梁，这是一种简单的门顶处理形式，见于唐代初期以前（图 6.95）。由于宫城正南门门墩的高度复原为 5.2 米，这样门顶与门墩顶部之间的宽度在 0.9 米左右，同时考虑门顶和门墩顶部之间还要有一段与门道顶木构架高度相当的石墙，故此推断门道顶采用的是第二种木构架形式。整体城门道构架的高度为：版门高 + 延衣木厚 + 洪门栿厚，初步推断为 4.7 米左右（图 6.94）。

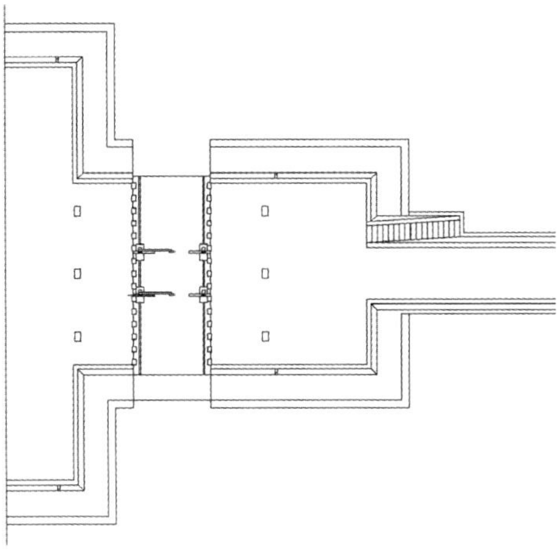

图 6.93 宫城正南门门道做法示意图

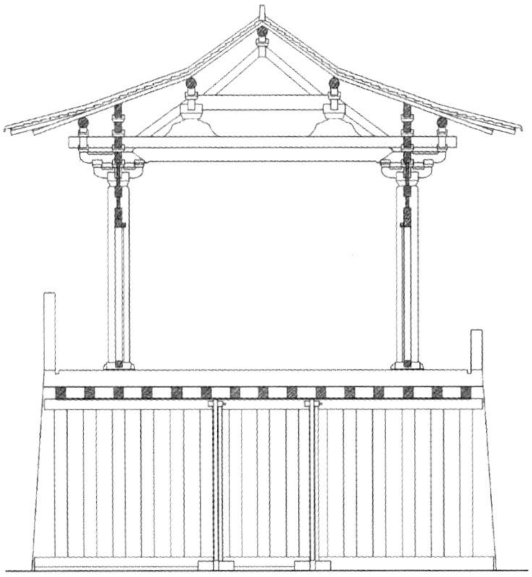

图 6.94 正南门复原剖面图

这里需要说明的是，如果城门道构架采用简支梁过梁的形式，是否能承重上部门墩之间连接体的重量呢？笔者认为应该可以满足。首先，门道构架与门墩顶部之间只有 0.5 米，距离非常小。其次，采用玄武岩石砌筑连接体部分，考虑到实体会有一部分的压力传到墩台角部，这样平梁实际负担的荷载只有其上的三角形区域，再经过特殊的施工处理，还是有可能满足荷载要求的。这可能也是为什么间距只有 0.5 米的原因。

城门道构架上方至门墩顶部有两种处理方式：一种方式是素土夯实，这种形式见于汉长安宣平门遗址；另一种方式是采用部分空心的形式，空心部分往往有一定的实际功能，可以用作防御或是射击，这种形式见于宋代文献记载中，但不常见。宫城正南门城门道构架距门墩顶的距离只有 0.5 米左右，这么短的距离显然不可能再隐藏一定的实际功能，故先排除第二种情况，所以采用第一种处理方式的可能性比较大。

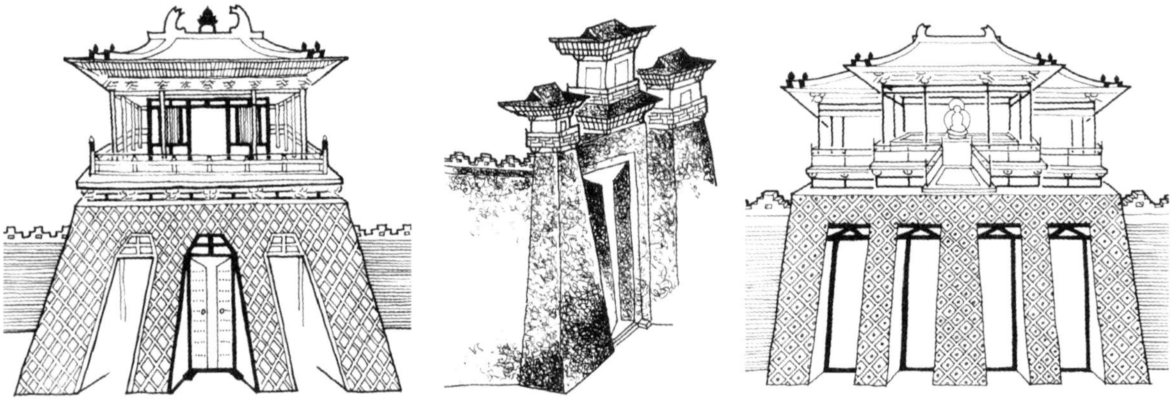

图 6.95 唐代城门道构造示意图

（3）版门的设置。

门道南北长约 12 米，有前后两门槛和两将军石，采用的是重门制度，南北两门间距为 2.8 米左右，且南门距门道南端 4.9 米。根据现有遗址的状况推测，安置版门的具体构造为：门砧石上架石门限，门砧石的断面为 0.5 米 ×0.25 米，长度为 1 米左右，中间开有 0.1 米深的沟槽，用于卡住石门限。在靠近石门限的一侧有断面为 0.2 米 ×0.06 米的凹槽，用于固定门枢，同时可知门扉是向北侧开启的（图 6.96）。根据遗址情况判断，石门限应该由三部分组成，其断面尺度为 0.15 米 ×0.27 米，两端长度在 1.25 米左右，中间一段长度为 2.2 米。门限顶部靠近门壁的一段刻有断面尺度为 0.05 米 ×0.05 米、长 0.25 米的榫眼，是安立颊用的。这样，门限的两端应该施立颊，抵在门额之下，门额抵在延衣木之间。

遗址出土了铁制的门枢构件组合，一个是长方体的，尺度为 17.4 厘米 ×10.6 厘米 ×3.4 厘米，其上有凸起的直径为 5 厘米左右的圆球，与门砧石凹槽的尺度基本相符，这应该是放置在门砧石凹槽内部的门枢。另一个构件也是长方体的，尺度为 14.5 厘米 ×14 厘米 ×7.2 厘米，由于一边有半圆形的凹槽，直径在 4.5 厘米左右，可知这两个构件相互咬合，共同控制门扇的开启，故此构件为版门上的构件。

图 6.96 正南门门砧石、门限遗迹

6.3.2.4 城门楼建筑木构架

根据上一章的研究可知，宫城正南门是由中

央重檐单层建筑夹两侧单檐建筑组成的组合体建筑形式，现对木构架的具体形式进行复原设计。

中央台礅上是面阔 9 间、进深 6 间、带副阶周匝的金厢斗底槽殿堂型平面形式。根据实测数据，将其折合为唐尺，通面阔为（11.5+13.5+15.5+15.5+16.5+15.5+15.5+13.5+11.5）尺 = 118.5 尺，通进深为（11.5+13.5 × 4+11.5）尺 = 77 尺（图 6.97）。

根据遗址上础石的实测数据可知，础石上覆盆的直径分为 72 ~ 76 厘米和 60 厘米左右，这样暂定内外檐柱的直径为 74 厘米，副阶柱径为 60 厘米。根据宋《营造法式》的规定，其下檐柱高与当心间面阔相近，殿身内外柱同高，且柱高为副阶柱高的 2 倍，推断副阶柱高为 16.5 尺，殿身柱高为 33 尺。柱有升起和侧脚，具体形式按宋《营造法式》中的规定，这里不再赘述。

主殿采用七铺作出四跳，双杪双下昂，隔跳偷心造，具体形式参见第一宫殿铺作复原。补间铺作，采用斗子蜀柱，其上铺作出两跳，具体形式参见第一宫殿铺作形制。副阶减一铺，采用六铺作

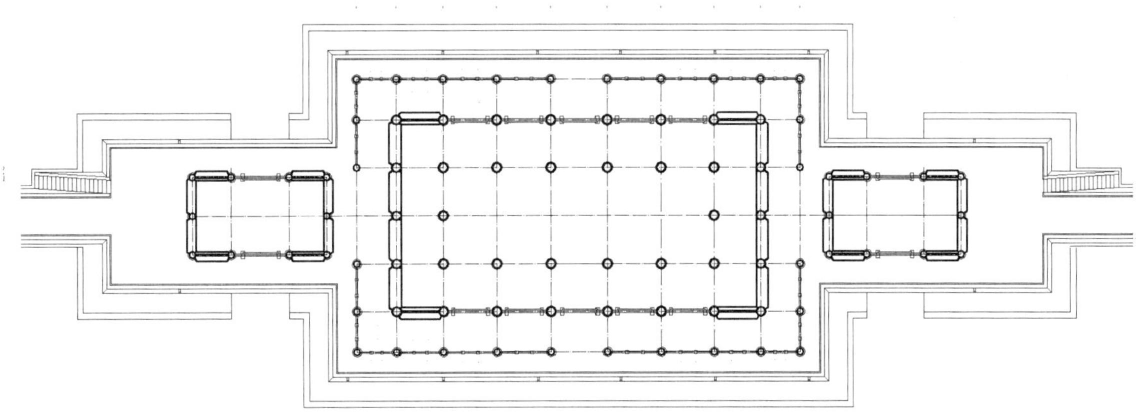

图 6.97 正南门复原平面

出三跳，双杪单下昂，隔跳偷心造，补间采用斗子蜀柱，其上铺作出一跳，其上承撩檐枋和平闇枋，具体形式参见第三宫殿铺作形制。材份制参考第二宫殿，主殿用材 9.3 寸 × 6.2 寸，副阶部分用材略大于二等材 25 厘米 × 16.7 厘米。梁架形制参考佛光寺大殿，屋顶复原为庑殿顶（图 6.98）。

6.3.2.5 两侧门楼

两侧门楼上平面复原为面阔 3 间、进深 2 间的“口”字形平面。根据永定柱之间的距离为 3.2 米左右，则门楼的通进深折合唐尺为（11+11）尺 = 22 尺。同时，永定柱距离门壁 3 米，门道宽 5

米，则面阔方向距离为 11 米，两侧门楼的当心间亦为 17 尺，两尽间为 11 尺，则通面阔为（11+17+11）尺 = 39 尺（图 6.85）。门楼用材与铺作副阶同，采用略大于二等材 25 厘米 ×16.7 厘米，采用五铺作，补间用斗子蜀柱，其上铺作出一跳，其上承撩檐枋，歇山顶（图 6.95）。

6.3.2.6 城楼踏道

宫城正南门遗址上没有任何踏道的痕迹，故本文只对踏道可能存在的形制进行推断。根据以上分析，笔者推断城门的踏道形制有两种：一种形制是在城墙的内侧、平行于城墙设置踏道，其具体形制也是其下为夯筑台阶，其上铺作为玄武岩条石。另一种形制是在城墙的内侧、垂直于城墙、平行于城门墩台侧设置踏道，踏道与城墙相接后，转向城门墩台，形成“L”形踏道。这种形式可以解释为什么两侧门楼建筑与墩台有一定的距离，这可能恰是为了转折踏道的需要。本文暂且按第一种形制进行复原。根据郭城北墙城门遗址信息，结合郭城城墙复原高度为 3.318 米，推算一级踏道的高度在 0.33 米左右。从人体工程学的角度分析，踏道的高度有些偏高。根据遗迹的痕迹，暂且推断一级踏道的高度在 0.3 米左右。这样登宫城正南门城楼的踏道级数为：（5.2 ÷ 0.3）级 = 17 级，根据一个玄武岩石块的尺度长 0.88 ～ 0.9 米，宽 0.33 ～ 0.38 米、得出踏道的总长度在 7 米左右（图 6.98）。

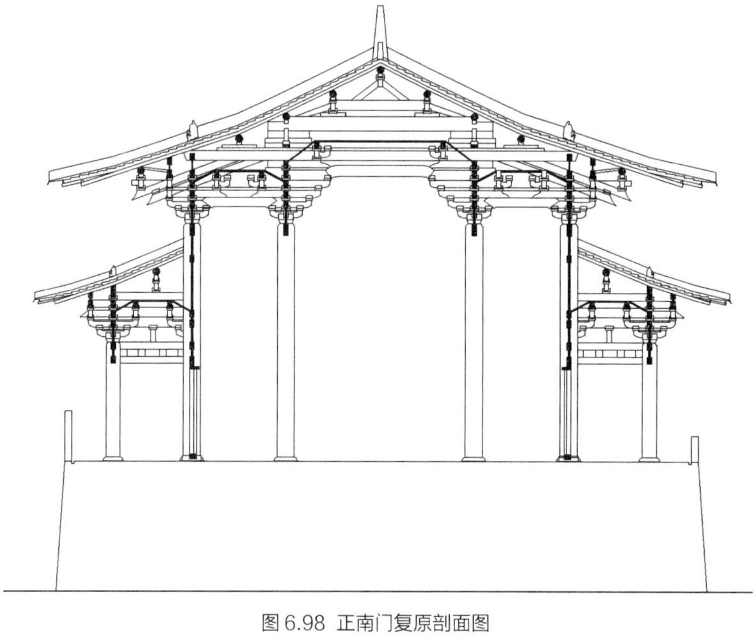

图 6.98 正南门复原剖面图

6.3.3 皇城正南门复原研究

皇城正南门是一座独立的城门建筑，直接坐落在台基之上，东西两侧与皇城城墙相连。上一章已经对其形制进行了讨论，本节重点对其台基形制、木构架体系以及一些细部的处理进行复原讨论。

6.3.3.1 台基和门道

皇城正南门台基南北长11.35米，东西长30米，高约0.65米，是由黄黏土和黑褐土分层夯筑而成，夯土层夹杂少许的细沙，夯土层的厚度为5 ~ 6厘米，台基的最上层由黄黏土夯筑，厚度在10厘米左右，应该是台基的表面层。台基的四壁有玄武岩石块和条石包壁，较平整的一面朝外，条石宽度在20厘米左右，长度为30 ~ 50厘米。台基按4°收分进行复原。遗址上未明确描述台基周围散水的情况，可能是因为遗址破坏较为严重。这里暂不做推测。

皇城正南门设置了3个门道，分别正对台基第2间、第4间、第6间。门道宽度基本相同，为3.8 ~ 3.9米。正对台基上3个门道的位置，有3个斜坡状的慢道遗迹，亦由黄黏土夯筑而成，慢道尺度复原为南北长4米，东西长4米。四周由玄武岩石包壁，包壁石宽为15 ~ 35厘米。

6.3.3.2 木构架

（1）平面柱网布局。

根据遗址的础石布置可知，皇城正南门一层平面布局是面阔7间、进深2间的分心槽式殿堂型布局。中间5开间面阔相等，为3.9 ~ 3.95米，两侧尽间为3.6 ~ 3.65米，进深方向开间相等约4.3米。将其复原折合成唐尺，通面阔为（12.5+13.5 × 5+12.5）尺 = 170.5尺，通进深为（14.5+14.5）尺 = 29尺（图6.99、图6.100）。从城门的稳定性和牢固性来看，二层平面应该与一层平面采用相同的形式，并未采用减柱造。

从遗址可知，皇城正南门的础石由暗础和明础两部分组成，前者直径在1.3米左右，深度在0.5米左右，由小块玄武岩石填充而成，后者尺度在1.2米左右，均为大块不规则的玄武岩石，故此推断础石上的柱径为60厘米左右，础石与柱子之间应该有联系构件覆盆，采用的也是分离做法。根据宋《营造法式》规定，“柱高不越间广”，以及上京城主要宫殿柱径 / 柱高 = 1/7.6的规律，推断一层永定柱平柱高为（0.6 × 7.6）米 = 4.6米。

根据上一章的分析可知，皇城正南门的外观构造形式有两种：一种形式是自础石上立永定柱，柱上架平座层，平座层上立上层柱，且采用叉柱造，其上为铺作层和梁架层，与第五宫殿外观形态相同。故一层檐柱柱高为基本模数 H，则自此柱顶向上，至上层柱顶和屋架中平榑高各为 H，高度为 $3H$。另一种形式是带有暗层的形式，屋上建屋，即一层铺作层与平座

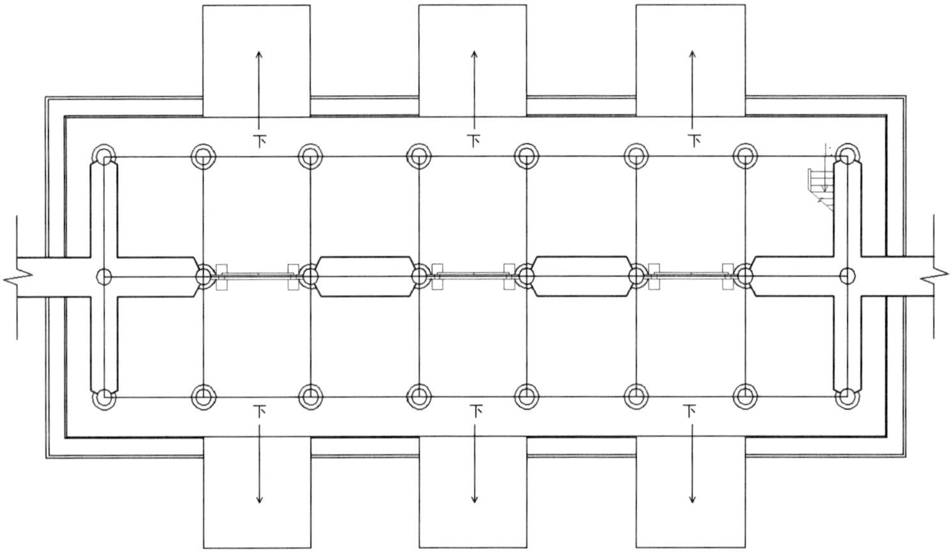

图 6.99 皇城正南门复原平面图（一层）

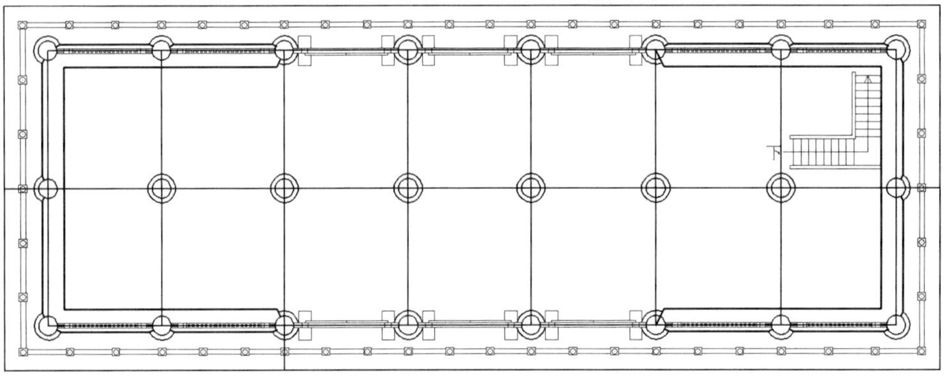

图 6.100 皇城正南门复原平面图（二层）

之间设置了暗层，这样自地面至屋架中平槫的高度为 $4H$。角柱有升起和侧脚现象，具体复原参考辽独乐寺观音阁。

（2）铺作和梁架。

铺作制度参考《营造法式》中楼阁铺作制度的相关规定。复原如下：上层铺作，柱头铺作采用六铺作出三杪，双杪单下昂单栱造，梁架采用明栿、平闇造。补间铺作一朵，斗子蜀柱之上立铺作，出两跳。平座层柱头铺作采用五铺作，彻上明造，补间铺作一朵，斗子蜀柱上立铺作出一跳。下层柱头铺作采用六铺作出三杪，隔跳偷心单栱造（图 6.101）。补间铺作采用的都是斗子蜀柱，其上铺作出两跳。具体形制参见第五宫殿斗栱和梁架复原。

皇城正南门面阔 7 间，当心间为 13 尺，按（13 ÷ 250）尺 = 0.052 尺，材份为 7.8 寸 ×5.2 寸，相当于二等材，故此材份制复原为二等材，即 8.25 寸 ×5.5 寸，折合为厘米为 24.34 厘米 ×16.23

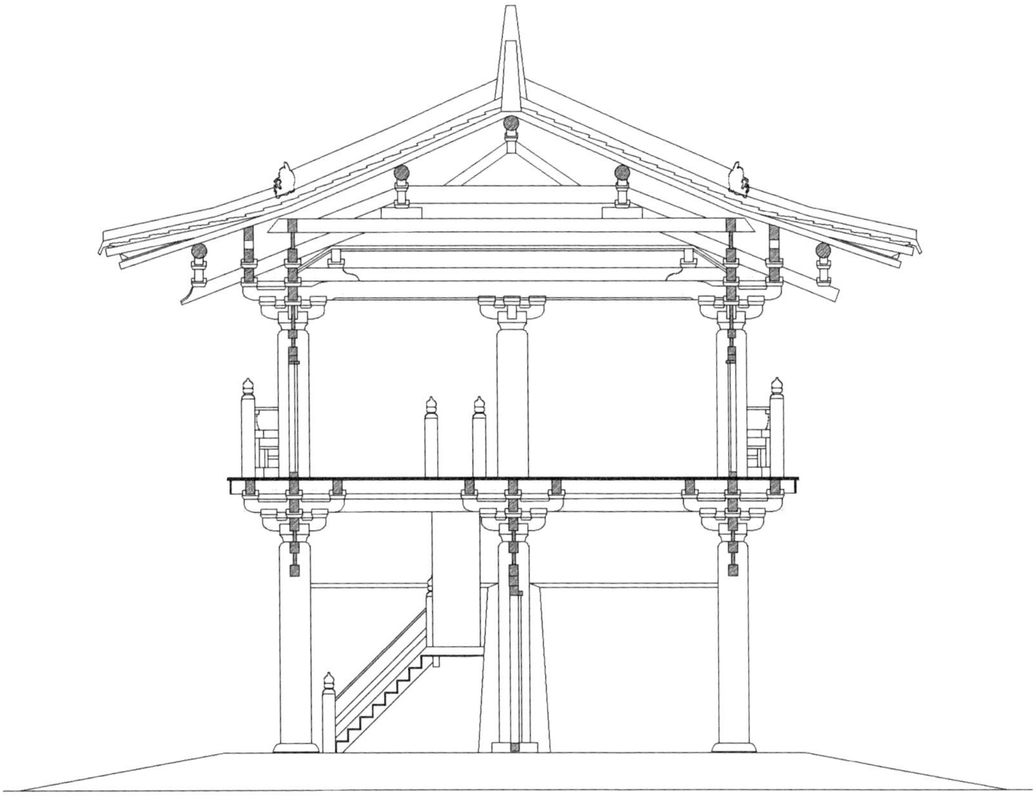

图 6.101 皇城正南门复原剖面图

厘米（1 份 = 1.6 厘米），屋顶复原为歇山顶。

6.3.3.3 其他

在东西向中间一排础石之间，即第 1 间、第 3 间、第 5 间的础石之间有石墙的痕迹，且在两尽端的南北础石之间也有石墙痕迹。墙体分为内外两层结构，内层由小玄武岩石块和黄黏土砌筑而成，外侧由大块玄武岩石包砌，表面较为平整（图 6.102）。石墙的外表面涂有厚约 2 厘米的白灰抹面，可知城门的墙体是白色的，这与宫城正南门墩台的表面处理方法一致。

皇城正南门墙体的宽度在 1.6 米左右，应该与皇城城墙的宽度相同。宫城正南门墙体的宽度在 1 米左右。纵横向墙体的设置，较之单纯的木构架建筑，既提高了一层木结构的承载力，又加强了整个城门的稳定性，同时提高了城门的防御性。

6.3.4 宫城南墙东门复原研究

6.3.4.1 门墩形制

东门的门墩是呈南北向的长方形，南北长约 7.55 米，东西宽约 4.15 米，遗址残留最高处为 3.1 米。分析遗址信息可知，版门的宽度为 4.37 米，故其高度最小值为 4.37 米，由此推断门墩的高度至少在 5 米以上。同时，结合宫城正南门门墩的高度 5.2 米，本文将东门门墩的高度复原为 5.2 米，且采用 14:1 的坡度收分。

图 6.102 皇城城门中间连接墙遗迹

东门门墩的砌筑分为内外两层：内层为碎石和黄黏土砌筑，外层由玄武岩石块垒砌，并且石块向外的一侧较为平整，石块之间由小块垫石填缝，黄沙土作为黏结剂。门墩的四角由较为平整的大角石砌筑，形成“企口”的构造做法(图 6.103)，这种做法可以加强门墩角部的牢固性，防止石块移位或滑落。这种特殊的结构做法也见于宫城正南门门墩角部，可以看作是上京城门墩角部的一种通用做法。

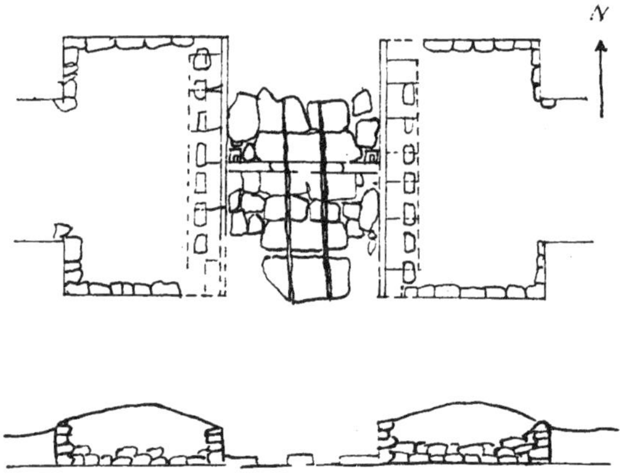

图 6.103 东门遗址

门墩四壁并没有非常明确的包壁做法，但门墩外壁的玄武岩石加工得较为平整，也可以作为包壁石看待。门墩底部周围有散水痕迹，宽度在 1.2 米左右，厚度在 0.2 米左右，是经过粗略加工的玄武岩，且在玄武岩之间有细碎的白灰块，遗址报告中怀疑其为散水的外延。但是这种推断存在一定的问题，从郭城正北门遗址以及几座宫殿遗址可知，上京城建筑的散水一般构造形式为：在台基或是门墩的底部周围先铺一层垫土找平，其上铺一层土衬石，土衬石之上再铺一层沙土，沙土之上铺制石制散水，散水石之间有散水钉固定。故笔者认为门墩遗址中显示的玄武岩石可能只是土衬石的一部分，而不是散水的一部分。但由于遗址破坏严重，故暂不对散水做复原推断。

6.3.4.2 门道的构造做法

东门的门道南北长约 7.55 米，东西长约 4.55 米，采用重门制。门道地面采用经过修整的、不规整的玄武岩石铺制而成，石块之间由小石块填补，这是上京城城门门道路面常用的级别较高的一种铺制方式。

遗址上反映的门壁底部地栿的构造做法为：紧邻门壁先铺一层土衬石，土衬石有部分压在门壁之下，露出的部分宽 0.5 米，长度应该与门道同为 7.55 米，土衬石上铺有南北向的木地栿，地栿之上立排叉柱。

需要说明的是，门砧石并不靠近土衬石，与土衬石之间有一条南北与门道同长、宽度在 15 厘米左右的白灰地带。土衬石之上散布着经过粗略加工、表面较为平整的小石块，这代表着什么呢？经过初步分析，笔者认为可能当时土衬石与路面之间的高差不明显，小石块在加高土衬石左右的同时，起到了固定门限石的作用。由于上京城城门遗址破坏严重，故门道地面与地栿之间的交接处理不是很明确，只有宫城正南门显示门道地面的铺石直接与地栿相接。所以这种白灰地带是城门建造之初就有，还是后期修复加建的，不得而知，也可能起到散水的作用（门墩四周也有白灰块），或是起到平整路面的作用，这里暂不做具体的推断。

门壁有两种构造方式：一种构造方式是由不规则的小石块砌成，石块的表面用草拌泥抹平，宽度在 40 ~ 50 厘米之间，推测应该是排叉柱后门壁的构造方式。另一种构造方式是由整块不规则的玄武岩砌筑，玄武岩尺寸为 40 厘米 ×35 厘米左右，其上有厚约 4 厘米的白灰抹面，推测应该是排叉柱之间门壁的构造做法。如果排叉柱采用方形断面，则尺度约为 50 厘米 ×50 厘米，根据门道南北长 7.55 米，故推断门壁两侧各立排叉柱 9 根（图 6.104）。

根据东门的石门限的长度，推知版门的宽度为 4.2 米左右，故版门高度也在 4.2 米左右。东门门顶木构架形式与宫城正南门复原形式相同，即版门之上架延衣木，其上承洪门栿，故此推测整个城门构架的高度在 4.7 米左右。门道构架上方的门墩顶部复原为玄武岩石砌筑的实心体。

东门遗址上显示有前后两道门槛，间距为 2.3 米，具体位置暂定为南起第 2 根和第 5 根排叉柱的位置。其中第二道门保存较好，石门限由 3 部分组成，中部长 2.2 米，东西两侧长 1.1 米，宽 0.2 米，深 0.18 米。考古发掘报告中未体现门枕石断面尺寸，这里参考宫城正南门，将其复原为断面 0.5 米 ×0.25 米，长度为 1 米。其上有放置石门限的凹槽，长 0.35 米，宽 0.2 米，深 0.05 米，门枕石的北侧有长 0.2 米、宽 0.15 米、深 0.12 米的凹槽，放置门枢，这说明城门向北侧开启。门限的两端应该施立颊，抵在门额之下，门额抵在延衣木之间。

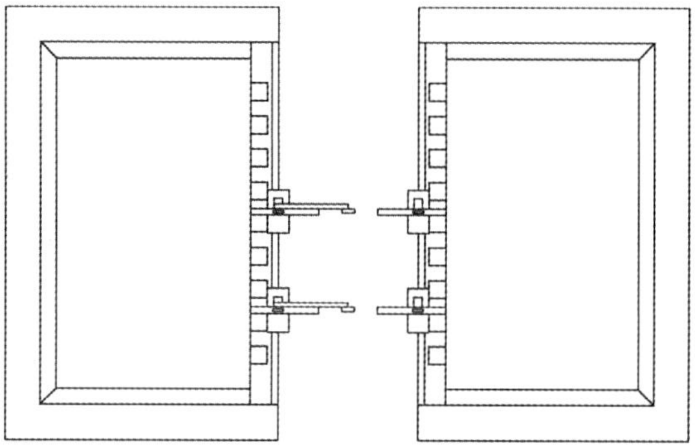

图 6.104 东门复原平面图

6.3.4.3 城楼复原

城楼是面阔 3 间，进深 2 间的平面布局形式。根据门墩南北长 7.55 米，东西宽 4.2 米以及门道净宽 4.55 米，推断城楼通面阔为（10+17.5+10）尺 = 37.5 尺，通进深为（9.5+9.5）尺 = 19 尺。

柱高复原为 17.5 尺，材份按采用略大于二等材 25 厘米 ×16.7 厘米，柱头铺作复原为六铺作双杪单下昂，单栱隔跳偷心造，补间不设铺作。

6.4 上京城东内苑主体建筑群复原研究

6.4.1 北殿复原研究

苑池北侧的主要宫殿建筑群是由主殿、东西小殿、直廊和曲尺形廊共同组成的“凹”字形平面。下面分别对其进行复原研究，包括台基、木构体系、屋顶形制等。

6.4.1.1 主殿

（1）台基。

主殿台基呈“凸”字形平面，由台明和月台两部分组成，这是上京城宫殿平面形式最为特殊的一种，体现了园林建筑的灵活性。台基由夹杂着河卵石和玄武岩石的黄黏土逐层夯筑而成，台明部分南北长约 16.6 米，东西长约 27.9 米，高约 1.2 米左右。前部伸出部分的月台，东西长约 12 米，南北长约 6.5 米，高 0.9 米左右。

台基的包壁和散水形制较为简单，具体构造做法为：台基的底层铺制一层土衬石，土衬石之上铺制经过打磨的、棱角平直的条石作为包壁石，条石错缝砌筑。土衬石的外侧立砌宽 0.1 米的条石，条石的外侧是宽度为 0.3 ~ 0.4 米的散水石，散水石之间用楔形或是半圆形的散水钉进行固定（图

6.105）。

（2）踏道。

台基共有 4 处踏道，分别位于月台的东、西、南 3 个方向和台明的北部。踏道由夯土台基砌筑而成，其上铺制踏道石（图 6.106）。4 个踏道的尺度为 3.3 米 ×1.8 米。根据第二宫殿踏道石宽度为 0.3 米、高 0.12 米，推断北向踏道级数为（1.2 ÷ 0.12）个 = 10 个，踏道总宽度为（0.3 × 10）米 = 3 米，南、西、东三向踏道级数为 0.9 ÷ 0.12 = 7.5 个，取整数为 8 个。由于础石距离台基边缘 2 米以内，并且考虑主殿采用封闭式平面布局，故复原时按无勾栏形式处理。

图 6.105 主殿台基包壁和散水遗迹

图 6.106 主殿踏道遗迹

（3）柱网平面。

台基之上础石间距为 3.3 ～ 3.5 米，等间距排列，形成面阔 7 间、进深 4 间的金厢斗底槽平面布局。折合成唐尺，主殿通面阔为（11.5+11.5+11.5+11.5+11.5+11.5+11.5）尺 = 80.5 尺，通进深为（11.5+11.5+11.5+11.5）尺 = 46 尺。抱厦通面阔为（11.5+11.5+11.54）尺 = 34.5 尺，通进深为（11.5+11.5）尺 = 23 尺（图 6.107）。推断主殿平柱高 11.5 尺，角柱有升起，柱高 12.1 尺，侧脚参考唐代现有实例。

根据础石直径在 0.9 ～ 1.3 米之间，推断主殿柱径在 0.45 ～ 0.75 米之间。同时，参考《东京城》一书，础石外径为 0.7 米，内径为 0.5 米，故推测柱径应该小于 0.5 米，暂定主殿柱径为 0.45 米，抱厦础石直径在 1 米左右，且书中础石内径 0.42 米，推断柱径为 0.4 米左右，柱高暂定为 3 米。侧脚和升起规律与主殿同。

（4）铺作和屋架。

复原材份为二等材 25 厘米 ×16.7 厘米，柱头铺作为六铺作出双杪单下昂，隔跳偷心造，补间铺作一朵，减柱头铺作一铺，为阑额之上立蜀柱，蜀柱之上承斗栱，斗栱出两跳。抱厦材份和铺作都减主殿一等，故采用三等材 22.13 厘米 ×14.75 厘米（1 份 = 1.48 厘米）。主体建筑梁架形式参考佛光寺大殿、唐招提寺金堂、法隆寺金堂，具体形式在宫殿复原中已经详细介绍过，这里不再赘述。屋顶复原为歇山顶。

6.4.1.2 东西小殿

台基东西长约 9.8 米左右，南北长约 9.5 米，高 0.5 米，由黄黏土分层夯筑而成，夯层厚度为

0.1 ~ 0.12 米，台基表面用黄沙土铺垫。台基由玄武岩包壁，宽度为 0.2 ~ 0.3 米，包壁石外是散水石，散水宽度为 0.25 米左右，散水石之间由散水钉固定。

西小殿台基的东侧和南侧正对当心间的位置各设置了 1 个踏道，踏道由黄黏土砌筑，踏道残存的宽度为 2.5 ~ 2.65 米，这与当心间的间距接近，故按当心间的距离复原。东小殿只在台基的南侧设置了踏道，踏道破坏严重，仅能看出其宽度在 2 米左右，具体形制参考西小殿进行复原。

经过分析研究，东西小殿的台基之上应该共有 12 块础石，形成面阔 3 间、进深 3 间的“口”字形平面，础石中心间距在 2 米左右，是尺度较小的建筑（图 6.107）。具体木构架形制可以参考唐南禅寺大殿的木构架进行复原设计，采用“四架椽屋通檐用二柱”的厅堂式构架形式。采用三等材 22.13 厘米 ×14.75 厘米（1 份 = 1.48 厘米），柱头铺作复原为五铺作出双杪，无补间铺作。由于东西小殿的平面接近正方形，可以采用歇山顶或是攒尖顶两种屋顶形式，本文暂且按歇山顶进行复原。

6.4.1.3 连廊

东廊为直线形，台基东西长约 15 米，南北长约 5.3 米，台基中间部分由黄黏土砌筑而成，边缘处由河卵石和碎石砌筑，起到加固的作用。台基包壁情况不详，南侧有散水的痕迹。考古报告中

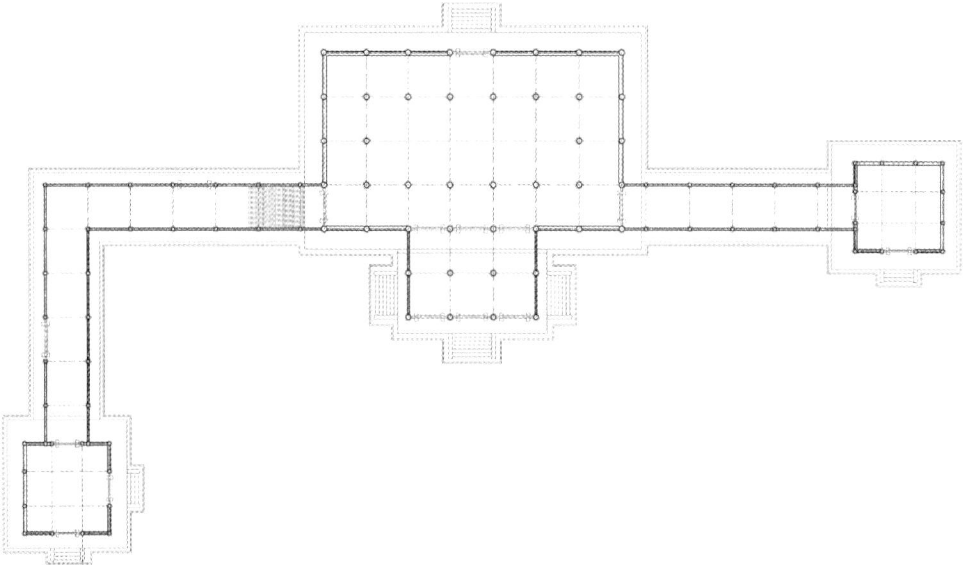

图 6.107 主殿建筑群复原平面图

并没有给出台基的高度，考虑到遗址上没有踏道的痕迹，故台基的高度初步设定为 0.24 米，是 2 个踏道的高度。

台基上共有 10 块础石，形成面阔 4 间、进深 1 间的平面形式，础石之间的间距为 3.3 ~ 3.5 米。复原唐尺为：通面阔（11.5+11.5+11.5+11.5）尺 = 46 尺，进深为 11.5 尺。根据础石之上木柱的痕迹，柱径复原为 0.25 米，柱高复原为 3.4 米。南侧础石之间有墙体，且墙体的厚度在 0.16 米左右。同时，北侧础石上刻有半圆形覆盆和直线凸棱痕迹，说明础石之间也设有墙体，厚度按 0.16 米进行复原。根据遗址报告可知，连廊墙体的构造做法为：先在台基之上挖较浅的墙基槽，然后填土夯实，作为墙基，其上砌筑土墙，墙的两面抹有白灰作为墙面，并且部分墙上有彩绘装饰的痕迹，这说明内苑的建筑做工已经十分精致。

西廊是曲尺形廊，台基的北段东西长约 17 米，南段南北长约 19 米，两段宽度均在 5 米左右。台基两侧由条石包壁，条石往外的一面较为平整，经过细致加工，向内的一侧较为粗糙，未经过加工。包壁石外有散水遗迹，具体尺度和铺制方式不得而知。台基之上共有础石 22 块，形成北侧面阔 6 间、进深 1 间，南侧面阔 5 间、进深 1 间的平面布局形式。础石的中心间距在 3.4 米左右，则北侧廊通面阔复原尺度为（11.5+11.5+11.5+11.5+11.5+11.5）尺 = 69 尺，进深 11.5 尺。南侧通面阔复原尺度为（11.5+11.5+11.5+11.5+11.5）尺 = 57.5 尺，进深 11.5 尺。柱径参考东廊，复原为 0.25 米，平柱高复原为 2 米。

西廊有两处门址，一处位于西廊北段部分的北侧，第 3、4 块础石之间，门宽约 2 米左右。另一处在西廊南段北侧，第 4、5 块础石之间，门宽约 2 米。具体构造形式为：础石的两侧立门砧石，门砧石之上有木地栿，门砧石上有放置铁门枢的坑，可以看出门的构造形制与宋《营造法式》版门有一定的相似性。

东西廊复原为厅堂构架，彻上明造，用材制度低于东西小殿，故采用四等材 21.24 厘米 ×14.16 厘米（1 份 =1.42 厘米）。采用四铺作出一杪，具体形式与第三宫殿东西翼廊相同。

6.4.2　东亭

经实地考察，发现东亭的础石多已脱离，很难确定其平面布局，故本节的复原依据是日本人撰写的《东京城》和朱国忱先生撰写的《渤海故都》中提及的资料。由于这两部著作中有关东亭的部分都没有提及遗址台基的问题，故本文不对其进行复原研究。

（1）平面形式。

经过第 5 章的分析，已经知道东亭是中心为面阔 3 间、进深 3 间的满堂柱平面，四面正对当心间的位置出1间抱厦。根据《东京城》中的遗址平面，笔者初步推断，东亭的尺度为：通面阔（2.05+3.1+2.05）米 = 7.2 米，通折合唐尺为（7+10+7）尺 = 24 尺，通进深与通面阔同，抱厦 1 间，面阔为 10 尺，进深为 7 尺（图 6.108），由此可以看出东亭的尺度较小。

根据当心间面阔 10 尺，复原柱高也为 10 尺。根据实地测量可知，础石上有覆盆，且覆盆的外径为 0.8 米，内径为 0.4 米，故推断覆盆之上的柱径应该小于 0.4 米，这里暂且按 0.33 米复原铺作层。东亭的主体部分采用六等材 6.00 寸 ×4.00 寸，五铺作出双杪，隔跳偷心造，无补间铺作。抱厦部分采用七等材 5.25 寸 ×3.50 寸，四铺作出一杪，无补间铺作。考虑到东亭为园林建筑，体量较小，故采用殿堂和厅堂混合式木构架体系，这种类型的建筑见于辽代河北正定开元寺钟楼（图 6.109）。同时，参考宋《营造法式》，将其复原为厅堂构架中的四架椽屋“前后搭牵用四柱”，内外柱同高的形式。

（2）屋顶形式。

就东亭中间建筑而言，其平面为方形，既可以采用歇山顶，也可以采用攒尖顶。但考虑到东亭是组合式平面，故采用歇山顶作为组合式屋顶更为合理。这种布局平面的屋顶形式见于唐代敦煌壁画和仿唐宋建筑形态的泰山岱庙画，是同一种主殿夹庑的做法。这种夹庑的屋顶与中间建筑屋顶之间的处理方式有两种：一种是当中间建筑为单层单檐建筑时，夹屋的屋顶位于主殿的屋脊之下，如

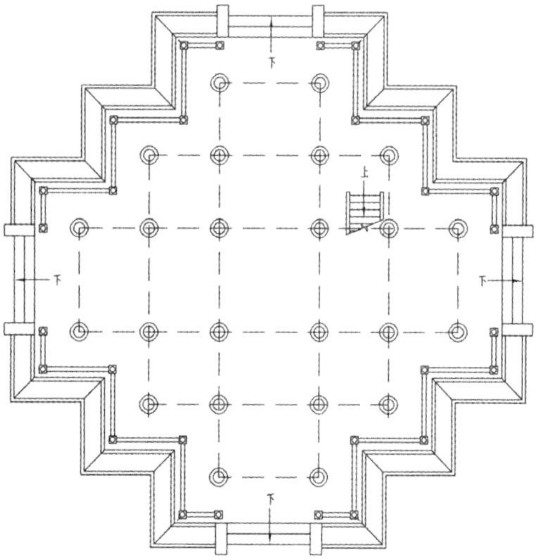

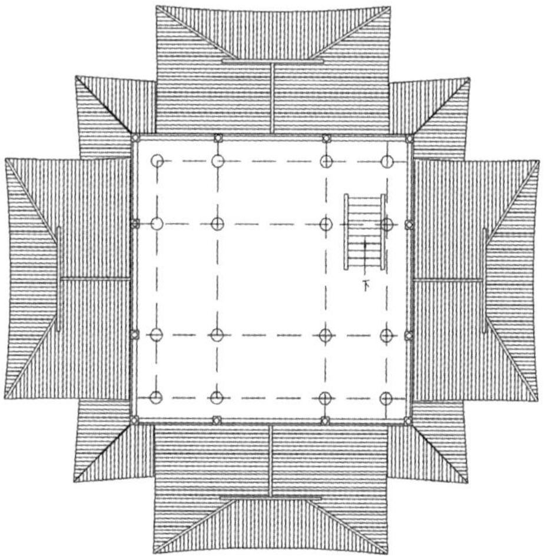

图 6.108 东亭复原平面图

果是单层重檐建筑，则夹屋的屋顶与下层屋檐同高。另一种是当中间建筑为楼阁式建筑时，夹屋的屋檐与楼阁的腰檐同高。

并且，从现有的建筑实例和唐宋绘画可知，主殿的柱径一般要大于附属建筑的柱径，或二者之间有一定的高差。从现有的资料来看，东亭并不符合这两条规律，这既可能是因年代久远，现在的平面布局已经不是当时的真实情况，也可能是有特殊的做法，具体不得而知。

本文将中间主要建筑复原为歇山顶，且正面面向北侧的主殿建筑群，四面的抱厦也复原为歇山顶，且正后两面均是山面向前。由于础石直径相差无几，暂且将抱厦的柱高略低于中间建筑，抱厦的屋顶插入到中间建筑屋顶内。

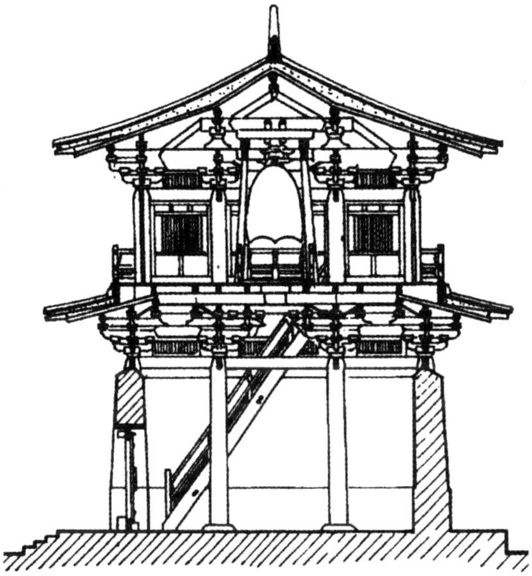

图 6.109 辽河北正定开元寺钟楼断面

6.4.3 西亭

西亭是八角亭的平面布局形制，共有础石 12 块，中心一圈柱网为 4 柱，其间距为 3 米左右，外围一圈柱网为 8 柱，其间距也为 3 米，折合 10 尺左右（图 6.110）。础石未经细致加工，表面素平，

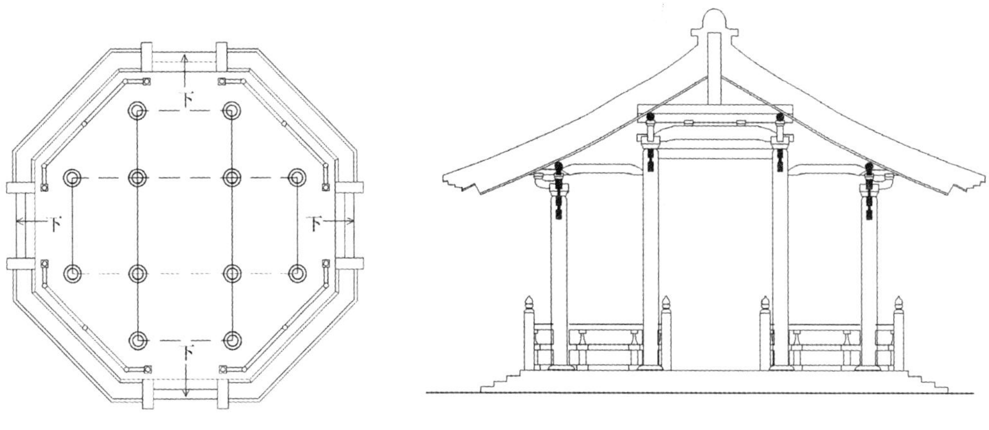

图 6.110 东亭复原平、剖面图

直径在 0.6 ~ 0.9 米之间，故初步推断其上的柱径为 0.35 米。根据“柱高不过间广”的规定，外圈檐柱高复原为 3 米左右，内圈柱高略高于外檐柱高。具体可以参考宋《营造法式》：“若厅堂等屋内柱，皆随举势定其短长。”

在上京城寺庙内有一座石灯幢，其顶部为八角亭，其斗栱形制为：外檐柱之上承托栌斗，其上为泥道栱，其两侧各承托一个散斗，散斗之上刻替木及撩檐枋，与幢盖相接，其上为攒尖顶(图 6.111)，这为西亭复原提供一个佐证。同时，日本奈良时期的荣山寺八角堂也是这种平面布局形式，屋架的具体结构形式为：“在四内柱上架梁，形成方框；然后在没跟梁上选二点，安设栌斗，八斗间架枋，形成正八角形；自外檐八柱向这八角井相应各角架设角梁，向中心斗尖，形成攒尖顶”（图 6.112 ）。材份制暂且按八等材 4.50 寸 ×3.00 寸进行复原。

图 6.111 石灯幢

图 6.112 日本荣山寺八角堂

6.5 本章小结

在第 5 章对上京城宫殿建筑群形制分析的基础上，本章主要对宫城中轴线上的 5 座宫殿、3 座城门遗迹以及东内苑主要建筑进行了复原研究。参考同时期、同类型的建筑遗构和唐代壁画中建筑所体现的建筑构造做法，笔者对各个单体建筑遗址可能采用的工程做法进行了详细的复原说明，包括台基的砌筑方式、栏杆的形制、木构架体系、屋顶形式等多个方面的内容，力求达到全面、详细、准确的复原研究。

结　论
Conclusion

本书以上京城遗址为研究对象，在实地勘察、历史文献资料整理以及对现有考古数据比较分析的基础上，探讨了上京城宫殿建筑群遗址反映的建筑特征，包括一些地域性的工程做法，并且在此基础上对上京城主要宫殿建筑群进行了复原研究。

在整个研究的过程中，主要取得以下创新性研究成果。

（1）对渤海国建筑文化特点进行了全新的研究分析。将整个研究置于东北亚文化圈背景下，对文化背景和文化区域定位进行了探究，并重点揭示了渤海国建筑文化形成过程中的三个主要构成因子，即唐代建筑文化的主导性、高句丽建筑文化的兼容性以及靺鞨建筑文化的传承性。这是对渤海国建筑文化研究的一个突破。

（2）对渤海国建筑文化的地域性进行了详细的研究分析。笔者在现有考古发掘资料的基础上，对遗址反映的渤海国建筑语汇进行了详细的解读，重点揭示了渤海国建筑的特殊形态语汇，包括城市形态语汇和居住建筑形态语汇，渤海国建筑的构造做法语汇（主要包括基础、台基、墙体和室内地面）；以及渤海国建筑材料构件语汇（主要包括柱础、屋顶脊饰、瓦作以及当地建筑材料）。这些研究内容重点体现了地域性的特点，是目前对渤海国建筑文化地域特点最为详细的解读。

（3）完成了宫城中区主体建筑的复原研究。笔者在对遗址反映的一些建筑形制比较分析的基础上，确定了主要建筑的基本平面形态和外观形态，并对复原中的一些细节问题进行了复原讨论，包括营造尺的复原、铺作形制、勾栏形制和踏道形制。在此基础上，本书复原研究了宫城中区的5座宫殿建筑群、宫城正南门、宫城东门以及东内苑的主体建筑。

随着考古发掘成果的不断更新和完善，本课题具有更大的研究空间，这里仅对本课题研究方向提出一些展望与设想。

首先，拓展渤海国建筑研究的类型。目前对渤海国建筑的研究主要集中在宫殿建筑群，尤其是国内研究，这是考古研究的局限性决定的。有关渤海居住建筑遗址的考古发掘已经十分丰富，可以将相关资料整合，讨论渤海居住建筑的特征、演变过程以及区域性差异等多个问题。

同时，渤海佛教建筑遗址也发掘了多个，也可以将这方面资料进行整理，对渤海国佛寺建筑形制进行讨论，也可以对其进行复原研究。这样可以更加全面地解读渤海建筑文化。

其次，深入研究渤海国建筑构件。目前有关渤海国建筑构件的研究主要集中在瓦当，本书相关方面的研究拓展到了鸱尾、兽头、墙体以及地面处理，但是本研究主要以上京城遗址、中京城遗址以及东京城遗址出土的构件为研究对象，而对于普通的官式建筑、居住建筑以及佛寺建筑鲜有涉及。然而恰恰是这些类型的遗址出土的建筑构件，能够更多地体现地方性做法，也更能体现渤海国建筑文化的地域性特质。

参考文献
References

[1] 宋雪雅 . 渤海上京城第一宫殿及其附属建筑复原研究 [D]. 哈尔滨：哈尔滨工业大学，2005.

[2] 魏国忠，朱国忱，郝庆云 . 渤海国史 [M]. 北京：中国社会科学出版社，2006.

[3] 杨鸿勋 . 杨鸿勋建筑学考古论文集 [M]. 北京：清华大学出版社，2008.

[4] 王承礼 . 渤海简史 [M]. 哈尔滨：黑龙江人民出版社，1984.

[5] 杨雨舒 . 渤海国上京龙泉府地理环境概述 [J]. 北方文物，1997(2)：61-65.

[6] 渤海上京城 . 黑龙江省文物考古研究所 [M]. 北京：文物出版社，2009.

[7] 周尚意，孔翔，朱竑 . 文化地理学 [M]. 北京：高等教育出版社，2004.

[8] 黄松筠 . 东北地域文化的历史特征 [J]. 社会科学战线，2005(6)：164-167.

[9] 王启忠 . 关东文化形态的外在特征 [J]. 学习与探索，1997(2)：134-140.

[10] 申云艳 . 中国古代瓦当研究 [D]. 北京：中国社会科学院，2002.

[11] 赵越 . 渤海瓦当研究 [D]. 长春：吉林大学，2007.

[12] 王绵厚 . 高句丽古城研究 [M]. 北京：文物出版社，2002.

[13] 宗白华 . 美学散步 [M]. 上海：上海人民出版社，1981.

[14] 魏存成 . 渤海考古 [M]. 北京：文物出版社，2008.

[15] 黑龙江省文物考古研究所 . 黑龙江东宁县小地营遗址渤海房址 [J]. 考古，2003(3)：38-46.

[16] 黑龙江省文物考古研究所 . 黑龙江省海林木兰集东遗址 [J]. 北方文物，1996(2)：23-25.

[17] 刘晓东 ."车书本一家"的考古学诠释——论渤海文化与中原唐文化的趋同性 [J]. 北方文物，2002(1)：30-37.

[18] 王禹浪，王宏北 . 黑龙江渤海山城的高句丽文化典型特征 [J]. 黑龙江民族丛刊，2002(3)：79-84.

[19] 中国科学院自然科学史研究所 . 中国古代建筑技术史 [M]. 北京：科学出版社，1985.

[20] 王文亮 . 宋代室内界面研究 [D]. 太原：太原理工大学，2010.

[21] 傅熹年 . 中国古代建筑史　第二卷　两晋、南北朝、隋唐、五代建筑 [M]. 北京：中国建筑工业出版社，2001.

[22] 中国社会科学院考古研究所西安唐城工作队 . 隋仁寿宫唐九成宫 37 号殿址的发掘 [M]. 考古，

1982(12)：1083-1099.

[23] 中国社会科学院考古研究所 . 六顶山与渤海镇——唐代渤海国的贵族墓地与都城遗址 [M]. 北京：中国大百科全书出版社，1997.

[24] 萧默 . 敦煌建筑研究 [M]. 北京：机械工业出版社，2003.

[25] 明文书 . 中国建筑史论文集 (第一册) [M]. 明父书局，中华民国七十三年：205-217.

[26] 吉林省文物考古研究所, 延边朝鲜自治州文化局, 延边朝鲜族自治州博物馆, 等 . 西古城——2000~2005 年度渤海国中京显德府故址田野考古报告 [M]. 北京：文物出版社，2007.

[27] 吉林省文物考古研究所，吉林大学边疆考古研究中心 . 吉林省珲春市八连城内城建筑基址的发掘 [J]. 考古，2009(6)：15-22.

[28] 朱国忱，朱威 . 渤海遗迹 [M]. 北京：文物出版社，2002.

[29] 刘叙杰 . 中国古代建筑史　第一卷　原始社会、夏、商、周、秦、汉建筑 [M].2 版 . 北京：中国建筑工业出版社，2009.

[30] 贺业钜 . 中国古代城市规划史 [M]. 北京：中国建筑工业出版社，1996.

[31] 徐冉 . 渤海上京宫城第三、四宫殿复原研究 [D]. 哈尔滨：哈尔滨工业大学，2007.

[32] 贺业钜 . 中国古代城市规划史论丛 [M]. 北京：中国建筑工业出版社，1986.

[33] 傅熹年 . 中国古代城市规划、建筑群布局及建筑设计方法研究 (下) [M]. 北京：中国建筑工业出版社，2001.

[34] 李华东 . 朝鲜半岛古代建筑文化 [M]. 南京：东南大学出版社，2011.

[35] 王维坤 . 论 20 世纪的中日古代都城研究 [J]. 文史哲，2002(4)：146-152.

[36] 王晖 . 日本古代都城条坊制度的演变 [J]. 国际城市规划，2007(1)：77-83.

[37] 肖旻 . 唐宋古建筑尺度规律研究 [M]. 南京：东南大学出版社，2006.

[38] 张十庆 . 中日古代建筑大木技术的源流与变迁 [M]. 天津：天津大学出版社，2004.

[39] 杨际平 . 唐代尺步、亩制 、亩产小议 [J]. 中国社会经济史研究，1996(2)：32-44.

[40] 王贵祥 . 中国建筑史论汇刊 . 第一辑 [M]. 北京：清华大学出版社，2009.

[41] 刘敦祯 . 中国古代建筑史 [M].2 版 . 北京：中国建筑工业出版社，2011.

[42] 孙大章 . 中国古代建筑史：第五卷清代建筑 [M].2 版 . 北京：中国建筑工业出版社，2009.

[43] 王鲁民 . 中国古典建筑文化探源 [M]. 上海：同济大学出版社，1998.

[44] 郭黛姮 . 中国古代建筑史　第三卷　宋、辽、金、西夏建筑 [M].2 版 . 北京：中国建筑工业

出版社，2009.
[45] 潘谷西 . 中国古代建筑史　第四卷　元、明建筑 [M].2 版 . 北京：中国建筑工业出版社，2009.
[46] 萧默 . 中国建筑艺术史 [M].2 版 . 北京：中国建筑工业出版社，2009.
[47] 侯幼彬，李婉贞 . 中国古代建筑历史图说 [M]. 北京：中国建筑工业出版社，2002.
[48] 周维权 . 中国古典园林史 [M].2 版 . 北京：清华大学出版社，1999.
[49] 朱国忱，金太顺，李砚铁 . 渤海故都 [M]. 哈尔滨：黑龙江人民出版社，1996.
[50] 张十庆 .《作庭记》译注与研究 [M]. 天津：天津大学出版社，2004.
[51] 彭一刚 . 中国古典园林分析 [M]. 北京：中国建筑工业出版社，1986.
[52] 王禹浪，王宏北 . 黑龙江渤海山城分布与特征 [J]. 黑龙江民族丛刊，2002(1)：75-85.
[53] 苏畅 .《管子》城市思想研究 [M]. 北京：中国建筑工业出版社，2010.
[54] 贾亭立，陈薇 . 中国古代城墙的垛口墙形制演变轨迹 [J]. 东南大学学报， 2010(2): 435-440.
[55] 施元龙 . 中国筑城史 [M]. 北京：军事谊文出版社，1999.
[56] 黑龙江省文物考古研究所，牡丹江市文物管理站 . 渤海国上京龙泉府遗址 1997 年考古发掘收获 [J]. 北方文物，1999(4)：42-49.
[57] 黑龙江省文物考古工作队 . 渤海上京宫城第 2、3、4 号门址发掘简报 [J]. 文物，1985(11)：52-61.
[58] 陈明达 . 蓟县独乐寺 [M]. 天津：天津大学出版社，2007.
[59] 黑龙江省文物考古工作队 . 渤海上京宫城第一宫殿东·西廊庑遗址发掘清理简报 [J]. 文物，1985(11)：48-51.
[60] 黑龙江省文物考古研究所，吉林大学考古学系，牡丹江市文物管理站 . 渤海国上京龙泉府宫城第二宫殿遗址发掘简报 [M]. 文物，2000(11)：13-22.
[61] 黑龙江省文物考古研究所，吉林大学考古学系，牡丹江市文物管理站 . 黑龙江宁安市渤海上京龙泉府宫城第三宫殿遗址的发掘 [J]. 考古，2003(2)：34-41.
[62] 陈明达 . 营造法式大木作研究 [M]. 北京：文物出版社，1981.
[63] 日本建筑学会 . 日本建筑史图集 [M]. 东京：株式会社彰国社，昭和五十五年 .
[64] 傅熹年 . 傅熹年建筑史论文选 [M]. 天津：百花文艺出版社，2009.
[65] 王震 . 墨家军事学说及其对中国军事史发展的影响 [D]. 济南：山东大学，2009.
[66] 秦彦仕 .《墨子 • 备城门》诸篇综合研究 [D]. 成都：四川大学，2006.
[67] 刘妍 . 隋—宋扬州城防若干复原问题讨论 [D]. 南京：东南大学，2009.

[68] 孙志敏 . 渤海上京城内苑复原研究 [D]. 哈尔滨：哈尔滨工业大学，2008.

[69] 龙江 . 渤海上京城宫城正南门复原研究 [D]. 哈尔滨：哈尔滨工业大学，2003.

[70] 黑龙江省文物考古研究所，吉林大学考古学系，牡丹江市文物管理站 . 黑龙江宁安市渤海国上京龙泉府宫城 4 号宫殿遗址的发掘 [J]. 考古，2005(9): 42-49.

[71] 李百进 . 唐风建筑营造 [M]. 北京：中国建筑工业出版社，2007.

[72] 张铁宁 . 渤海上京龙泉府宫殿建筑复原 [J]. 文物，1994(6)：38-58.

图片来源
Picture Credits

图 2.1 a、b、c，图 2.2 c、d，图 2.8，图 2.21，图 2.24，图 2.41 a、b，图 3.10 a、b，图 4.24 a、b，图 4.30 c，图 4.59，图 5.1，图 5.22，图 5.30，图 5.31，图 5.32，图 5.33，图 5.34，图 5.36，图 5.37，图 5.42，图 5.57，图 5.58，图 5.59，图 5.60，图 5.77，图 5.78，图 5.94，图 5.95，图 5.106，图 5.111，图 6.6，图 6.7，图 6.8，图 6.9，图 6.31，图 6.14，图 6.32，图 6.33，图 6.34，图 6.35，图 6.37，图 6.38，图 6.40，图 6.41，图 6.47，图 6.49， 图 6.51，图 6.52，图 6.53，图 6.54，图 6.56，图 6.57，图 6.58，图 6.59，图 6.60，图 6.75，图 6.77，图 6.78，图 6.82，图 6.105，图 6.106，原载于《渤海上京城》（黑龙江省文物考古研究所 . 文物出版社，2009 年版）

图 2.4 原载于《中国古代瓦当研究》（申云艳 . 中国社会科学院研究生院博士学位论文，2002 年）

图 2.5 原载于《渤海瓦当研究》（赵越 . 吉林大学硕士学位论文，2007 年）

图 2.6 a、b，图 5.97 原载于《高句丽古城研究》（王绵厚 . 文物出版社，2002 年版）

图 2.7 原载于《韩国建筑史讲论》（[韩] 朴彦坤 . 文运堂，1986 年版）

图 2.9 a，图 2.10 e，图 2.11， 图 2.12， 图 2.35 a、d，图 3.1，图 3.2，图 3.7 a，图 3.8，图 3.9 a、b、c，图 4.39 原载于《渤海考古》（魏存成 . 文物出版社，2008 年版）

图 2.10 a，图 2.15 原载于《黑龙江东宁县小地营遗址渤海房址》（黑龙江省文物考古研究所 . 考古，2003 年第 3 期）

图 2.10 d 原载于《黑龙江省海林木兰集东遗址》（黑龙江省文物考古研究所 . 北方文物，1996 年第 2 期）

图 2.13 原载于《高句丽・渤海古城址研究汇编》（王禹浪，王宏北 . 哈尔滨出版社，1994 年版）

图 2.14 原载于《滨海地区的渤海古城堡遗址 . 东北亚考古资料译文集渤海专号》（[俄] в . и . 博尔金 . 王德厚译 . 北方文物出版社，1998 年版）

图 2.16 原载于《黑龙江中游沿岸地区的靺鞨房屋》（冯恩学 . 边疆考古研究，2010 年第 6 期）

图 2.20 原载于《中国科学技术史》（第四卷）（李约瑟 . 鲍国宝等译，科学出版社，2008 年版）

图 2.25，图 2.26 原载于《宋代室内界面研究》（王文亮 . 太原理工大学硕士学位论文，2010 年）

图 2.27，图 2.28，图 4.6 a、b，图 4.7，图 4.8，图 4.36，图 4.37，图 5.6，图 5.67，图 5.118，图 5.108 原载于《中国古代建筑史》（第二卷）（傅熹年 . 中国建筑工业出版社，2001 年版）

图 2.29 原载于《隋仁寿宫唐九成宫 37 号殿址的发掘》（中国社会科学院考古研究所西安唐城工作队 . 考古，1995 年第 12 期）

图 2.31，图 2.32，图 2.33，图 2.34，图 4.30 b，图 5.3，图 5.38，图 5.45，图 5.47，图 5.51，图 5.52，图 5.53，图 5.85，图 5.90，图 5.117，图 6.61，图 6.102 原载于《东京城》（[日] 原田淑人 . 东亚考古丛刊，1939）

图 2.35，图 4.19 c，图 5.115 原载于《六顶山与渤海镇——唐代渤海国的贵族墓地与都城遗址》（中国社会科学院考古研究所 . 中国大百科全书出版社，1997 年版）

图 2.36 a、b、c，图 4.18，图 4.19，图 4.20，图 4.21，图 4.22，图 4.46，图 4.54，图 4.60，图 5.11，图 5.12，图 5.13 a、b、c，图 5.25，图 5.70，图 5.69 a、b，图 5.74，图 5.86，图 6.94，图 6.1，图 6.15，图 6.28， 图 6.86 原载于《敦煌建筑研究》（萧默 . 机械工业出版社，2003 年版）

图 2.40 原载于《中国建筑史论文集》（第一册）（明文书 . 明父书局，中华民国七十三年版）

图 3.3 a，图 3.4，图 3.5，图 3.14c，图 4.24 d、e，图 4.25 a 原载于《西古城——2000 ~ 2005 年度渤海国中京显德府故址田野考古报告》（吉林省文物考古研究所，延边朝鲜族自治州文化局，延边朝鲜族自治州博物馆，等 . 文物出版社，2007 年版）

图 3.3 b 原载于《中国吉林省和龙县西古城周边的航空写真》（[日] 小岛芳孝 . 古代学研究 . 1997 年第 138 号）

图 3.6，图 3.7 b，图 3.14a 原载于《吉林珲春市八连城内城建筑基址的发掘》（吉林省文物考古研究所，吉林大学边疆考古研究中心 . 考古，2009 年第 6 期）

图 3.14 b，图 6.69 原载于《渤海上京宫城第三、四宫殿复原研究》（徐冉 . 哈尔滨工业大学硕士论文，2007 年）

图 3.15，图 3.16，图 3.17，图 5.112 原载于《梁思成文集》（第七卷）（梁思成 . 中国建筑工业出版社，2001 年版）

图 3.19，图 4.5 原载于《中国古代城市规划、建筑群布局及建筑设计方法研究》（下）（傅熹年 . 中国建筑工业出版社，2001 年版）

图 3.21 原载于《中国古代城市规划史》（贺业钜 . 中国建筑工业出版社，1996 年版）

图 3.22，图 3.28 原载于《中国古代建筑基址规模研究》（王贵祥 . 中国建筑工业出版社，2008 年）

图 3.23，图 4.25 原载于《朝鲜半岛古代建筑文化》（李华东 . 东南大学出版社，2011 年版）

图 3.24 原载于《日本城郭考》（[日] 古川重春 . 巧人社书店，昭和十三年）

图 3.25 原载于《亚洲城市建筑史》（[日] 布野修司 . 胡惠琴，沈瑶译 . 中国建筑工业出版社，2010 年版）

图 3.26，图 3.27 原载于《日本的建筑》（[韩] 尹张燮 . 首尔大学出版社，2000 年版）

图 4.9，图 4.10 原载于《中国古代建筑史》（第一卷）（刘叙杰 . 中国建筑工业出版社， 2009 年版）

图 4.11，图 4.16 原载于《中国古典建筑文化探源》（王鲁民 . 同济大学出版社， 1998 年版）

图 4.17 a，图 5.65，图 5.66，图 5.109，图 5.113，图 6.65，图 6.66 原载于《中国古代建筑史》（第三卷）（郭黛姮 . 中国建筑工业出版社， 2009 年版）

图 4.23，图 4.52，图 4.53 原载于《中国古代建筑历史图说》（侯幼彬，李婉贞 . 中国建筑工业出版社，2002 年版）

图 4.26 原载于《韩国建筑史》（[韩] 大韩建筑学会 . 技文堂，1998 年版）

图 4.27，图 4.31，图 4.28，图 4.29， 图 5.20 原载于《中国古代建筑技术史》（中国科学院自然科学史研究所 . 科学出版社，1985 年版）

图 4.32 a、b、c 原载于《中国美术分类全集·中国建筑艺术全集·宫殿建筑》(于倬云 . 中国建筑工业出版社，2003 年版）

图 4.33 原载于《宫家》（[韩] 朱南哲 . 一枝社，2003 年版）

图 4.34，图 4.41，图 4.42 原载于《中国古典园林史》（周维权 . 清华大学出版社， 2005 年版）

图 4.43，图 4.45 原载于《雁鸭池造营规划研究》（[韩] 朴景子 . 学研文化社，2001 年版）

图 4.44 原载于《〈作庭记〉译注与研究》（张十庆 . 天津大学出版社，2004 年版）

图 4.47 来自于 http://www. yiqiyou. com/place/2326124.

图 4.48 来自于 http://www. xacitywall. com/structure/jqfm/gslynr_2652_1. htm.

图 4.49，图 4.51 原载于《中国筑城史》（施元龙 . 军事谊文出版社，1999 年版）

图 4.50，图 5.83，图 5.84 原载于《渤海故都》（朱国忱，金太顺，李砚铁 . 黑龙江人民出版社，1996 年版）

图 4.55 原载于《渤海遗迹》（朱国忱，朱威 . 文物出版社，2002 年版）

图 4.56，图 4.61，图 4.17d 原载于《中国建筑艺术史》（下卷）（萧默 . 中国建筑工业出版社，第 2 版，2009 年版）

图 4.62，图 6.83，图 6.85，图 6.91 原载于《渤海上京宫城第 2、3、4 号门址发掘简报》（黑龙江省文物考古工作队 . 文物，1985 年第 11 期）

图 4.63，图 5.7， 图 6.26 原载于《蓟县独乐寺》（陈明达 . 天津大学出版社，2007 年版）

图 4.64，图 6.4，图 6.5，图 6.27， 图 5.8，图 6.4，图 6.5 原载于《法隆寺》（[日] 古川重春 . 巧人社书店，昭和十三年版）

图 5.5，图 5.9，图 5.24，图 5.29，图 5.40，图 5.46，图 5.56，图 5.73，图 5.89，图 6.68 原载于《渤海上京龙泉府宫殿建筑复原》（张铁宁 . 文物，1994 年第 6 期）

图 5.15，图 6.46 原载于《黑龙江宁安市渤海上京龙泉府宫城第三宫殿遗址的挖掘》（考古，2003 年第 2 期）

图 5.19 原载于《渤海上京宫城第一宫殿东 • 西廊庑遗址发掘清理简报》（黑龙江省文物考古工作队 . 文物，1985 年第 11 期）

图 5.23 原载于《渤海国上京龙泉府宫城第二宫殿遗址发掘简报》（黑龙江省文物考古研究所， 吉林大学考古学系，牡丹江市文物管理站 . 文物，2000 年第 11 期）

图 5.44，图 6.70，图 6.63，图 6.74 原载于《黑龙江宁安市渤海上京龙泉府宫城 4 号宫殿遗址的挖掘》（黑龙江省文物考古研究所，吉林大学考古学系，牡丹江市文物管理站 . 考古，2005 年第 9 期）

图 5.49，图 5.50，图 5.79，图 5.61，图 5.107 原载于《杨鸿勋建筑学考古论文集》（杨鸿勋 . 清华大学出版社，2008 年版）

图 5.70，图 4.17 b 原载于《中国古代建筑史》（第四卷）（潘谷西 . 中国建筑工业出版社，第 2 版，2009 年版）

图 5.76，图 5.98，图 5.110，图 6.18，图 6.62，图 6.79，图 6.80，图 6.84，图 6.93 原载于《傅熹年建筑史论文选》（傅熹年 . 百花文艺出版社，2009 年版）

图 5.80，图 6.21 原载于《日本建筑史图集》[日本建筑学会编（彰国社刊）. 株式会社彰国社，昭和 55 年版]

图 5.99，图 5.100，图 5.101 原载于《渤海上京城内苑复原研究》（孙志敏 . 哈尔滨工业大学硕士论文，2008 年）

图 5.119 原载于《渤海上京宫城正南门复原研究》（龙江 . 哈尔滨工业大学硕士论文，2003 年）

图 6.2，图 6.16 原载于《渤海上京城第一宫殿及其附属建筑复原研究》（宋雪雅 . 哈尔滨工业大学硕士论文，2005 年）

图 6.12 原载于《黑龙江渤海山城的高句丽文化典型特征》（王禹浪，王宏北 . 黑龙江民族丛刊，2002 年第 3 期）

图 6.87，图 6.103 原载于《渤海国上京龙泉府遗址 1997 年考古发掘收获》（黑龙江省文物考古研究所，牡丹江市文物管理站 . 北方文物，1999 年第 4 期）

图 6.109，图 6.112 原载于《唐风建筑营造》（李百进 . 中国建筑工业出版社，2007 年版）

注：其余未注明图片为作者自摄、自绘、改绘

后 记
Postscript

1983 年读研究生期间第一次去渤海上京城遗址。当时是导师侯幼彬先生带我们两个硕士生一同前去的，记得此行还测绘了位于宫城南门附近兴隆寺内的渤海石灯幢，这是唐代渤海国时期保存下来的唯一完整的石雕。后来为了研究生期间古建筑复原设计课的学习，又去上京城的宫殿遗址做了一次详细的田野调查。这次对上京城宫城南门的复原设计有了极深刻的印象，记得当绘制出宫城正南门的复原图纸时，自己也很兴奋。无论做的是否正确，终归是查阅了大量的复原资料，结合自己田野调查的第一手数据，经过了很多努力才绘制出来的。也就是从这一次经历起，与渤海国建筑遗址结下了扯不断的缘分。

从 2003 年起，先后指导硕士研究生陆续完成了“渤海上京城第一宫殿及其附属建筑复原研究”（宋雪雅）、“渤海上京宫城第三、四宫殿复原研究”（徐冉）、“渤海上京城城门复原研究”（李霞）、“渤海上京城第二与第五宫殿复原研究”（刘川）、“渤海上京城内苑复原研究”（孙志敏）等几个专题的研究。2010 年以此作为研究课题申请的国家教育部博士点基金项目“基于建筑考古学的渤海国宫殿建筑遗址复原研究”获得批准，使这一研究工作得以进一步推进。2009 年博士生孙志敏开始以渤海国建筑遗址作为其博士论文的研究题目，在以往诸多研究成果的基础上，对渤海国的宫殿建筑形制问题以及上京城宫殿建筑的复原做了新一轮的研讨。这本书就是在这些研究成果的基础上，于 2014 年经过整理加工而完成的。一晃近四年的时光已经消逝，回顾这些研究经历，感触颇深。

其一，渤海国建筑文化遗产是中国传统木构架建筑的重要组成部分之一，虽地处偏远的东北地区，气候寒冷，社会发展水平不高，但是渤海国作为唐代同时期的地方政权，其所取得的城市与建筑成就仍然令人惊叹，尤其是上京城的规划与建筑在规模、技术、艺术方面都具有很强的地域性特色，在中国古代建筑史上都应该是不可缺少的。从目前研究成果的水准来看，对这一建筑遗产的研究仍有待加强和提高。

其二，渤海国遗址作为东北亚地区非常重要的建筑文化遗产，一直被周边国家的学者所关注，目前日本、韩国、俄罗斯等国都有研究渤海建筑文化的建筑史学者。该区域历史上相互间的文化交流过程，以及对于相互间的文化影响等诸方面，都会成为学者们感兴趣的研究课题，因此加强该研究领域的国际化交流是十分必要的。

其三，应该广泛开展跨学科的学术合作，包括考古学、历史学、建筑学、文化学、社会学、地理学等等，各学科的学者共同来解读渤海国文化遗产的价值。尤其是应该引入各学科新的研究方法和技术手段，强化定性与定量研究的结合，从而科学地揭示渤海国建筑文化的发展、演化以及地域性特色。我们应承认以往的研究仍存在很多局限性。

最后，对给予本书的撰写和出版极大帮助的各位师长、同事、学生、朋友、亲人，再次表示由衷的感谢。黑龙江省文物考古研究所的朱国臣先生、赵哲夫先生曾多次为本研究的现场考察和资料搜集等多方面提供无私的帮助，令人非常感动；在本书的最后编辑阶段，刘文卿博士不辞辛苦、默默无闻地审阅修订书稿；卞秉利老师在本书的编辑和出版基金的申请方面都付出了极多的辛劳。没有你们就没有这本书的今天，你们给予的帮助将终身难忘。

刘大平

2018.6

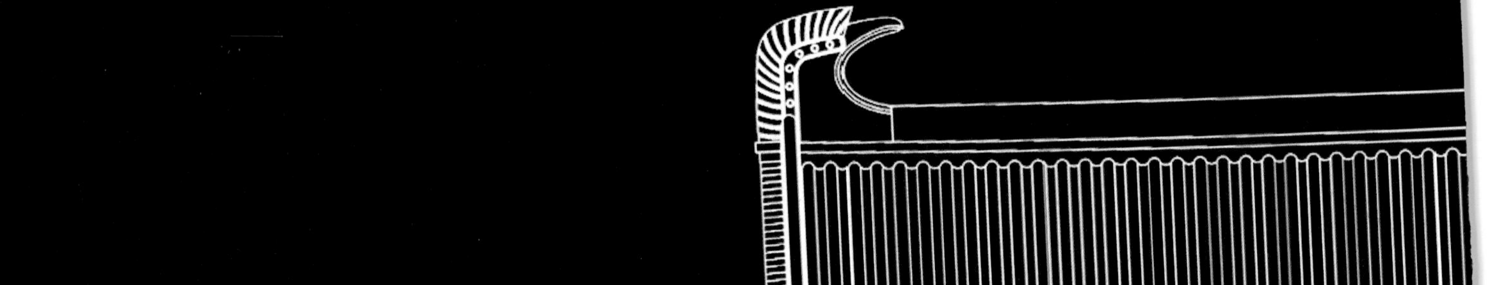

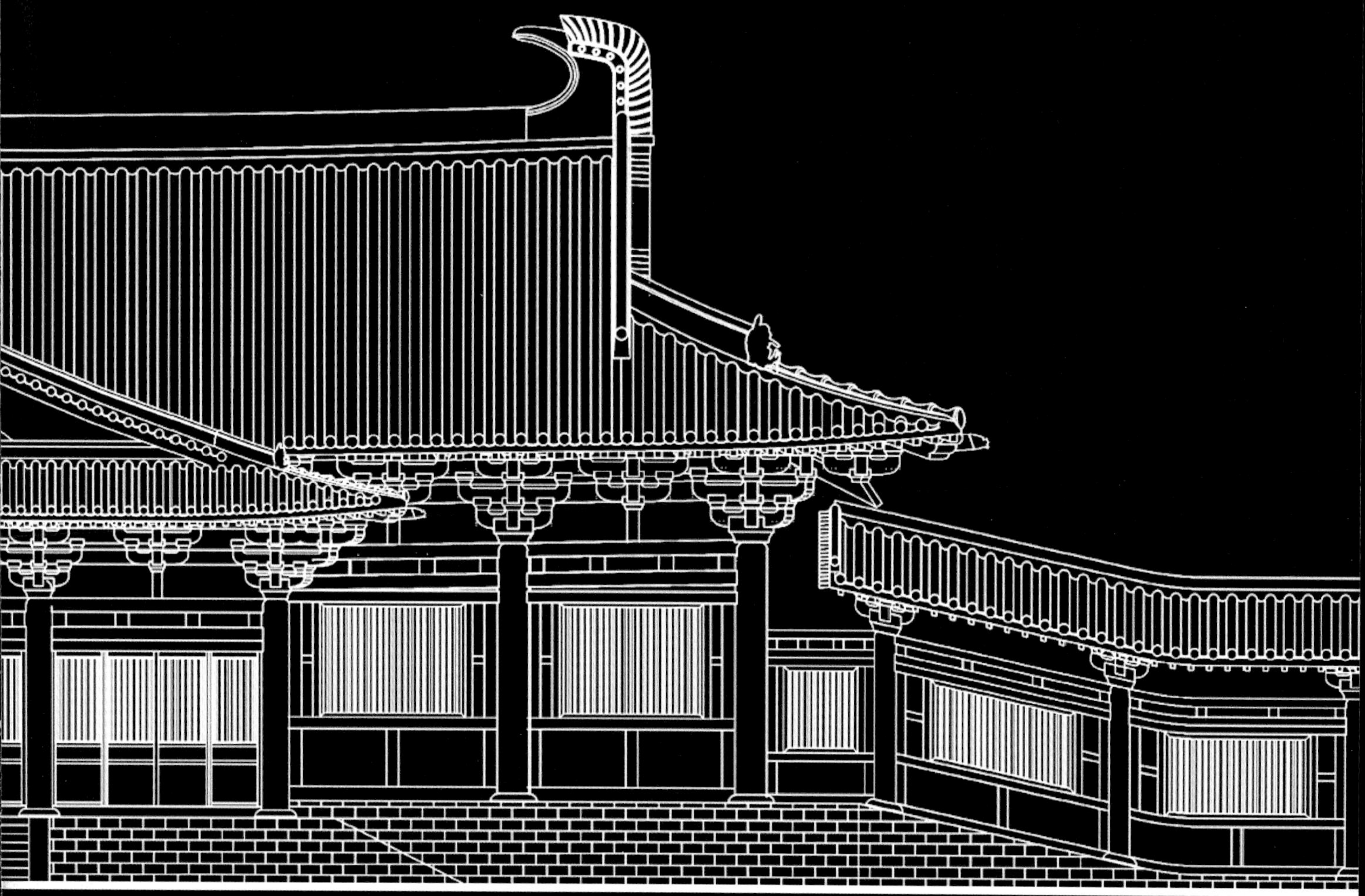

图书在版编目（CIP）数据

渤海国建筑形制与上京城宫殿建筑复原研究 / 刘大平，孙志敏著. —哈尔滨：哈尔滨工业大学出版社，2018. 6

（地域建筑文化遗产及城市与建筑可持续发展研究丛书）

ISBN 978-7-5603-5830-7

Ⅰ.①渤… Ⅱ. ①刘… ②孙… Ⅲ. ①渤海国—复原建筑—研究 Ⅳ. ①TU29

中国版本图书馆CIP数据核字（2018）第138084号

策划编辑 杨 桦
责任编辑 佟 馨 陈 洁 鹿 峰
装帧设计 卞秉利
出版发行 哈尔滨工业大学出版社
社　　址 哈尔滨市南岗区复华四道街10号 邮编 150006
传　　真 0451-86414749
网　　址 http://hitpress.hit.edu.cn
印　　刷 哈尔滨市石桥印务有限公司
开　　本 889mm × 1194mm 1/16 印张 20.25 字数 418 千字
版　　次 2018 年 6 月第 1 版 2018 年 6 月第 1 次印刷
书　　号 ISBN 978-7-5603-5830-7
定　　价 98.00 元

ISBN 978-7-5603-5830-7
9 787560 358307 >